中国轻工业“十四五”规划立项教材
高等职业教育畜牧兽医类专业教材
辽宁省职业教育“十四五”规划教材

兽医基础
（第三版）

刘山辉 主编

中国轻工业出版社

图书在版编目（CIP）数据

兽医基础 / 刘山辉主编. — 3 版. — 北京 : 中国轻工业出版社, 2024. 10. — ISBN 978-7-5184-4794-7

Ⅰ. S85

中国国家版本馆 CIP 数据核字第 2024CS5893 号

责任编辑：巩孟悦

策划编辑：马　妍　　责任终审：张乃柬　　封面设计：锋尚设计

版式设计：砚祥志远　　责任校对：朱燕春　　责任监印：张　可

出版发行：中国轻工业出版社（北京鲁谷东街 5 号，邮编：100040）

印　　刷：三河市万龙印装有限公司

经　　销：各地新华书店

版　　次：2024 年 10 月第 3 版第 1 次印刷

开　　本：787×1092　1/16　印张：19. 75

字　　数：496 千字

书　　号：ISBN 978-7-5184-4794-7　定价：48. 00 元

邮购电话：010-85119873

发行电话：010-85119832　010-85119912

网　　址：http: //www. chlip. com. cn

Email：club@ chlip. com. cn

230310J2X301ZBW

本书编审人员

主　编　刘山辉（辽宁职业学院）

副主编　刘德成（辽宁职业学院）

刘　欣（辽宁生态工程职业学院）

王前光（常德职业技术学院）

王兴赫（沈阳农业大学）

参　编　（按姓氏笔画排序）

王　巍（辽宁生态工程职业学院）

王玉霞（常德职业技术学院）

李　杰（铁岭市动物疫病预防控制中心）

陈士华（辽宁职业学院）

周　丹（常德职业技术学院）

赵　成（铁岭县动物疫病预防控制中心）

常灵竹（沈阳农业大学）

主　审　刘明春（沈阳农业大学）

吴长德（沈阳农业大学）

第三版前言

本教材是根据《教育部关于加强高职高专教育人才培养工作的意见》及专业课程“动物病理”和“动物药理”教学大纲的要求编写的。

本教材编写的指导思想是从农业高职高专技能型人才培养的特色出发，重点培养学生实践应用技能，突出先进性、适用性和应用性，与上一版相比，内容上更进一步向专业技能培养倾斜，同时注重意识形态，保证政治正确，以坚持党的全面领导，坚持中国特色社会主义道路为中心，加强思政培养，融入党的二十大精神。内容上以模块为主，结合知识点强调培养实际应用能力，同时也体现出应用于各种职业、执业考试方面的辅导要求。在继承传统兽医病理学和兽医药理学的重点内容基础上，根据社会畜牧生产的需求，将部分生产中较常用的操作技能增添编入本教材，增强实践操作方面的技能。本教材的特色是在模块教学的基础上，在每项目前提出相关的实践情境引入教学任务目标、支撑能力目标的知识点，并附加一定的生产中实际案例说明、案例分析和相关链接，重要技能培训，引导学习者兴趣，培养学习者敢于在生产中应用和创新的能力，使学习有的放矢。书中配有教学视频、动态图片、病理彩图等二维码资源。教材编写内容紧密联系当今畜牧生产的需要，去粗取精，最终目的是培养学生既有理论基础，又有实践应用能力。本教材适用于高等职业院校畜牧兽医、动物防疫与检疫、宠物医疗技术专业等教学和相关职业技能培训，使用时可结合本校实际情况进行调整。

本教材共二十二个项目。其中绪论、项目七、项目九、项目十六、项目十八和项目二十二、附表三由刘山辉编写；项目一由王兴赫编写；项目二和项目十一由刘欣编写；项目三由王前光编写；项目四由王玉霞编写；项目五由周丹编写；项目六、项目八、项目十、项目十二、项目十七、项目二十一、附表一和附表二由刘德成编写；项目十三由常灵竹编写；项目十四由陈士华编写；项目十五由赵成编写；项目十九和项目二十由王巍编写。彩图由刘山辉在兽医实践中收集提供。

全书由刘山辉统稿，部分数据由李杰、赵成确认和提供，沈阳农业大学动物科学与医学学院刘明春、吴长德教授审定。

由于我们的学术水平和编写能力有限，难免有纰缪之处，恳切希望使用本教材的师生和读者批评指正，以便再次修订时加以改进。

编者

2024 年 3 月

第二版前言

本教材根据《教育部关于加强高职高专人才培养工作的意见》及21世纪农业部高等农业职业教育畜牧兽医类专业教学指导方案与专业课程“动物病理”和“动物药理”教学大纲的要求组织编写。

本教材编写的指导思想是从农业高职高专技能型人才培养的特色出发，重点培养学生实践应用技能，突出先进性、适用性和应用性。与第一版相比，内容上更加侧重专业技能培养，以模块为主，结合知识点强调培养实际应用能力，同时也可满足各种职业考试的辅导要求。在继承传统兽医病理学和兽医药理学的重点内容基础上，根据畜牧生产的实际需求，将部分生产中较常用的操作技能增添编入本教材，增加了实践操作方面的内容。教材的特色是在模块教学的基础上，在每个项目前提出相关的实践情境来引入教学任务目标、支撑能力目标的知识点，内容紧跟畜牧生产实践需要，并附加一定的生产中实际案例说明、案例分析和相关链接。重要技能培训可引发学习者兴趣，培养学习者敢于在生产中应用和创新的能力，使学习有的放矢。教材编写内容紧密联系当今畜牧生产，去粗取精，使学生既有理论基础又有实践应用能力，特别适合职业院校的教育教学。本教材适用于畜牧兽医专业、兽医专业、动植物检疫专业、宠物专业等教学和相关职业技能培训，在使用时可结合各校实际情况进行调整。

教材共包括二十二个项目。其中，绪论、项目七、项目九、项目十六、项目十八和项目二十二前半部分、附表三由刘山辉编写；项目一由王兴赫编写；项目二和项目十一由刘欣编写；项目三由王前光编写；项目四由王玉霞编写；项目五由周丹编写；项目六、项目八、项目十、项目十二、项目十七、项目二十一、项目二十二后半部分、附表一和附表二由刘德成编写；项目十三由常灵竹编写；项目十四、项目十五和附表四由张德显编写；项目十九和项目二十由王巍编写。彩色插图由刘山辉提供。全书由刘山辉、王书全统稿，部分数据由曹宽仁确认，沈阳农业大学牧医学院刘明春、吴长德教授审定。

由于作者的学术水平和编写能力有限，难免有纰缪之处，恳切希望使用本教材的师生和读者批评指正。

编者

2019年11月

目　录

模块二　动物病理解剖学

模块三　动物病理学

模块四 药物代谢动力学

模块五 作用于病原体的药物

模块六 作用于动物机体的药物

模块七 解毒药

本书数字资源索引

续表

资源名称	二维码	章节	页码	资源名称	二维码	章节	页码
视频：纤维素性炎		模块二 项目九	104	视频：“水-醇-水”法提取中草药成分制作水针		模块五 项目十六	208
视频：化脓性炎和卡他性炎		模块二 项目九	106	视频：强心药物		模块六 项目十八	225
视频：牛出血性肠炎		模块二 项目九	107	视频：抗过敏、治疗出血和水肿通用药		模块六 项目十八	228
视频：慢性皮肤增生		模块二 项目九	108	视频：健胃药		模块六 项目十八	228
视频：化脓性脑炎和非化脓性脑炎		模块二 项目九	109	视频：助消化药		模块六 项目十八	229
视频：仔猪脑膜炎		模块二 项目九	109	视频：制酵剂与消泡剂		模块六 项目十八	230
视频：伪狂犬脑炎		模块二 项目九	109	视频：泻药		模块六 项目十八	232
视频：牛肺气肿		模块三 项目十二	133	视频：止泻药的分类		模块六 项目十八	234
视频：尸体剖检技术		模块三 项目十三	146	视频：促进胃肠蠕动的药物		模块六 项目十八	236
视频：猪简易剖检		模块三 项目十三	148	视频：子宫收缩药		模块六 项目十八	238
视频：药物的来源和贮存方式		模块四 项目十四	163	视频：生殖激素应用		模块六 项目十八	239
视频：影响药物作用的因素		模块四 项目十四	168	视频：解热、镇痛、抗风湿和非特异性消炎药		模块六 项目十九	257
动画：药物口服吸收入血途径		模块四 项目十四	169	视频：拟胆碱药和抗胆碱药		模块六 项目二十	268
视频：抗微生物药的作用机理和分类		模块五 项目十六	184	视频：有机磷中毒神经症状		模块七 项目二十二	292
视频：抗支原体的抗菌药物		模块五 项目十六	201	视频：有机氟和有机磷中毒解救		模块七 项目二十二	293
视频：大肠杆菌耐药性诱导试验		模块五 项目十六	207				

绪 论

兽医基础是高等职业院校畜牧兽医专业及其相关专业必修课程，是根据当前牧医类课程结构和职业教育的人才培养要求，针对畜牧生产实践的特点而设置的一门专业基础课程，通过对动物疾病发病原因、发病机制、宏观微观结构变化、药物的体内过程、药物对机体和病原体作用的研究，阐明疾病发生、发展及防治的本质，从而为畜牧养殖生产提供理论依据。

一、兽医基础的内容

兽医基础分为动物病理和动物药理两部分。动物病理部分包括动物病理生理学、动物病理解剖学、动物病理学三项内容。动物药理部分包括药物代谢动力学、作用于病原体的药物、作用于动物机体的药物、解毒药四项内容。

动物病理生理学主要是研究动物疾病发生的原因和发生发展的过程，研究疾病发生的机制，揭示疾病的特点，最终运用辩证唯物主义的观点分析疾病，为临床疾病诊断提供理论指导；动物病理解剖学是从宏观和微观描述动物病理组织器官形态结构的改变、病理变化特点，培养学生能够准确识别组织器官的病理变化，并能够客观地分析推导疾病的病理变化，通过特异性变化初步诊断疾病，为临床兽医防治打下基础；动物病理学是根据各类组织器官炎症综合性分析病因、病理变化，动物剖检诊断进一步将病理生理和病理解剖紧密地联系一起，将动物临床常见疾病通过病理学进行归纳分析，在总结以往专业基础课程的同时，进一步向专业课延伸，更进一步与生产紧密地联系在一起，使学生明确学习本门课程的目的。

动物药理部分主要围绕药物名称、性状、制剂、作用与应用、注意事项等方面分别对种类药物展开阐述。药物代谢动力学部分是阐述药物的基本知识，药物吸收、体内分布代谢、转化排泄和药物对动物机体及病原体作用的相关知识，为全面掌握动物药理各章节知识打下基础；作用于病原体的药物包括防腐消毒剂、抗微生物药物和抗寄生虫药物，通过改变病原体的结构、影响病原体的新陈代谢，来抑制病原体的生长繁殖或杀灭病原体，使学生掌握该模块药物的作用与应用，在疫病防治中能够正确使用药物；作用于动物机体的药物包括内脏系统药物、中枢神经系统药物、外周神经系统药物、调节新陈代谢药物、激素类药物、抗过敏药物及解热镇痛抗炎药，通过改变动物机体组织器官的生理生化功能、神经反射功能达到用药目的，该模块中药物种类繁多，是动物药理中主要内容，主要培养学生在临床防治各种疾病中合理使用药物的能力；解毒药部分主要包括多种中毒的毒理、通用解毒药和解毒方式、特效解毒药物，培养学生正确诊断动物各种中毒症并掌握解救方式。

二、兽医基础主要内容的发展

（一）病理基础的发展概况

病理学发展有着漫长的历史，它是人类在探索和认识自身及动物疾病过程中自发产生的。古希腊名医希波克拉底（Hippocrates，公元前 460—前 370 年）首创了体液病理学，认为外界因素引起4种体液（血液、黏液、黄胆汁、黑胆汁）配合失常，导致机体发生疾病。18世纪中叶，意大利医学家莫尔加尼（Morgagni）根据尸体解剖所积累的资料，创立了器官病理学，标志着病理形态学的开始。19世纪中叶，德国病理学家魏尔啸（Vorchow）在显微镜的帮助下，对病变组织和细胞深入观察，首创了细胞病理学。认为细胞的演变和功能障碍是一切疾病的基础，并指出细胞形态改变与疾病过程和临床表现的关系。

我国在周秦时期的《黄帝内经》中就有着对疾病发生和死亡后解剖的记载。隋唐时代巢元方著《诸病源候论》，对疾病的病因和症候有较详细的记载。南宋著名法学家宋慈的《洗冤集录》，对尸体解剖、伤痕病变、中毒以及烧灼等都有较为详细的记录，是最早的一部法医学著作，对病理学和解剖学的发展有着重大贡献。

随着20世纪电子显微镜的问世，发展了超微病理学；随着现代细胞生物学、分子生物学、环境医学、现代免疫学、现代遗传学等新兴学科的发展以及免疫组织化学、流式细胞学、图像分析等技术的运用，均对病理学的发展产生深刻影响。近年来，超微病理学、分子病理学、免疫病理学、遗传病理学等分支学科的出现，标志着病理学研究已进入形态结构与功能代谢相结合的新历史时期。伴随着网络的发展和应用，也促进了信息病理学的进一步发展。

（二）药理基础的发展概况

动物药理学是以动物为研究对象的药理学发展和延伸，动物药理学紧随着药理学的发展而发展，我国最早的本草学是公元一世纪前后的《神农本草经》，收载有动物、植物、矿物药共365种。公元659年唐朝政府在此基础上修订，正式颁布《新修本草》，载有药物884种，并附有图谱，是我国和世界最早的一部药典，较西方最早的《纽伦堡药典》早883年。之后宋朝政府又修订了数次。到了明朝，李时珍经30年艰苦努力，编成药物学巨著《本草纲目》，收载药物共1892种，插图1160幅，药方11000条，促进了我国医药的发展，并受到世界医药界的推崇，被翻译成日、朝、德、法、英、俄、拉丁7种文字，成为世界上重要的药物学文献之一。古代无兽医专用本草书，但历代的本草书中都包含兽用本草的内容，明代喻本元和喻本亨的《元亨疗马集》是我国最早的兽医著作，收载了药物400多种，药方400余条，是我国民间兽医的宝贵文献。

药理学作为一门独立的现代科学建立于19世纪中期。18世纪以前，凡研究药物知识的科学总称为药物学。自19世纪以来，由于现代实验生理学和化学的发展，药理学进入了新方法分离提取药物的有效成分、合成新药物以及用实验方法探讨药物作用的阶段，为建立、形成现代药理学打下基础。人们先后从阿片中提取吗啡用于麻醉；用青蛙实验来确立士的宁的作用部位在中枢神经系统的脊髓；人们在研究百浪多息作用的过程中，发明了磺胺药，开创了合成药物的途径。20世纪40年代，从霉菌的培养液中提取了青霉素等，开创了实验药理学。

近几十年，随着生物化学、生物物理学和生理学的发展，以及放射性同位元素、电子显微镜和精密分析仪器的应用，使药物作用原理的研究由宏观转入微观，由原来的系统器官进入细胞、亚细胞以及分子与量子水平。

我国动物药理学的建立是在新中国成立后，20世纪50年代初，我国高等院校调整成立了独立的农业院校，多数院校设立了兽医专业，并开设了兽医药理学课程，从此先后出版了《兽医药理学》《兽医临床药理学》《兽医药物代谢动力学》《动物毒理学》等著作，开展了抗菌药物、抗寄生虫的动力学研究，使新兽药的研制开发取得了突出的成就，为保障我国畜牧业生产发展起了重要的作用。

三、兽医基础在畜牧兽医专业的地位和实践中的应用

兽医基础是畜牧兽医类教学中一门重要的专业基础学科，是一门“桥梁”课程，是对基础学科的进一步总结，兽医基础的内容和任务决定了它必须以动物解剖学、动物组织胚胎学、动物生理学、动物生物化学、动物微生物和免疫学等学科作为前期课程，同时又与动物内科学、动物外科学、动物传染病学、动物寄生虫学等临床兽医学科紧密联系，为学习专业课程提供了理论基础，起到承上启下的作用。

随着动物医学学科的深入发展，学科之间横向联系越来越紧密，在行业形成“大病理观”的理念，即病理学可以应用到基础学科家畜生理解剖学、兽医微生物学、动物生物化学、家畜环境卫生学，并对学科进行概括总结，同时为专业课程家畜内科学、家畜外科学、家畜产科学、家畜临床诊断、家畜传染病和寄生虫学提供了理论依据。

兽医基础学科也是临床防治实践中应用的一门学科，通过动物尸体剖检、动物组织检查和动物试验等方式直接参与临床疾病诊断，对动物疾病发生发展进行合理的分析，对疾病不断呈现的新特点进行合理的预判和解释，揭示疾病的本质。验证药物临床治疗效果，在临床疾病防治中合理使用药物，在不断积累临床经验的同时又促进了诊疗技术的提高。

模块一　动物病理生理学

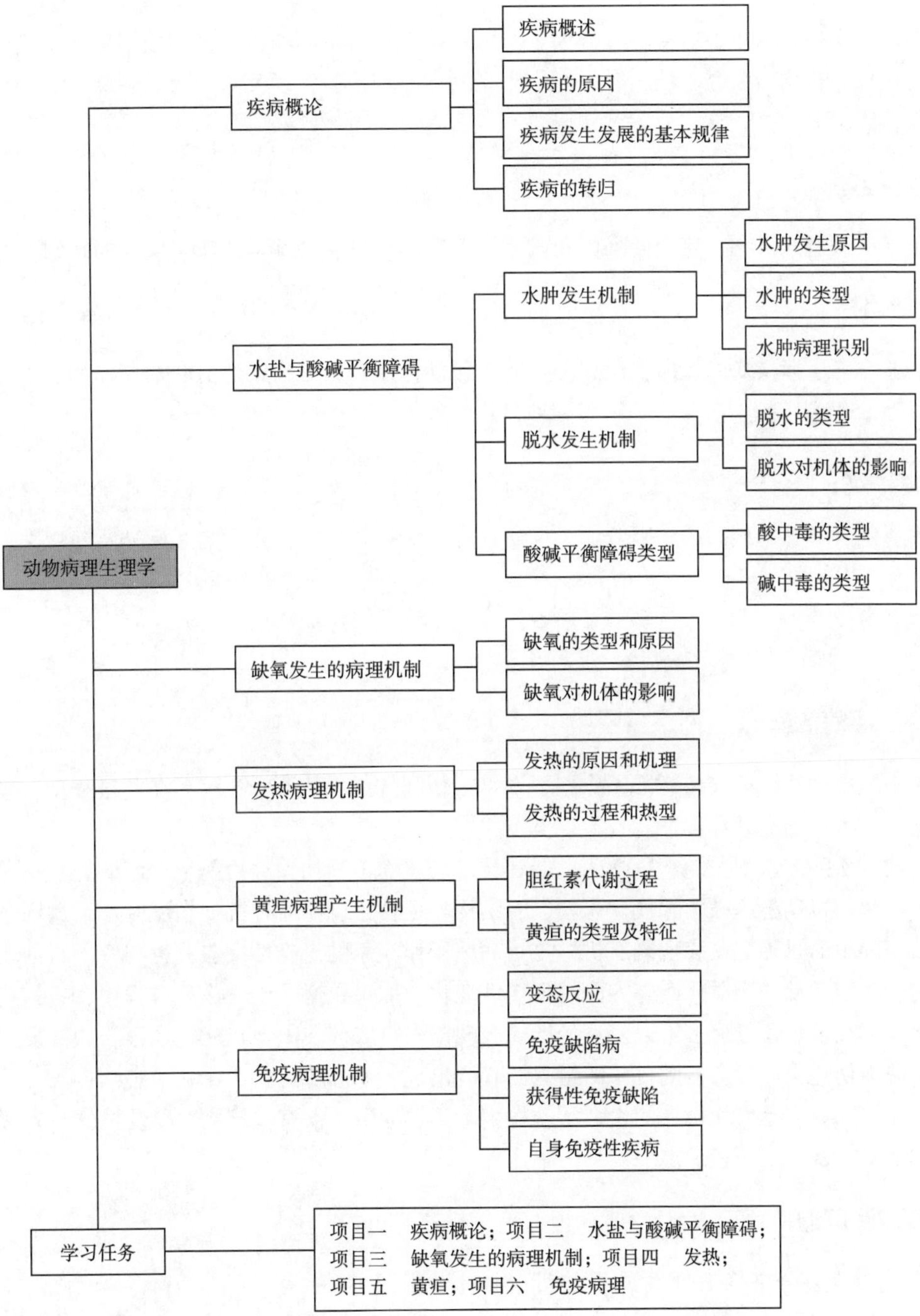
动物病理生理学
疾病概论
疾病概述
疾病的原因
疾病发生发展的基本规律
疾病的转归
水盐与酸碱平衡障碍
水肿发生机制
水肿发生原因
水肿的类型
水肿病理识别
脱水发生机制
脱水的类型
脱水对机体的影响
酸碱平衡障碍类型
酸中毒的类型
碱中毒的类型
缺氧发生的病理机制
缺氧的类型和原因
缺氧对机体的影响
发热病理机制
发热的原因和机理
发热的过程和热型
黄疸病理产生机制
胆红素代谢过程
黄疸的类型及特征
免疫病理机制
变态反应
免疫缺陷病
获得性免疫缺陷
自身免疫性疾病
学习任务
项目一　疾病概论；项目二　水盐与酸碱平衡障碍；
项目三　缺氧发生的病理机制；项目四　发热；
项目五　黄疸；项目六　免疫病理

项目一 疾病概论

◎ 情境引入

在动物疾病防治中，有多种致病因子，每种病因都有不同的特点，病因不同，疾病发生发展和转归也不相同，掌握本项内容，对临床疾病诊断和预后，以及对动物病理深入学习有着重要意义。

◎ 任务描述

包括疾病概念理解；疾病的外因和内因；疾病发生发展的基本规律；疾病的转归。

◎ 技能目标

能够准确掌握疾病的病因、疾病发生的一般规律，疾病对临床防治的指导作用，在临床中能够正确诊断疾病。

◎ 知识目标

掌握疾病概念；疾病的病因分类；疾病过程中的一般规律；死亡判断标准及其意义。

任务一　疾病概述

一、疾病的概念

疾病是指动物机体在致病因子作用下发生损伤和抗损伤的斗争过程，在此过程中，动物机体表现出一系列的症状和体征。

人类对疾病的认识，随着科学的发展和技术进步而不断加深。目前，人们认为疾病是由致病因子引起的机体稳态破坏和代谢、功能、结构的损伤，机体通过抗损伤反应与致病因子及损伤作斗争的生命过程。其表现既有机体与致病因子作斗争的全身性反应，也有各器官或组织形态结构、功能活动和物质代谢等方面的损伤性变化。如果在这一矛盾斗争过程中，抗损伤反应占优势，那么该斗争过程多不以疾病的形式表现出来，或即使出现，症状也很轻微。反之若致病因子的损伤过程占优势，则机体的组织器官会出现一系列功能、代谢和形态结构的变化。这些变化在不同程度上可使机体的生命活动发生障碍，导致各器官系统之间以及机体与外界环境之间的平衡失调，因而表现出一系列的临床症状。

二、疾病的特点

1. 疾病是在一定条件下由病因作用于机体而引起的

任何疾病的发生都是由一定的原因引起的，查明疾病的原因是有效防治疾病的先决条件。

2. 疾病是完整机体的反应

机体与外界环境的统一和体内各器官系统之间的协调活动，是动物健康的标志，疾病的发生意味着这种协调活动的破坏。此时，机体内部各器官之间和它与外界环境之间的关系会发生变化，而且协同作用发生不同程度的障碍甚至可被完全破坏，在机体的某些局部会出现明显的变化。

3. 疾病是一种矛盾斗争的过程

在致病因子的作用下，机体内发生了功能、代谢障碍和形态结构改变等损伤性反应，妨碍了机体的正常生命活动，不利于机体的生存。与此同时，机体内也必然出现抗损伤反应，借以抵抗和消除致病因子及其所造成的损伤。

4. 疾病表现出一系列的症状和体征

在动物机体损伤和抗损伤的过程中，通常表现出一定的症状。如动物肠炎，抗损伤的表现为加快有毒有害物质的排出，因而表现出腹泻症状。又如，感冒后咳嗽、发热，通过咳嗽排出上呼吸道有毒有害物质，发热激活免疫机能，使机体代谢增强。酸中毒时呼吸加深加快，尽量排出血液中的二氧化碳，减少血液中的碳酸量。疾病的症状通常是机体抗损伤的具体表现。

5. 生产力降低是动物患病的标志之一

随着机体内部的功能、代谢和形态结构发生障碍或损伤，必然会导致动物生产力（使役力、增重、产蛋、产毛、泌乳、繁殖力）下降。

任务二　疾病的原因

引起疾病的原因很多，概括起来可以分为两大类，存在于外界环境中的致病条件和机体内部的抵抗能力，即外因和内因，二者相互作用可推动疾病的发展。

一、疾病的外因

（一）生物性致病因子

生物性致病因子是动物最为常见、最重要的致病因子，包括各种微生物和寄生虫。它们可以引起传染病、寄生虫病、中毒病和肿瘤等疾病。

在现代集约化养殖中，生物性致病因子是危害畜禽养殖最主要的病因，畜禽密集饲养，很容易引起传染病的暴发。生物性致病因子致病作用的特点如下。

1. 造成病理性损伤

病原体侵入机体后，在体内生长、繁殖并产生毒素，如外毒素、内毒素、溶血素、杀白细胞素、溶纤维蛋白素和蛋白分解酶等，对机体造成病理性损伤；霉菌能产生毒素或毒物危害机体，如黄曲霉菌在其代谢过程中产生的黄曲霉毒素能引起多种动物的肝脏损伤，甚至诱发肝癌；寄生虫的致病作用主要是通过机械性损伤、产生毒素、夺取营养以及引起过敏反应而损伤机体。

2. 有一定的特异性

①侵害动物特异性：对动物机体的作用具有选择性。例如，家畜不患白喉，人类不患牛瘟，非洲猪瘟不感染人。②侵入途径特异性：破伤风杆菌只有从破损的皮肤或黏膜侵入体内才能发病。③侵害部位特异性：如猪支原体性肺炎的病原体主要作用于肺脏和肺门淋巴结，而其他组织器官通常不受侵害，猪囊尾蚴主要寄生肌肉组织。④生物性致病因子引起的疾病有一定的特异性：如相对恒定的潜伏期，比较规律的病程。⑤特殊的病理变化和临床症

视频：微生物病因的特异性

状：如副猪嗜血杆菌病表现多发性纤维素性浆膜炎，牛除败血症外，还有特征性纤维素性肺炎。⑥特异性免疫：通常在微生物侵入后，会启动免疫功能，产生特异性免疫球蛋白。

传统中医学“百病之首各有其因、因有所感各显其症”，和现代医学“由于病因的不同，每一种疾病都有着和其他疾病相区别的、独特的临床症状和病理变化”具有相似的解释，在临床疾病诊断中，往往通过这些特点，对疾病作出疑似诊断。

动态图片：病因的特异性

3. 有一定的传染性

生物性致病因子侵入机体后，作用于整个疾病过程，其数量和毒力在不断发生着变化。有些病原体伴随分泌物、排泄物与渗出物排出体外，因而具有传染性。例如，猪瘟病毒可引起猪发生猪瘟，猪瘟便是一种高度接触性传染病。

（二）化学性致病因子

化学性致病因子是指对动物具有致病作用的化学物质，主要包括强酸、强碱、重金属盐类、农药、有毒植物等。化学性致病因子也可来自体内，如体内各种病理性代谢有毒产物、肠道内腐败分解的毒性产物等。

（三）物理性致病因子

物理性致病因子包括温度、湿度、电流、电离辐射和噪声等。

1. 温度

高温可引起机体发生烧伤、烫伤或灼伤，但高温对动物的致病主要是引起热射病与日射病。热射病发生是由于环境温度过高，散热障碍，导致体温上升，临床上呈现不安，脉搏频数、呼吸增快，严重时由于内脏淤血和神经功能高度障碍，出现昏迷和呼吸抑制以致死亡。日射病则是由于烈日照射，脑髓受到过热的刺激引起中枢神经系统兴奋，脑部血管扩张或出血，体温上升，最后也可致死。低温作为一种致病因子，除可引起组织冻伤以外，还容易诱发动物感冒和肺炎。

2. 湿度

环境干燥时，动物容易出现皮肤干裂。环境湿度过大时，容易造成微生物繁殖，粪便发酵产生有毒有害气体，动物出现皮肤湿疹疾病，螨虫大量繁殖。环境温度高、湿度过大时，影响机体散热。环境温度低、湿度过大时，加快机体散热。

3. 电流

电流的损伤包括机体与电流接触或者受到大气雷电的击伤。电流对机体的损伤作用取决于电流的性质、电流的强度以及组织对电流的阻力等。电流的损伤作用主要是电热作用、电解作用和电机械作用。

4. 电离辐射

电离辐射主要引起机体辐射损伤，如致染色体畸变，从而诱发畸胎、流产、癌变等。长期或大剂量辐射可导致放射病。此外，电离辐射的致病作用还表现为放射性烧伤。

5. 噪声

高强度的噪声持久作用时，可使动物的生理功能发生明显改变，特别是使交感神经兴奋，动物出现兴奋、惊恐、消化功能抑制、生产性能明显下降等一系列现象。

（四）机械性致病因子

在大多数情况下，机械力多来自外界，如锐器或钝器的损伤、爆炸波的冲击等。机械性致病因子一般会引起机体组织的各种损伤与障碍，如挫伤、创伤（包括切伤、刺伤和撕裂伤等)、扭伤、骨折和脱臼等。部分机械力是属于内源性的，如体内的肿瘤、异物、结石、寄生虫、脓肿或肠道内秘结的坚硬粪块，生殖道内难产而不能娩出的胎儿等。

（五）其他方面致病因子

1. 营养性致病因子

动物缺乏营养，如三大营养素、维生素、矿物质等，都会引起相应的营养缺乏症。动物因摄食过多也可造成疾病，如鸡的日粮中蛋白质过量，可引起鸡患痛风病。

当今规模化养殖中，已经很少能见到主要三大营养素缺乏症，在动物营养上越来越认识到“微营养”在养殖生产中的重要性。如微量元素硒在畜禽养殖中的作用，根据生长日龄的不同，家禽缺硒时分别表现出脑液化性坏死、渗出性素质和白肌病。猪硒缺乏时表现白肌病和肝坏死。妊娠母猪缺乏维生素 A 时产出无毛死胎，雏鸡维生素 B_1 缺乏时出现“观星坐式”，幼畜缺乏维生素 D 或钙磷时表现出佝偻病等。

2. 环境性致病因子

不良的养殖环境也能导致疾病的发生。如饲养密度过大、通风不良、长途运输和饲养条件剧变等均会引起应激反应。

二、疾病的内因

（一）机体的防御能力

动物机体的防御能力是由机体的屏障机构及其相应的功能所形成的，当机体的屏障机构遭到破坏或其功能发生障碍时，可使动物机体防御能力下降而发病。

1. 内部屏障

内部屏障包括淋巴结、各种吞噬细胞、肝脏、肾脏、血管屏障、血-脑脊液屏障、胎盘屏障等。

（1）淋巴结　病原微生物及其他致病因子一旦穿过皮肤、黏膜，沿着皮下淋巴管进入淋巴结，就被阻挡在淋巴结内，由吞噬细胞将其杀灭。

（2）吞噬细胞　体内各种吞噬细胞具有吞噬和杀灭病原体的能力，这些细胞主要包括中性粒细胞和单核巨噬细胞系统。因此，当体内的吞噬细胞减少或发生吞噬能力障碍时，容易导致局部感染全身化。

在组织中存在着网状内皮系统，是游离在血管外的白细胞群，对机体具有防护功能。现代医学的自血疗法，通过将少量血液注入局部皮下组织，激活网状内皮系统，增强炎症的自我清除能力，特别适用于慢性炎症。传统中医针刀通过刺入组织，旋转撬压后造成局部少量出血，以血作为刺激物，激活网状内皮系统，其原理也是自血疗法。

（3）肝脏和肾脏　肝脏是机体的主要解毒器官，从肠道吸收来的各种有毒物质，随血液循环由门静脉到达肝脏，肝细胞通过氧化、还原、甲基化、乙酰化、脱氨基、形成硫酸酯或葡糖醛酸酯等方式，使有毒物质转化为无毒物质经肾脏排出体外。因此，肝脏对清除肠内因腐败发酵所形成的毒物有很重要的作用。肾脏是机体最大的排毒器官，它通过滤过及分泌作用排泄有害刺激物，它能以相当大的浓度排出氮残渣、硫酸盐或磷酸盐等，或借助生物化学的解毒过程，减弱毒性或消除毒物。

在肝脏发生硬变、肝炎及中毒性肝营养不良等情况下，或发生肾炎、肾萎缩时，肝脏的解毒功能及肾脏的排毒功能就会发生障碍，使体内有毒物质蓄积，出现自体中毒、肝昏迷、尿毒症等。

（4）天然生理屏障　天然生理屏障包括血管和血-脑脊液屏障、胎盘屏障、睾丸屏障、关节囊等。可阻止进入血流的病原微生物穿过血管壁进入周围组织。

2. 外部屏障

外部屏障主要由皮肤、黏膜及其附属腺体、皮下组织以及骨骼和肌肉等组成。外部屏障作为机体的第一道防线，可以有效地阻挡外界致病因子的入侵，并能缓解致病因子的致病作用。完整的皮肤不仅具有阻止病原微生物入侵的作用，皮脂腺和汗腺分泌的酸性物质还有一定的杀菌、抑菌作用。皮肤的表皮由鳞状上皮组成，缺乏血管和淋巴管结构，而且表层发生角化，可以阻止化学毒物的侵蚀和吸收。皮肤中丰富的感觉神经末梢，借助反射能使机体避开致病刺激物的损害。黏膜分布于机体的消化道、呼吸道、泌尿生殖道等部位，除具有机械性屏障作用外，还具有分泌、排泄及杀菌作用。

此外，肌肉、骨骼、皮下结缔组织等，在一定程度上，有保护体腔脏器等作用。

（二）机体的反应性

反应性是指机体对各种刺激物能以比较恒定的样式发生反应的特性，是动物在种系进化和个体发育过程中形成与发展起来的，随着神经系统的不断发展，动物的反应性也日趋复杂与完善，借以保证机体能更好地适应外界环境。

1. 种属遗传

遗传因素在一定程度上直接影响着动物的体质特征和对各种刺激物的反应性。此外，遗传物质的改变可直接引起遗传性疾病。例如，马和猪的某些基因改变，可引起血友病、猪的肛门闭锁；牛的某些基因突变则可引起牛的短腿、裂唇和斜视等。

动物由于种属不同，对外界刺激物的反应也不同，这不仅表现在对传染性致病刺激物的反应上（种属免疫），也表现在对一般非特异性刺激物的反应上。在种属免疫方面，某类动物容易感染某些传染病或寄生虫病。同一种传染性病原体作用于不同种属的动物，即使可引起相同的疾病，但其表现却不同。例如，炭疽杆菌感染草食动物，一般可引起败血症，而猪感染则通常引起局部感染。不同种属的动物对一般非特异性刺激物的反应也是这样。例如，羊对黄曲霉毒素不如其他动物敏感。

2. 品种与品系

不同品种或品系的动物，对同一刺激物的反应强度差异也很大。例如，一些品种或品系的鸡对白血病相当敏感，而另一些品种或品系的鸡该病发病率却很低。在绵羊的肺腺瘤病、某些动物的血孢子虫病、布鲁氏菌病等也存在着由于动物的品种或品系不同，发病率差异大的现象。这也提示了通过育种途径有可能减少这些疾病的发生。

3. 性别差异

动物的性别不同，对致病刺激物的反应性也有差异。这显然与神经-激素调节系统的特点有较大的关系。例如，鸡、牛和犬的白血病，通常是雌性的患病率高于雄性。

4. 年龄差异

成年动物机体随着神经系统与屏障功能的完善，对各种致病因子的作用能做出种种反应，对致病因子的抗损伤反应尤为明显，整个机体的抵抗力一般较强。例如，仔猪副伤寒沙门菌只侵害断乳后仔猪，成年鸡不发生鸡球虫病。

幼龄动物机体的反应性通常较低，这是由于屏障机构和免疫功能尚未发育完善，特别是初生幼畜，其血液中γ-球蛋白含量较低，仅依赖于母源抗体在短时间内防御某些传染病的侵犯。幼龄动物通常易发生胃肠道疾病和肺炎，而且一旦受传染病侵害时，其经过也较严重。

老年动物机体的反应性通常较低，这是由于随着老龄的到来，整个机体的代谢功能日益下降，神经系统的反应功能下降，屏障功能减弱，抗体形成减少，吞噬功能不断衰退所致。因此，当老龄动物患传染病时，其病情较为严重，组织器官受到损伤时，再生修复过程也较缓慢。

5. 免疫性

由于机体免疫性的不同，对各种抗原性刺激物如细菌、病毒、异体组织、异体蛋白或变应原的反应特性往往不一样。这种反应特性可分为免疫反应和变态反应两大类。免疫反应不足时可以引起或促进疾病的发生，例如，当体液免疫反应不足时，容易发生细菌感染；而细胞免疫反应不足时，则易引起病毒、霉菌和某些细胞内寄生菌的感染，同时还易导致恶性肿瘤的发生。变态反应就是一种疾病过程，例如，接触某些抗原可使动物机体致敏，当再次接触这些抗原时，就容易发生荨麻疹等变态反应性疾病。

（二）营养状态

动物营养状态是抵抗疾病的重要因素之一，营养良好的动物对疾病的抵抗力强于营养差的。例如，肥瘦不同的两只猪同时发生腹泻脱水，经过一段时间，通常肥猪变瘦，瘦弱的可能因脱水和营养消耗死亡。

任务三　疾病发生发展的基本规律

一、疾病发生发展的一般机制

病原刺激物作用于动物机体，一方面可造成机体的病理性损伤，另一方面又可引起机体的一系列抗损伤反应。所有这些现象的出现，主要是通过致病因子对组织的直接作用，或通过体液因子的作用，或通过神经系统功能的改变来实现的。

（一）致病因子对组织的直接作用

某些致病因子可以直接作用于组织、器官，或在进入体内后选择性地作用于某一器官或组织。前者如高温引起的烧伤、低温引起的冻伤、强酸强碱对组织的腐蚀；后者如四氯化碳引起的肝脏坏死、猪瘟病毒引起的微血管内皮损伤等。

（二）致病因子对体液的作用

致病因子通过使体液发生量变或质变，继而引起一系列的变化。属于量变情况的如失血、脱水等，可导致严重后果；属于质变情况的如体液的酸碱度、电解质含量、氧和二氧化碳分压、激素水平等的改变以及抗原抗体复合物的出现与否，均可引起机体一系列的变化。

（三）致病因子改变神经调节功能

在疾病的发生过程中，神经系统的作用可区分为致病因子对神经的直接作用和神经反射作用两种。在感染、中毒等情况下，致病因子可直接作用于神经中枢，引起神经功能障碍。例如，各种脑炎、狂犬病、一氧化碳中毒、铅中毒等。动物在饲料中毒时可出现呕吐与腹泻，在受到有害气体刺激时，呼吸运动会减弱甚至暂停，在缺氧时，低氧分压血液可刺激颈动脉体及主动脉体的化学感受器，使呼吸加深加快等，这些都是通过神经反射引起损伤与抗损伤反应的实例。

二、病因在体内蔓延的途径

如前所述，机体的内外屏障功能对防止病因的入侵和蔓延有着非常重要的作用，但是，这种功能是有限的。当外界致病因子的强度过大或数量过多时，或者机体的抵抗力被削弱时，致病因子就能突破机体的内外屏障，沿以下途径在体内蔓延。

（一）组织性蔓延

致病因子沿着组织或组织间隙进行蔓延。组织性蔓延的速度比较慢，可分为以下三种形式。

1. 连续性蔓延

连续性蔓延指侵入机体的致病因子，由病灶沿组织间隙或结缔组织扩展至其邻近组织。例如，喉气管炎沿气管、支气管扩散引起支气管炎或支气管肺炎。

2. 接触性蔓延

接触性蔓延指在空间上无直接联系的两个部位之间，仅仅是由于互相接触而发生蔓延。例如，心包的炎症随后可引发心肌炎；胆囊发炎时，炎症可蔓延到与胆囊接触的胃的浆膜等。

3. 管腔内蔓延

管腔内蔓延指致病因子随着管腔内液体的流动沿管腔蔓延到其他部位，如含有结核分枝杆菌的干酪样坏死物沿支气管或输尿管蔓延。

（二）血道性蔓延

病原微生物病因突破外部屏障后，可以进入血道蔓延。血道性蔓延常引起菌血症、毒血症甚至败血症。血道性蔓延的速度较快，危险性也较大，常使病变全身化，另外，血道性蔓延也是肿瘤细胞转移的主要方式之一。

（三）淋巴道性蔓延

许多病因，特别是病原微生物突破外部屏障后，也可以进入淋巴道蔓延。淋巴道性蔓延则多伴发淋巴管炎和淋巴结炎。在一定情况下，淋巴道性蔓延可以进而侵入血流；此外，癌细胞主要是通过淋巴道蔓延至身体的其他部位，继续生长形成新的病灶。

（四）神经性蔓延

神经性蔓延也属于组织性蔓延的一种，而神经性蔓延具有组织性蔓延所不能概括的内容。如狂犬病病毒与破伤风毒素在体内的蔓延。刺激物作用于神经引起冲动，并传递至相应的神经中枢，使中枢的功能发生改变，从而引起有关器官的功能改变，这种通过神经反射途径的蔓延扩散方式，称为刺激神经蔓延或刺激神经扩散。

在疾病过程中，病因的蔓延方式常常交互进行或同时进行。掌握致病因子的蔓延途径对于疾病的防治具有重要意义，在兽医临床实践中，应对具体情况进行认真分析，以便及时有效地阻止有害病因的蔓延。

三、社会因素和自然因素对疾病的影响

社会因素和自然因素主要包括气候、温度、湿度、自然灾害等客观条件，还包括废水、废气、废渣等人为因素造成的环境污染，这些构成不可忽视的致病因子和条件。

（一）社会因素

疾病发生的社会因素是指社会因素对疾病发生的影响，包括社会制度、科技水平、社会环境等。例如，1938—1941 年 3 年间，我国青海、甘肃、四川等地流行牛瘟，死亡一百余万头。新中国成立后，人民政府重视畜牧兽医事业的发展，颁布了畜禽疫病防治条例及检疫规程，大力支持疾病防治研究，很快扭转了畜禽疾病流行的局面。1954 年就在全国消灭了牛瘟，之后又逐渐控制了羊痘、山羊传染性胸膜肺炎、牛肺疫等疾病的流行，猪瘟、炭疽、气肿疽等病的发生也显著减少。疫苗的研制和使用，使许多传染病得到控制。

（二）自然因素

疾病发生的自然因素是指季节、气候、地区等自然环境对疾病发生的作用。低温潮湿的条件不但可诱发动物风湿症，而且可以使飞沫传播媒介的作用时间延长，另外，寒冷可使动物呼吸道黏膜抵抗力降低，很容易诱发呼吸道疾病。而环境温度过高，可导致动物体温过高，引起一系列功能紊乱，同时又可使肠道传染病增加。此外，不同季节和不同地区其发病情况也不同。例如，猪气喘病多在冬季发生，南方地区流行血吸虫病，而北方地区常发生微量元素缺乏等代谢性疾病。随着工业的发展，某些工厂排出的废气、废水、废渣污染周围环境，成为引起动物发病的重要致病因子。自然条件对疾病的发生有着重要的作用，要充分发挥主观能动性，改善自然环境，尊重自然规律，使人与环境和谐共生，深入推进环境污染防治，坚持精准治污、科学治污，减少环境因素对动物疫病发生的影响。

任务四　疾病的转归

根据机体的状况、病因的性质和是否进行及时正确的诊断和治疗，可将疾病的转归分为完全康复、不完全康复和死亡 3 种类型。

一、完全康复

当致病因子的作用停止或消失后，机体的功能、代谢及形态结构恢复正常；疾病的症状全部消除，病理性调节被生理性调节所取代，动物机体与外界环境之间及体内各器官系统之间的协调关系得以重新建立；动物的生产能力也彻底恢复到正常水平，这种现象称为完全康复。

完全康复并不等于患畜又回到病前状态，这时，由于机体功能已经重新改建，所以在抵抗有害因素的能力和机体的反应性方面均有所改变。如患过某种传染病后，一般可在一定时间内获得对该病的免疫。

二、不完全康复

疾病的主要症状虽然消失，但疾病时受损的功能和组织器官的形态结构并未完全恢复，还遗留有某些损伤的残迹或持久性的变化，但这些变化常可借助于其他器官功能活动的增强而得以代偿，这种现象称为不完全康复。例如，心内膜炎康复后所遗留的瓣膜孔狭窄或闭锁不全。这种在疾病之后所遗留的比较稳定的或发展极不明显的形态结构与功能的变化，称为病理状态。

三、死亡

死亡是指生命活动的终止，完整机体的解体，即机体作为一个整体其生命活动永久性停止。死亡的发生主要是由于致病因子的损伤作用过强，机体的适应能力耗尽，不能适应其生存条件的要求，引起呼吸、心跳等生命活动停止，最终走向死亡。

死亡可能发生在瞬间，一般情况下，死亡是逐渐发生的，称为渐死。在其发生发展过程中，一般要经历以下 3 个阶段。

1. 濒死期

在此期间，机体各系统的功能发生严重障碍，中枢神经系统脑干以上的部分处于深度抑制状态，表现为意识模糊或消失，反射迟钝，心跳微弱，血压降低，呼吸时断时续或出现周期性呼吸，括约肌松弛，大小便失禁等。

2. 临床死亡期

此期的主要标志是心跳和呼吸完全停止，反射消失，延髓处于深度抑制状态，但各组织仍然进行着微弱的代谢。临床死亡期是一种相对死亡，在这一时期由于重要器官的代谢尚未停止，若采取紧急抢救措施，机体有复活的可能，称死亡的可逆时期。

3. 生物学死亡期

是死亡的最后阶段，此时从大脑皮质开始到整个神经系统及其他各器官系统的新陈代谢相继停止，并出现不可逆性变化，即细胞死亡。此时，整个机体已不可能复活，并逐渐出现尸僵、尸冷、尸斑、尸腐、血液凝固五大尸症。

知识点：禽大肠杆菌病

致病性大肠杆菌通常由消化道侵入，首先出现肠炎，进入血液循环由血管蔓延表现为急性败血症；通过肠管组织内蔓延进入腹腔表现为亚急性腹膜炎，通过接触感染表现为腹气囊炎、肝周炎和心包炎；通过管内蔓延表现为肺炎，进一步管内蔓延至支气管、咽喉、鼻腔形成炎症，甚至通过鼻泪管蔓延形成眼炎，少数通过神经干蔓延至脑。

◎ 复习思考题

1. 试述疾病的概念。
2. 疾病发生的原因有哪些？试述各种病因的特征。
3. 生物性致病因子的特异性包括哪些？
4. 讨论自然因素和社会因素对疾病的影响。
5. 简述疾病发生的一般机制和规律。

项目二 水盐与酸碱平衡障碍

◎ 情境引入

猪水肿病皮肤水肿；鸡肿头综合征头面部水肿；猪传染性胸膜肺炎充血水肿期肺水肿；破伤风引起的高渗性脱水；长期连续服用氯噻嗪类利尿剂引起的低渗性脱水；长途运输导致大量出汗引起等渗性脱水等，本项目中详细阐述。

◎ 任务描述

包括水肿的原因和机制、类型、病理变化及对机体的影响；脱水的类型、原因、补液原则和对机体的影响；酸中毒、碱中毒的类型、原因和病理反应特点。

◎ 技能目标

能够识别常见水肿的形态学病理变化；熟悉各型脱水的病理反应特点；熟悉各型酸中毒的病理反应特点。

◎ 知识目标

掌握水肿的概念及其病理变化，了解水肿的发生机制和类型；掌握各型脱水的病理特点及其常见原因和补液原则；掌握各类型酸中毒的概念、病因和病理反应特点。

任务一　水　肿

过多的液体积聚在组织间隙或体腔内称为水肿。通常水肿是指组织间液过量，而不伴有细胞内液增多，若细胞内液增多，则称为细胞水肿或水中毒。液体积聚于体腔，称为体腔积水；水肿发生在皮下，称为浮肿。水肿不是一种单独的疾病，而是多种疾病都可能出现的一种共同病理过程。

一、水肿发生的原因和机制

（一）组织液生成量大于回流量

在生理条件下，组织液的生成与回流处于动态平衡（图 2-1），而组织液的生成受血管壁内外的流体静压（血压和组织液压）、胶体渗透压（血浆胶体渗透压和组织液胶体渗透压）、血管壁通透性和淋巴回流等因素制约，当其中任何一个因素发生异常而引起组织液生成量大于回流量时都可引起水肿。

视频：水肿的原因和机理

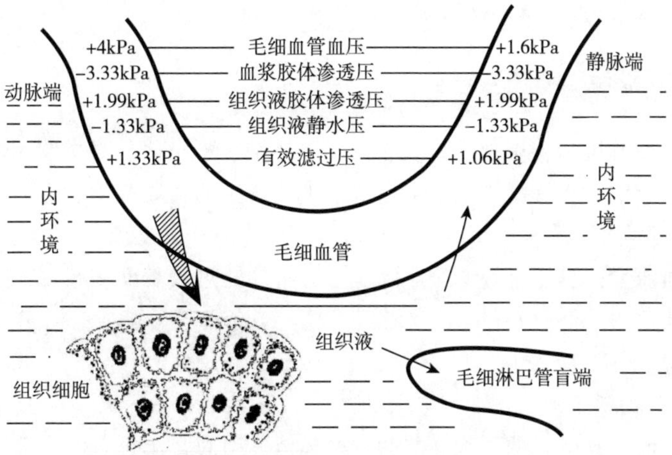

图 2-1　组织液生成与回流示意图

+代表液体滤出毛细血管的力量　-代表液体吸收回毛细血管的力量

1. 毛细血管流体静压升高

毛细血管流体静压升高，其动脉端的有效滤过压增大，使血浆的液体部分过多地滤出，超过淋巴回流量时可引起水肿。动脉充血（如炎症）和静脉压升高（血栓、栓塞、肿瘤、心功能不全、静脉炎和肝硬化）都可引起毛细血管流体静压升高。

2. 血浆胶体渗透压降低

血浆胶体渗透压是对抗流体静压的一种力量，是组织液回流血管的主要动力，其降低可使组织液回流血管的动力不足，回流量减少，则可出现水肿。引起其降低的因素有血浆蛋白合成不足（如营养不良、消化吸收障碍和严重的肝病等），蛋白质丢失过多（如肾脏疾病、慢性腹泻等）及大量钠、水在体内潴留时可使血浆蛋白稀释。

3. 组织液胶体渗透压升高

组织液胶体渗透压有阻止组织液进入淋巴管和回流血管的作用，因此，当其升高时，可使大量组织液在组织间隙潴留而引起水肿。引起其升高的因素主要有毛细血管壁通透性增高、局部组织炎症组织分解加剧等。

4. 毛细血管壁通透性升高

生理条件下毛细血管允许微量蛋白滤出。当毛细血管壁通透性升高时，有较多的蛋白质会渗出到组织间隙中，使组织液胶体渗透压升高而血浆胶体渗透压降低，引起水肿。引起毛细血管壁通透性升高的主要因素有组织缺氧、酸中毒、炎性刺激（如感染、创伤等）、某些细菌毒素（如葡萄球菌毒素、产气荚膜杆菌毒素）或蛇毒素、某些变态反应原和体内的某些血管活性物质（如组胺、5-羟色胺、激肽类、腺苷、乳酸等）。

在临床疾病中，毛细血管壁通透性升高引起水肿最为多见，因此，在防治中辅助使用降低血管通透性药物，能明显改善水肿症状。如使用肾上腺皮质激素、止血敏、静脉注射氯化钙等。

5. 淋巴回流受阻

生理条件下组织液有一小部分（约 1/10）经淋巴管回流。当淋巴回流受阻时，可引起水肿。淋巴回流受阻常见于淋巴管狭窄或阻塞（如寄生虫、肿瘤细胞等阻塞淋巴管、疤痕或肿瘤压迫淋巴管、淋巴管炎等）、淋巴管痉挛、淋巴泵失去功能等。

（二）钠、水潴留

肾脏通过肾小球滤过和肾小管的重吸收作用维持钠、水平衡。肾小球滤过率降低或肾小管重吸收增多都会引起钠、水潴留。钠、水潴留是水肿发生的物质基础。

1. 肾小球滤过率降低

凡能引起肾血流量减少、有效滤过压降低、肾小球滤过膜总面积减少和通透性降低的因素都可引起肾小球滤过率降低。如肾小球炎症、严重心功能不全、出血、休克、肝硬化腹水、弥漫性血管内凝血等。

2. 肾小管重吸收增多

肾小管重吸收增多是引起钠、水潴留的重要环节。引起肾小管对钠、水的重吸收增多的因素主要是醛固酮和抗利尿激素的增多（如应激、肝功能不全、肾上腺皮质功能亢进等）、肾血流重新分布（如心功能不全、休克等）。

以上是水肿发生的一般机制，在具体疾病中发生的水肿，往往是几种因素先后或同时发挥综合作用所致。所以，临床上对具体病例要作具体分析。

二、水肿的类型

（一）按发生疾病的原因分类

视频：水肿的识别与分析

1. 心性水肿

心性水肿通常由于心力衰竭引起全身淤血，静脉血压升高，继而淤血性水肿，以肺、胃肠等器官及末梢组织明显。

2. 肝性水肿

肝性水肿多由肝炎、肝硬化引起。①肝脏对蛋白质合成减少，直接影响血浆胶体渗透压。②肝细胞代谢功能降低对醛固酮物质灭活减少，使肾对水、钠排出减少。③发生肝炎、肝硬化时压迫门脉血管，直接引起胃肠淤血和水肿，又进一步诱发胃肠对营养物质吸收减少，加重水肿的发生。

3. 肾性水肿

肾脏发生炎症时滤过作用降低。醛固酮或垂体后叶激素的作用，使肾对水分重吸收加强。

4. 淤血性水肿

当静脉淤血时静脉血压升高，水分滤出增多；同时引起组织缺氧，葡萄糖无氧酵解产物乳酸损伤血管内皮黏合质，血管通透性增强，大量血浆蛋白外露进入组织液，增加组织液的胶体渗透压而引起水肿。

5. 炎性水肿

微生物寄生虫毒素、炎性介质、病理产物等使毛细血管通透性增强。

6. 营养不良性水肿

营养不良性水肿见于营养不良、恶病质、过度消耗、长期缺盐等，使血浆渗透压降低。

7. 过敏性、中毒性、内分泌性等水肿

例如，花粉、鸡蛋、花生等过敏原引发的变态反应，使得局部皮肤下血管充血扩张引发的水肿；甲状腺功能减退症，一般会导致机体出现黏液性水肿，往往会出现一系列全身性症状，需要及时进行有效治疗。

（二）按水肿发生的部位分类

按水肿发生的部位可分为皮下、肺、脑、喉头、视乳头水肿等。

（三）按水肿发生的范围分类

按水肿发生的范围可分为局部性水肿（水肿局限于某个组织或器官）、全身性水肿（机体多处同时或先后发生水肿，水肿部位只是疾病过程中全身性变化的局部表现，如心性水肿等）。

（四）按水肿发病的主要环节分类

按水肿发病的主要环节可分为血管源性、血管神经源性、脑源性、静脉阻塞性、通透性增高性、淋巴阻塞性水肿等。

（五）按水肿液存在状态分类

按水肿液存在状态可分为显性、隐性、黏液性水肿。

三、水肿的病理变化和对机体的影响

（一）水肿的病理变化

1. 水肿液的特性

根据水肿的原因不同，分为炎性水肿和非炎性水肿。炎性水肿时血管渗出的液体称渗出液；非炎性水肿时，血管渗出的液体称漏出液。二者的主要区别见表 2-1。

表 2-1　漏出液与渗出液的区别

区别指标	漏出液	渗出液
透明度	液体透明	液体浑浊
颜色	淡黄色	白色、黄色或红黄色
黏稠度	稀薄	稍浓稠
酸碱度	碱性	酸性
凝固性	体内外均不凝固	流至体外可凝固
细胞成分	无或有少量细胞及红细胞	有大量白细胞及红细胞
相对密度	<1.015	>1.018
蛋白质含量	<3%	>4%

2. 水肿组织的形态学变化

水肿的组织通常体积肿大，色泽变淡，弹性降低，切面流出大量汁液，代谢和温度降低

（炎性水肿除外），间质增宽，透明感增强。不同的组织和器官因结构不同，水肿时的形态变化也不同。

（1）皮肤水肿　皮肤肿胀明显，苍白色，弹性降低，质如面团，指压留痕恢复慢，皮肤切面被压挤时会流出无色或淡黄色透明液体。水肿的皮下组织呈胶冻样，镜检可见水肿液存在于疏松结缔组织间，使细胞间距离增大，排列无序，其中胶原纤维肿胀，甚至崩解。组织细胞肿大、变圆，甚至变性、坏死。淋巴管扩张。

彩图：水肿

（2）黏膜水肿　黏膜肿胀、变厚，半透明，有光泽，严重时呈胶冻样，触动有波动感。

（3）肺水肿　肺体积增大，质地变实，重量增加，表面光亮湿润，因高度淤血而呈暗红色，肺切面有大量泡沫样液体。镜检可见肺泡壁毛细血管高度扩张，肺泡腔内出现大量红染的浆液，混有少量脱落的肺泡上皮。肺间质增宽，结缔组织疏松呈网状，淋巴管扩张。若有炎症，除上述病变外，还可见肺泡壁结缔组织增生，有时病变肺组织发生纤维化。

（4）实质器官水肿　肝、肾、心、脾等实质器官因组织结构致密而肿胀不明显，只是被膜较紧张。该类水肿不易辨认，只有镜检才能发现。肝水肿时，水肿液主要积聚在狄氏间隙内，使肝细胞与窦状隙发生分离。心水肿时，水肿液主要积聚在心肌纤维间，心肌纤维彼此分离，因受挤压，心肌纤维可发生变性。肾水肿时，水肿液主要积聚在肾小管间，使间隙增宽，有时可导致肾小管上皮细胞变性并与其基底膜分离。

视频：胸腔腹腔淤血水肿

（5）脑水肿　脑软膜充血，脑沟变浅，脑回变扁平，脑室扩张，内含脑脊液增多。镜下可见脑软膜和实质内毛细血管充血，血管周围淋巴间隙扩张，充满水肿液。神经细胞肿胀、变性、核浓缩甚至消失。尼氏体数量明显减少。细胞周围因水肿液聚集而出现空隙。

（6）浆膜腔积水　通常由于体腔中的组织器官发生水肿，大量水肿液渗入器官所在的生理体腔。水肿液一般为淡黄色透明的液体。浆膜的小血管和毛细血管扩张充血，浆膜面湿润有光泽（图 2-2）。若有炎症，水肿液含较多蛋白质，并混有炎性细胞、纤维蛋白和脱落的间皮细胞而黏稠浑浊。同时浆膜肿胀、充血或出血，表面常被覆灰白色网状纤维蛋白。

视频：腹腔积水

图 2-2　肝硬化引起腹腔积水

（二）水肿对机体的影响

1. 结局

轻度或持续时间短的水肿是可逆的病理过程，病因去除后，水肿液被吸收，水肿组织和器官的功能和形态结构可恢复正常。但持续时间长的水肿可导致组织、器官的实质细胞变性、结缔组织增生而使器官硬化，这样即使去除病因也难以恢复正常，重要器官可危及生命。

2. 对机体的影响

（1）有利影响　炎性水肿的水肿液对毒素或其他有害物质有稀释作用；能输送抗体到炎症部位；蛋白质能吸收有害物质，阻碍其吸收入血；纤维蛋白凝固可限制微生物在局部的扩散；组织液增多或减少对调节血压和血量起重要作用。

（2）不利影响　水肿对机体的不利影响取决于水肿的发生部位、严重程度和持续时间。主要表现在以下几个方面：①器官功能障碍。如肺水肿会影响气体交换，胃肠黏膜水肿会影响消化吸收功能，心包积水会妨碍心脏的泵血功能，脑积水会影响中枢神经系统的正常活动等；②管腔不通或通路阻塞。如喉头水肿会引起呼吸道阻塞和窒息等；③组织营养供应障碍。水肿液会引起组织内压增高，使器官的血液供应减少，增大细胞与毛细血管间的距离，增加物质交换困难，而使组织的抗感染能力和再生能力减弱。

任务二　脱　水

机体在某些情况下，由于水的摄入不足或丧失过多，以致细胞外液总量减少的现象，称为脱水。机体内的无机盐类是以水为溶媒来发挥其生理作用的，所以，机体在丧失水分的同时，多伴有不同程度的盐类丧失。

一、脱水的类型、原因及补液原则

临床上按照细胞外液渗透压不同分为高渗性脱水、低渗性脱水和等渗性脱水三种类型。

（一）高渗性脱水

以水分丧失为主而盐类丧失较少的一种脱水，又称缺水性脱水或单纯性脱水。

1. 原因

（1）饮水不足　多见于水源缺乏；也可见于咽部发炎、食管阻塞、昏迷以及破伤风所引起的牙关紧咬而致的饮水障碍等。

（2）失水过多　常见于肠炎腹泻、过度使役（出大汗）、换气过度、高热病畜经皮肤和呼吸蒸发水分过多、下丘脑病变（如下丘脑受肿瘤压迫而使抗利尿激素分泌减少，远曲小管和集合管不能重吸收水而使之随尿排出）、肾病、利尿剂（如甘露醇、山梨醇）使用过多等。

2. 病理过程

高渗性脱水的初期，机体常出现一系列以保水排钠为主的代偿适应性反应，其表现如下所述。

（1）由于血浆渗透压升高，组织间液大量被吸收入血，以降低血浆渗透压，但使组织间液的渗透压升高。

（2）血浆渗透压升高，可直接刺激下丘脑视上核的渗透压感受器，一方面反射性地引起患病动物产生渴感，促使其从外界环境中摄入水分；另一方面又使垂体后叶释放抗利尿激素，加强肾小管对水分的重吸收，减少水分的排出，故此时患病动物的尿量减少。

（3）血浆钠离子浓度升高，可抑制肾上腺皮质分泌和释放醛固酮，减弱肾小管对钠离子的重吸收，使大量钠盐随尿排出，因此尿液相对密度增大，色泽变深。

通过上述调节，可使脱水引起的血浆渗透压升高和血液循环障碍得到缓解。如果脱水持续发展，则机体的抗脱水能力逐渐下降，进入失代偿期，会对机体造成较大影响。

如果脱水持续下去，组织间液的渗透压升高，导致细胞内水分外移，细胞内脱水，引起细胞皱缩，细胞内氧化酶活力下降，引起分解代谢加强，非蛋白氮含量增多，再加之尿液生成减少，故易导致氮质血症。另外，持续脱水，使从皮肤和呼吸器官蒸发的水分相应减少，散热发生障碍，而使体温升高。脱水过久，体内各种腺体的分泌减少。严重脱水，还会使脑组织体积缩小，各级中枢功能相继紊乱，使患病动物出现运动障碍、昏迷，甚至死亡。

3. 补液原则

临床以补水为主，用 2 份 50g/L 葡萄糖溶液加 1 份生理盐水输液治疗。

（二）低渗性脱水

以盐类丧失为主而水分丧失较少的一种脱水，又称缺盐性脱水或继发性脱水。

1. 原因

（1）补液不当　多见于腹泻、呕吐、剧痛、中暑、大面积烧伤和过劳等引起体液大量丧失后只补水、未补充电解质，使血浆和组织间液的钠含量减少，使其渗透压降低所致。

（2）丢钠过多　肾病、慢性肾功能不全、长期使用氯丙嗪类抑制肾小管对钠重吸收作用的利尿剂，以及牛的酮血症和代谢性酸中毒都使钠大量丢失。

2. 病理过程

低渗性脱水初期，机体出现一系列以保存钠离子的代偿适应性反应，其表现如下所述。

（1）血浆渗透压降低可直接抑制下丘脑视上核的渗透压感受器，反射性地抑制垂体后叶释放抗利尿激素，使肾小管对水分的重吸收减少，尿量增多，血容量减少。

（2）血浆中钠离子浓度降低，可使 Na^+/K^+ 比值减少和容量减少，又使肾上腺皮质分泌醛固酮，促进肾小管上皮细胞对钠离子的重吸收，因而，尿的相对密度降低，色泽变淡。

（3）血浆渗透压降低，组织间液中的钠离子进入血管，可使血浆渗透压得以调节。

机体通过上述调节，轻度的低渗性脱水可得到缓解而不对机体造成严重危害。如果钠离子的丢失持续进行，组织间液的渗透压不断下降，导致水分进入细胞，可引起细胞水肿导致细胞功能障碍。同时组织间液减少，而水分又不断从肾脏排出，使血浆的容量越来越少，进一步导致循环血量不足，血液浓稠，流速减慢，血压下降，严重时可引起低血容量性休克。随着血液循环障碍的发生，肾脏的血流量也显著减少，肾小球滤过率降低，因此尿量也急剧减少，排尿减少可导致血中非蛋白氮浓度不断升高，从而引起氮质血症。严重的低渗性脱水，常因神经细胞内严重低渗，影响神经细胞内酶系统的活力，引起中枢神经系统功能紊乱，最后，患病动物常因血液循环衰竭、有毒代谢产物在体内蓄积引起自体中毒而死亡。

3. 补液原则

临床以补盐为主，用 1 份 50g/L 葡萄糖溶液加 2 份生理盐水输液治疗。

（三）等渗性脱水

等渗性脱水指水分和盐类大致等比例丧失的一种脱水，又称混合性脱水。

1. 原因

多见于急性肠炎，由于肠液分泌增多，吸收障碍和严重腹泻；剧烈而持续性腹痛（肠变位、肠扭转等）时，因大量出汗，肠液分泌增多；大面积烧伤时，使大量浆液从创面流出等，均可使机体内的水和盐大量丧失，从而引起等渗性脱水。此外，中暑、过度劳累和长途行军等情况由于大量出汗，也易导致等渗性脱水。

2. 病理过程

等渗性脱水初期，体内水分和钠盐等比例丧失，所以血浆渗透压一般保持不变。但是，随着病情的发展，水分不断从呼吸道和皮肤蒸发，水分的丧失略多于钠盐，故血浆渗透压相应升高。血浆渗透压升高，一方面刺激下丘脑视上核的渗透压感受器使之兴奋，又促进抗利尿激素释放，使患病动物尿量减少，产生渴感；另一方面又抑制肾上腺皮质分泌和释放醛固酮，使大量钠盐随尿排出；再一方面由于组织间液重吸收和细胞内液的外渗入血使血容量有所增加。上述方面对维持循环血量相对恒定起重要的调节作用。但由于血浆中实际钠盐含量降低，所以从组织间液、细胞内液及外界摄入的水分仍不能保持而被排出体外，最终导致血容量降低，血液浓缩，血流变慢，甚至发生低血容量性休克。

另外，外伤大失血时水、盐按比例从血液中流出，导致等渗性脱水，随着时间的持续，贮备血量入血，血液的渗透压回升，转变为高渗性脱水，出现口渴症状。

由上可知，等渗性脱水既有因血量减少而引起的循环衰竭的低渗性脱水症状，又有因细胞外液渗透压升高及细胞内脱水而引起的口渴和少尿等高渗性脱水症状，因此，等渗性脱水表现出高渗性脱水和低渗性脱水的综合性脱水特征，最终往往向高渗性脱水转化。

3. 补液原则

临床用50g/L葡萄糖溶液加等比例生理盐水输液治疗。

二、脱水对机体的影响

脱水是一种比较常见的临床症状。轻微的脱水可被机体的代偿系统所补偿，未显现临床表现。若脱水持续发展，机体就会进入失代偿期，可引起水、盐代谢障碍，使动物机体发生生理功能紊乱和物质代谢障碍。严重的脱水甚至可导致循环衰竭，机体死亡。

对脱水患畜应该及时治疗，防止病情恶化。在补液前，应查明脱水的原因和类型，测定血钠量，针对机体丢钠的多少给予补充，以调节水、盐代谢平衡，调整体液的渗透压和血容量，改善血液循环和机体营养，增强机体抵抗力。

任务三　酸碱平衡障碍

机体的内环境必须具备适宜的酸碱度，才能保证动物机体的正常生命活动。当体液酸碱度超过一定范围，会引起物质代谢紊乱，甚至会导致动物死亡。生理条件下，机体通过下面三方面的调节，可将体内多余的酸性物质排出，使体液的pH维持在7.35~7.45，而这种内环境酸碱度的相对恒定称为酸碱平衡。

（1）血液的缓冲系统调节　血液中的缓冲系统共 4 对，碳酸氢盐-碳酸缓冲系统（在细胞内为 $KHCO_3-H_2CO_3$，在细胞外液中为 $NaHCO_3-H_2CO_3$）；磷酸盐缓冲系统（$Na_2HPO_4-NaH_2PO_4$），是红细胞和其他细胞内的主要缓冲系统，特别是在肾小管内它的作用更为重要；蛋白缓冲系统（NaPr-HBr），主要存在于血浆和细胞中；血红蛋白缓冲系统（KHb-HHb 和 $KHbO_2$-$HHbO_2$），主要存在于红细胞内。以上 4 对缓冲系统，以碳酸氢盐-碳酸缓冲系统量最大，作用最强，故临床常用血浆中这一缓冲系统的量代表体内的缓冲能力。

（2）呼吸系统的调节　肺可以通过 CO_2 排出的增多或减少来控制血浆中 H_2CO_3 的浓度，从而调节血液的 pH。

（3）肾脏的调节　血液和肺的调节作用很迅速，而肾的调节作用较慢，维持时间较长，主要通过肾小管上皮细胞分泌 H^+，重吸收 Na^+并保留 HCO_3^- 和分泌氨以维持血浆中碳酸氢钠含量来调节酸碱平衡。

一、酸碱平衡障碍的概念及类型

（一）酸碱平衡障碍的概念

机体内的酸性物质或碱性物质出现过多或过少，超出了机体的自我调节范围与代偿能力，或因排出器官（肺脏、肾脏）的功能障碍，体内电解质平衡紊乱等原因，使血液中 $NaHCO_3$ 和 H_2CO_3 的含量及两者间的比值发生改变，称为酸碱平衡障碍。

（二）酸碱平衡障碍的类型

1. 根据酸碱平衡障碍的原发性环节分类

（1）代谢性酸中毒或代谢性碱中毒　因血液中 $NaHCO_3$ 减少或增多引起的酸碱平衡障碍。多因物质代谢障碍所致。

（2）呼吸性酸中毒或呼吸性碱中毒　因血液中 H_2CO_3 原发性增多或减少引起的酸碱平衡障碍。多因呼吸功能异常所致。

2. 根据酸碱平衡障碍的程度分类

（1）代偿性酸中毒或代偿性碱中毒　因机体代偿能力发挥作用，虽然血浆内 $NaHCO_3$ 的含量发生改变，但 $m(NaHCO_3):m(H_2CO_3)$ 的值仍维持在 20∶1，是 pH 不变的酸碱平衡障碍。

（2）失代偿性酸中毒或失代偿性碱中毒　超出机体内的调节代偿能力，血浆内 $NaHCO_3$ 和 H_2CO_3 的含量及两者间的比值发生改变，是 pH 超出正常范围的酸碱平衡障碍。

二、酸中毒的类型和原因

在病理情况下，由于体内酸过多，而引起体液酸碱平衡紊乱，使血液 $pH<7.35$，机体表现出多方面的临床症状，称为酸中毒。

（一）代谢性酸中毒

当机体内固定酸生成过多或 $NaHCO_3$ 大量丧失而引起血浆中碱储减少，CO_2 结合力

（CO_2CP）降低，使血液的pH低于正常范围时，称为代谢性酸中毒，是临床最常见的一种酸碱平衡障碍。

1. 原因

（1）固定酸生成过多　在许多疾病过程中，由于发热、缺氧、血液循环障碍或病原微生物及其毒素的作用，体内的糖、脂肪和蛋白质的分解代谢加强，但又氧化不全，可引起乳酸、酮体、氨基酸等酸性物质生成过多并大量蓄积在体内，从而导致血浆pH下降。

（2）碱性物质丧失过多　由于血液中碱储丢失过多引起，常见于急性肠炎和肠阻塞等疾病。此时，由于肠液分泌加强，吸收障碍，使大量碱性物质丧失过多，酸性物质相对增多。

（3）酸性物质摄入过多　口服过量氯化铵、氯化钙、水杨酸等酸性药物可引起酸中毒。集约化牛羊生产中，由于大量使用精饲料和非蛋白氮，时常出现牛羊跛行和肾结石，病因是精料引起酸中毒，诱发蹄小叶发炎，大量尿酸盐引起肾结石。因此，在实践工作中，要根据具体情况灵活分析，正确诊断，合理治疗，创新方案，完善现代化养殖生产理论，解决生产实际问题。

（4）酸性物质排出减少　肾功能不全时，体内许多酸性代谢产物如硫酸、磷酸等不能经肾脏排出而在体内潴留；肾小管上皮细胞分泌氢和氨的功能降低，导致排酸障碍，同时重吸收Na^+及HCO_3^-减少，导致血液的$NaHCO_3$得不到相应补充；某些利尿剂（如乙酰唑胺）或病变使肾小管上皮细胞内碳酸酐酶活力降低，使H_2CO_3合成障碍，从而阻碍上皮细胞分泌氢和重吸收钠，均可引起酸中毒。

2. 代偿适应反应

（1）血浆缓冲系统代偿　当机体形成的固定酸增多而使血浆中H^+浓度增加时，机体为维持内环境恒定，体液内的缓冲系统首先用碱储与之中和，产生对酸碱平衡影响较小的弱酸性和中性盐，从而达到对强酸性物质的代偿性缓冲作用，使体液特别是血液的pH不发生变动。

（2）呼吸代偿　经碱储缓冲而生成的大量H_2CO_3解离为H_2O和CO_2，使H^+浓度和CO_2分压都升高，刺激延髓及颈动脉体的化学感受器，使呼吸中枢兴奋，呼吸加深加快，加速呼出CO_2，以降低血液中CO_2分压，随之血浆中H_2CO_3浓度也减少。由此可见，代谢性酸中毒时，虽然$NaHCO_3$含量减少，但经呼吸代偿，血浆中H_2CO_3浓度也相应减少，从而调整了$m(NaHCO_3):m(H_2CO_3)$的值，使其保持不变。一般来说，呼吸系统的代偿是非常迅速的，它可在十几分钟内呈现出明显的呼吸增强作用。因此，呼吸加强是代谢性酸中毒的重要标志之一。

（3）肾脏排酸保碱功能增强　血浆中增多的H_2CO_3不能由呼吸增强完全消除，还有一部分被血液缓冲对中的碱性磷酸钠缓冲，生成$NaHCO_3$和NaH_2PO_4。$NaHCO_3$使血浆中的碱储得以补充，而NaH_2PO_4则从肾脏排出。正常时，在排出NaH_2PO_4的过程中，Na^+还可与肾小管上皮生成的NH_3进行交换，回收碱储，但此时尿液呈酸性。酸中毒时，肾小管上皮分泌H^+和NH_3的作用增强，以排酸而保碱。但这种代偿功能是有限的，当代谢障碍进一步加重或肺功能发生障碍时，血浆的pH就继续下降，于是就发展为失代偿性酸中毒。

3. 对机体的影响

在失代偿性酸中毒时，血液中增高的H^+浓度对机体各系统特别是循环系统影响较大。酸中毒本身对心率的影响呈双向性，当血液pH从7.40下降到7.0时，一般表现为心率过快，主要由于酸中毒时分泌较多的肾上腺素所致；当pH继续下降，心率逐渐减慢，主要是乙酰胆碱酯酶被抑制，使乙酰胆碱积聚过多，其对心脏的作用超过了肾上腺素。轻度酸中毒可使心肌收缩力增加（因儿茶酚胺可促进 Ca^{2+} 进入细胞内，部分代偿作用），严重酸中毒使心肌收缩力下降（因 H^+ 大量积聚，阻止了 Ca^{2+} 从细胞外进入细胞内，细胞内游离 Ca^{2+} 浓度减低所致）。酸中毒能使心排出量减少，降低心肌发生心室颤动的阈值，导致心脏传导阻滞和心室颤动，还可以降低外周血管对儿茶酚胺的反应性，使其扩张而导致血压下降。中枢神经系统可因此而发生高度抑制，表现为精神沉郁、感觉迟钝，继之昏迷，最后多因呼吸中枢和血管运动中枢麻痹而死亡。

4. 治疗原则

代谢性酸中毒的治疗最重要的是针对基本病因进行治疗。轻度代谢性酸中毒不必进行特殊治疗，病畜经补充葡萄糖或生理盐水后多可自行缓解。中、重度代谢性酸中毒应治疗原发病，控制感染，纠正酸中毒（$NaHCO_3$ 为首选药）。

（二）呼吸性酸中毒

机体呼吸功能发生障碍，使体内生成的 CO_2 排出受阻，或由于某些原因使 CO_2 吸入过多，从而引起血液中 H_2CO_3 浓度原发性增高而产生高碳酸血症，称为呼吸性酸中毒。

1. 原因

（1）呼吸道阻塞　如喉头水肿、喉肌痉挛、白喉、异物阻塞、淋巴结或肿瘤压迫气管、溺水、羊水阻塞及麻醉期间通气不足及慢性支气管炎等，均可引起急性或慢性呼吸性酸中毒。

（2）呼吸中枢受抑制　如吗啡、巴比妥、麻醉剂、酒精中毒或脑炎、脑肿瘤等，均能使呼吸中枢受抑制，引起呼吸性酸中毒。

（3）呼吸肌麻痹　如有机磷中毒、钾缺乏症、脊髓灰质炎、急性感染性多发性神经根炎、重症肌无力、甲状腺功能亢进症性低钾性瘫痪、高位截瘫等。

（4）胸廓疾病　胸壁损伤、胸膜腔积液等由于疼痛或胸壁不稳定而影响通气，CO_2 不能充分呼出，以致引起呼吸性酸中毒。

（5）肺部疾病　如肺炎、肺水肿、大面积肺萎陷等，均能引起急性呼吸性酸中毒。肺气肿、肺组织广泛性纤维化、支气管扩张、慢性支气管炎等，常发生慢性呼吸性酸中毒。

（6）血液循环障碍　充血性心力衰竭或肺源性心脏病，由于全身性淤血，可导致循环变慢，CO_2 排出减慢，蓄积体内，故使血中 H_2CO_3 浓度增高，引起呼吸性酸中毒。

（7）吸入 CO_2 过多　厩舍过小，通风不良或畜群过于拥挤时，常因空气中 CO_2 含量过高，导致病畜吸入的 CO_2 量过多，使血浆中 H_2CO_3 浓度增高，发生酸中毒。

2. 代偿适应反应

（1）血浆缓冲系统代偿　当 CO_2 排出受阻而使血液中 H_2CO_3 浓度增高时，可导致 $m(NaHCO_3):m(H_2CO_3)<20:1$，使 pH 下降，从而使血液中缓冲作用大大降低。此时，缓冲系统主要靠血浆蛋白和血红蛋白缓冲系统来调节。血液中部分 CO_2 在生成 H_2CO_3 后，可与蛋白质起反应产生 HCO_3^-，后者再与 Na^+ 结合形成 $NaHCO_3$。这有助于使 $m(NaHCO_3):m(H_2CO_3)$ 的值维持在正常范围内。另外，当血液内 CO_2 分压升高时，CO_2 还可借助其分压差进入红细胞，在其内与 H_2O 结合形成 H_2CO_3。H_2CO_3 解离后产生 HCO_3^- 的浓度如果超过了血浆内 HCO_3^- 的浓度，就可从红细胞内转移入血浆，为维持阴阳离子平衡，血浆中的 Cl^- 则进入红细胞中，以替补所丧失的 HCO_3^-，血浆内的 HCO_3^- 浓度增高，$m(NaHCO_3):m(H_2CO_3)$ 的值可得到维持。

（2）肾脏的调节作用　与代谢性酸中毒相同。但应注意：肾脏虽然具有强大的代偿能力，但其生成 HCO_3^- 是一个比较缓慢的过程，要让这种代偿功能充分发挥作用，必须经过一定时间（数小时至数日）才有可能。

3. 对机体的影响

与代谢性酸中毒基本相似，不同的是呼吸性酸中毒有高碳酸血症，高浓度的 CO_2 可使脑血管扩张，颅内压升高，导致患病动物精神沉郁和疲乏无力，严重的可引起脑水肿，使患病动物陷入昏迷状态。急性的疾病或疾病急性发作时，K^+往往从脑细胞内移向细胞外，使血钾浓度升高，常可引起心室颤动，导致患病动物急速死亡。

4. 治疗原则

急性呼吸性酸中毒治疗首先是使 CO_2 能有效地排出，再治疗原发病。慢性呼吸性酸中毒的治疗是先治疗原发病，消除 CO_2 积聚，改善缺氧情况，同时控制感染，若机体内环境 pH 降低时可使用碱性药物。

三、碱中毒的类型和原因

体液的 pH>7. 45 会引起碱中毒。当 pH>7. 5 时，出现严重的碱中毒。碱中毒可分为代谢性碱中毒和呼吸性碱中毒。

（一）代谢性碱中毒

当碱性物质摄入过多或固定酸大量丢失，造成血浆中 $NaHCO_3$ 含量原发性增加，使 $m(NaHCO_3):m(H_2CO_3)$ 的值变大而 pH 增高时，称为代谢性碱中毒。

1. 原因

（1）酸性物质丧失过多　急性肠炎、严重呕吐等可引起胃酸（HCl）丧失过多。HCl 与肠液中的 $NaHCO_3$ 中和且碱性液的分泌受 H^+入肠的刺激。因此，如果 HCl 丢失过多，则肠液中 $NaHCO_3$ 分泌减少，体内将有潴留；再者，已分泌入肠的 $NaHCO_3$ 不被 HCl 中和，而被重吸收入血液。这就使血液中 HCO_3^- 的浓度上升而导致代谢性碱中毒。

（2）碱性物质摄入过多　服用过量的 $NaHCO_3$，中和胃酸后导致肠内 $NaHCO_3$ 明显升高时，特别是肾功能有障碍的患畜由于肾脏调节 HCO_3^- 的能力下降可导致碱中毒。

（3）血钾降低　血钾过低时，一方面，肾小管上皮细胞排钾相应减少而排 H^+增加，使 $NaHCO_3$ 重吸收增多；另一方面，细胞内 K^+移至细胞外以补充细胞外液的 K^+，而 H^+则进入细胞内以维持电中性，故导致代谢性碱中毒（此时细胞内却是酸中毒）。

（4）低氯性碱中毒　胃酸丢失伴有 Cl^-的丧失，长期服用碱性利尿剂能抑制近曲小管髓袢升支对 Na^+和 H^+的重吸收，但对远曲小管无抑制作用，Na^+与 H^+的交换仍正常进行。因此，Na^+仍然重吸收，而 H^+从尿中排出增多，HCO_3^- 则作为与 Cl^-交换的离子而被重吸收，可使血浆 $NaHCO_3$ 含量增加，引起低氯性碱中毒。

2. 代偿适应反应

（1）呼吸系统代偿　血液中 $NaHCO_3$ 浓度原发性增高时，H^+浓度降低，pH 升高，使呼吸中枢受抑制，呼吸变浅变慢，通气量减少，血液中 CO_2 排出减少，而 H_2CO_3 的量代偿性增高；呼吸浅表可使机体迅速缺氧，因此，通过呼吸功能改变进行的代偿是短暂有限的。

（2）肾脏的代偿　血液的 pH 升高时，肾小管上皮细胞分泌 H^+、产生 NH_3 的能力降低，因而与肾小管中的 Na^+交换量也随之减少，于是体内多余的 $NaHCO_3$ 随尿液排出，尿液呈碱性。这是肾脏排碱保酸作用的主要形式。由于 HCO_3^- 在肾小管腔内的浓度增高，可以减少 Cl^-和酸性代谢产物（如乳酸、酮体等）的排出，血氯常常偏高。

（3）细胞的代偿　细胞外液 H^+的浓度降低，引起细胞内的 H^+与细胞外的 K^+进行交换，导致细胞外液 H^+的浓度升高，往往伴发低血钾症。

通过上述代偿反应，如果 $m(NaHCO_3)$ ∶ $m(H_2CO_3)$ 的值恢复 20∶1，使血浆 pH 在正常范围内，称为代偿性代谢性碱中毒；如果 $m(NaHCO_3)$ ∶ $m(H_2CO_3)$ 的值大于 20∶1，使血浆 pH 高于正常范围，称为失代偿性代谢性碱中毒。

3. 对机体的影响

碱中毒时，血浆 pH 增高，引起脑组织中 γ-氨基丁酸转氨酶活性增强，具有抑制性作用的 γ-氨基丁酸分解代谢增强，其脑内含量减少，因此对中枢神经系统的抑制作用减弱，患畜表现兴奋不安。严重时，脑血管收缩，血红蛋白氧离曲线左移，氧不易释放，脑组织缺氧，可导致患畜昏迷。此外，碱中毒时，血液 K^+、Cl^-降低，Ca^{2+}浓度降低，使神经肌肉组织的兴奋性增高，患畜出现肌肉不协调抽搐，反射活动亢进，甚至痉挛。

4. 治疗原则

先治疗原发病，给患畜输生理盐水（可提高血液 Cl^-，促进 $NaHCO_3$ 排出）。严重的碱中毒，则适当给予酸性药物，并可补钾。

（二）呼吸性碱中毒

肺脏过度换气时体内 CO_2 排出过多，使血浆中 H_2CO_3 含量降低，$m(NaHCO_3)$ ∶ $m(H_2CO_3)$ 的值变大而 pH 升高时，称为呼吸性碱中毒。

1. 原因

（1）呼吸中枢兴奋性增高　脑炎、脑膜炎、脑肿瘤、脑血管意外及颅脑损伤等使呼吸中枢受到刺激而兴奋，出现通气过度。

（2）某些药物中毒　如水杨酸中毒时，水杨酸能直接刺激呼吸中枢使其兴奋性升高，对正常刺激的敏感性也升高，因而出现过度通气。

（3）代谢过程异常　外界环境温度过高、甲状腺功能亢进及发热等时，由于物质代谢亢进，产热增加，可使呼吸中枢兴奋性增高，导致呼吸性碱中毒。

（4）乏氧性缺氧　乏氧性缺氧时的通气过度是对乏氧的代偿，但同时可以造成 CO_2 排出过多而发生呼吸性碱中毒。常见于进入高原、高山或高空的动物；胸廓及肺病变如肺炎、肺栓塞、气胸、肺淤血等。这些均引起血浆 H_2CO_3 下降而出现呼吸性碱中毒。

（5）代谢性酸中毒突然被纠正　如使用 $NaHCO_3$ 纠正代谢性酸中毒，细胞外液 HCO_3^- 浓度迅速升至正常，但通过血-脑屏障很慢，为 12~24h，此时脑内仍为代谢性酸中毒，故过度通气仍持续存在。这就造成 H_2CO_3 过低的呼吸性碱中毒。

2. 代偿适应反应

呼吸性碱中毒时，因血浆中的 H_2CO_3 含量降低，形成低碳酸血症，pH 增高，可抑制呼吸中枢，使呼吸减慢，但这种代偿极其有限。所以呼吸性碱中毒的代偿适应性反应主要靠肾脏来

排出过多的 HCO_3^-。结果 $NaHCO_3$ 和 H_2CO_3 含量都减少，$m(NaHCO_3)$ ：$m(H_2CO_3)$ 的值恢复 20：1，血浆 pH 在正常范围内，称为代偿性呼吸性碱中毒。如果发生急性呼吸性碱中毒，肾脏代偿功能来不及充分发挥作用，血液中 H_2CO_3 急剧减少而 $NaHCO_3$ 相对升高，$m(NaHCO_3)$ ：$m(H_2CO_3)$ 的值增大，使血浆 pH 增高，称为失代偿性呼吸性碱中毒。

3. 对机体的影响

与代谢性碱中毒相似。

◎ 复习思考题

一、名词解释

水肿、脱水、酸碱平衡障碍、代谢性酸中毒、呼吸性酸中毒、代谢性碱中毒、呼吸性碱中毒。

二、单选题

1. 肝（或肾、心、脾）发生水肿时，眼观变化包括（　　）

A. 体积明显增大，质地变实　　B. 体积增大不明显，被膜较紧张

C. 指压留痕恢复慢　　D. 颜色变深

E. 色泽变淡，弹性降低

2. 机体内 $NaHCO_3$ 大量丧失而引起（　　）

A. 代谢性酸中毒　　B. 呼吸性酸中毒　　C. 代谢性碱中毒

D. 呼吸性碱中毒　　E. 混合型酸碱平衡障碍

3. 血浆中 $NaHCO_3$ 含量原发性增加可引起（　　）

A. 代谢性酸中毒　　B. 呼吸性酸中毒　　C. 代谢性碱中毒

D. 呼吸性碱中毒　　E. 混合型酸碱平衡障碍

三、多选题

1. 皮肤发生水肿时眼观变化包括（　　）

A. 皮肤肿胀明显，苍白色　　B. 皮肤弹性升高，质如面团

C. 皮肤指压留痕恢复慢　　D. 皮肤温度升高

E. 皮肤半透明状

2. 脑发生水肿时眼观变化包括（　　）

A. 脑沟变浅，脑回变扁平　　B. 脑室扩张，内含多量脑脊液

C. 体积增大，质地变实　　D. 弹性降低，质如面团

E. 高度淤血，暗红色

3. 高渗性脱水的原因包括（　　）

A. 饮水不足　　B. 失水过多　　C. 补液不当

D. 丢钠过多　　E. 慢性肾功能不全

4. 低渗性脱水的原因包括（　　）

A. 饮水不足　　B. 失水过多　　C. 补液不当

D. 丢钠过多　　E. 慢性肾功能不全

5. 肺发生水肿时眼观变化包括（　　）

A. 体积增大，质地变实　　B. 体积增大，质地松软　　C. 表面光亮湿润

D. 发生贫血，颜色变浅　　E. 高度淤血，暗红色

6. 下列对各种组织器官水肿描述正确的是（　　）

A. 黏膜水肿时，黏膜高度肿胀，触动有波动感

B. 肺水肿时，体积增大，质地变实，表面光亮湿润

C. 脾水肿时，肿胀不明显，只是被膜较紧张

D. 心水肿时，体积增大

E. 脑水肿时，脑沟变浅，脑回变扁平

7. 下列对渗出性水肿液与漏出性水肿液描述正确的是（　　）

A. 漏出液透明，渗出液浑浊

B. 漏出液内有少量细胞，渗出液内有多量细胞

C. 漏出液体内不凝固，渗出液体内凝固

D. 漏出液稀薄，渗出液稍浓稠

E. 漏出液为炎性水肿液，渗出液为非炎性水肿液

四、简答题

1. 简述常见水肿的形态学病理变化。

2. 简述水肿液的区别。

3. 简述酸中毒的定义及其分类，各类型酸中毒的原因。

4. 简述酸中毒对机体的影响。

实训一　水肿的观察

【目标要求】掌握并识别常见组织器官水肿的眼观和镜检病理变化。

【实训用品】

（1）材料　相关的大体标本、病理组织切片、幻灯片、CAI 课件、图片、挂图。

（2）用具　光学显微镜、投影仪、幻灯机等。

【内容和步骤】

（1）由指导教师选择皮下水肿、肺水肿、肝水肿、胃肠壁水肿等的典型的大体标本、病理组织切片、幻灯片、CAI 课件或图片，通过肉眼、光学显微镜、幻灯机或投影仪，指导学生观察和识别相关组织器官的大体和病理组织学变化。

（2）讨论和归纳总结水肿组织的病理变化特点。

【实训报告】

（1）叙述各组织器官发生水肿时的形态变化及发生机制。

（2）从本次实训内容中任选两种组织器官的水肿显微变化，绘制其显微变化图。

实训二　酸中毒的实训观察

【目标要求】通过给实验兔肌内注射苯巴比妥和配合静脉注射 1%稀盐酸使其发生酸中毒，来观察发生酸中毒时动物机体的临床表现和检测各项生化指标的变化，动物器官的病理变化。

【实训用品】

（1）材料　实验兔的全血及其尿液、肝素、75%酒精、1g/L碘酊。

（2）用具　血气分析仪、固定台（或手术台）、固定绳、剪毛剪、止血带、pH广泛试纸、（玻璃）注射器、针头、软木塞、消毒棉球、烧杯、小动物解剖器械。

【内容和步骤】

（1）将实验兔固定在固定台上。

（2）进行动脉采血。选择搏动最明显处（常用部位为桡、肱、股动脉），无菌操作，用含有抗凝剂的注射器（将125U/mL消毒肝素润湿注射器内壁并充满无效腔），采血量视所用仪器需要而定，一般1~2mL。拔出针头后用软木塞密封针头，稍加摇动，立即用血气分析仪检测其血液的pH、氧气及二氧化碳的含量，钾及钠的含量。局部用消毒棉球按压止血。

（3）采集尿液，用pH广泛试纸浸入尿液，取出与标准色板比较测定，判断尿液的pH。

（4）给实验兔一次性肌内注射苯巴比妥，24~60mg/kg体重，同时静脉注射1%稀盐酸3mL。

（5）用药30min和60min后，进行动脉采血和尿液采集，并分别如上进行各项测定。

（6）采血和采集尿液同时注意观察并记录实验兔出现的临床表现。

（7）实训结束，对实验兔进行宰杀，观察各器官和皮肤、黏膜的病理变化。

【实训要求】

（1）指导教师讲解本次实训的方法步骤，要求学生以组为单位完成实训，记录测定结果。

（2）填写酸中毒实训记录表（表2-2）。

表2-2　酸中毒实训记录表

项目	注射苯巴比妥和1% HCl之前	注射苯巴比妥和1% HCl之后
血气分析仪检测		
尿液pH		
临床症状		
剖检病理变化		

【实训报告】

（1）记录用药前后实验兔血液的pH、氧气及二氧化碳的含量，钾及钠的含量及尿液pH，并进行比较，说明动物发生呼吸性酸中毒时血液及尿液的变化，器官的病理变化。

（2）说明实训原理，解释出现实训中所见到现象的原因。

项目三 缺氧发生的病理机制

◎ 情境引入

动物高原反应；肺及上呼吸道疾病；煤气中毒和亚硝酸盐中毒；血液循环障碍；含氰苷植物中毒和维生素缺乏等，出现各种不同的缺氧，本项内容学习不同类型缺氧的特点和临床表现。

◎ 任务描述

缺氧的概念，缺氧原因和类型，缺氧对机体的影响。

◎ 技能目标

能够诊断出缺氧的原因，准确判定缺氧的类型，在临床中能够治疗各种缺氧。

◎ 知识目标

掌握缺氧的概念和类型，熟悉各型缺氧的发病机制和病理特征，了解缺氧对机体的影响。

动物机体的组织细胞由于氧的供给不足或对氧的利用率降低，引起机体的代谢、功能和形态结构的改变，称为缺氧。

任务一 缺氧的原因和类型

根据缺氧发生的速度，有急性缺氧和慢性缺氧之分。根据缺氧时动脉氧分压的变化，有低张性低氧血症和等张性低氧血症之分。根据缺氧的原因，有呼吸性缺氧、血液性缺氧、循环性缺氧、组织性缺氧之分。

视频：缺氧的类型

一、呼吸性缺氧

（一）概念

呼吸性缺氧又称乏氧性缺氧、低张性缺氧，是由于动脉血氧分压低，动脉血氧含量减少，组织供氧不足引起的缺氧。

（二）原因与发生机制

1. 空气中氧分压降低

如在高山或高原地带的空气稀薄处或拥挤不堪、通气不良的厩舍或车厢中，由于空气中氧分压低，氧含量少，使肺泡氧分压降低，因而流过肺泡的动脉血氧分压与氧含量也相应降低，呈现低氧血症。

如北方冬季肉鸡腹水症，与环境密闭缺氧有密切关系，缺氧导致肉鸡体内偏酸，毛细血管通透性增加，引起腹腔水肿。

2. 呼吸功能障碍

由呼吸功能障碍而引起的缺氧，称为呼吸性缺氧。上呼吸道狭窄或阻塞，如喉头水肿、肿瘤压迫、异物阻塞、支气管痉挛；胸腔疾病，如胸腔积液、积血、气胸等；肺脏疾病，如肺炎、肺水肿、肺气肿；呼吸麻痹；呼吸中枢抑制等。

（三）表现

动物可视黏膜发绀，呼吸中枢兴奋，代偿性呼吸加强。

二、血液性缺氧

（一）概念

血液性缺氧又称等张性低氧血症、贫血性缺氧，是由于血红蛋白数量减少或性质改变，动脉血氧含量分压降低或血红蛋白释氧不足，供氧障碍所致缺氧。

（二）原因与发生机制

1. 贫血

贫血常见于再生障碍性贫血、失血性后贫血、营养不良性贫血、溶血性贫血等。贫血时，由于红细胞数和血红蛋白（IIb）减少，致使血氧容量和血氧含量低于正常值，使其携带氧的数量减少，毛细血管处氧分压降低，导致氧向组织弥散程度迅速减慢，供给组织的氧减少。

2. 血红蛋白变性

血红蛋白变性常见于一氧化碳（CO）中毒或亚硝酸盐、苯胺、磺胺类、硝基苯类化合物等中毒。血红蛋白分子结构改变可影响其携氧能力。CO 中毒时，一方面，CO 可迅速与血红蛋白（Hb）结合形成碳氧血红蛋白（HbCO），HbCO 没有携氧能力，与正常 Hb 结合的氧量减少；另一方面，CO 还可抑制正常红细胞氧化酶，使氧合血红蛋白（HbO_2）结合的氧不易释出。HbCO 比 HbO_2 的解离速度慢 2100 倍，因此，CO 中毒既影响 O_2 与 Hb 的结合，又妨碍 O_2 与 Hb 的解离，使组织不能利用氧，加重组织缺氧；亚硝酸盐等中毒时，Hb 中的亚铁（Fe^{2+}）被氧化成高铁（Fe^{3+}），形成高铁血红蛋白（MHb，又称变性血红蛋白或羟化血红蛋白）症，一方面，Fe^{3+}Hb 失去携氧的能力；另一方面，剩余 Fe^{2+}Hb 与 O_2 的亲和力异常增高，O_2 不易释出，引起缺氧。

（三）表现

1. 煤气中毒

皮肤、可视黏膜呈樱桃红色，很少出现发绀；严重中毒时，因毛细血管收缩，可视黏膜呈苍白色。由于损伤呼吸中枢，临床上常见呼吸困难，呼吸抑制。

2. 亚硝酸中毒

由于 MHb 呈咖啡色或青石板色，故皮肤、可视黏膜呈咖啡色。因临床亚硝酸中毒多因食入大量含硝酸盐的食物后，肠道细菌作用将硝酸盐还原为亚硝酸盐所致，称为肠源性发绀。

三、循环性缺氧

（一）概念

循环性缺氧又称低血流性缺氧、低动力性缺氧，是由组织器官血流量减少或流速减慢而引起的细胞供氧不足，包括缺血性缺氧和淤血性缺氧两种。前者是由于动脉血供应不足所致，后者是由于静脉血回流不畅所致。二者在局部和全身血液循环障碍时均可发生。

（二）原因与发生机制

1. 全身血液循环障碍

全身血液循环障碍常见于心力衰竭、休克、心功能不全、大失血等。全身血液循环障碍时，因心脏输出量减少和静脉血回流不畅，动脉血灌流急剧减少，可同时导致缺血性和淤血性缺氧。全身性缺氧严重时，心、脑、肾等重要器官缺氧，功能衰竭可导致动物死亡。

2. 局部血液循环障碍

局部血液循环障碍常见于局部血管痉挛、动脉狭窄、局部瘀血、血栓形成、栓塞等。局部血液循环障碍时，由于管腔狭窄或闭塞，单位时间内该血管灌流区的血流量减少或流速减慢，弥散到组织细胞内的氧减少，导致缺血性缺氧。

3. 静脉血分流入动脉

某些先天性心脏病，如卵圆孔闭锁不全、室间隔缺损等，由于右心的部分静脉血未在肺毛细血管内进行氧合作用，而直接经过缺损处流入左心，故左心动脉血氧分压降低。

（三）表现

由于血液循环障碍，组织中 CO_2 与酸性代谢产物在血液中增加，促使 HbO_2 解离。毛细血管中血红蛋白量增多，患病动物可在局部或全身出现发绀、酸中毒、组织细胞变性坏死。

四、组织性缺氧

（一）概念

组织性缺氧又称氧利用障碍性缺氧，指组织细胞因生物氧化过程障碍，利用氧能力降低引起的缺氧。

（二）原因与发生机制

组织性缺氧见于组织中毒、细胞损伤、维生素缺乏等。

1. 细胞色素氧化酶功能破坏

氰化物（白三叶草等含有氰苷的植物、HCN、KCN、NaCN 等）中毒时，其氰基（CN^-）

能迅速与线粒体中氧化型细胞色素氧化酶中的三价铁（Fe^{3+}）结合，形成氰化高铁细胞色素氧化酶，使铁不能再被接受并传递电子给氧原子以形成水，失去传递电子的功能，呼吸链中断，使组织不能利用氧，即“细胞内窒息”。硫化氢、磷、砷化物等中毒时，同样也是抑制该氧化酶而致缺氧。含氰苷的植物和饲料常见的有高粱嫩苗、二茬高粱苗、苏丹草、甜菜渣、杏仁、蒙古扁桃、亚麻种仁等。

2. 线粒体损伤

大量辐射或细菌毒素（重症感染）作用时，细胞中线粒体损伤而导致细胞利用氧障碍。

3. 脱氢酶抑制或破坏

许多维生素如核黄素、泛酸、烟酰胺等是呼吸链中许多脱氢酶的辅酶。当这些维生素缺乏时，呼吸酶的合成减少，导致细胞生物氧化过程中利用氧障碍。当乙醚、巴比妥、吗啡等麻醉剂中毒时，也能抑制或破坏脱氢酶而导致缺氧。

4. 组织需氧量过多

如剧烈运动时，心肌耗氧量和需氧量增加而引起相对缺氧。

（三）表现

因血液为鲜红色，动物皮肤、可视黏膜呈鲜红或玫瑰红色，也可因呼吸抑制而呈暗红色。

此外，发热也会引起缺氧。体温每升高 1℃，氧耗增加 10%，还有甲亢等。缺氧虽然可分为 4 种基本类型，但在疾病过程中，缺氧往往是混合型的，各型缺氧互相关联，互相影响，可能是同时发生或先后发生。例如，心功能障碍时，除因血流量减少和血流减慢可引起循环性缺氧外，还可由于继发肺淤血或肺水肿，导致呼吸性缺氧。因此，对具体病例，要作具体分析。

任务二　缺氧对机体的影响

缺氧对机体的影响，取决于缺氧发生的程度、速度、持续时间和机体的功能代谢状态等。缺氧时机体的功能和代谢变化，包括机体对缺氧的代偿反应和缺氧引起的损伤性变化。首先机体各系统出现一系列代偿适应性反应，以增加氧的供应或提高组织利用氧的能力，如果代偿不足或发生严重缺氧则可出现组织代谢功能障碍，甚至发生组织坏死或机体死亡。

一、呼吸系统的变化

呼吸的变化因缺氧的类型和程度而异。凡是伴有动脉血氧分压降低，二氧化碳分压升高或氢离子浓度升高的缺氧，均可反射性地引起呼吸加深加快。急性低张性缺氧时，动脉血氧分压降至 8kPa 以下，使颈动脉体及主动脉体的化学感受器受到刺激，反射性地引起呼吸中枢兴奋，呼吸加深加快，通气量增大，以便从外界摄取更多氧，提高动脉血氧分压。同时，因胸腔活动增大而加大了胸腔负压，增加了静脉的回心血量和肺血流量，有利于氧在肺脏的弥散入血及体内的迅速转运。呼吸深快又可排出较多的二氧化碳，使血中二氧化碳分压降低，导致呼吸性碱中毒。后者在一定程度上可抑制呼吸，起着抵消缺氧兴奋呼吸中枢的作用。严重缺氧可抑制呼吸中枢的活动，引起周期性呼吸甚至呼吸停止。

一般在血氧分压保持不变的缺氧过程中，如血液性缺氧（贫血、一氧化碳中毒、MHb 血症），通常不发生呼吸增强。循环性缺氧若涉及肺循环，如心力衰竭引起肺淤血、水肿时，可使呼吸加快。肺通气量增加是对急性低张性缺氧最重要的代偿性反应，此反应的强弱存在显著的个体差异。

二、神经系统的变化

中枢神经（特别是脑皮质）对缺氧很敏感。严重缺氧时，动物可因呼吸中枢、心血管运动中枢麻痹而死亡。脑组织的能量主要靠糖有氧氧化，缺氧时，有氧氧化不能顺利进行，神经细胞能量缺乏，动物表现出一系列的神经症状。初期，动物兴奋不安，随后因缺氧加剧，大脑皮质由兴奋到抑制，运动失调。此后，倒地痉挛，反应性下降，感觉消失，昏迷、惊厥，最后因呼吸、心血管中枢麻痹而死亡。

三、循环系统的变化

缺氧时心脏功能的变化：缺氧初期，可使交感神经活动增强，使心脏代偿性心率加快，收缩力增强，静脉回心血量增加，心排出量增加，血流量增大，氧的运输量增加。严重缺氧时，心脏能量供应下降，出现心肌变性、心力衰竭、血压下降、心律不齐、发绀等。

缺氧对血管功能的影响：在缺氧初期，由于动脉氧分压降低，发射性引起交感神经兴奋，肾上腺素分泌增加，使皮肤和腹腔脏器血管收缩，放出储血，以增加循环血量，而脑和心肌的血管则扩张，血流量增多，即发生血流重新分配，从而保证心、脑的血液供应，在慢性缺氧时，由于组织内酸性代谢产物增多，并可出现新生毛细血管，从而改善组织的血氧供应。

此外，缺氧时肺血管的功能变化受肺泡气氧分压的影响。当肺泡气氧分压降低时，可引起该处肺小动脉收缩，这可使血液流向肺泡气氧分压较高的血管，有利于氧的弥散，具有适应意义。但如果发生较大范围的肺缺氧时，造成肺血管广泛而持久的收缩，使肺动脉压升高，继而增加右心负荷，导致右心肥大甚至衰竭。

四、血液系统的变化

急性缺氧，因交感-肾上腺系统兴奋，皮肤、肌肉、腹腔脏器，尤其是脾脏的血管收缩，使循环血量增加。慢性缺氧，肾产生并释放促红细胞生成酶增多，它使肝产生的促红细胞生成素原转变为促红细胞生成素增多，使骨髓造血功能增强，并将生成的红细胞释放入血，外周血液中红细胞比容增高，这一代偿是有意义的，可提高血氧容量，以增加组织的供氧量。但红细胞太多可造成黏滞性加大，血流阻力增大，易形成血栓，加重心脏的负担。

缺氧时常伴有血液内还原 Hb 增多，当超过 5%时，患病动物可视黏膜发绀，血液暗红。严重缺氧时，妨碍造血组织功能，造血被抑制。

五、组织和细胞的变化

轻中度慢性缺氧时，细胞内线粒体数量增加，其中的氧化还原酶活力增强，可增强组织利用氧的能力，肌肉中肌红蛋白的含量增加，可使肌肉储存较多的氧，以补偿组织中氧含量的不足。重度的急性缺氧时，由于线粒体内氧化过程障碍，线粒体变性，细胞、组织因能量不足而陷于代谢功能紊乱；溶酶体膜通透性增高而释放出的大量水解酶可损害细胞，导致细胞变性和坏死。细胞受损程度取决于细胞对缺氧的敏感性、缺氧的程度和持续时间。不同组织细胞对缺氧的敏感性不同，神经细胞最敏感，其次是心肌细胞和肝细胞。

六、物质代谢的变化

缺氧时交感神经兴奋，肾上腺素分泌增多，糖原分解加强，血糖增高，氧化酶活力降低，糖原无氧酵解增强，乳酸增多，引起高乳酸血症。脂肪分解增强，血中游离脂肪酸、酮体增多，导致酮血症。氨基酸合成蛋白过程受干扰，氨基酸在体内蓄积，非蛋白氮增加（NH_3），氨基酸脱羧形成的胺等有毒物质产生，肝解毒功能降低，可引起自体中毒。

缺氧时，酸性代谢产物增多，导致代谢性酸中毒。而当通气障碍引起缺氧时，因气体交换不足，CO_2 在体内蓄积，导致呼吸性酸中毒。

就整体而言，机体对全身性缺氧的耐受性，一方面取决于对缺氧较敏感的重要器官，如脑、心的代谢强度和需氧量；另一方面取决于肺、心血管及造血系统的代偿能力和组织利用氧的能力。机体的功能状态不同，对缺氧的反应也不同。动物的种属不同，对缺氧的耐受性也有一定差异。通常动物进化程度越高，中枢神经系统越发达，对缺氧的耐受性越低；动物年龄不同，对缺氧的耐受力也不同，新生动物比成年动物对缺氧的耐受力高。

◎ 复习思考题

一、填空题

1. 缺氧的类型根据缺氧原因分为________、________、________、________四种。

2. 缺氧的皮肤黏膜通常色泽________。一氧化碳中毒引起________性缺氧，皮肤黏膜呈________色泽。

3. 氰化物中毒引起________性缺氧，皮肤黏膜呈________色泽；心力衰竭引起________性缺氧，皮肤黏膜呈________色泽。

4. 失血性贫血引起________性缺氧，皮肤黏膜呈________色泽；肺炎引起________性缺氧，皮肤黏膜呈________色泽。

5. 动物缺氧时通常有呼吸________、心跳________的共同症状。

二、简答题

1. 什么是缺氧？缺氧原因和类型有哪些？举例说明。

2. 简述各种类型缺氧的动物表现。

3. 缺氧对机体有哪些影响？

项目四 发 热

◎ 情境引入

蓝耳病临床症状表现为持续高热，牛焦虫病临床间歇热型，犬瘟热临床稽留热，为临床疾病诊断提供依据。

◎ 任务描述

发热的概念及特点；发热的原因与机制；发热的过程、热型及辅助诊断意义；发热的生物学意义及处理原则。

◎ 技能目标

能够诊断发热的原因，准确识别发热的类型，正确处理发热性疾病。

◎ 知识目标

了解发热的概念，掌握发热的原因、过程和热型；掌握发热的生物学意义及处理原则。

发热是指恒温动物在致热原的作用下，体温调节中枢的调定点上移而引起的调节性体温升高，并伴有机体各系统器官功能和代谢的改变。

高热时的机体功能变化主要包括：中枢神经系统兴奋性增高，易出现兴奋不安、惊厥，体温过高时可导致昏迷、死亡；循环系统表现为发热时心率加快，体温每上升 1℃，心率约增加 18 次/min，但在严重中毒，心肌及其传导系统受损，迷走神经中枢受到刺激或脑干发生损伤时，则呈现心率变慢。退热时，心率逐渐减慢、减弱，体温骤退可因大汗而致虚脱、休克甚至循环衰竭；呼吸系统表现为呼吸加深加快，这是因呼吸中枢受高温血液和酸性代谢产物蓄积刺激所致，不仅有利于散热，还可增加氧的吸入，但随着时间的延长，可能导致呼吸性碱中毒；消化系统表现为胃肠蠕动减弱，消化液分泌减少，各种消化酶活力降低，消化吸收功能降低，引起食欲减退或废绝，蛋白质、脂类等消化不良，口干腹胀、鼓气秘结，甚至自体中毒。

发热机体的代谢改变表现为物质消耗明显增多，糖的分解代谢加强，糖无氧酵解过程加强，血液和组织内乳酸增多；脂肪分解明显加强，脂库中的脂肪大量消耗，机体消瘦，脂肪分解加强伴有氧化不全时，则出现酮血症及酮尿；蛋白质分解也增强，在感染性发热时尤为显著，肝脏等实质器官的组织蛋白及肌蛋白分解加强，导致血中非蛋白氮增多，并随尿排出增加，持续发热可致蛋白质性营养不良，实质器官及肌肉出现萎缩、变性，以致机体衰竭；水、电解质和维生素均被大量消耗，高热时由于出汗、排尿增多及机体代谢增强，有时可引起脱水，并可导致缺钾，长期发热易致维生素缺乏，尤以 B 族维生素及维生素 C 缺乏多见。发热时由于氧化不全产物如乳酸、脂肪酸和酮体等增多，可引起代谢性酸中毒。此外，由于物质代谢和各系统功能的改变和障碍，各实质器官在形态上也常出现营养不良性变化，如细胞肿胀、脂肪变性等。

发热不是独立的疾病，而是大多数疾病，特别是感染、炎症及伴有组织损伤的疾病所共有的一种病理过程和常见的临床症状。发热表明机体患有某种显见的或潜在的疾病。有些疾病发热时有其特殊的变化规律，可为疾病的诊断提供一定依据。体温或热型的变化往往反映病情的变化，对判断体内病变动向、药物疗效和疾病预后均有重要参考价值。由此可见，发热不但是一种基本病理过程，而且是疾病发生发展的一个重要信号，在临床诊疗和病例分析中是一项不可忽视的重要内容。

发热具有如下特点：①恒温动物在种系进化过程中形成的特有防御适应性反应。对机体利弊并存。一定限度内的发热对机体是有利的，因为发热不仅能抑制病原微生物的活性，帮助机体对抗感染，而且能增强单核巨噬细胞系统的功能，提高机体对致热原的消除能力，能使肝脏的氧化过程加速，增强其解毒功能，有利于促进机体恢复健康。酸性代谢产物蓄积或酸中毒，可导致器官变性和功能障碍，反而使抵抗力降低。②多种疾病所表现的共有临床症状而非单独的疾病。③体温上升有一定限度，称“热限”。如哺乳动物发热一般很少超过 41℃。④发热时机体的产热大于散热，其体温升高程度与调定点上移度相适应。⑤发热的热型对疾病有一定诊断意义。

在发热时，要看到有利方面，发热能增强组织代谢抵抗疾病，激活免疫力加快疾病好转。例如，在猪高致病性蓝耳病治疗时使用解热药，很快形成肠梗阻，死亡率高，相比之下，不使用解热药的猪治愈率高。同时，也要注意到不利方面。必须根据具体情况，采取适当措施，既不能盲目地不加分析地乱用解热药，也不应对高热或长期发热置之不理。注意遵循如下原则：①不宜盲目退热，若体温不太高，不宜盲目退热，以免干扰热型和热程，延误疾病的诊断与治疗。②及早治疗原发病，对高热、有严重肺或心血管疾病及妊娠期的动物，治疗原发病同时采取退热措施，但高热不可骤退。③解热的具体措施，包括药物解热和物理降温。④加强对高热或持久发热病畜的护理，纠正水、电解质和酸碱平衡紊乱，补充水分营养，保证充足易消化的营养食物，监护心血管功能，在用解热药致大量排汗时，应预防循环衰竭的发生。

任务一　发热的原因与发生机制

视频：发热的原因和机理

哺乳类动物都具有相对稳定的体温，以适应正常生命活动的需要。而体温的相对稳定是在体温调节中枢的调控下实现的，目前大多仍以调定点（SP）学说来解释。

一、非致热原性发热

非致热原性发热是指在没有致热原参与下引起的发热，是由于体温调节障碍（如体温调节中枢损伤）、散热障碍（皮肤鱼鳞病和环境高温所致的中暑等），或产热器官功能异常（甲状腺功能亢进）等，体温调节机构不能将体温控制在与调定点相适应的水平上，从而导致被动性体温升高，这类体温升高又称为过热。过热是体温调节机制失调或调节障碍的结果，常见于以下几方面：①过度产热：甲亢、伴有骨骼肌剧烈痉挛的疾病等。②散热障碍：热射病、广泛性皮肤病等。③体温调节中枢功能障碍：中枢神经系统损伤（颅、脑损伤），自主神经功能紊乱等。因此，发热与过热既有联系，又有严格的区别，两者不能混为一谈。

此外，在某些生理情况下也出现体温升高，如剧烈运动、使役、妊娠期、某些应激等，因它们属生理性反应，故称为生理性体温升高，也称为非病理性发热。病理性体温升高与生理性体温升高的区别见表 4-1。

表 4-1 病理性体温升高与生理性体温升高的区别

生理性体温升高	病理性体温升高	
动物剧烈运动、妊娠期、应激时	发热	过热
体温上升可超过常温 2～3℃，T=SP，SP 不变	体温升高（>0.5℃），SP 增高，调节性体温升高，与 SP 相适应	体温升高（>0.5℃），T>SP，非调节性体温升高，超过 SP
短暂性体温升高	主动性体温升高	被动性体温升高

二、致热原性发热

凡能引起机体发热或含致热成分的物质，称为致热原。并非所有致热原都能直接作用于体温调节中枢引起发热。根据来源不同，致热原包括外源性致热原和内源性致热原。

（一）外源性致热原

外源性致热原不能直接作用于下丘脑的体温调节中枢，而能激活产内源性致热原的细胞，产生和释放内源性致热原，引起发热，又称为发热激活物。外源性致热原分为传染性致热原和非传染性致热原。

1. 传染性致热原

来自体外的致热物质，大多是病原微生物，即传染性致热原。包括多种微生物、寄生虫等。在引起常见疾病的同时，伴发的发热症状，称为感染性发热。

（1）革兰氏阳性菌与外毒素　此类细菌感染是常见的发热原因，主要有葡萄球菌、溶血性链球菌、肺炎球菌等。这类细菌除了菌体致热外，其外毒素也有明显的致热性，如葡萄球菌的肠毒素、溶血性链球菌的红疹毒素等。

（2）革兰氏阴性菌与内毒素　典型菌群有大肠杆菌、伤寒杆菌等。这类菌群的致热物质除菌体和菌壁中所含的肽聚糖外，最突出的是其菌壁中所含的脂多糖，也称为内毒素。内毒素是最常见的外生性致热原，相对分子质量大，不易透过血-脑屏障。耐热性高（干热 160℃，2h 才能灭活），一般灭菌方法不能清除。内毒素无论是静脉注射或体外与白细胞一起培养，都可刺激内生性致热原的产生和释放。

（3）分枝杆菌　典型菌群为结核分枝杆菌，其菌体及细胞壁中所含的肽聚糖、多糖和蛋白质都具有致热作用。

（4）病毒和其他微生物　流感病毒等病毒可激活产致热原细胞，产生、释放内生性致热原，引起发热。白色念珠菌感染所致的鹅口疮、肺炎、脑膜炎等，其致热因子是菌体及菌体内所含的荚膜多糖和蛋白质。

2. 非传染性致热原

来自体内的致热物质，一般与传染性无关，称为非传染性致热原，包括抗原-抗体复合物、淋巴因子、致炎物和渗出物、致热性类固醇等。

(1) 无菌性炎症性外伤、大手术、烧伤、冻伤、化学性损伤等，均可引起无菌性炎症。组织蛋白的分解，各种物理、化学和机械性刺激所造成的组织坏死，如非开放产物在炎灶局部被吸收入血，激活致热原细胞，产生和释放内生性致热原，引起发热。

(2) 抗原-抗体复合物变态反应和自身免疫反应中形成的抗原-抗体复合物，或由其引起的组织细胞坏死和炎症，均可引起内生性致热原的产生和释放，从而引起发热。

(3) 恶性肿瘤 生长迅速的恶性肿瘤细胞常发生坏死，并可引起无菌性炎症；坏死细胞的某些蛋白质成分可引起免疫反应，产生抗原-抗体复合物或淋巴激活素，这些均可导致内生性致热原的产生和释放，从而引起机体发热。

(4) 化学药物 某些化学药物如 α-二硝基酚、咖啡因、烟碱等都可引起动物发热。但各种化学药物引起发热的机理不同，如 α-二硝基酚主要是增强细胞氧化过程，使产热增加而致体温上升，咖啡因是兴奋体温调节中枢，限制散热，因而导致发热。

(5) 类固醇 如睾酮的中间代谢产物原胆烷醇酮有致热作用。

外源性致热原总体上是与动物机体有一定结构差异的蛋白质，当异种蛋白质入血时，即可引起体温不同程度的升高。蛋白质结构差异越明显，其致热原性越强，越容易引起体温明显升高，如微生物蛋白质可明显引起发热。当自身激素偶尔释放时也会引起体温微弱的变化，如动物生理周期时，下丘脑垂体释放促性腺激素和促排卵激素时，体温会升高0.3℃，利用此原理，在动物繁殖上对发情表现不明显母畜有着重要意义。

(二) 内源性致热原

产内源性致热原细胞在发热激活物的作用下，产生和释放能引起恒温动物体温升高的物质，称为内源性致热原（EP），如白细胞介素-1、白细胞介素-6、肿瘤坏死因子、干扰素等。

1. 白细胞介素-1

白细胞介素-1是由单核细胞、巨噬细胞在发热激活物的作用下所产生的多肽类物质，受体广泛分布于脑内，但密度最大的区域位于最靠近体温调节中枢的下丘脑外面。

2. 白细胞介素-6

白细胞介素-6是由单核细胞、巨噬细胞、成纤维细胞和T细胞、B细胞等分泌的细胞因子，也具有明显的致热活性。

3. 肿瘤坏死因子

肿瘤坏死因子也是重要的内源性致热原之一。多种外源性致热原如葡萄球菌、链球菌、内毒素等都可诱导巨噬细胞、淋巴细胞等产生和释放肿瘤坏死因子。肿瘤坏死因子也具有白细胞介素-1相似的生物学活性。

4. 干扰素

干扰素是受病毒等因素作用时由淋巴细胞等产生的一种具有抗病毒、抗肿作用的低相对分子质量的糖蛋白。干扰素注射后可引起丘脑产生前列腺素E，作用于体温调节中枢引起发热。

三、发热的机制

(一) 内源性致热原的作用部位

动物的恒定体温依赖于体温调节中枢的调节。目前认为，体温调节中枢主要分正调节中枢和负调节中枢两类。正调节中枢被认为是基本的体温调节中枢，位于视前区下丘脑前部（POAH），主要参与体温的正向调节。该区含有温度敏感神经元，致热原直接作用于它，损伤该区可导致体温调节障碍。中杏仁核（MAN）、腹中隔区（VSA）和弓状核主要参与发热时的体温负向调节，称为负调节中枢。

视前区下丘脑前部是体温调节中枢的高级部位，次级部位位于脑干和脊髓，关于 EP 如何从脑毛细血管进入神经组织内，特别是 POAH，目前认为可能有以下两种途径。

1. 下丘脑终板血管区神经元的作用

下丘脑终板血管区（OVLT）位于第三脑室壁视上隐窝处。EP 通过有孔毛细血管，作用于血管外周间隙中的巨噬细胞，使其激活，然后释放介质如 PGE，介质再作用于 OVLT 神经元（与 POAH 相联系），或弥散通过室管膜血－脑脊液屏障的紧密连接，直接作用于 POAH 神经元。

2. EP 的直接作用

EP 也可能通过血－脑脊液屏障直接作用于 POAH 神经元而引起发热。

（二）内源性致热原的发热机制

在 POAH 存在温度感受神经元（包括密集的热敏神经元和稀疏的冷敏神经元），称为中枢性温度感受器，有感受温度变化的功能，能将血液带来的温度刺激和外周感受器传入的冲动进行整合，发出信号传到下丘脑与调节产热和散热有关的神经机构，使产热过程和散热过程发生相应的变化，对体温进行调节。

体温调节中枢如何使恒温动物体温保持相对恒定，目前主要以调定点学说进行解释。该学说认为下丘脑存在与恒温箱温度调节器相类似的调定点，调定点的域值决定体温的水平。实验证明，POAH 的热敏神经元发挥调定点的作用。当体温高于调定点时，热敏神经元兴奋性升高，发放冲动的频率增加，使散热过程加强，产热过程减弱。反之，当体温低于调定点时，热敏神经元兴奋性降低，发放冲动的频率减少，使散热过程减弱，产热过程加强，从而维持体温的相对恒定。

致热原性发热是由于 EP 作用于体温调节中枢，可能以某种方式，改变 POAH 热敏神经元的化学微环境，使调定点上移的结果。当热敏神经元的调定点上移后，血液温度则低于调定点的感受阈值，致使热敏神经元兴奋性降低和发放冲动的频率减少，对下丘脑的交感区和下丘脑背内侧的寒颤中枢的抑制作用减弱。通过散热减少、产热增加，从而引起体温升高。当血液温度升至热敏神经元新的调定点阈值时，产热和散热过程在新的高水平上达到平衡，体温保持在新调定点的相应温度。

（三）发热时体温上升的基本环节

发热时的体温上升可概括为 3 个基本环节。①发热激活物作用于产致热原细胞，使其产生和释放 EP。②EP 作用于下丘脑体温调节中枢，在中枢发热介质的介导下，使体温调定点上移。③调温效应器作用引起机体产热增加和散热减少，使体温升高（图 4－1）。

1. EP 的产生与释放

动物机体内能够产生和释放 EP 的细胞主要有单核细胞、巨噬细胞、淋巴细胞、星状细胞、内皮细胞及肿瘤细胞等。上述细胞在发热激活物的作用下，即被激活，从而启动 EP 的生物

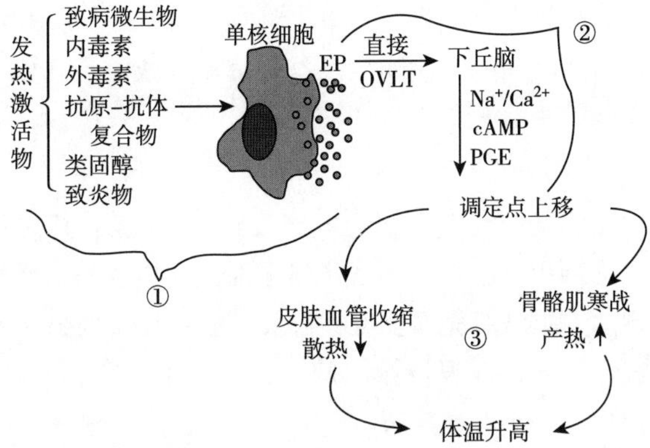

图 4-1　发热的基本环节与机制

合成。

2. 中枢发热介质及体温调节中枢调定点上移

内源性致热原从外周产生释放后，进入血液循环到达颅内，刺激血-脑脊液屏障外的巨噬细胞，使其释放中枢发热介质。中枢发热介质有正调节介质和负调节介质，引起调定点上移的为正调节介质，主要有三种，即前列腺素 E（PGE）、Na^+/Ca^{2+}值、环磷酸腺苷（cAMP）。正调节介质作用于视前区下丘脑或终板血管器靠近视前区前下丘脑等部位的神经元，体温调节中枢以某种方式改变下丘脑温度敏感神经元的化学环境，使其调定点上移。

3. 效应器的改变

体温调节中枢的调定点上移后，正常血液温度变为冷刺激，体温调节中枢发出冲动，对产热和散热过程进行调整，引起调温效应器的反应，把体温升高到与调定点相适应的水平，使机体体温升高。

当体温上升到一定高度后，随着激活物被控制或消失，EP 及增多的正调节介质被清除或降解，使体温正调节作用受到限制；同时中枢负调节介质［包括精氨酸加压素（AVP）、黑素细胞刺激素（α-MSH）、脂皮质蛋白-1］产生和释放增多，可使负调节作用加强，抑制体温调定点继续上移，使体温升高限定在一定范围，称为热限。热限是机体重要的自我保护机制，对于防止体温无限上升而危及生命具有极其重要的意义。

任务二　发热的过程及热型

视频：发热的过程及热型

一、发热的过程

多数发热尤其是急性传染病和急性炎症性发热，其临床经过大致可分为三期。

（一）体温上升期

体温上升期又称为增热期，此期是发热的第一阶段。此时，由于体温调节中枢的调定点上移，血液温度低于调定点温热感域值，产热大于散热，体温持续上升。

动物临床表现皮温下降、畏冷寒战、被毛粗乱、精神沉郁、食欲减退、皮肤干燥、汗腺分泌减少、呼吸和心跳加快，处于兴奋状态。动物体温升高的速度因病而异，如猪瘟、猪丹毒、牛恶性卡他热等，病畜体温上升很快；而非定型马腺疫病畜体温上升较缓慢。

（二）高热期

高热期即体温上升达到体温调定点上移的阈值，此期是发热的第二阶段。产热接近散热，产热和散热在较高水平上维持相对平衡。不仅产热增加，散热也开始增加。

动物临床表现皮温增加，眼结膜充血潮红，呼吸、心跳加快加强，胃肠蠕动减弱，开始排汗，粪干，尿少。由于病情不同，高温持续时间不同，如牛传染性胸膜肺炎高热期可达 2～3 周，马流行性感冒高热期仅为几小时或几天。

（三）退热期

退热期又称为体温下降期。此期是发热的第三阶段。由于机体防御功能增强或经过合理治疗，使病因消除，体温调节中枢的体温调定点返回正常水平。动物散热大于产热，温度不断下降，逐渐回复正常。

动物临床表现为大汗，皮肤血管扩张，排尿频数、体温渐渐正常，动物感到疲劳。

二、热型及辅助诊断意义

临床上观察患病动物在发热过程中体温升降的速度、幅度、高温持续时间等变化，绘制成一定时间内的体温曲线图，即热型。不同疾病引起的发热经过，体温曲线常有一定的特殊型，或一定的变化，即体现不同的热型。这可能与致病微生物的特异性和机体反应性有关。热型是辅助诊断疾病的重要指标。根据体温升高的程度可分为低热、中热和高热型。根据体温升降的速度可分为骤发和骤退型以及缓发和渐退型。根据体温的升降程度、速度和持续时间可分为以下各型。

（1）稽留热　稽留热指持续高温几天不退，一昼夜体温变动范围不超过 1℃（图 4-2），如马传染性胸膜肺炎、犊牛副伤寒、猪瘟、猪丹毒、流感、猪急性痢疾等。

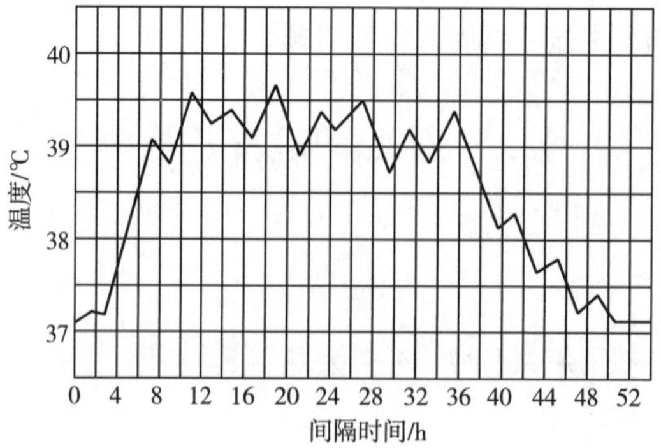

图 4-2　稽留热

（2）弛张热　弛张热指体温升高后一昼夜间的波动超过 1℃以上，而其低点仍高于正常水平（图 4-3），如败血症、卡他性肺炎、化脓性炎等。

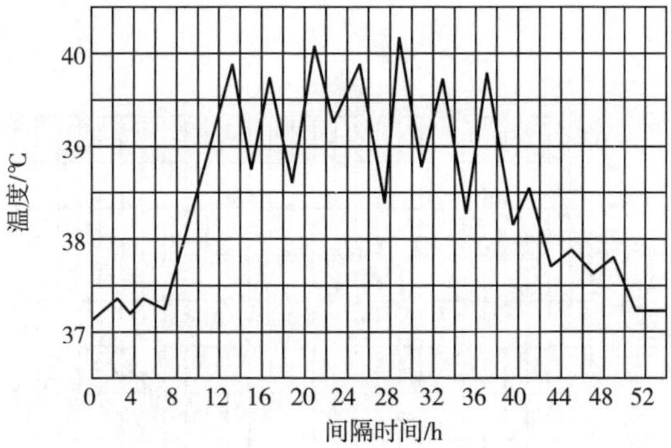

图 4-3　弛张热

（3）间歇热　间歇热指发热期和无热期较有规律地相互交替，间歇时间较短并重复出现的一种热型（图 4-4），如马锥虫病、焦虫病、马传染性贫血等。

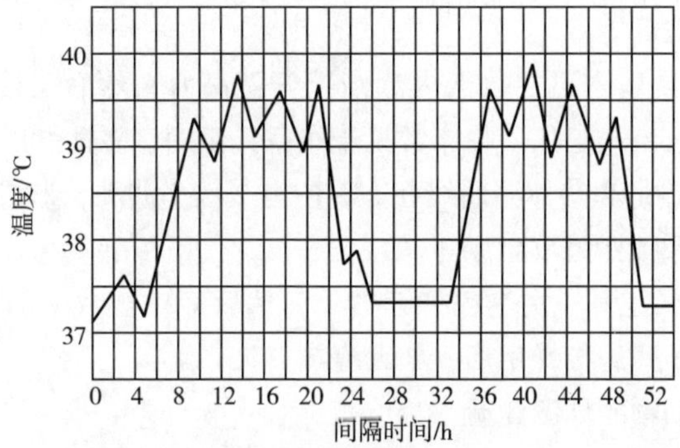

图 4-4　间歇热

（4）回归热　回归热指发热期与无热期隔的时间较长，并且无热期与发热期的出现时间大致相等（图 4-5），如亚急性和慢性马传染性贫血等。

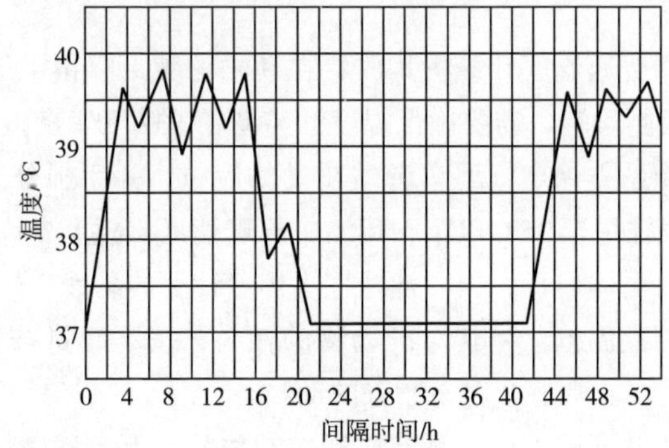

图 4-5　回归热

（5）暂时热　暂时热又称为不定型热。体温升高，通常可持续 1～2h 或 1～2d，体温升高达 1~1.5℃或以上。暂时热是一种短时发热（图 4-6），如分娩后、牛轻度消化障碍、鼻疽菌素和结核菌素反应等。

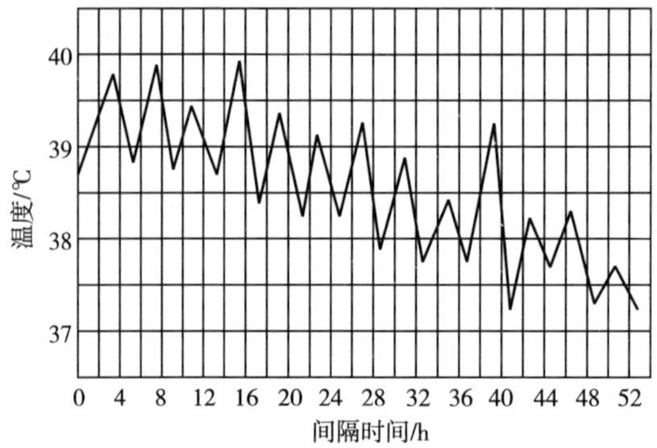

图 4-6　暂时热

（6）消耗热　消耗热体温波动范围比弛张热显著，昼夜温差为 3~5℃。临床常见于败血症、重症活动性肺结核病等。

（7）波状热　波状热是体温在数天内逐渐上升至高峰，然后又逐渐下降至微热或常温，不久再发，体温曲线呈波浪式起伏。临床常见于布鲁氏菌病、恶性淋巴瘤等。

（8）双峰热　双峰热是高热体温曲线在 24h 内有 2 次小波动，形成双峰。临床常见于黑热病、大肠杆菌败血症、绿脓杆菌败血症等。

（9）双相热　双相热是第一次热程持续数天，然后经一至数天的解热期，又突然发生第二次热程。临床常见于某些病毒性疾病，如犬瘟热。

附：技能培训——动物的体温测量

动物的正常体温：牛，38.0~39.0℃；猪，38.0~39.5℃；家禽，41.0~42.0℃；兔子，38.5~39.5℃；犬，37.5~38.5℃；猫，37.0~39.0℃。一般的幼龄动物正常体温比成年动物的正常体温高 0.5℃；同一个体傍晚体温比上午体温高 0.5℃。常用测量方法如下。

（1）耳温法　使用电子耳温计，将其插入动物的外耳道，按下测量按钮，等待几秒钟后即可得出动物的体温。在测量耳温时，需要注意将耳朵拉直，确保电子耳温计能够完全插入耳朵中，以获取准确的体温。

（2）腋下温法　使用普通温度计，将其放置在动物的腋下，稍微压紧，等待 5min 后即可读取温度。在进行腋下温测量时，需要确保温度计与动物的腋下紧密接触，以避免温度误差。

（3）直肠温法　动物站立保定，测量者站在动物后方，一手抓住尾巴抬起，另一手持专用直肠体温计，将其水银柱甩至 35℃以下，用酒精棉球消毒，蘸上少许石蜡油，旋转插入直肠约 1/2 后固定。5min 后取出体温计，用一棉球擦去体温计上的黏液，然后读出度数。

（4）额温枪法　使用额温枪，将其对准动物的额头，按下测量按钮，即可得到动物的体温。额温枪的测量速度快，非常适合容易紧张的动物。

（5）口腔温法　使用普通温度计，将其放置在动物的舌下，稍微压紧，等待 5min 后即可读取温度。口腔温测量时，需要确保温度计与动物的舌下紧密接触，以避免温度误差。

◎ 复习思考题

一、名词解释

发热、热型、稽留热、弛张热、间歇热、回归热、暂时热。

二、填空题

1. 发热的经过一般经历________、________和________三个时期，常见的热型有________、________、________和________。其中，第一期动物表现产热大于散热，肌肉________，尽量减少________，或拥挤一起。

2. 能引起发热的物质称为________，分为________和________。

3. 物种之间差异越大，致热原性越强，越容易引起明显的________升高。

4. 发热是症状性疾病，是指在________作用下使________动物的体温升高。

5. 发热按原因分类为________和________。

三、单选题

1. 能产生内源性致热原的细胞主要是（　　）

A. 神经元细胞　B. 肝细胞　C. 红细胞　D. 单核巨噬细胞

E. 上皮细胞

2. 长久发热将会引起（　　）

A. 代谢性酸中毒　B. 代谢性碱中毒　C. 呼吸性酸中毒　D. 呼吸性碱中毒

E. 脂肪积累

3. 高热持续不退，昼夜体温波动不超过1℃，这种热型称为（　　）

A. 稽留热　B. 弛张热　C. 间歇热　D. 回归热

E. 双相热

4. 急性马传染性贫血、犬瘟热、猪丹毒、流行性感冒、大叶性肺炎等临床上表现的热型为（　　）

A. 稽留热　B. 弛张热　C. 间歇热　D. 回归热

E. 不定型热

5. 体温调节中枢位于（　　），其接受（　　）的作用后才能发出升高体温的指令

A. 垂体　B. 脊髓　C. 丘脑　D. 内致热原

E. 外致热原

6. 通常幼畜较成年动物体温（　　）。根据发热机制，母畜排卵时会释放促卵泡素，激素的作用会使体温暂时性（　　）

A. 高2℃　B. 低1℃　C. 高1.5℃　D. 低0.5℃

E. 高0.5℃

四、简答题

1. 简述发热的阶段及热型分类、热型辅助诊断疾病的意义。

2. 叙述发热的生物学意义及处理原则。

项目五 黄 疸

◎ 情境引入

在临床疾病中，蛇毒中毒、血液原虫病、溶血性微生物疾病；肝癌、肝硬化、各种肝炎；胆道结石、十二指肠炎等引起皮肤、黏膜和组织器官内脏出现黄染现象。本项目内容学习黄疸的类型和原因，为临床防治中正确诊断黄疸打下基础。

◎ 任务描述

胆红素的正常代谢，黄疸的类型、常见病例及病理特征。

◎ 技能目标

能够在临床中正确诊断黄疸类型、病因。正确治疗各类型黄疸。

◎ 知识目标

黄疸的概念，黄疸的类型，识别黄疸的病理变化特征，掌握黄疸的发生原因、发生机制和对机体的主要影响。

由于胆色素代谢发生障碍或胆汁排泄障碍，血清中胆红素含量升高，使皮肤、可视黏膜等组织被染成黄色的一种病理过程，称为黄疸。

黄疸又称高胆红素血症，多种疾病能引起黄疸，尤其是在肝胆疾病和溶血性疾病中最多见。

任务一 胆红素的正常代谢过程

一、非酯型胆红素的来源

血清中的胆红素来源于血红素（即含铁环状四吡咯）。其中，胆红素的80%来自衰老死亡的红细胞，在脾、骨髓内崩解，即“毁血”过程；其余的20%来自肌红蛋白、细胞色素、过氧化物酶、过氧化氢酶等。四吡咯是一个色素家族，有共同的化学结构，包括含铁血红素、含镁叶绿素。

红细胞发生生理性或病理性崩解时，释放出血红蛋白（1个珠蛋白加4个血红素），血红蛋白在组织蛋白酶作用下，去掉珠蛋白形成血红素（也即含铁环状四吡咯）。血红素在血红素加氧酶的作用下，被氧化分解为铁及胆绿素。胆绿素在胆绿素还原酶的作用下，加氢生成胆红素。这种胆红素因未与葡萄糖醛酸结合形成酯，故称为非酯型胆红素。

非酯型胆红素是脂溶性的，能溶于脂溶剂，但不溶于水，故不能从尿中排出，但能通过血-脑脊液屏障，可引起神经元的损伤。

二、酯型胆红素的生成

非酯型胆红素与血液中的白蛋白结合，随血液循环被运送到肝脏，与白蛋白分开。通过和血窦侧的肝细胞膜上的相应受体结合，非酯型胆红素进入肝细胞的胞浆内，被 Y 蛋白（即谷胱甘肽 *S*-转移酶）接受，带到滑面内质网内，然后在滑面内质网内与葡萄糖醛酸结合，生成酯型胆红素。酯型胆红素只能通过毛细胆管侧的肝细胞膜被排入毛细胆管内。酯型胆红素是水溶性的，能随尿排出。

三、胆素原的肝肠循环

酯型胆红素随着胆汁被排入十二指肠内，当到达回肠末端和结肠后，受到大肠细菌作用被还原生成胆素原。胆素原的大部分以粪胆素原的形式，随粪便排出体外。另一小部分胆素原被肠壁毛细血管重新吸收经门静脉入肝，再转变为酯型胆红素排入十二指肠。这一过程即胆素原的肝肠循环。被重吸收的胆素原也有一部分以尿胆素原的形式，从尿中排出。

在正常情况下，红细胞以及其他含有血红素的化合物，它们正常的衰老、死亡、崩解和代谢，血液对胆红素的运输，肝脏对胆红素的摄入、酯化、排泄等过程维持一种动态平衡。其中任何一个环节发生障碍都会影响胆红素的正常代谢，引起黄疸（图 5-1）。

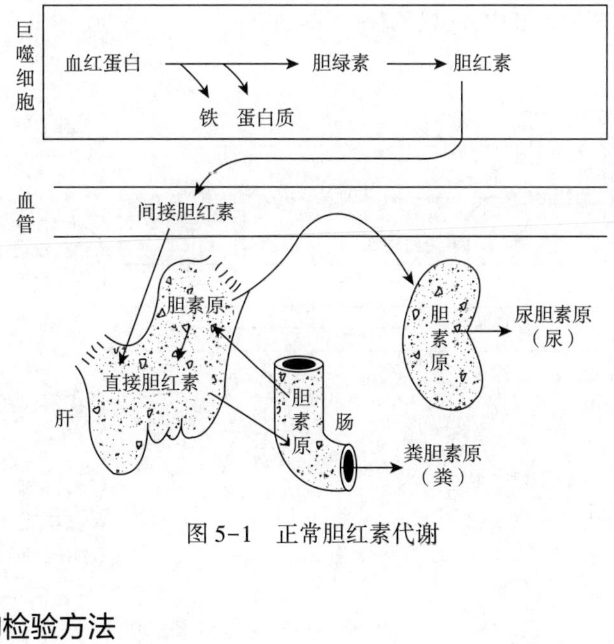

图 5-1　正常胆红素代谢

四、胆红素的检验方法

胆红素在做定性试验时（范登白试验），在被检血清上加入重氮试剂后，若迅速（30s）呈现紫红色，呈直接反应阳性的即为酯型胆红素。若不出现紫红色（10min），只有加入酒精、尿素等极性物质后，才能出现紫红色，呈间接反应阳性即为非酯型胆红素。加入酒精、尿素等极性分子是为了打破非酯型胆红素分子内的氢键，形成紫红色化合物。

胆红素类型对诊断黄疸类型有着重要意义，可以此为依据，结合临床症状、流行病学等因素进一步诊断出黄疸病因。

任务二　黄疸的类型及病理特征

视频：黄疸的类型

依据发生原因和胆红素发生的阶段将黄疸分为溶血性黄疸、实质性黄疸和阻塞性黄疸。

一、溶血性黄疸

红细胞破坏过多，可使血清中的非酯型胆红素增多而引起黄疸，也称为肝前性黄疸。

（一）原因

有先天和后天两方面因素。常见的有免疫性因素（血型不合的异型输血、溶血病、自身免疫性溶血性贫血或某些药物致敏）、生物性因素（如血液原虫焦虫、附红细胞体、弓形体，能产生溶血毒素的细菌、病毒，某些毒蛇咬伤等可致溶血）、物理性因素和化学性因素所造成的红细胞的破坏。

（二）机制

以上各种因素导致大量红细胞被破坏，形成溶血，产生大量的非酯型胆红素，超过肝脏的代谢能力时即大量出现于血液中，引起黄疸（图 5-2）。

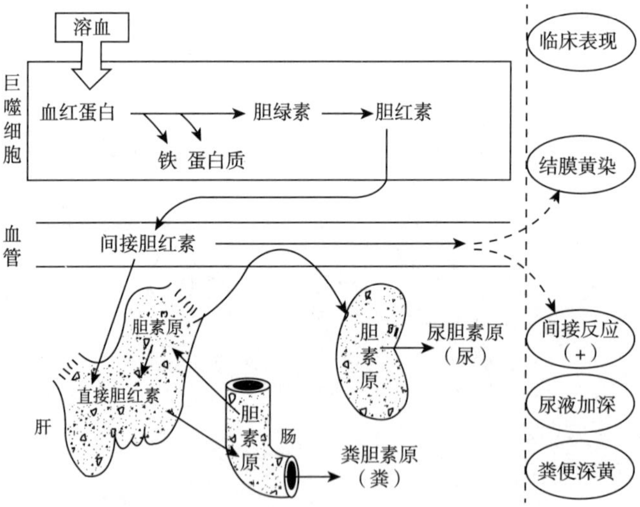

图 5-2　溶血性黄疸机制与临床表现

（三）病理特征

溶血性黄疸的特点是血中非酯型胆红素增多，胆红素定性试验时，呈间接反应阳性，此时肝脏制造酯型胆红素的能力也相应加强，故排入肠内的酯型胆红素也相应增多，粪胆素原、尿胆素原增多，使粪便和尿液的颜色加深。

（四）对机体的影响

对幼畜影响大。幼畜因白蛋白不足及血-脑脊液屏障发育尚不完善，故非酯型胆红素容易通过血-脑脊液屏障而进入脑内，使大脑基底核发生黄染、变性、坏死，引起核黄疸（又称胆红素脑病）。某些药物，如阿司匹林、磺胺、水杨酸等，能从白蛋白中置换出胆红素，可增加非酯型胆红素进入脑组织的危险性，故新生畜忌用这类药物。

二、实质性黄疸

实质性黄疸是肝细胞和毛细胆管同时发生严重损伤而引起的黄疸，又称肝性黄疸。

（一）原因

因肝实质的病变，如中毒（磷、汞）或肝炎等传染病、某些败血症和维生素 E 缺乏等引起肝细胞发炎、变性或坏死，并有毛细胆管的淤滞与破坏，造成胆汁色素混入血液，血液中的胆红素增多。

（二）机制

肝细胞损坏，其对胆红素的摄取、酯化和排泄都受到影响。此时机体胆红素生成量正常，肝细胞的处理能力下降，不能把非酯型胆红素（即间接胆红素）全部转化为酯型胆红素（即直接胆红素），血中非酯型胆红素储留。同时已经被酯化的胆红素，从损坏的毛细胆管又渗漏到血中，血中酯型胆红素也会增多，导致黄疸（图 5-3）。

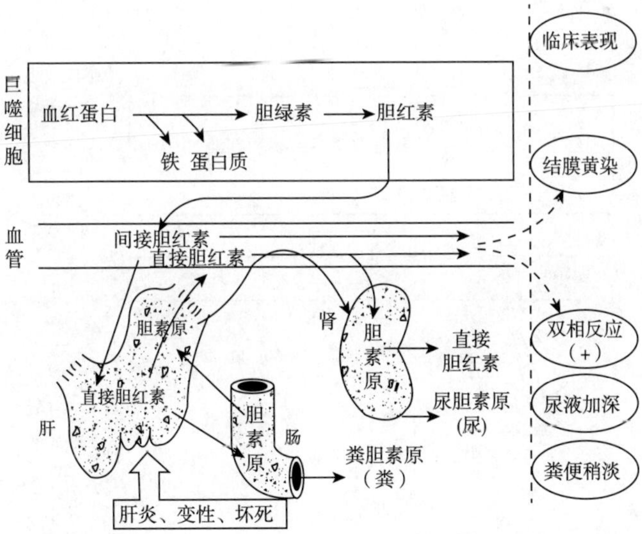

图 5-3 实质性黄疸机制与临床表现

现代集约化肉羊生产中，经常出现黄脂肉，主要原因是使用大量精饲料催肥，产生大量有机酸吸收，引起肝脏损伤，长期形成机体组织中非酯型胆红素增加，肉质色黄，味苦，无法食用。

（三）病理特征

血中非酯型和酯型胆红素均增多，胆红素定性试验时，呈双相反应阳性，肝分泌障碍，进入肠内的胆红素减少，粪胆素原也少，粪色淡。但是，血中酯型胆红素透过肾小球毛细血管从尿排出，尿胆素原增多，尿色加深，可兼有溶血性黄疸、阻塞性黄疸的影响，严重的可引起肝功能不全。

三、阻塞性黄疸

各种原因造成胆道狭窄或阻塞，可使酯型胆红素排出障碍而逆流入血引起黄疸，又称肝后性黄疸。

（一）原因

因胆管被结石、异物、寄生虫所阻塞或被周围的肿瘤压迫，引起胆汁的淤滞，胆管破裂，造成胆红素混入血液而发生黄疸。阻塞性黄疸常见于十二指肠炎、胆道炎、胆道结石或寄生虫等阻塞胆管、肿块压迫胆道，导致肠肝循环障碍引起的黄疸。

（二）机制

胆道炎、结石（如牛黄）、寄生虫（牛、羊的肝片形吸虫），或胆道受肿瘤或周围肿物压迫等，使胆汁排入十二指肠受阻，胆汁淤积可造成胆管扩张，当压力升高到一定程度时，会引起小胆管和毛细胆管内压过高而发生破裂，酯型胆红素和其他胆酸盐可逆流进入血液中（图 5-4）。

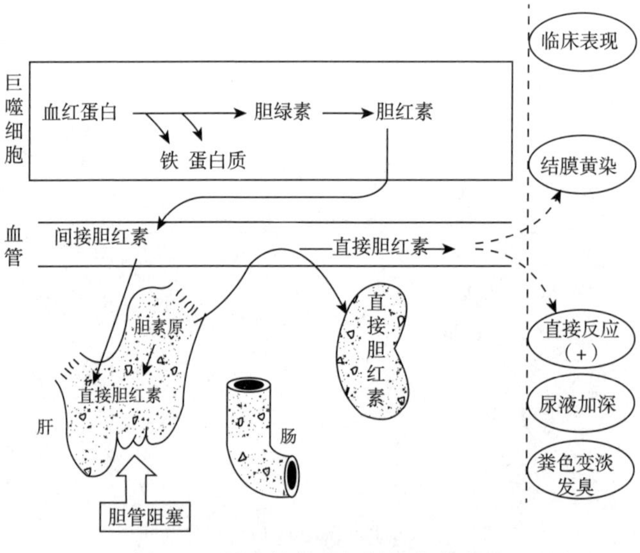

图 5-4　阻塞性黄疸机制与临床表现

（三）病理特征

血中酯型胆红素增多，胆红素定性试验时，呈直接反应阳性。由于胆汁未进入肠内，胆素原生成减少，粪色淡（灰白色）。由于血中有酯型胆红素，可以透过肾脏滤过膜随尿排出，使尿色变深。

（四）对机体的影响

（1）血液中有大量酯型胆红素和胆酸盐经肾随尿排出时，可引起肾小管上皮细胞发生变性、坏死。

（2）血液中胆酸盐在皮肤中沉积，刺激皮肤的感觉神经末梢，引起痒感；胆酸盐可通过兴奋迷走神经或直接作用于心脏，引起心跳变慢；胆酸盐可通过兴奋迷走神经或直接作用于血管壁引起血管紧张度下降，造成血压降低；胆酸盐对脑神经细胞有抑制作用，病畜可出现疲倦、精神不振；胆汁分泌障碍引起某些消化酶的酶原激活受阻（如胰脂肪酶原），造成消化不良。

四、胆红素过高对机体的影响

肝内与肝外胆汁淤滞时，胆红素及一部分胆汁酸均可损害细胞，导致细胞坏死、凋亡等。特别是发生阻塞性黄疸时对机体影响较大。肝细胞的坏死与凋亡可导致肝功能障碍，产生出血倾向等。胆汁酸盐刺激血管壁感受器，可反射地兴奋迷走神经中枢，使心跳变慢，血压下降；胆汁酸盐可在皮肤和汗腺中蓄积，引起皮肤瘙痒。

在消化系统中由于胆汁不能进入消化道，一方面可产生消化吸收功能障碍；另一方面因脂溶性维生素吸收不良，可产生一系列维生素缺乏的症状。

知识点：牛焦虫病黄疸初期皮肤色泽

牛焦虫病是溶血性黄疸，焦虫大量破坏红细胞，释放大量血红素，部分血红素浸润组织间隙，初期皮肤色泽并不是淡黄色，病牛眼结膜、鼻镜等可视黏膜表现出无氧血红素颜色，呈暗红色，后期才呈现淡黄色或苍白色，以乳房两侧最明显。

◎ 复习思考题

一、名词解释

黄疸、溶血性黄疸、实质性黄疸、阻塞性黄疸。

二、填空题

1. 黄疸有________、________、________三种类型。

2. 黄疸是症状性疾病，可视黏膜通常染色。初期可视黏膜暗红染色的是________性黄疸。

3. 黄疸检测使用范登白试剂，出现________、________、________三种反应。

4. 牛焦虫病引起性黄疸，通常粪便色泽________，用范登白试剂检测时，出现________。

5. 肝炎、肝硬化时容易引起________性黄疸，通常粪便色泽________。用范登白试剂检测时，出现________。

6. 十二指肠炎和胆管阻塞可引起________性黄疸，通常粪便色泽________。用范登白试剂检测时，出现________。

三、多选题

1. 下列哪种疾病可引起肝细胞性黄疸（　　）

A. 肝硬化　　B. 病毒性肝炎　　C. 胆总管结石

D. 中毒性肝炎　　E. 胆道蛔虫

2. 血总胆红素，非结合胆红素增高结合胆红素下降，粪便颜色加深，提示（　　）

A. 溶血性黄疸　　B. 肝细胞性黄疸　　C. 胆汁淤积性黄疸

D. 核黄疸　　E. 肝炎

3. 按病因学分类，黄疸可分为（　　）

A. 溶血性黄疸　　B. 胆汁瘀积性黄疸　　C. 实质性黄疸

D. 先天性非溶血性黄疸　　E. 后天性非溶血性黄疸

4. 下列能引起溶血性黄疸的是（　　），能引起堵塞性黄疸的是（　　）

A. 溶血性链球菌病　　B. 胆囊结石　　C. 胆管周围炎

D. 胆道蛔虫　　E. 牛焦虫病

5. 下列哪项与黄疸的发生关系密切（　　）

A. 胆囊　　B. 血液　　C. 肝脏

D. 膀胱　　E. 脾

四、简答题

1. 举例说明各型黄疸的临床症状特点。

2. 设计一个黄疸的检验试验，体现出样品采集、药剂和检测过程、结果说明。

项目六 免疫病理

◎ 情境引入

临床上风湿性关节炎是由于溶血性链球菌引起的变态反应；犬静脉注射穿琥宁出现过敏；猪误食灰菜引起过敏性皮炎，猪圆环病毒引起免疫力降低等。

视频：猪圆环病毒神经型先天性震颤

◎ 任务描述

本任务包括变态反应、免疫缺陷病和自身免疫性疾病的类型及病理特点，识别其各组织器官的病理变化，分析变态反应、免疫缺陷病和自身免疫性疾病的发生机制。

◎ 技能目标

能够通过疾病的临床表现及组织、器官病理变化，诊断出不同类型的变态反应、免疫缺陷病和自身免疫性疾病。

◎ 知识目标

掌握变态反应、免疫缺陷病和自身免疫性疾病的概念，临床表现及病变特征。

免疫是动物机体在长期进化过程中形成的一种重要的生理性防御反应功能。通俗地讲，就是机体识别“异己”和排除“异己”的全部生理过程。免疫反应包括三个方面的重要功能，即抵抗感染，自身稳定和免疫监视，一般来说，免疫反应对保护机体、维持机体的生理平衡是有利的。在某些病理过程中，如果免疫反应表现过强、过弱或不协调就会引起对机体的有害反应，表现为致病现象。常见的免疫性病理损害或免疫源性疾病主要包括变态反应、自身免疫性疾病和免疫缺陷病等。

彩图：免疫病理图片

任务一　变态反应

变态反应又称免疫损伤、过敏反应或超敏反应，指在一定条件下，相同的抗原或半抗原再次进入机体时，引起的不同于第一次的强烈反应。引起变态反应的抗原性物质，均称为变应原。主要包括：完全抗原，如各种微生物和寄生虫及其代谢产物、异种动物的血清蛋白及其制剂、异种细胞、动物毛皮；不完全抗原（半抗原），如青霉素、磺胺类药物、非那西汀、阿司匹林等药物及一些低分子化学物质。半抗原本身无免疫原性，只有与蛋白质或胶体颗粒结合形成复合抗原后才能获得免疫原性，才有可能引起变态反应。

根据发生机制不同，变态反应可分为以下四种类型。

一、Ⅰ型变态反应

Ⅰ型变态反应又称过敏反应，因反应迅速，又称速发型超敏反应。

（一）发生机制

Ⅰ型变态反应是通过抗原（致敏原）进入机体后，刺激机体产生抗体（主要是IgE），并附着于血管周围的肥大细胞和血液中的嗜碱性粒细胞的表面，使其致敏，当该抗原再次进入机体时，黏附于这些细胞表面的抗体即与抗原相结合，形成抗原-抗体复合物，激活肥大细胞和嗜碱性粒细胞，发生脱粒反应，释放出许多生物活性物质，如组胺、5-羟色胺、激肽等，引起相应器官发生平滑肌收缩、血管通透性增加，表现出充血、水肿、瘀点、红疹、浆液分泌增加等临床表现和病理变化，从而呈现一系列过敏反应。

（二）临床表现

1. 局部性过敏反应

吸入性抗原可引起呼吸道血管通透性加大，黏液分泌增多，支气管平滑肌痉挛等，使动物表现为喘气、咳嗽、打喷嚏、呼吸困难；局部过敏反应如发生在皮肤则表现为皮疹；如发生于消化道则引起腹痛、腹泻、呕吐等症状。

2. 过敏性休克

过敏性休克是一种严重的全身性过敏反应，一般表现为血压下降、脉搏微弱、体温下降、呼吸困难、肌肉震颤、眼睑水肿等，如不及时抢救，可危及生命。

二、Ⅱ型变态反应

Ⅱ型变态反应又称细胞毒性或细胞溶解性变态反应，参与本型反应的抗体主要是能与补体结合的IgG，少数为IgM。变应原多是机体本身的细胞成分，在特定条件下，如受病毒感染、化学药物的作用或电离辐射等，会形成自身抗原或吸附外源性抗原、半抗原，使B淋巴细胞误将他们识别为“异己”物质，而产生抗体（IgG、IgM），当这种抗体“异己”细胞（自身细胞）结合后，若再遇到补体，就会使“异己”细胞溶解，从而发生细胞破裂、组织坏死。

在临床上，Ⅱ型变态反应的常见疾患有血型不合的输血反应、新生幼畜溶血性贫血、药物过敏和自身免疫性血细胞减少症、血小板减少症、血管内皮性紫癜等。

三、Ⅲ型变态反应

Ⅲ型变态反应又称免疫复合物型变态反应，抗原与抗体结合形成的产物即为抗原-抗体复合物。参与此型反应的抗体主要是IgM、IgG，其次是IgA。变应原包括异种动物血清、微生物、寄生虫等。

当抗原和抗体结合，形成中等大小的可溶性复合物（相对分子质量约为100万，沉降系数在19S左右）时，既不能通过肾小球随尿排出，又不易被吞噬细胞吞噬，而在血流中停留时间较长，从而沉积于毛细血管或肾小球基底膜上。引起充血、水肿、中性粒细胞浸润、组织坏死等病理性免疫应答。

在临床上常见病：肾小球肾炎、心内膜炎、肝炎、牛皮癣、疱疹性皮炎、马传染性贫血、猪丹毒、链球菌感染、血吸虫病等。

四、Ⅳ型变态反应

Ⅳ型变态反应又称迟发型变态反应，一般在接触抗原 24~48h 之后才出现明显的变化，故它的发生主要不是抗体引起的，而是致敏的 T 淋巴细胞及其产物所引起的结果，病灶中呈现以单核细胞为主的局部细胞浸润。

当动物第一次接触抗原受到刺激后，T 淋巴细胞被致敏，当第二次再与同类抗原接触时，致敏的淋巴细胞就会直接破坏靶细胞或释放大量生物活性物质（淋巴因子），造成组织免疫反应性损伤和炎症反应。

Ⅳ型变态反应常见病：许多传染病（如结核、马鼻疽、病毒病、真菌性疾病等）、寄生虫病、接触性皮炎、肿瘤免疫排斥以及器官移植时的排斥反应等。在临床上，应用结核菌素试验检查牛的结核病，其结果的判定，就是此型变态反应的表现。

任务二　免疫缺陷病

免疫缺陷病是指由于免疫系统先天发育不全或后天遭受损害导致免疫功能不足或缺乏所引起的疾病。先天性免疫缺陷病多与遗传有关，故常发生于幼畜，称为原发性免疫缺陷病。后天性免疫缺陷病多继发于恶性肿瘤、中毒、电离辐射、严重感染或长期使用抗生素和免疫抑制剂的情况下，故称为继发性免疫缺陷病。

免疫缺陷病在临床上的主要表现通常是严重的反复感染，最终导致动物死亡。

一、细胞免疫缺陷病

细胞免疫缺陷病的发生主要是由于胸腺发育不全所引起的，如牛先天性胸腺发育不全。因病畜只发生细胞免疫的缺损，故表现为迟发性反应的细胞免疫功能减弱，外周血液中的淋巴细胞总数减少，胸腺体积减小，而血清免疫球蛋白浓度在正常范围内，临床上常伴有严重的继发性感染。

二、免疫球蛋白缺陷病

（1）先天性无丙种球蛋白症　本病发生于某些品种的马驹（如阿拉伯马驹），属于遗传性疾病，一起缺陷的基因与性染色体连锁，只在雄性动物中出现。

（2）选择性免疫球蛋白缺乏症　血清中免疫球蛋白总量减少，主要因为某一种免疫球蛋白选择性缺乏即 IgG 缺乏、IgA 缺乏或 IgM 缺乏。本病不是家族性遗传性缺乏，而是不能合成某种免疫球蛋白或合成减少所致。

三、 T 细胞和 B 细胞免疫缺陷

T 细胞和 B 细胞免疫缺陷是因干细胞分化缺陷从而表现为 T 细胞、B 细胞减少，体液和细胞免疫均缺陷。阿拉伯马驹中有一种混合性免疫缺陷病，病驹血清中都缺乏 IgM（包括吮食初乳之前），正常新生驹在未食初乳前都含有 IgM，没有 IgG、IgA，证明胎儿能生产 IgM，其他免

疫球蛋白则来自初乳。IgM 缺乏，表明 B 细胞免疫缺陷。

绝大部分病例出现间质性肺炎，呼吸道上皮细胞有嗜碱性核内包涵体，当并发细菌感染时，可见化脓性肺炎或脓肿，肝脏有化脓性坏死灶，有时可出现慢性肠炎而腹泻。病驹抗生素治疗无效，4 月龄内死亡。

四、获得性免疫缺陷综合征

获得性免疫缺陷综合征，即艾滋病（AIDS），是一种人畜共患疾病，由感染人类免疫缺陷病毒（HIV）引起。此种病毒主要破坏人体免疫系统中最重要的 T4 淋巴组织，产生高致命性的内衰竭。此病死亡率高，传播快，至今无有效防治手段，已引起全世界的重视。

在动物自然病例中，猫感染白血病病毒很像人的艾滋病，患猫往往不是死于猫的白血病病毒感染，而是损伤正常免疫功能后死于机会性感染。

任务三　自身免疫性疾病

在正常情况下，动物机体内的免疫系统对自身组织不产生免疫反应，即有精确的“自我识别”功能，但当功能遭到破坏或丧失时，免疫系统将对自身成分产生免疫反应，生成能作用于自身组织的抗体或致敏的淋巴细胞，引起组织损害，导致自身免疫性疾病的发生。根据自身抗体攻击组织的部位和范围，可将自身免疫性疾病分为器官特异性自身免疫病和全身性自身免疫病两类。

一、器官特异性自身免疫病

组织器官的病理损害和功能障碍仅限于抗体或致敏淋巴细胞所针对的某一器官。

（1）自身免疫性甲状腺炎　本病见于犬，患犬有抗甲状腺蛋白、抗滤泡细胞微粒体和抗胶体抗原的自身抗体。病理变化主要是甲状腺有浆细胞和淋巴细胞浸润，严重时可形成淋巴滤泡，腺体结构被破坏。

（2）自身免疫性眼炎　用晶状体蛋白、眼色素层蛋白抗原、网膜抗原可诱发自身免疫性眼炎，病变主要是眼色素层单核细胞浸润，常伴发多核巨细胞和肉芽肿形成。

（3）自身免疫性溶血性贫血　本病见于犬、猫、马和牛等动物，特别是母犬，可为原发性，也可以继发于某些感染性、肿瘤性及自身免疫性疾病。病理特征为进行性贫血，有自身血凝素。表现厌食，不适，可视黏膜苍白，脾肿及体表淋巴结肿胀。

（4）自身免疫性血小板减少　本病见于犬、猫和马，特征是广泛性出血，血小板减少，体内含有抗血小板的自身抗体。本病急性型可引起大量出血，慢性型表现为出血斑。

二、全身性自身免疫病

全身性自身免疫病是由于免疫损伤而导致血管壁及间质的纤维素样坏死性炎及随后产生多器官的胶原纤维增生所致。

（1）全身性红斑狼疮　这是一种典型的全身性自身免疫病，多发生于犬，临床主要表现为发热、贫血、关节炎、脱毛。病理特征以纤维素样坏死为主，血管壁纤维化明显。其病理变化为：皮疹、间质性肺炎、肾小球肾炎、浆膜炎和浆膜下有纤维素样沉淀物；镜下肝细胞变性、坏死，肝门管区出现淋巴细胞、浆细胞和巨噬细胞浸润，脾中央动脉壁有PAS（过碘酸雪肤染色法）阳性物质沉着和玻璃样变，心肌呈灶状萎缩及纤维化。

（2）类风湿性关节炎 这是一种以关节滑膜炎为特征的慢性全身性自身免疫性疾病。滑膜炎持久反复发作，可导致关节内软骨和骨的破坏、关节功能障碍，其病变虽可因部位而略有变异，但基本变化相同。主要为弥漫或局限性组织中的淋巴或浆细胞浸润，甚至淋巴滤泡的形成；内膜增生管腔狭小、阻塞，或管壁的纤维蛋白样坏死等血管炎病变；类风湿性肉芽肿形成。病变可累及心脏、肺和淋巴结等器官。

◎ 复习思考题

一、名词解释

过敏反应、免疫缺陷病、自身免疫病。

二、填空题

1. 根据发生机制不同，变态反应可分为________、________、________、________四种类型。

2. Ⅰ型变态反应是通过抗原（致敏原）进入机体后，刺激机体产生抗体，其主要是________

3. Ⅱ型变态反应又称细胞毒性或细胞溶解性变态反应，参与Ⅱ型变态反应的抗体主要是能与补体结合的________，少数为________。

4. Ⅲ型变态反应又称免疫复合物型变态反应，抗原与抗体结合形成的产物即为抗原-抗体复合物。参与此型反应的抗体主要是________、________，其次是________。

三、简答题

1. 各型变态反应病理特征是什么？
2. 免疫缺陷病有哪几个类型？其各类型病理特征是什么？
3. 自身免疫性疾病有哪几个类型？其各类型病理特征是什么？

模块二　动物病理解剖学

- 动物病理解剖学
  - 血液循环病理变化
    - 充血
      - 充血的原因机理、病理识别
    - 淤血
      - 淤血的种类、病理识别
    - 出血
      - 出血的分类、病理识别要点
    - 贫血
      - 贫血种类及原因、诊断要点
    - 血栓形成、栓塞、梗死
      - 血栓种类及原因；栓塞种类；梗死种类及原因
  - 细胞和组织损伤与代偿修复
    - 组织细胞损伤形式
      - 萎缩；变性；坏死
    - 代偿、适应与修复方式
  - 炎症的病理识别
    - 炎症概述
      - 炎症的意义及发生原因
    - 炎症的外观症状和全身反应
    - 炎症的病理过程
      - 变质、渗出、增生变化
    - 炎症的分类及病理识别
  - 肿瘤
    - 肿瘤的认知及生物学特性
    - 肿瘤的分类及命名；动物常见肿瘤
    - 肿瘤的病因与诊断
  - 败血症
    - 败血症的概述
    - 败血症的病理变化识别
  - 学习任务
    - 项目七　血液循环障碍；项目八　细胞和组织损伤与代偿修复；项目九　炎症；项目十　肿瘤；项目十一　败血症

项目七 血液循环障碍

◎ 情境引入

在动物临床疾病中，亚急性猪丹毒皮肤充血斑块凸起鲜红色充血；非洲猪瘟内脏弥漫性重度出血，内脏呈紫黑色；高致病性蓝耳病组织淤血和出血；牛急性焦虫病引起的溶血性贫血，可视黏膜暗红色；猪瘟脾脏边缘出血性梗死等。掌握各种疾病的发病机制，推导出其主要病理变化。

◎ 任务描述

包括充血的原因、机制和病理变化识别；淤血种类和病理变化识别；出血的种类、病理变化识别；贫血种类、常见疾病、各类贫血特点。血栓形成原因和种类；栓子的种类；梗死的种类及常见器官。

◎ 技能目标

重点掌握充血、淤血、贫血、出血、梗死的病理变化和识别要点，为临床疾病诊断防治打下基础。

◎ 知识目标

充血、淤血、贫血、出血、血栓、梗死的概念和原因，掌握其发病机制、类型、结局和对机体的影响。

血液是主要体液之一，维持动物正常生命活动。通过血液循环向各器官组织输送氧和各种营养物质。同时又运走各种代谢产物，保证器官组织的代谢和功能活动正常进行。如果血液循环发生障碍，则将引起器官组织的代谢紊乱、功能失调，甚至形态结构改变及炎症等变化。血液循环障碍分为全身性和局部性两种类型。

全身和局部血液循环障碍在具体表现及对机体的影响上虽有不同，但二者之间的联系十分密切，如心力衰竭时，可使肺、肝及后肢发生淤血和水肿；但局部血液循环障碍在某些特定情况下，也能引起全身性血液循环障碍。例如，肺发生炎症长期淤血，增加右心负担，导致右心发生心衰，可导致全身血液循环障碍。

任务一　充　血

视频：充血

机体的小动脉血管发生扩张，而静脉回流正常，使局部组织器官血流量增加，这种病理现象称为充血，又称动脉性充血。

一、充血的原因和机制

（1）血管性神经性充血　在正常的情况下，小动脉血管主要受肾上腺素的作用而保持一定的紧张性，由于微生物寄生虫毒素、病理产物、生物毒素、代谢产物、某些药物的作用，以及物理性温热刺激、摩擦、化学物质的刺激，降低了血管平滑肌对儿茶酚胺类物质的敏感性，小动脉松弛扩张，引起充血。例如，致炎因子和炎性产物的刺激作用，使炎症组织发生充血反应，炎症组织色泽明显改变或周边出现明显充血带。

（2）侧枝性充血　见于主干血管堵塞和血管受压时，由于局部缺氧，组织糖无氧酵解代谢增强产生大量乳酸，区域组织酸性增强，乳酸降低了小动脉平滑肌对肾上腺素的敏感性，侧枝小动脉松弛扩张充血，弥补机体组织对氧及营养物质的需求。这也是动物机体对损伤的一种代偿性反应，当病因消除后，局部组织的 pH 恢复到正常范围内，侧枝小动脉平滑肌对肾上腺素敏感性恢复，收缩至正常状态（图 7-1）。

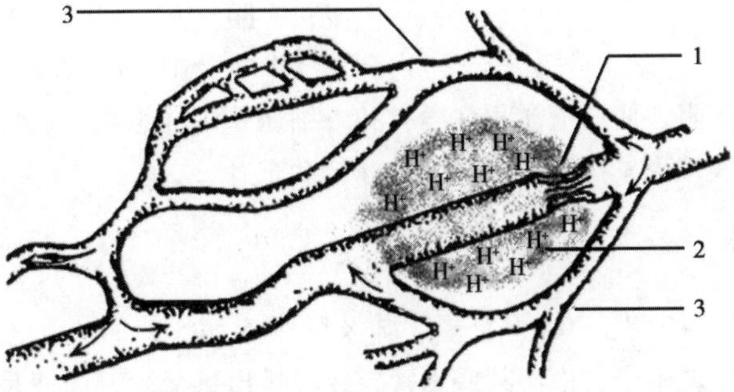

图 7-1　侧枝性充血示意图

1—主干动脉堵塞处　2—缺氧区域呈酸性　3—侧枝血管扩张循环建立

（3）贫血后充血　贫血后充血与侧枝性充血机制类似，也是由于某些组织在缺氧的状态下糖无氧酵解代谢增强，缺氧组织乳酸量增多，引起小动脉血管扩张充血。例如，动物因紧张或受到惊吓，使体内肾上腺素分泌增加引起血液重新分配，皮肤血流量减少，小动脉血管扩张。当缓解后，血液大量注入扩张的小动脉血管。在临床牛瘤胃鼓气放气治疗时，要求不能持续放气，就是因为压力的因素，使内脏血液因挤压排出，内脏贫血使各器官动脉血管扩张，一旦压力消失，全身血液会大量灌入内脏，引起大脑缺血。

（4）填充式充血　主要见于负压使动脉血管在血压的作用下扩张。如拔火罐，造成局部充血，并很快转入淤血和出血。

（5）炎性充血　炎症组织和有机物呈分解状态，产生大量有刺激性物质。组织细胞破裂释放出大量组织胺和缓激肽等炎性介质，小动脉血管在炎性产物和炎性介质的刺激下，引起局部血管扩张充血，炎区组织色泽鲜红或周边有明显的充血带。

彩图：充血

二、充血的病理变化

充血的组织器官由于局部动脉血液流入增多，血液供氧丰富，组织代谢旺盛，故局部色泽鲜红色，温度增高，体积轻度增大，功能代谢加强。镜检可见小动脉和毛细血管扩张充满大量红细胞，平时处于闭锁状态的毛细血管也开放，有毛细血管数增多的感觉。

三、充血对机体的影响

充血是机体防御、适应性反应。充血时由于血流量增加和血流速度加快，给局部组织带来大量氧气、营养物质、白细胞和抗体，具有抗损伤作用。能加快局部的病理产物和致病因子的排除，对消除病因和修复组织损伤均有积极作用。兽医临床常采用红外线照射、热敷和涂擦刺激药剂等人为造成充血的方法来改善局部炎症。如使用酒精、431 擦剂对局部炎症灶擦拭，改善局部血液循环，加快炎症好转。

充血是血液循环障碍中最轻微的一种病理变化，通常在病因消除后即可恢复。如果病因作用较强或持续时间较长，可引起持续性充血，逐渐演变为组织淤血、水肿、出血等。如亚急性猪丹毒皮肤充血，后期可演变成淤血、出血，甚至皮肤坏死。

任务二　淤　血

机体的静脉回流受阻，使血液淤积在静脉和毛细血管中，组织器官静脉性血流量增多，这种病理现象称为淤血，又称静脉性充血。

视频：淤血

一、淤血的种类

（1）全身性淤血　主要见于心力衰竭、肺及胸膜疾病，使回心血液受阻。心力衰竭又称心功能不全，由于某些因素导致心排出量减少，即使是在静息状态下仍然不能满足机体的需要，常见于心肌炎、心包炎、心瓣膜闭锁不全、瓣膜狭窄、动物过劳、妊娠等。

左心衰竭可直接引起肺的淤血和水肿；肺的淤血和炎症增加了右心射血的阻力，长期的肺淤血和炎症导致右心过劳而衰竭；右心衰竭及全身血液不能及时回流，引起全身性淤血；同样全身性淤血增加了左心的射血阻力，长期作用会导致左心发生心力衰竭。

视频：心衰心室扩张

（2）静脉血管受压迫或堵塞　静脉血管受压迫或堵塞，管腔狭窄或闭塞使血液回流受阻，导致相应的组织器官淤血。如妊娠后期胎儿增大，压迫后肢静脉回流，引起后肢淤血水肿；肝炎或肝硬化可压迫门脉血管引起胃肠淤血；静脉管壁炎性增生；静脉血栓形成等。

二、淤血的病理变化

眼观：局部淤血的组织器官多表现为局部肿胀，组织呈暗红色或蓝紫色（动物的可视黏膜与被毛较少尤其缺乏色素的皮肤表现明显，这种症状称为发绀），淤血局部组织由于缺氧，代谢降低、产热减少、温度下降，淤血若持续发展，静脉压力升高，血管壁的通透性增高，血浆渗出增多而继发水肿与出血，特别是在较为柔软疏松的组织上发展迅速。器官淤血、缺氧而坏死后可继发结缔组织增生导致器官淤血性硬化。

镜检：淤血组织的小静脉及毛细血管扩张充满大量红细胞，小血管周围的间隙及结缔组织内蓄积水肿液，阻塞时间较长的毛细血管有时发生出血。如果持续较长时间的淤血，可导致实质细胞萎缩、变性，甚至坏死；间质结缔组织增生。

由于发生淤血的各组织器官结构不同，所表现出的病理变化又具有各自的特点。

（1）肺淤血　主要由于左心功能不全，血液淤积在左心房，阻碍肺静脉血液流入左心房。导致大量血液淤积在肺组织中。

眼观：急性肺淤血时，肺胸膜呈紫红色，肺体积肿大，质地稍变韧，重量增加，间质略增宽，被膜紧张而光滑。肺切面流出大量红色泡沫样液体。长期的肺淤血引起结缔组织增生和网状纤维胶原化，肺组织中含铁血黄素增多，形成肺的“褐色硬化”。

镜检：肺内小静脉及肺泡壁毛细血管扩张，充满大量红细胞；肺泡腔内出现均质无结构淡红染色的水肿液和少量的红细胞。慢性肺淤血时在肺泡腔内出现巨噬细胞，巨噬细胞吞噬红细胞后，血红蛋白分解为含铁血黄素（棕黄色颗粒），这种胞浆内常含有大量含铁血黄素颗粒的巨噬细胞，用柏林兰染色为淡绿色，称为心力衰竭细胞（图 7-2）。

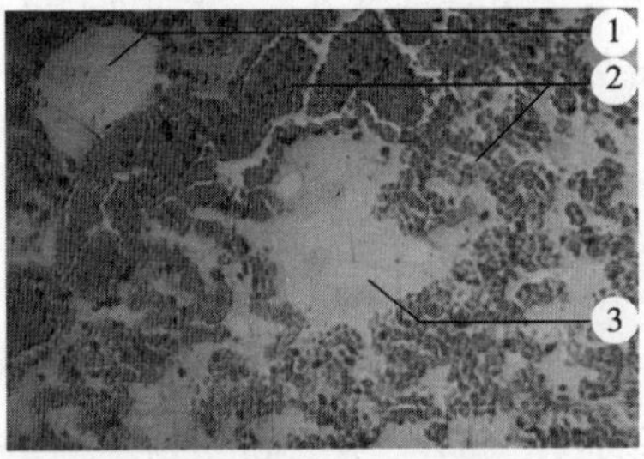

彩图：淤血

图 7-2　慢性肺淤血微观病理变化

1—肺泡腔中的心力衰竭细胞　2—肺泡壁毛细血管淤血增厚　3—肺泡腔内充满均质无结构的水肿液

（2）肝淤血　主要见于右心功能不全，肝静脉与后腔静脉回流障碍时。

眼观：肝体积肿大，被膜紧张，边缘钝圆，重量增加，呈暗红或紫红色，肝质地较实；切面流出多量暗红色凝固不良的血液。淤血较久时，由于淤血肝组织脂肪氧化障碍，可诱发脂肪变性，肝切面上形成暗红色淤血区和土黄色脂变区相间的花纹。外观如槟榔切面，故称为“槟榔肝”。

彩图：肝淤血出血，槟榔肝

镜检：肝小叶间血管、肝小叶中心部的窦状隙及中央静脉扩张，充满红细胞。病程稍久，肝小叶中心肝细胞因受压迫可发生萎缩或消失，肝小叶中心区细胞可因缺氧而发生脂肪变性。如肝淤血较久，肝细胞萎缩，发生网状纤维胶原化，间质结缔组织增生，此时肝脏眼观体积缩小、变硬，形成淤血性肝硬化。

（3）胃、肠淤血　主要见于右心功能不全，肝炎或肝硬化等。胃肠浆膜下血管怒张呈枝状（图 7-3），肠系膜上静脉血管尤为明显，胃肠黏膜呈暗红色，淤血严重时，胃肠壁和肠系膜出现淤血性水肿和弥漫性出血。

图 7-3　肠管淤血呈枝状充盈

三、淤血的演变和对机体的影响

短时间的淤血在病因消除后可迅速恢复至正常的血液循环。当淤血持续时间过长，侧支循环又不能及时建立时，可进一步引起组织水肿与出血。特别是较为柔软的组织，如肺脏、胃肠，几乎淤血和水肿、出血伴随性发生。如在临床疾病防治中，牛的乳房炎表现乳房肿大，疼痛，主要由多种细菌感染引起，采用抗微生物药治疗，但并不是都有效，少部分乳房炎是由于妊娠后期乳静脉受压迫引起淤血，形成乳房水肿，并非微生物感染引起。除此以外，长期淤血还可以诱发血栓形成。局部组织得不到足够的氧和营养物质供应，导致代谢中间产物蓄积，淤血组织器官功能下降，实质细胞萎缩、变性、坏死，间质结缔组织增生，器官硬化等。淤血的组织抵抗力降低，不易修复损伤而容易继发感染。

知识点：淤血、缺氧为什么能引起组织水肿和出血

淤血即刻引起组织缺氧，组织中葡萄糖无氧代谢产生大量乳酸，酸性物质降低血管平滑肌对肾上腺素敏感性。同时，酸性物质损伤血管内皮黏合质，溶解透明质酸钙。综合作用的结果，使血管通透性增强，血液中大量蛋白质外漏进入组织间隙，增加组织液渗透压，引起水肿。当血管通透性进一步增强时，红细胞外漏浸润至进入组织间隙，形成血管渗漏性出血。根据组织的结构特点，在发生淤血和缺氧时，会不同程度的引起组织水肿和出血，相对柔软的组织往往淤血和水肿几乎同时并存，如肺、胃肠。

任务三　出　血

血液流出心脏血管封闭系统之外，称为出血。血液流出体外，称为外出血；血液流入体腔或组织间隙内，称为内出血；还有其他部位的出血，如咯血、衄血、便血、尿血。

心血管是相对的封闭系统，毛细血管是由无数的单层扁平上皮细胞，依靠黏蛋白和透明质酸钙部分黏结一起围成管腔，在上皮细胞之间保留一定大小的通透孔道，用于和内环境之间进行物质交换。正常情况下，小分子的物质可以通过扩散作用通过毛细血管通透孔，血液中白细胞通过阿米巴运动进入组织间隙，而红细胞无法通过。病理上的渗出性出血主要是指红细胞出现在组织中。

一、出血的分类

临床上出血是一种常见的病理现象，按照出血的原因和发生机制分为两种类型。

（一）血管破裂性出血

由于心脏、血管破裂而引起的出血。可发生于心脏、动脉、静脉和毛细血管，而且多为局限性的。引起心脏、血管破裂性出血的原因主要有机械性损伤、刺伤、挫伤等；血管壁被周围的病变侵蚀，如肿瘤、炎症、溃疡等；心血管壁自身病变，如心肌梗死、动脉硬化、动脉瘤、静脉曲张等，当动物血压突然升高时，也可引起血管破裂出血。

视频：猪梭菌性肠出血

1. 动脉性出血

动脉性出血呈喷射状，色泽鲜红，出血量大，止血较为困难。

2. 静脉性出血

静脉性出血呈线状、涌泉状，色泽暗红，止血较动脉性出血容易。

3. 毛细血管性出血

毛细血管性出血呈渗出状，色泽暗红，通常找不到具体出血点，只是某一区域出血量逐渐增多，止血较为容易。

（二）血管渗出性出血

血管渗出性出血又称血管渗漏性出血，是由于毛细血管和微静脉壁的通透性升高，血液通过扩大的内皮细胞间隙和损伤的血管基底膜而渗出到血管外的出血。这是临床上最常见、有诊断意义的出血类型。

动画：渗漏性出血

二、出血的病理变化

出血的病理变化因出血的原因、血管种类、局部组织的性质、出血的速度及部位不同而有差异。血液流入体腔内称为内出血。血肿是指大量出血局限在组织内，血液聚集一处，呈肿块样隆起。血管渗出性出血多发生在皮肤、黏膜、浆膜和实质器官的表面呈现出血点（或称淤点），一般直径不超过 1mm；或斑块状出血，称为出血斑（或称淤斑），直径为数毫米至 10mm；某些黏膜、浆膜或组织内不规则的弥漫性出血，称为溢血，又称出血性浸润，即毛细血管的血液渗入周围组织间隙，随后浸润到邻近组织内。眼观：呈大面积弥漫性暗红色。镜检：血管渗出性出血，在组织间隙中不同程度地出现红细胞浸润（图 7-4）。

彩图：出血

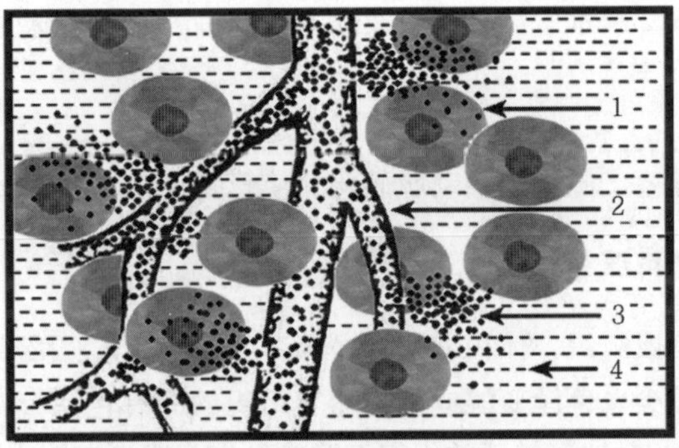

图 7-4 血管渗出性出血示意图

1—组织细胞 2—毛细血管

3—毛细血管通透孔中流出的红细胞 4—组织液

三、出血对机体的影响

一般小血管的破裂性出血，多可自行止血。流入组织内的血液量较少时，红细胞可被吞噬细胞吞噬、分解后完全吸收。若出血量较多时，在组织中形成血凝块，吸收困难，常在血肿周围形成结缔组织包囊，随后由结缔组织取代发生机化。

出血对机体的影响取决于出血的部位、出血的数量和出血持续的时间。当出血量达到全身血量 10%时，动物出现明显的呼吸困难；动脉出血达到全身血量 1/3 时，往往危及生命，可因脑和心肌缺氧而死亡。静脉出血达到全身血量 1/3 时，通过输液和输血，可以救治。慢性出血时，机体代偿功能弥补损伤，对机体影响较小。长期慢性出血能使机体发生贫血。

知识点：猪高致病性蓝耳病的发病机制

2006年，农业部认定，猪高致病性蓝耳病是在猪繁殖与呼吸障碍综合征病毒作用下，继发感染猪瘟、支原体、猪链球菌、副猪嗜血杆菌、附红细胞体等一系列病原。其发病机制是：①病毒寄生在肺与上呼吸道，引起间质性肺炎和肺的重度淤血、出血。②病毒寄生于血管壁，引起血管的损伤，形成全身组织重度淤血和出血。③病毒侵害淋巴器官，造成机体免疫力低下，继发感染一系列疾病。

任务四　贫　血

一、局部贫血

机体局部组织或器官血液供应不足或完全断绝，称为局部贫血。

（一）局部贫血的原因

1. 小动脉痉挛

受寒冷、外伤、剧痛刺激及某些化学性物质（如肾上腺素、麦角碱等）作用，缩血管神经紧张性升高，小动脉发生痉挛，供血减少导致局部组织贫血。

2. 动脉受压迫

因肿瘤、脓肿、胸水、腹水、结扎绷带及患畜长期躺卧使小动脉受压迫，管腔变狭窄所致局部缺血。

3. 小动脉堵塞

动脉内血栓形成、栓塞、脉管炎及动脉硬化，使管腔狭窄闭塞。

（二）局部贫血的病理变化

发生局部贫血的器官或组织，体积缩小，局部温度降低，充实感减弱，被膜皱缩。切面少血或无血。由于含血量减少，色泽变淡或呈现器官组织的固有色泽（如肺、肾和黏膜呈灰色，肝呈褐色，皮肤苍白色）。对缺氧敏感的组织细胞常发生萎缩、变性或坏死。

二、全身性贫血

全身性贫血是指循环血液总量减少或单位容积外周血液中血红蛋白量、红细胞数低于正常值，并且有红细胞形态改变和运氧障碍的病理现象。临床中所说的贫血就是全身性贫血。

贫血往往是某些疾病的临床症状，即症状性疾病。动物贫血多数是某些疾病的继发反应。因此，兽医临床上必须研究贫血真正的原因、分类以及贫血和其他疾病的关系，以进行正确治疗。长期贫血多表现出皮肤黏膜苍白，动物疲倦无力，生长发育迟缓，消瘦毛枯，抵抗力下降等。

（一）全身性贫血的类型及其特征

1. 失血性贫血

失血性贫血是以大量丧失红细胞为特征的贫血，可分为两种。

（1）急性失血性贫血　急性失血性贫血见于各种急性出血，如创伤大出血、内脏器官（肝、脾）破裂出血、产后子宫大出血等。

急性失血性贫血的主要病理变化特点：在失血的初期，红细胞和血浆按比例在短时间内大量丧失，血液总量减少，而单位容积内的红细胞数和血红蛋白的含量几乎无变化。失血后数小时至 1~2d 内，储备血进入循环；组织液回流进入循环，经过代偿血循环得以恢复，但血液被稀释。单位血液的红细胞和血红蛋白量低于正常值。随着时间的推移，转入慢性贫血，肾脏产生促红细胞生成素，可加强骨髓造血功能；血液中出现各种幼稚型红细胞，如网织红细胞、有核红细胞和多染红细胞。

如果在贫血后没有足够量的铁元素补充，红细胞血红蛋白减少，色泽变淡或中心淡染。

（2）慢性失血性贫血　慢性失血性贫血见于长期反复性出血的疾病，如各种潜血（肿瘤、胃肠溃疡炎症、便血、尿血等）；寄生虫病（球虫、血吸虫、肝片吸虫）。初期症状不明显，但反复出血使铁丧失过多，血象为红细胞低色素贫血，红细胞普遍变小且大小不均，出现多种形态。

2. 溶血性贫血

溶血是指红细胞发生破裂和崩解的一种病理现象。由于红细胞大量的破碎，引起溶血的因素有以下几种。

（1）生物性致病因素　见于感染产生溶血毒素的微生物，多种微生物均能产生溶血毒素，如溶血性链球菌、巴氏杆菌、产气荚膜杆菌、葡萄球菌、猪瘟病毒等。

（2）血孢子虫感染　在动物寄生虫病中，许多原虫是寄生在血液中，附着在红细胞周边或寄生在红细胞内增殖并通过血液传染；有些寄生虫某一形态或生活史的某一阶段是寄生在血液中，仍然可以引起溶血，如焦虫、巴贝斯虫、附红细胞体等。

（3）化学性致病因素　具有溶血作用的某些化学毒物中毒或长期使用某些化学药物，如苯类、重金属盐、皂苷、砷制剂、有毒植物、超量使用磺胺类药和非那西汀等。

（4）物理性溶血因素　引起动物溶血性贫血的物理因素并不多见，有高温、电离辐射、低渗输液等因素。

（5）代谢性疾病　如青年牛的水中毒、高产乳牛产后出现血红蛋白尿。

（6）免疫因素　过激的免疫反应可引起机体多种损伤，免疫复合物沉积在红细胞上能够引起红细胞溶解。也见于新生仔畜溶血症，或异型输血也会引起血液凝固，之后再发生红细胞溶解。

溶血性贫血的病理特点：血液量通常不会减少，由于红细胞大量破坏，单位血液中红细胞数目低于正常值，初期血红蛋白量减少不明显；骨髓造血能力加强，外周血液中网织红细胞、多染红细胞和有核红细胞增多；血液中游离血红蛋白，可以穿过毛细血管通透孔形成组织血红蛋白浸润，组织色泽暗红色，被肾小球滤出形成血红蛋白尿；后期出现溶血性黄疸；崩解的红细胞由单核巨噬系统处理，导致单核巨噬系统功能增强；肝、脾明显肿大，并沉着含铁血黄素。

3. 营养不良性贫血

营养不良性贫血主要是因为造血所需要各种原料缺乏或不足，主要有蛋白质和微量元素铁、铜、钴，维生素 B_6，维生素 B_{12}，叶酸。临床以缺铁性贫血常见，特别是生长迅速的动物。

4. 再生障碍性贫血

再生障碍性贫血是由于物理作用、化学作用、中毒及某些疾病的继发反应，导致骨髓造血功能低下。主要原因如下。

（1）物理因素　动物机体长期受到高能射线或放射性同位素的照射而发生骨髓的损伤，造成选择性的骨髓功能不全。

（2）化学因素　已经证明从三氯乙烯抽提的饲料、蕨类植物、50 多种化学药物（氯霉素、保泰松、抗癌药、苯及其衍生物、有机砷化合物等）能造成再生障碍性贫血。特别是工业“三废”中含有大量有害物质污染环境。

（3）生物因素　某些病毒性传染病（马传染性贫血、牛恶性卡他热、鸡传染性贫血、鸡包涵体性肝炎等）能造成再生障碍性贫血。

（4）骨髓疾病　白血病或骨髓瘤等使骨髓组织破坏或抑制，不能充分利用造血原料。

再生障碍性贫血病理特征：血液中有形成分减少。外周血液中正常红细胞和网织红细胞进行性的减少，红细胞大小不一、呈异型性。白细胞和血小板也逐渐减少，皮肤、黏膜出血，机体抵抗力下降易发生感染。骨髓造血组织发生脂肪变性和纤维化，红骨髓被黄骨髓替代，血清中铁和铁蛋白含量增高。

（二）全身性贫血对机体的影响

贫血时动物体内会发生一系列病理生理变化，有些是贫血造成组织缺氧的直接结果，有些则是对缺氧的生理性代偿反应。

1. 引起组织缺氧

红细胞是携氧和运氧的工具，贫血时，毛细血管内的氧扩散压力过低，对距离较远的末梢组织供氧不足。此外，血液总的携氧能力降低，输送至组织的氧因而减少，造成组织缺氧，进一步诱发酸中毒。长期重度的贫血导致神经系统、内分泌系统、心血管系统、消化系统代谢降低，功能下降，全身营养不良。甚至各器官、组织出现水肿、出血、细胞萎缩、变性、坏死等不同程度的损伤。

2. 生理性代偿反应

机体能通过增加血红蛋白中氧的释放、增加心排出量和加速血液循环、血流的重新分布、红细胞增多等发挥多种代偿机制；肺呼吸加深加快，组织细胞氧化酶的活力增强，加强对氧的供给和利用。同时，组织细胞糖无氧酵解供能化学反应加强。

视频：血液循环障碍病理识别分析

知识点：皮肤黏膜色泽病理归纳

鲜红色：见于充血、严重氰化物中毒。

暗红色：见于淤血、溶血、缺氧、弥漫性出血。

发绀：见于重度淤血和缺氧、亚硝酸盐中毒。

樱桃红：主要见于一氧化碳中毒。

玫瑰红：见于氰化物中毒。

苍白：见于营养不良、贫血。

任务五　血栓形成、栓塞、梗死

一、血栓

在活体的心脏或血管内，血液发生凝固或血液中有形成分析出、凝集，形成固体质块的过程，称为血栓形成。形成的固体物，称为血栓。

在生理状态下，血液在血管内并不发生凝集。主要是因为血管内皮光滑，并且存在着完善的抗凝血系统（纤维蛋白溶解系统），血液中的凝血因子不断被激活，产生少量凝血酶，形成微量纤维蛋白，沉着在血管内膜上，但这些微量纤维蛋白又不断地被激活了的纤维蛋白溶解系统所溶解，使其始终保持溶解状态，无法形成固态，避免了红细胞和白细胞附着而发生凝集；血管内皮排斥带有负电荷的血小板，同时被激活的凝血因子也不断地被单核巨噬细胞系统所吞噬；血液在血管内保持一定的流速，血液的有形成分处于轴流。

血液内凝血与抗凝血保持着动态平衡。一旦这种平衡破坏，血液便可在心脏、血管内凝固，形成血栓。

（一）血栓形成的条件和发生机制

1. 心、血管内膜的损伤

正常心、血管内膜是完整而光滑的，完整的内皮细胞有抑制血小板凝集和抗凝血作用。心、血管内膜的损伤多见于炎症，如慢性猪丹毒心内膜炎、免疫复合物沉积血管内皮、锐器损伤、微生物毒素损伤、代谢产物损伤血管内皮等。

2. 血流状态的改变

血流状态的改变主要是由于心力衰竭、血管损伤、淤血等引起血流变慢或停止、形成漩涡等。正常时，血液中的红细胞、白细胞、血小板等有形成分处于轴流，血浆处于边流，血流变慢后，血液中有形成分接触血管壁的机会明显增多，更有利于血栓的形成。

3. 血液性质改变

血液性质改变主要是指血液凝固性增高。如严重创伤、大面积烧伤、产后或大手术时血液中血小板数目增多，黏性增高；同时血浆中纤维蛋白原、凝血酶原及其他凝血因子Ⅻ、Ⅶ等含量也增加。为血栓形成创造了条件。

上述三种因素，往往同时存在，但在血栓形成的不同阶段，其作用又各有所侧重。正确掌握血栓形成的条件，就可在动物临床实践中针对实际情况，采取相应措施，防止血栓形成。如外科手术过程中血管一定要外翻缝合。长期静脉注射时，避免使用同一部位。

（二）血栓形成的过程和类型

血栓形成的过程，包括血液中血小板的析出、凝集和血液凝固两个方面，它是在血管内血液不断流动的情况下逐渐形成的。首先是血小板从轴流中分离析出，并黏附在损伤的血管内皮处，进而凝集成堆，随之有少量白细胞和纤维蛋白沉积，形成白色血栓，即血栓头部。白色血栓形成后突入血管

彩图：血栓

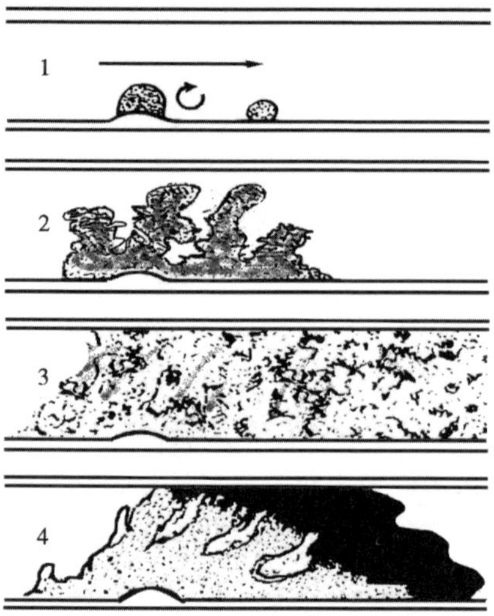

图 7-5　血栓形成过程

1—血小板沉积在血管壁粗糙内膜处

2—血小板形成小梁并附着白细胞

3—纤维蛋白网形成，充满红细胞

4—血管腔堵塞，血流停滞，血液凝固

腔内，使血流变慢并产生漩涡运动，使血小板进一步大量析出和凝集，形成许多有分枝如珊瑚的小梁，表面黏附白细胞。小梁间的血流变慢，血液中的凝血系统被激活，大量纤维蛋白形成，并在小梁之间构成网状结构，网状结构黏附大量红细胞和少量白细胞，于是形成了红白相间的混合血栓，即为血栓体。随着血栓体逐渐增大，管腔被完全阻塞时，血流停止，血液迅速凝固，形成暗红色血栓，即血栓尾部（图 7-5）。

（三）血栓种类

1. 白色血栓

白色血栓常发生在血流速度较快的心脏或动脉内。眼观：灰白色，表面粗糙有波纹，质地坚实，与血管壁紧密粘连不易脱落。镜检：白色血栓，由血小板、少量白细胞和纤维蛋白组成。

2. 混合血栓

混合血栓常构成静脉延续性血栓的体部。眼观：呈红白交替的层状结构。镜检：混合血栓主要由淡红色无结构的珊瑚状血小板小梁和充满于小梁间的纤维蛋白网及红细胞构成。血小板小梁边缘有许多中性粒细胞附着。

3. 红色血栓

红色血栓常发生在血流极度缓慢或血流停止之后，其形成过程与血管外凝血相同，往往构成静脉内延续性血栓的尾部。眼观：呈暗红色，刚形成的红色血栓，表面光滑，湿润并富有弹性，与动物死后血凝块一样；陈旧的红色血栓由于水分被吸收，变得干燥，表面粗糙，失去弹性，质脆易碎，易脱落形成栓塞。镜检：红色血栓内纤维蛋白网眼内充满正常血液分布的红、白细胞。

在许多情况下，三种血栓可以分别单独存在，不一定形成完整的头、体、尾三部分。血栓形成后由于纤维蛋白收缩，血栓表面干燥粗糙，缺乏弹性，大多与血管壁牢固结合不易剥离，应与动物死后凝血块区别开。

动物死后的数小时内，血液在心血管内凝固，凝血物富有弹性、表面光滑，血凝块内红细胞均匀分布，外观呈一致的暗红色。若动物缓慢死亡，血液凝固过程也缓慢，红细胞因相对密度较大，常沉降于凝血块的下方，而相对密度较小的血小板、白细胞、纤维蛋白等，浮在凝血块上层，呈淡黄色，称为鸡脂样凝血块，这种鸡脂样凝血块常常出现在大动脉和心脏内，这说明是因心衰或缓慢死亡。

（四）血栓的结局和对机体的影响

1. 软化、溶解、吸收

血栓形成后，通过吸附纤维蛋白溶酶，血栓中的中性粒细胞崩解，释放蛋白分解酶，使血栓溶解软化。小的血栓溶解液化，可被全部吸收或被血流带走；较大的血栓部分发生软化，残留部分发生机化或脱落成为栓子，随血流运行，可引起栓塞。

2. 机化与再通

血栓形成后数天内，新生的肉芽组织从血管壁血栓附着处向血栓里面生长，逐渐取代血栓，称为血栓机化。通过肉芽组织机化作用，使血流重新通过，称为血栓的再通。

3. 钙化

少数没有完全软化或机化的血栓，可发生钙盐沉着，称为血栓钙化。血栓钙化后成为坚硬的结石存在于血管内，形成脉管结石。

血栓形成对机体有利弊两种作用。有利的方面是在血管破裂处形成血栓，有止血作用；炎症灶周围血栓形成，能阻止病原扩散。不利的方面是在血管内形成血栓，可阻塞血管引起组织器官缺血、梗死；心瓣膜上出现血栓，由于血栓机化，使瓣膜肥厚或皱缩、变硬，形成瓣膜性心脏病；血栓脱落形成栓子，随血流运行形成新的栓塞。

二、栓塞

在循环血液中出现不溶于血液的异常物质，随血液的运行堵塞血管的过程，称为栓塞，引起栓塞的堵塞物称为栓子。

（一）栓塞的种类

1. 血栓性栓塞

血栓性栓塞是由脱落的血栓引起的栓塞，是最常见的一种栓塞。心血管血栓脱落时随着血液流动，堵塞相应粗细的血管。

2. 组织性栓塞

组织外伤或坏死的情况下，破损的组织碎片或细胞团块通过损伤的血管进入血流引起栓塞。恶性肿瘤细胞形成的瘤细胞栓塞不仅构成一般组织性栓塞，还可以在栓塞处定居生长，引起肿瘤的转移；骨折或脂肪组织损伤，脂肪细胞破裂释放脂肪滴被挤压进入静脉，随血液循环运行最终形成栓塞。

3. 空气性栓塞

空气性栓塞多见于大静脉血管的损伤，空气通过创口进入血流，或静脉注射时误将空气带入血流。大量空气入血之后，随着血流抵达右心，受到血流冲击后形成无数小气泡。通过气泡表面张力的累加作用，增加血流阻力，严重妨碍静脉血向心脏回流和血液向肺动脉的输送，可引起动物急性死亡。

4. 生物性栓塞

机体内感染灶中的病原菌，某些寄生虫或虫卵进入血液，可能以单纯菌团或寄生虫团块，有时与坏死组织、血栓相混合，进入血液循环引起栓塞。它除了具有一般栓塞的作用外，同时可造成病原的扩散，在全身各处引起新的感染灶。

（二）栓塞对机体的影响

微小的栓子阻塞少数毛细血管，一般不引起严重后果。较大的血管发生栓塞时，它的后果取决于侧支循环建立情况，如果有足够的侧支循环形成，一般不会造成严重影响。如果侧支循环未能及时建立，则局部组织常因缺血而坏死。脑血管和心脏冠状动脉发生栓塞时，往往导致心、脑功能障碍，可引起动物急性死亡。

三、梗死

梗死是指血液供应断绝引起的局部组织坏死。通常是由于动脉阻塞而侧支循环不能及时建立所致。

（一）梗死的病因

任何导致局部贫血的原因都能够引起梗死，即小动脉痉挛、动脉受压迫、小动脉堵塞共三种因素，在本项目局部贫血内容中已详细阐述，不再赘述。

（二）梗死的分类和病理变化

根据梗死灶内含血量的多少，可将梗死分为贫血性梗死（白色梗死）和出血性梗死（红色梗死）。

1. 贫血性梗死

贫血性梗死常发生于侧支循环不丰富、组织结构比较致密的心、脾、肾等器官。当这些器官的动脉被阻塞时，血流中断，其分支及邻近动脉反射性痉挛，将梗死灶内的血液排挤出去，随后梗死灶内红细胞溶解，使梗死灶贫血呈灰白色，故又称白色梗死。

病理变化特征如下。眼观：贫血性梗死灶病变形状不一，与器官的血管分布特点有直接关系。大多数器官（如脾、肾等）内的动脉血管分支由内向外呈锥体形分布，其梗死灶切面也呈锥形，锥底位于器官的表面呈不正圆形（图 7-6、图 7-7）。心肌、肠道与脑的梗死灶形状不规则。新鲜梗死灶因吸收水分而略肿胀，表面隆起，数日后梗死组织变干硬，略凹陷。梗死灶与正常组织交界处，常形成明显的充血和出血带，界限清楚。陈旧性梗死灶由于发生机化则较干燥、质硬，表面凹陷。镜检：梗死灶的组织坏死属凝固性坏死。而脑组织的梗死为液化性坏死。早期实质细胞无明显变化，胞核逐渐溶解消失，胞浆呈密集的颗粒状染色，尚能辨认组织的轮廓，而结构已经不清。在坏死区域周边存在嗜中性粒细胞浸润带。

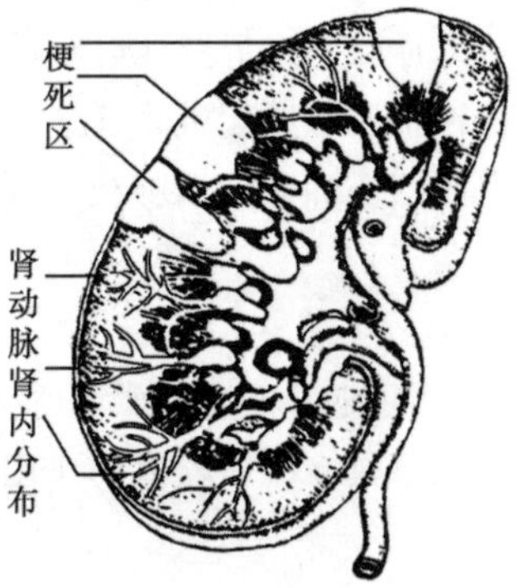

图 7-6　肾贫血性梗死模式图

图 7-7　肾贫血性梗死

2. 出血性梗死

出血性梗死常发生于血管吻合支丰富、组织疏松的器官，如肺、脾、肠等。出血性梗死的形成，不仅因动脉血管阻塞使组织血液供应断绝，往往还伴随着严重的静脉淤血。由于静脉和毛细血管内压升高，可影响动脉侧支循环的建立。血液停滞在坏死区域，由于缺氧使血管通透性增高，形成出血，血液浸润到梗死灶内，可使梗死部分呈暗红色，又称红色梗死（图 7-8）。

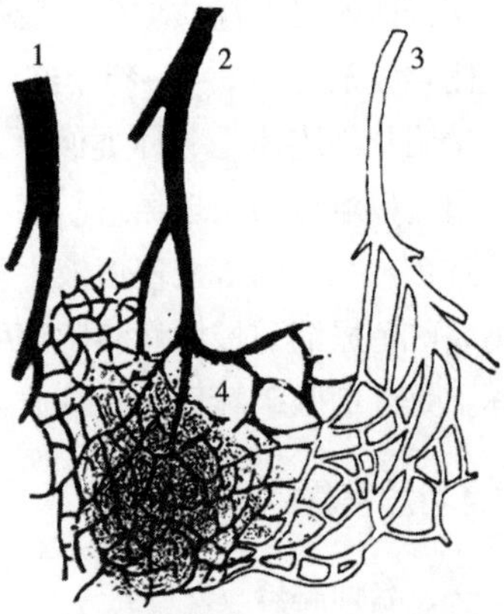

图 7-8　肺出血性梗死模式图
（动脉 1 与 2 之间有丰富的吻合支，
静脉 3 淤血和出血，
4 为流入血液的梗死区）

病理变化特征如下。眼观：梗死灶切面湿润，呈黑红色，与周围组织界限清楚。镜检：组织结构模糊，甚至消失，小血管内充满血液，间质水肿。

3. 梗死对机体的影响

梗死对机体的影响程度主要决定于发生部位、范围大小及有无感染等情况。心肌和脑发生梗死，将引起严重的功能障碍，甚至可导致死亡。脾、肾等器官小范围梗死，由周围正常组织进行代偿，对机体影响不大。肾脏发生出血性梗死可出现血尿，肺和肠梗死易发生感染，导致炎症或败血症。

附：技能培训 1——器官体积肿大的标志

在临床病理组织器官识别中，通过器官被膜紧张、边缘变钝、切面外翻来判定组织器官肿大，教师详细解释结缔组织中包膜、肝脏及肺脏的边缘锐角、组织切开后切面凸起。

视频：血栓形成和梗死

附：技能培训 2——猪附红细胞体病的临床检查

猪附红细胞体病的发病机制是附红细胞体原虫通过节肢昆虫及血液传染，寄生于猪红细胞周边进行增殖，最终引起红细胞破裂，导致溶血性贫血。结合病理学基本理论，在教师的指导下归纳总结下表检查项目。

临床检查	实验室
体温、脉搏、呼吸	血象光镜下检查
皮肤黏膜、粪便和尿液色泽	血象检查

附：技能培训 3——猪瘟的病理变化

猪瘟病理变化主要有 3 个方面：①全身组织器官表面针尖状出血点，常见于皮肤、肾脏、胃肠表面、膀胱、喉头黏膜等。②淋巴出血，表现为脾边缘出血性梗死、淋巴结出血、切面呈大理石样外观。③胃肠黏膜出现纤维素固膜性炎，形成轮状溃疡。

附：技能培训 4——临床现场诊断时猪瘟、非洲猪瘟、弓形体的病理变化区别

现场诊断时猪瘟、非洲猪瘟、弓形体的临床症状和病理变化十分相似，均有出血性变化，在解剖检查时可进行区别，猪瘟的出血多在内脏表面形成出血点，如喉、心肌、肠外膜、肾和膀胱等，淋巴结出血切面呈大理石样外观；非洲猪瘟的出血多在内脏表面形成弥漫性出血，呈现暗红色，淋巴结出血切面也是呈大理石样外观；弓形体病的内脏出血也呈弥漫性，但较非洲猪瘟轻微，在肾脏上呈出血斑，通常伴有明显肺水肿。淋巴结肿瘤样肿大，外观大小不等突起，切开时淋巴结髓质增生。疑似诊断后，可结合实验室微生物学、免疫学试验确诊。

附：技能培训 5——猪附红细胞体病溶血症

猪附红细胞体是一种类似原虫特性的微生物，通常由节肢昆虫传播本病，病原寄生在红细胞周边，以溶血为病理经过。感染急性猪附红细胞体动物体温升高，呼吸心跳加快，皮肤黏膜呈暗红色，大量的溶血使血液中非酯型胆红素增加，粪便色泽加深，严重时排出棕红色粪便，排出暗红色尿液。慢性病猪黄疸明显，采食减少，特别是在临床上有个别猪排出亮绿色尿液。实际上是红细胞破坏后，含铁血红素代谢分解，最终以三价铁形式从尿中排出。

◎ 复习思考题

一、名词解释

充血、淤血、心力衰竭、出血、贫血、溶血、梗死。

二、填空题

1. 微生物寄生虫毒素、病理产物降低了血管平滑肌对________的敏感性，使________松弛扩张，引起局部组织器官________。

2. 左心衰最先引起________器官淤血水肿。急性肺淤血时，肺体积________，被膜________，切面流出________。长期的肺淤血在肺组织中出现黄褐色的细胞。

3. 出血有________和________两种，内脏破裂可引起________性出血，病理产物破坏血管结构引起通透性增高，可引起________性出血。

4. 局部贫血有________、________和________三种原因。全身性贫血种类有________、________、________和________四种，牛的焦虫病和猪的附红细胞体可引起________性贫血。

5. 梗死有________和________两种，肺组织易发生________性梗死，梗死灶呈________色泽。

三、选择题

常识情况下，以下病理变化与色泽的对应关系是：充血（　　）、淤血（　　）、贫血（　　）、弥漫性出血（　　）、溶血（　　）、缺氧（　　）、肺脾梗死（　　）

A. 暗红　　B. 鲜红　　C. 苍白　　D. 紫黑　　E. 棕红

四、简答题

1. 充血的病理变化有哪些？
2. 为什么长期的淤血和缺氧会导致组织的渗出性出血？
3. 淤血的宏观和微观病理变化有哪些？
4. 出血的病理变化有哪些？
5. 详细说明有哪些血液循环障碍可导致组织和黏膜色泽呈现出暗红色。
6. 贫血性梗死和出血性梗死的病理变化有哪些？
7. 简述血栓形成的过程，血栓形成对机体有何影响？
8. 栓塞的种类有哪些？

实训　血液循环障碍的标本切片观察识别

【目标要求】 掌握常见组织器官局部血液循环障碍的眼观和镜检病理变化的特点。并能够识别血液循环障碍的病理组织、病理标本和切片的病理变化，为临床疾病诊断打下基础。本实训时间为 2h。

【实训用品】

（1）实训材料　血液循环障碍的大体标本、病理组织切片、图片、多媒体数字图片。

（2）实训用具　光学显微镜、显微图像放映显示设备、投影仪和屏幕、电脑。

【内容和步骤】

（1）病理标本和切片、幻灯片、电脑数字图片的观察和识别　先由教师讲解病理变化和识别要点，之后学生自主观察和讨论。

①肺淤血。眼观：肺胸膜紧张光滑，表面和切面呈暗红色，流出大量红色泡沫样液体。镜检：肺泡壁和小静脉血管扩张，充满红细胞，肺泡中充满水肿液，混有少量红细胞和心力衰竭细胞。

②肝淤血。眼观：肝脏体积增大，被膜紧张，呈暗红色，切面呈红黄相间样花纹。镜检：肝小叶中央静脉和小叶间血管扩张，充满大量的红细胞，窦状隙中也充满红细胞。肝细胞素零乱不整，肝细胞因淤血而发生不同程度的结构改变。

③淋巴结出血。眼观：淋巴结体积肿大，包膜紧张，切面外翻，色泽暗红色，切面红色出血区域和白色的淋巴结髓质呈红白相间大理石样花纹。镜检：淋巴滤泡和淋巴窦内、淋巴细胞中混有大量的红细胞，出血部位没有规则的边缘界线。

④肠黏膜出血。眼观：肠黏膜肿胀，有的部位呈暗红色不规则条纹或斑块状，有的部位呈弥漫性暗红色。镜检：肠黏膜部分脱落，在黏膜上皮细胞间有大量红细胞浸润。

⑤肾贫血性梗死。眼观：肾表面有灰黄色稍隆起的坏死灶，干燥无光泽，质地变硬，丧失正常肾脏结构，周边有明显的充血带。镜检：坏死区域内肾小管上皮细胞崩解，肾小管网空虚并且体积缩小，多数细胞无细胞核，染色变淡。

⑥脾出血性梗死。取猪瘟脾进行观察，眼观：脾色泽暗红，边缘有几处大小不等、稍向表面隆起的黑褐色病灶，干燥、组织结构模糊不清。镜检：梗死区域脾滤泡和脾窦内、淋巴细胞中混有大量的红细胞，形成出血浸润，梗死区域内细胞数目减少，细胞皱缩，结构发生改变，多处形成空洞。

⑦脑膜淤血。眼观：脑膜表面血管呈网状，充盈，呈暗红色。

（2）进行病理标本、切片和图片的观察和识别。

（3）学生分组进行病理标本、切片和图片识别要点的归纳总结。

（4）对学生进行病理标本、切片和图片识别技能考核。

【实训报告】

（1）描述肺淤血、肝淤血、淋巴结出血、肠黏膜出血、肾贫血性梗死、脾出血性梗死、脑膜淤血的病理变化，并总结其宏观和微观的识别要点。

（2）绘图说明肺淤血、肝淤血、肝淤血、脾出血性梗死的微观病理变化。

（3）通过标本观察识别，进一步认识诊断部分疾病。

项目八 细胞和组织损伤与代偿修复

◎ 情境引入

禽霍乱发病鸡场，鸡发病初期出现精神沉郁，食欲减退，腹泻严重，个别鸡突然死亡。剖检可见肠黏膜脱落，肝脏肿大，肝脏表面可见圆形针尖样灰白色大小不等坏死灶；组织坏死后形成硬结，后变软形成脓肿，呈现液化性坏死。

◎ 任务描述

用肉眼和显微镜观察萎缩、变性和坏死的标本，识别其病理变化，分析其发生原因和机制，判断其对机体影响；从而理解萎缩、变性和坏死在临床诊断时的意义，为临床疾病病理学诊断打下基础。

◎ 技能目标

能够识别萎缩、变性、坏死、代偿、适应和修复形式及其病理变化，能够识别和辨别细胞组织损伤抗损伤程度及对机体的影响，为临床病理学诊断提供理论依据。

◎ 知识目标

掌握萎缩、变性和坏死的类型、发生原因、病理变化。掌握代偿、适应和修复的概念、类型以及各类型的病理特征，理解创伤愈合、骨折愈合的病理过程，化生、再生、肥大、机化、包囊形成、钙化的含义，病理产物的改造方式。

任务一 细胞和组织的损伤

由于各种致病因子的作用，机体内合成代谢和分解代谢之间的动态平衡发生不同程度的破坏，从而导致各组织、器官的功能和形态发生损伤。根据组织和细胞损伤程度和形态特征，可将其分为萎缩、变性和坏死三种类型。

一、萎缩

发育成熟的器官、组织或细胞体积缩小及功能减退的过程，称为萎缩。萎缩发生的基础是组成该器官的实质细胞体积变小或数量减少。根据病因，可将萎缩分为两类，即生理性萎缩和病理性萎缩。

视频：萎缩

许多组织和器官当机体发育到一定阶段时发生生理性萎缩，这种现象称为退化，例如，在幼儿阶段动脉导管和脐带血管的萎缩退化，青春期后胸腺的逐步退化，妊娠期后子宫的复旧，以及授乳期后乳腺组织的复旧等。此外，在高龄时期几乎一切器官和组织均不同程度地出现萎缩，即老年性萎缩，尤以脑、心、肝、皮肤、骨骼等较为明显。

（一）萎缩的分类

在病理状态下出现的萎缩因病因不同表现为全身性萎缩和局部性萎缩两种。

1. 全身性萎缩

（1）原因　全身性萎缩在全身物质代谢障碍的基础上发展而来。常见于长期饲料不足、慢性消化道疾病、严重消耗性疾病（如肺结核）、恶性肿瘤患者的全身性萎缩等。全身各组织器官发生萎缩的先后顺序是：脂肪→肌肉→肝、肾、脾、淋巴结→脑、心。

（2）病理变化　眼观：皮下、腹膜下、网膜和肠系膜等处的脂肪完全消失，心脏冠状沟及肾脏周围的脂肪组织变成灰白色或淡灰色透明胶冻样（脂肪胶样萎缩）；器官体积缩小，边缘锐薄，重量减轻，被膜皱缩，色加深或稍变浅；胃肠道发生萎缩时，管壁变薄呈透明状，易破裂。镜检：萎缩器官的实质细胞体积缩小或数量减少，胞浆致密浓染，胞核皱缩深染，间质组织相对增多。在心肌纤维、肝细胞胞浆内常出现紫褐素，多量时使器官呈褐色，称为褐色萎缩。

彩图：萎缩

2. 局部性萎缩

在某些局部因素影响下发生的局部组织和器官的萎缩。常见的有以下几种。

（1）失用性萎缩　器官组织长期不活动，功能减弱所致的萎缩，如骨折时周围肌肉发生萎缩（图 8-1）。

（2）压迫性萎缩　器官组织长期受压而引起的萎缩，如肾盂积水时的肾实质萎缩。

（3）缺血性萎缩　动脉不全阻塞，供血不足引起，如血栓形成或栓塞形成动脉内腔狭窄（图 8-2）。

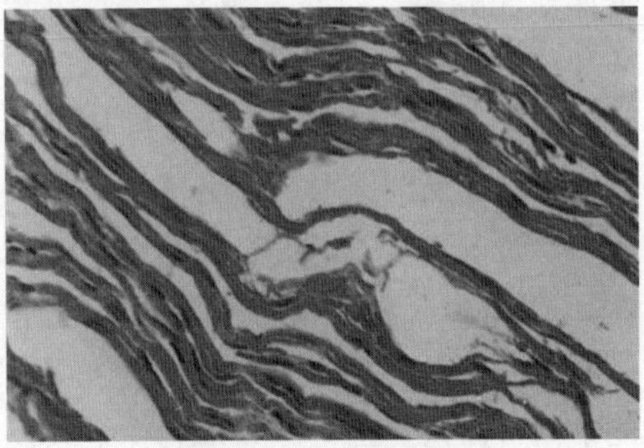

图 8-1　骨骼肌萎缩

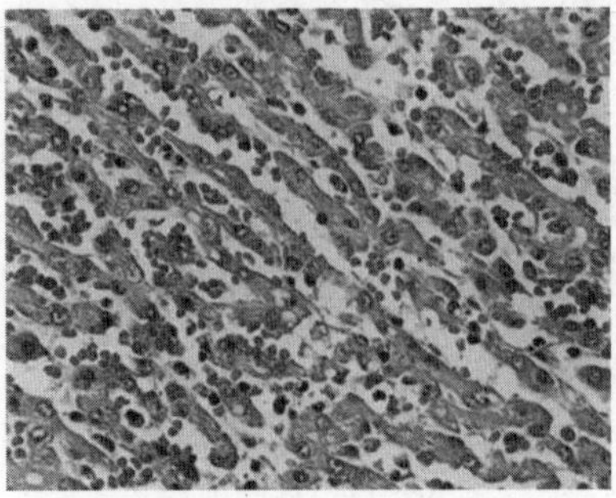

图 8-2　缺血性肝细胞萎缩

（4）神经性萎缩　中枢神经或外周神经损伤，使受其支配的器官、组织因失去神经调节而发生萎缩，如鸡马立克氏病时由于外周神经受到侵害，导致其支配的肌肉发生萎缩。

（5）激素性萎缩　由于内分泌功能异常而引起相应器官的萎缩，如动物去势后性器官的萎缩。

（二）萎缩的结局

萎缩一般是可复性的，只要萎缩的程度不十分严重，当原因消除后，萎缩的器官、组织、细胞仍可逐渐恢复原状。如果病变继续发展，则萎缩的细胞可最后消失。

二、变性

变性指机体在发生物质代谢障碍的情况下，细胞和组织损伤所引起的一类形态学变化，表现为细胞或间质内出现异常物质或正常物质数量过多，是可复性过程。

视频：颗粒变性

（一）颗粒变性

颗粒变性是一种最常见而且最轻微的细胞变性，易恢复或转化成其他病变，主要特征是变性细胞体积肿大，胞浆内出现蛋白质性颗粒，主要发生在心、肝、肾等实质器官的实质细胞。

1. 原因和发生机制

颗粒变性最常见于一些急性病理过程，如急性感染、发热、缺氧、中毒、过敏等。在上述疾病过程中，一是引起细胞膜的损伤，钠泵发生障碍，结果 Na^+和 Cl^-在细胞内蓄积；二是破坏了细胞内线粒体的氧化酶系统，使物质代谢过程障碍，代谢产物蓄积，加之细胞器和大分子物质崩解，使细胞嗜水性增强，细胞器（尤其是线粒体）吸水肿大，胞浆蛋白凝聚成颗粒状，红染，因此也称为“浊肿”。

动画：颗粒变性

2. 病理变化

眼观：体积肿大，重量增加，边缘钝圆，切面隆突，边缘外翻，质脆易碎，颜色变淡，呈灰白色或黄白色，器官组织浑浊无光泽，如沸水烫过一样。

彩图：颗粒变性

镜检：变性细胞体积肿大，结构模糊，胞浆溶解，出现大量细微颗粒，胞核常被颗粒物所掩盖而不清楚（图 8-3）。

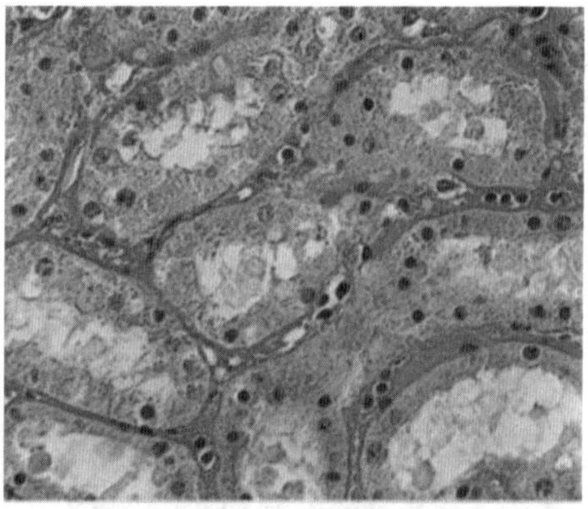

图 8-3　肾颗粒变性

3. 结局和对机体的影响

颗粒变性是一种轻微的变性，病因消除后，功能结构可以恢复正常。如果病变继续发展，可以引起细胞进一步发生水泡变性或脂肪变性，甚至细胞坏死；其生理功能通常降低。例如，心功能衰竭，肝脏的合成和解毒功能降低，肾功能障碍而出现水肿、蛋白尿、糖尿等变化。

（二）脂肪变性

脂肪变性是指变性细胞的胞浆内出现大小不等的游离脂肪滴，又称脂变。脂肪滴的主要成分为中性脂肪（甘油三酯）和类脂质（磷脂和胆固醇）。脂肪变性往往和颗粒变性同时或先后发生于心、肝、肾等实质器官，以致有时在肉眼上不易辨别清楚，故统称为实质变性。

视频：脂肪变性

1. 原因和发生机制

多见于急性、热性传染病，中毒，缺氧等病理过程中，细胞内脂肪代谢紊乱，导致细胞中脂肪或其代谢成分过多蓄积，引起脂肪变性。

2. 病理变化

眼观：轻度脂变，并不明显，只见器官的色彩稍显黄色。重度脂变时，则见器官体积肿大，边缘钝圆，质地变软，切面微隆突，表面和切面均呈土黄色，切面组织结构模糊，触之有油腻感，重量减轻。肝脏发生脂变，同时伴发慢性淤血时，肝脏切面呈现红黄相间的槟榔样花纹，则呈“槟榔肝”。心脏发生脂变时，在心外膜下和心室乳头肌及肉柱的静脉血管周围，可见灰黄色的条纹或斑点分布在正常色彩的心肌之间，呈黄红相间的虎皮状斑纹，故有“虎斑心”之称。如猪、牛口蹄疫病，幼年仔猪、犊牛抵抗力弱，当病毒侵害心肌时，造成心肌缺氧梗死，其病毒性心肌炎可形成典型的“虎斑心”。

动画：脂肪变性

彩图：脂肪变性

镜检：变性细胞肿胀，胞浆内出现大小不一的圆球状脂肪滴，随着病变发展，脂肪小滴可融合成大脂肪滴，胞核被挤于一侧或消失。在一般石蜡切片中，变性细胞内的脂肪滴已被脂溶剂溶解掉，因此看到的只是大小不等的圆形空泡；用锇酸固定的组织中脂肪滴呈黑色；在冷冻切片中，用苏丹Ⅲ或油红染色，能着染中性脂肪，呈黄红色（图 8-4）。镜检时，脂肪变性要区别于颗粒变性和水泡变性。

3. 结局和对机体的影响

脂肪变性是一种可复性的病理过程，当病因消除、物质代谢恢复正常后，细胞结构能完全恢复。严重的脂肪变性则可进一步导致细胞死亡。

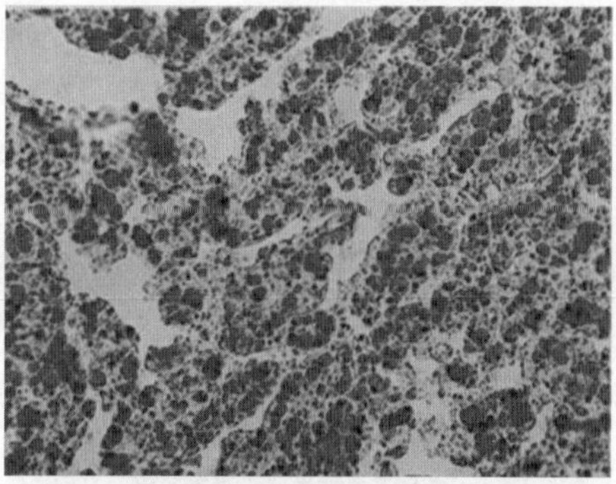

图 8-4　肝脂肪变性（苏丹Ⅲ染色）

（三）水泡变性

水泡变性是指变性细胞的胞浆或胞核内出现大小不等的水泡，其使整个细胞呈蜂窝状结构。水泡变性多发生于烧伤、冻伤、口蹄疫、痘症、猪传染性水泡病以及中毒等急性病理过程中。水泡变性与颗粒变性常同时出现，在形态上也无明显界限。

1. 原因和发生机制

发病原因和机制与颗粒变性基本相同，是一个病理过程的不同发展阶段，所以也将两种变性合称为细胞肿胀。

2. 病理变化

眼观：多见于皮肤和黏膜的被覆上皮，最初只见病变部肿胀，随后即可形成肉眼可见的水泡。肝、肾等器官发生水泡变性时，与颗粒变性难以区别。

镜检：变性细胞的体积肿大，胞浆内含有大小不一，形态不规则的水泡，小水泡可融合成较大水泡，甚至充盈整个细胞，使细胞呈气球样肿胀，所以又称气球样变。肿胀严重时，细胞破裂，水分集聚在表皮的角质层下，向表面隆起，形成水泡（图 8-5）。

3. 结局和对机体的影响

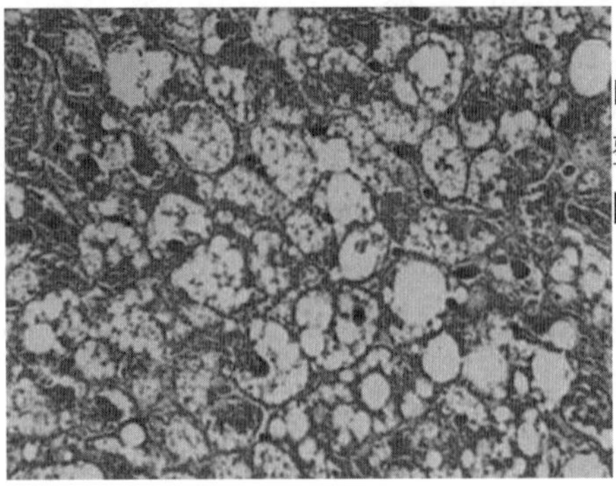

图 8-5　肝水泡变性

水泡变性的器官组织，其生理功能发生不同程度的障碍，变性严重的细胞，细胞核也发生水泡变性，整个细胞可以崩解死亡，变性轻微的，随着病因的消除，可以恢复。

（四）其他类变性

1. 透明变性

透明变性又称玻璃样变，是指细胞质、血管壁和结缔组织内出现一种同质无结构的蛋白质样物质。透明变性是一个比较笼统的病理概念，只是病理产物在物理性状上大致相同，但其病因、发生机制、功能意义和玻璃样物的化学成分各不相同。

根据透明变性的病理变化，可将透明变性分为以下三种类型：细胞内透明滴状变性；血管壁的透明变性；纤维组织透明变性。

轻度的透明变性可以吸收，组织恢复正常。但发生透明变性的组织容易有钙盐沉积，引起组织硬化。小动脉发生透明变性，管壁增厚，管腔缩小，甚至完全闭塞，导致局部组织缺血和坏死。

2. 淀粉样变

淀粉样变是指在某些组织的网状纤维、血管或间质内出现淀粉样蛋白沉着物的一种病变。这种沉着物化学性质上属糖蛋白、新鲜变性组织，具有淀粉遇碘的显色反应（加碘溶液呈红褐色，再滴加 1%硫酸溶液，又转成蓝色或紫色），故称淀粉样物质。

淀粉样变多发生于长期伴有组织破坏的慢性消耗性疾病和慢性抗原刺激的病理过程。例如，慢性化脓性炎症、结核、鼻疽以及供制造高免血清的马匹等。常发生于脾、肾、肝、淋巴结等器官，早期病变，眼观不易辨认，在光镜下才能发现。如淀粉样物质沉着在淋巴滤泡部位时，呈半透明灰白色颗粒状，外观如煮熟的西米，俗称“西米脾”。淀粉样物质弥漫地沉着在红髓部分，则呈不规则的灰白色区，没有沉着的部位仍保留脾髓的暗红色，红白交织呈火腿样花纹，俗称“火腿脾”（图 8-6）。

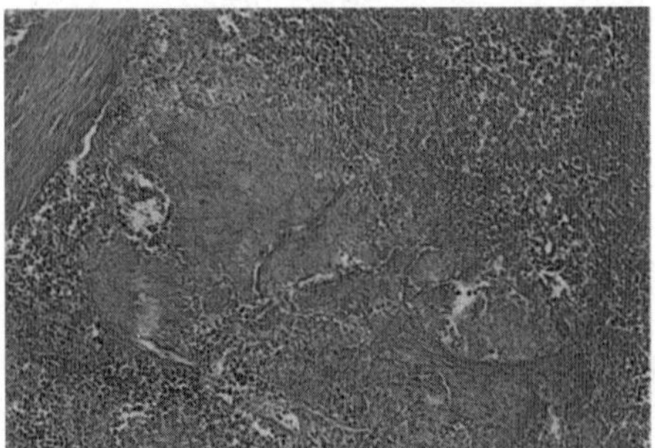

图 8-6　脾弥漫性淀粉样变性

一般来说，淀粉样变在初期是可以恢复的。但淀粉样变是一个进行性过程，单核-吞噬细胞系统不能有效地将淀粉样物质清除掉。淀粉样变严重时，可引起器官破裂，严重的肾脏淀粉样变往往导致尿毒症而死亡。

三、坏死

活体（生活机体）的局部组织或细胞死亡称为坏死。坏死组织的细胞代谢停止，功能丧失，出现一系列特征性的形态学改变，是不可逆的变化。

（一）坏死病因和发病机制

视频：组织坏死

（1）缺氧　缺氧多见于缺血，使氧化磷酸化和 ATP 合成发生严重障碍，导致细胞死亡。

（2）生物性因素　各种病原微生物、寄生虫及其毒素直接破坏细胞内酶系统、代谢过程和膜结构从而引起坏死。

（3）理化因素　机械性、高温、低温、射线、强酸、强碱和各种毒物等致病因子直接损伤细胞死亡。

（4）抗原物质　抗原物质指引起变态反应而招致组织、细胞坏死的各种抗原。

（二）坏死的病理变化

宏观上坏死组织丧失原有组织固有的色泽、质地和结构，或产生特征性病变。细胞坏死出现明显的形态学改变时，在电子显微镜下判断细胞也已死亡，而在光学显微镜下，通常要在细胞死亡若干小时之后，当自溶性改变相当明显时才能辨别。

1. 细胞核的变化

细胞核的改变是细胞坏死的主要形态学标志，镜检表现为：

（1）核浓缩　即由于核脱水使染色质浓缩，染色变深，核的体积缩小。

（2）核碎裂　核染色质崩解为小碎片，核膜破裂，染色质碎片分散在胞浆中。

（3）核溶解　在脱氧核糖核酸酶的作用下，染色质的 DNA 分解，细胞核失去对碱性染料的亲和力，因而染色质变淡，甚至只能见到核的轮廓。其后染色质中残余的蛋白质被蛋白酶所溶解，核完全消失（图 8-7）。

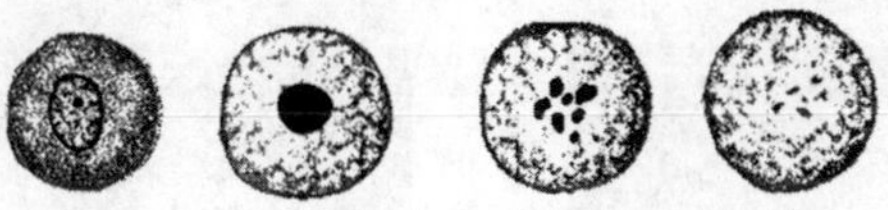

1　2　3　4

图 8-7　细胞坏死时核的变化模式图

1—正常细胞　2—核浓缩　3—核碎裂　4—核溶解消失

2. 细胞质的变化

（1）细胞质红染　细胞质红染是由于细胞质嗜碱性物质核蛋白体减少或丧失，使细胞质与碱性染料苏木素的结合减少而与酸性染料伊红的结合力增高的缘故。

（2）细胞质呈颗粒状　实质细胞坏死后，整个细胞质结构崩解呈颗粒状，进而迅速溶解、吸收而消失。

（3）嗜酸性小体形成　单个实质细胞（如肝细胞）坏死后，细胞质内水分逐渐丧失，核浓缩而后消失，胞体固缩，细胞质呈强酸性染色（红染），形成嗜酸性小体，称为嗜酸性坏死或固缩坏死。

3. 间质变化

实质细胞坏死后一段时间内，间质常无改变。以后在各种溶解酶的作用下，基质崩解，胶原纤维肿胀并崩解断裂或液化。于是坏死的细胞和崩解的间质融合成一片模糊的颗粒状、无结构的红染物质。

（三）坏死的类型

形态学上可将坏死分为以下类型。

1. 凝固性坏死

坏死组织由于失水变干、蛋白质凝固而变成灰白或黄白色比较坚实的凝固体，故称凝固性坏死。特点是坏死组织的水分减少，而结构轮廓则依然可较长时间地保存。典型的是肾脏的贫血性梗死。

（1）病理变化　眼观：坏死组织呈灰白色、干燥、坚实，坏死灶周边有暗红色的充血、出血带。镜检：坏死细胞的正常结构消失，仅存有结构轮廓。

（2）类型及病变特征

①蜡样坏死。蜡样坏死是指肌肉组织的凝固性坏死。眼观：呈灰黄色或灰白色，浑浊、干燥，形似石蜡（图 8-8）。镜检：肌纤维肿胀、崩解或断裂，横纹消失，肌浆均质红染或着色不均的结构物。

②干酪样坏死。如结核病灶的坏死。眼观：呈灰黄色，松软易碎，外观如干酪（豆渣样）（图 8-9）。镜检：组织的固有结构完全破坏，仅见一片无定形颗粒状物质。

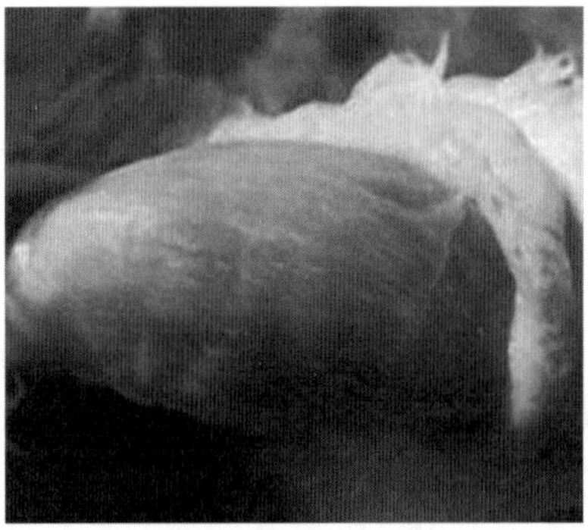

图 8-8　肌肉蜡样坏死

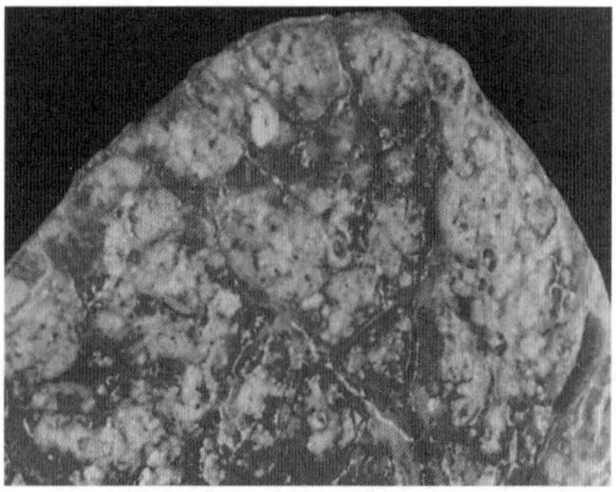

图 8-9　肺干酪样坏死

2. 液化性坏死

液化性坏死的特征是坏死组织迅速崩解液化。此型坏死常见于富有蛋白分解酶的胃肠道和胰腺。富含水分与磷脂类物质的中枢神经系统，以及有大量中性粒细胞浸润的化脓性炎灶。液化性坏死灶一般不难判定，但中枢神经的液化性坏死灶眼观不易确诊，需进行病理组织学检查。液化性坏死常见的类型有脑软化和化脓性炎。

彩图：坏死

3. 坏疽

坏疽是指组织坏死后受到外界环境影响和不同程度的腐败菌感染所引起的变化。通常呈黑褐色或黑色。坏疽可分为以下 3 种类型。

（1）干性坏疽　干性坏疽常见于暴露于空气的体表、四肢末梢部位，坏死灶干燥、皱缩、边界清楚、质硬、呈灰黑色，如缺血性坏死、冻伤，猪丹毒的皮肤坏疽等。

（2）湿性坏疽　湿性坏疽多发生于与外界相通的内脏（子宫、肠、肺等）或皮肤。此时由于坏死组织含水分较多，适合腐败菌生长繁殖，故腐败菌感染严重，局部明显肿胀，呈深蓝、暗绿或污黑色。腐败菌分解蛋白质，产生吲哚、粪臭素等，造成恶臭。由于病变发展较快，炎症比较弥漫，故坏死组织与健康组织的分界线不明显。同时，组织坏死腐败所产生的毒性产物及细菌毒素被吸收后，可引起严重的全身中毒症状，如肠坏疽、肺坏疽及产后坏疽性子宫内膜炎等。

（3）气性坏疽　气性坏疽为湿性坏死的一种特殊类型，常见于严重的深部肌肉的开放性创伤合并产气荚膜杆菌、恶性水肿杆菌及腐败弧菌等厌气菌感染时，细菌分解坏死组织时产生大量气体，使坏死组织内含气泡呈蜂窝状，按之有捻发音。气性坏疽发展迅速，毒素吸收多，后果严重，需紧急处理（图 8-10）。

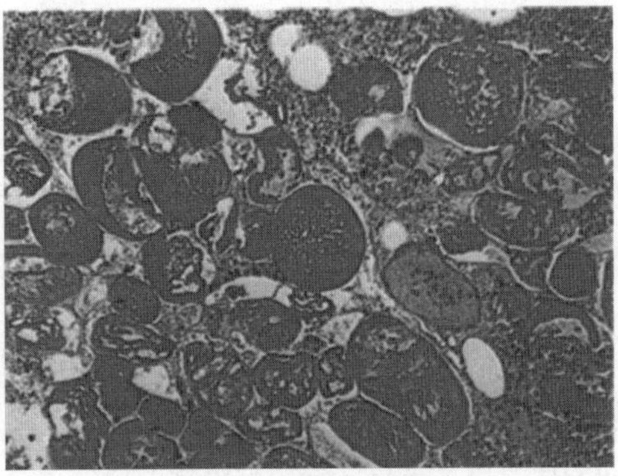

图 8-10　骨骼肌气性坏疽

（四）坏死的结局

坏死组织通过吸收再生、腐离脱落、机化包裹、钙化等方式进行病理产物改造，详见本项目任务二。

任务二　代偿、适应与修复

疾病过程实质上就是损伤与抗损伤的斗争过程。当机体受到致病因子作用时，一方面引起器官、组织的形态结构破坏，功能和代谢发生障碍等损伤性变化；另一方面机体组织和器官出现适应、代偿和修复等抗损伤性反应。本任务着重阐述代偿、适应和修复。

视频：组织损伤代偿与修复

一、代偿

在致病因子作用下，某器官、组织的结构遭受破坏，代谢和功能发生障碍时，由该器官、组织正常部分或别的器官、组织来代替、补偿的过程，称为代偿。这种代偿过程主要是通过神经体液调节来实现的，是机体的一种重要的抗病功能。代偿可分为代谢性代偿、功能性代偿和结构性代偿 3 种形式，但三者往往是互相联系的。

（一）代谢性代偿

代谢性代偿是指在疾病过程中体内出现以物质代谢改变为其主要表现形式的一种代偿。如缺氧时，糖的有氧代谢过程受阻，能量供应不足，此时糖酵解加强，以补充一部分能量。

（二）功能性代偿

功能性代偿是指机体通过相关的器官功能增强来补偿病变器官的功能障碍和损伤的一种代偿形式，如肺疾病缺氧时心功能增强，弥补血液运氧能力；肾脏器官中的一个肾脏发生损伤而致其功能丧失时，往往通过另一侧健康肾脏功能加强来补偿。

（三）结构性代偿

结构性代偿是指以器官、组织体积增大（肥大）来实现代偿的一种形式；此时体积增大的器官、组织伴有功能加强，肝硬化就是一种结构增生性代偿，以形成假小叶、假胆管和间质增生为主。

功能、结构及代谢的代偿常同时存在，互相影响。一般来讲，功能性代偿发生的快，长期功能性代偿会引起结构的变化，相反，结构性代偿能使功能持久增强，而代谢性代偿则是功能性代偿与结构性代偿的基础。但机体的代偿能力是有限的，如果某器官的功能障碍超过了机体的代偿能力，新建立的器官间的平衡关系就会被打破，即发生代偿失调。

二、适应

机体内的细胞、组织或器官在受到刺激或环境改变时，能改变其功能与形态结构以适应新的环境条件和新的功能要求，这个过程称为适应。适应性改变一般是可逆的，只要组织和细胞的局部环境恢复正常，其形态结构的适应性改变即可恢复。常见形态结构的适应性改变有下列几种。

（一）肥大

组织或器官的体积增大并伴有功能增强，称为肥大。组织或器官的肥大主要是由于组成该组织或器官的实质细胞体积增大或数目增多，或二者同时发生而形成的。肥大可分为代偿性肥大和内分泌性肥大两类。

1. 代偿性肥大

一些器官的功能负荷加重，引起相应组织或器官的肥大，称为代偿性肥大。例如，一侧肾脏手术摘除丧失功能时，另一侧肾脏发生肥大以代偿其功能；心脏瓣膜疾病时心肌细胞体积增大。

2. 内分泌性肥大

某些激素分泌增多时，其效应器官可出现肥大，如雌激素可刺激妊娠子宫平滑肌引起肌纤维肥大。

（二）改建

器官、组织的功能负担发生改变后，为适应新的功能需要，其形态结构发生相应变化，称为改建。组织改建的种类一般有以下 3 种。

1. 血管的改建

动脉内压长期增高，使小动脉壁弹性纤维和平滑肌增生，管壁增厚，毛细血管可转变成小动脉、小静脉；反之，当血管由于器官的功能减退时，其原有的一部分血管将发生闭塞，如胎儿的脐动脉在它出生后，由于血流停止而转变为膀胱圆韧带。

2. 骨组织的改建

患关节性疾病或骨折愈合后，由于骨的负重方向发生改变，骨组织结构形式就会发生相应的改变。此时，骨小梁将按力学负荷所赋予的新要求改变其结构与排列，即形成新的骨小梁系统来取代旧的骨小梁系统。在此过程中，不符合重力负重需要的骨小梁逐渐萎缩，而符合重力负荷需要的则逐渐肥大，经一定时间之后，骨组织内会形成适应新的功能要求的新结构。

3. 结缔组织的改建

创伤愈合过程中，肉芽组织内胶原纤维的排列也能适应皮肤张力增加的需要而变得与表皮方向平行。

（三）化生

已分化成熟的组织在环境条件改变的情况下，在形态和功能上完全转变为另一种组织的过程，称为化生。这常常是由于组织适应生活环境的改变，或者由某些理化刺激引起的。

根据化生发生的过程不同，化生可分为鳞状上皮化生与结缔组织化生两类。

1. 鳞状上皮化生

多见于气管和支气管（图 8-11）。此处黏膜长时间受到刺激性气体刺激或慢性炎症的损伤，黏膜上皮反复再生，此时可出现化生。如慢性支气管炎或支气管扩张症时，支气管黏膜的柱状纤毛上皮化生为鳞状上皮；肾盂结石时，肾盂黏膜的移行上皮化生为鳞状上皮。

2. 结缔组织化生

结缔组织可化生为骨、软骨或脂肪组织等（图 8-12）。

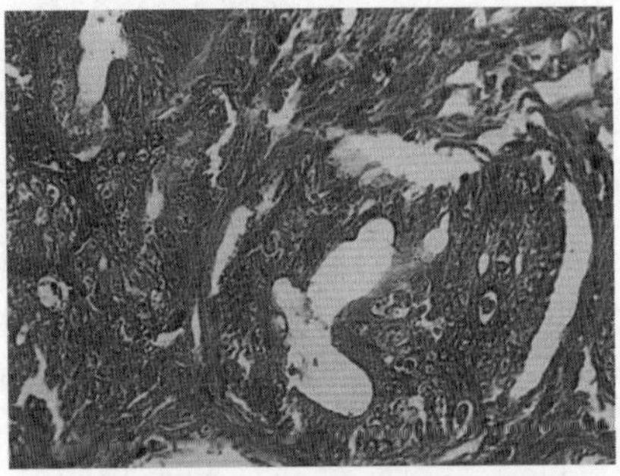

图 8-11 支气管上皮化生

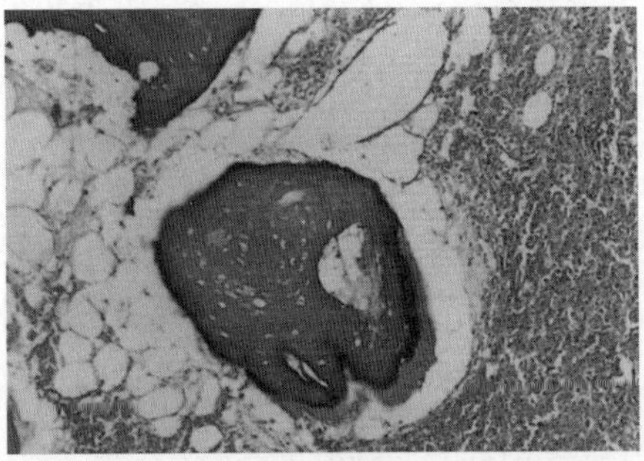

图 8-12 结缔组织化生

组织化生后虽然能增强局部组织对某些刺激的抵抗力，但其却丧失了原有组织的功能，例如，支气管黏膜的鳞状上皮化生，由于丧失了黏液分泌和纤毛细胞，反而削弱了支气管的防御功能，易于发生感染。更有甚者，诱发组织化生的刺激因子如长期存在，可能引起局部组织发生癌变。

三、修复

修复一般是指细胞和组织所形成的缺损由周围健康组织再生来修补恢复的过程。修复的内容包括再生、愈合和病理产物改造等。

（一）再生

体内细胞或组织损伤后，由邻近健康细胞分裂增殖来修补的过程，称为再生。

1. 再生的类型及组织的再生能力

再生可分为两类：一类为再生的组织其结构和功能与原来的组织完全相同，称为完全再生；另一类为缺损的组织不能完全由结构和功能相同的组织来修复，而由肉芽组织来代替，最后形成疤痕，称为不完全再生，又称疤痕修复。

组织能否完全再生主要取决于组织的再生能力及组织缺损的程度。按再生能力的强弱可将动物体的组织、细胞分为以下 3 种。

（1）再生能力较强的组织　结缔组织细胞、小血管、淋巴造血组织的一些细胞、表皮、黏膜、骨、周围神经、肝细胞及某些其他腺上皮等，再生能力较强，损伤后一般能够完全再生。但是如果损伤很严重，则上述大多数组织将部分以疤痕的形式修复。

（2）再生能力较弱的组织　平滑肌、横纹肌等再生能力较弱，而心肌的再生能力更弱，缺损后基本上为疤痕修复。

（3）缺乏再生能力的组织　神经细胞在个体出生后便缺乏再生能力，缺损后由神经胶质细胞再生来修复，形成胶质细胞。

2. 各种组织的再生过程

（1）上皮组织再生　以被覆上皮再生为例，皮肤复层鳞状上皮缺损时，由创缘或创底基底层细胞分裂增殖修复，先形成单层上皮细胞层，向缺损中心延伸，以后增生分化为复层鳞状上皮（图 8-13）。

（2）结缔组织再生　受损处结缔组织的成纤维细胞分裂、增生，幼稚的成纤维细胞胞体大，两端常有突起，突起可呈星状，胞浆丰富呈弱嗜酸性。当成纤维细胞停止分裂后，开始合成并分泌原胶原蛋白，在细胞周围形成胶原纤维，细胞逐渐成熟，变成长梭形，胞浆逐渐减少，核深染，成为纤维细胞。

（3）血管再生　动、静脉血管不能再生，毛细血管具有很强的再生能力，多以芽生的方式再生，即由原有毛细血管的内皮细胞肥大并分裂增殖，形成向外突起的幼芽，幼芽继续向外增长而成实心的内皮细胞条索，随着血液的冲击，细胞条索中出现管腔，形成新的毛细血管，新生毛细血管彼此吻合可形成毛细血管网（图 8-14）。

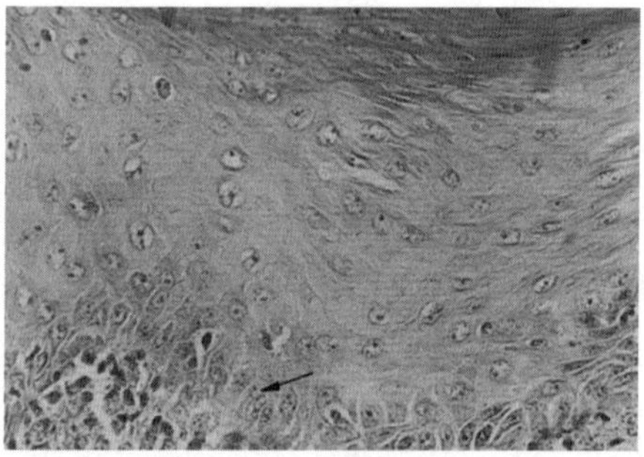

图 8-13　皮肤再生

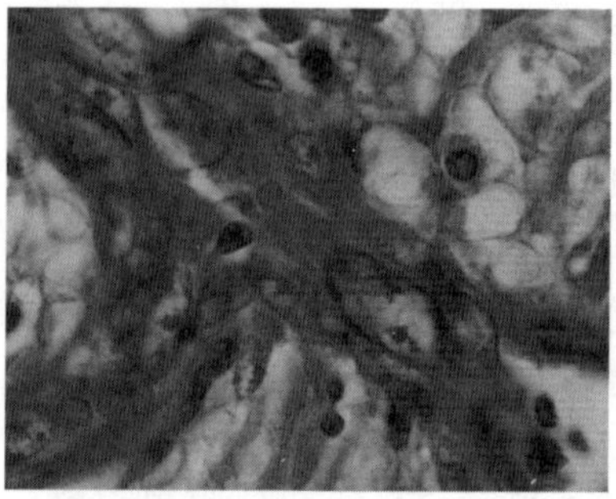

图 8-14　血管再生

（二）愈合

1. 肉芽组织

肉芽组织是由毛细血管内皮细胞和成纤维细胞构成，并富有毛细血管和炎性细胞的新生幼稚结缔组织。在创伤愈合过程中，起到抵抗感染、取代血凝块、坏死组织等病理产物和填补组织缺损的作用。肉芽组织是创伤愈合、骨折愈合、机化和包囊形成的物质基础。

体表损伤愈合过程中形成的肉芽组织，眼观：表面被覆有一薄层红黄色黏稠状渗出物，表面湿润呈鲜红色，颗粒状，形似鲜嫩肉芽，故称肉芽组织。肉芽组织因具有丰富的血管，触之易出血，但其中尚无神经长入，所以无痛觉。镜检：肉芽组织常具有明显的层次性结构，表层往往是均质红染，散在有许多炎性细胞（主要是中性粒细胞）和破碎核的坏死层。坏死层下主要为幼稚的成纤维细胞和丰富的毛细血管，其中混有一定数量的炎性细胞（图 8-15）。再下层的成纤维细胞逐渐成熟，并分泌、合成许多胶原纤维，但排列紊乱，毛细血管和炎性细胞会逐渐减少，这是较成熟的结缔组织。最下层或最后为排列规则的胶原纤维束和少量成熟型成纤维细胞构成的成熟结缔组织。

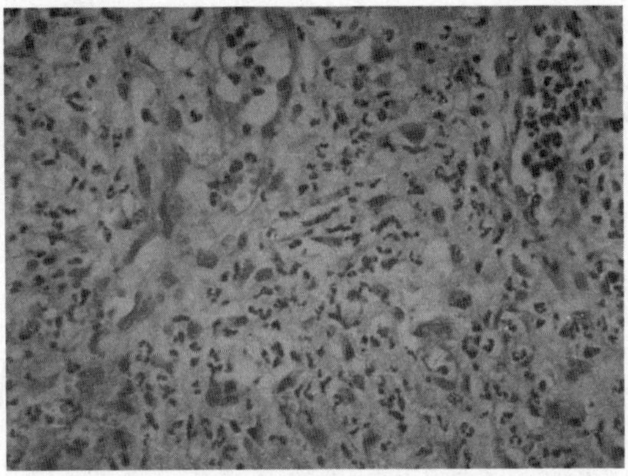

彩图：肉芽组织

图 8-15　肉芽组织

2. 创伤愈合

创伤愈合是指创伤造成的组织缺损，通过该处组织再生进行修补的过程。

（1）创伤愈合的过程

①出血、渗出和止血：各种因子引起局部组织创伤时，均会导致局部血管损伤而发生出血并伴有炎性反应（渗出），组织学检查可见创伤周围的小血管扩张充血，血浆中有液体成分和白细胞（嗜中性粒细胞和巨噬细胞）渗出。以后渗出液中会出现纤维蛋白，并连接成网，使创腔内的血液和渗出液凝固。

②创口收缩：创口收缩是指创口边缘的整层皮肤及皮下组织向创腔中心移动的现象。伤口收缩是由创伤部肉芽组织迅速增生以及创口边缘肉芽组织中新生的成肌纤维细胞牵拉所致。

③肉芽组织的形成和增生：一般于创伤发生后 2~3d 形成，由创口周围或底部的健康组织发起。其形成过程是：在创伤底部或周围健康组织内的毛细血管再生（芽生），创伤底部和周围的纤维细胞发生肿大而转化为成纤维细胞。创伤底部及周缘的新生肉芽组织逐渐长入创腔中的血凝块内，机化血凝块，并填平创腔。

④疤痕的形成：随着结缔组织的成熟，成纤维细胞开始停止分裂增殖，而其产生的胶原纤维则逐渐增多，成纤维细胞的数量逐渐减少，并转变为纤维细胞，毛细血管和炎性细胞逐渐消失。最后，肉芽组织转为疤痕组织。如果疤痕组织形成过多呈瘤状突起，则称为疤痕疙瘩。

（2）创伤愈合的分类　根据损伤程度不同及有无感染，创伤愈合可以分为以下三种类型。

①第一期愈合：多见于手术创或创缘平整和无感染的创伤。这种创伤由于组织损伤较小，创缘互相接近，炎症反应轻微，伤口中仅有少量渗出物和血凝块，随着血液凝固将创缘黏合起

来，7d 左右愈合，形成的疤痕小。

②第二期愈合：多见于组织缺损较大、创缘不整、哆开、无法对合而呈开口状，或伴有感染的创伤。这种创口由于坏死组织多，并有不同程度的感染，创口周围常有明显的炎症反应，只有感染被控制、坏死组织被清除后，组织再生才能开始，故愈合时间长，形成的疤痕明显。

③痂下愈合：此型愈合多见于皮肤发生挫伤的情况。创伤渗出液与坏死组织凝固后，水分被蒸发，形成干燥硬固的褐色厚痂，在痂下进行直接或间接愈合，待上皮再生完成后，痂皮即脱落。

3. 骨折愈合

骨折愈合是指骨折后局部所发生的一系列修复过程。轻度的骨折经过良好的复位，可以完全恢复正常的结构和功能。骨折愈合同样经历创腔净化和再生修复两个过程。骨折愈合的基础是骨膜的成骨细胞再生。骨折愈合包括以下几个相互连续的阶段。

（1）血肿形成　骨折处血管破裂出血，在骨折断端间及其周围受损的软组织中形成血肿，随后凝固，使两骨折断端初步连接，为肉芽组织生长提供了一个支架。

（2）纤维性骨痂形成　骨内、外膜的新生成骨细胞、成纤维细胞和毛细血管开始向血凝块中长入。这种成骨性肉芽组织可将血凝块完全吸收、取代，并将骨折断端连接起来，局部形成梭形肿大的软组织，称为纤维性骨痂。

（3）骨性骨痂形成　继纤维性骨痂形成之后，成骨细胞分泌骨基质，细胞本身则成熟为骨细胞而形成类骨组织，类骨组织钙化后便形成骨组织，称为骨性骨痂。骨性骨痂虽使断骨连接比较牢固，但由于结构不致密，骨小梁排列比较紊乱，故比正常骨脆弱。

（4）改建　负重的骨小梁变致密，而不负重的骨组织逐渐被吸收。改建需要很长时间，一般需要数月至一年。骨折后虽然可完全再生，但如发生粉碎性骨折，尤其是骨膜破坏较多或断端对位不好、断端有软组织嵌塞，均可影响骨折愈合。因此，保护骨膜、正确复位与固定，对促进骨折愈合是十分必要的。

（三）病理产物改造

视频：病理产物改造方式

1. 吞噬溶解

小范围的坏死灶，白细胞进行吞噬，嗜中性粒细胞释放蛋白分解酶，坏死组织液化，淋巴管、小血管吸收后，邻近健康组织再生而修复。

2. 腐离、脱落

较大范围的坏死，与外界直接或间接相通的器官表面的坏死灶，主要见于皮肤和黏膜。坏死组织在周边性炎症反应的作用下，与正常组织分离脱落，局部留下缺损，浅的称为糜烂，深的称为溃疡。肺脏较大坏死灶脱落排出后留下的较大空腔，称为空洞。

3. 机化和包囊形成

彩图：肝寄生虫结节包囊；病理产物钙化

见于坏死范围大，再生能力弱的组织，坏死组织被肉芽组织取代或将其包围形成包囊。在疾病过程中所出现的各种病理产物或异物（如坏死组织、炎性渗出物、血栓、血凝块、寄生虫、缝线等），被新生肉芽组织取代或包囊的过程。前者称为机化，后者称为包囊形成。

机化因发生部位的不同而起到不同的防御结果，有的甚至造成病理状态，如纤维素性肺炎时，纤维素性物质发生机化，肺组织发生肉变，使肺组织呼吸功能丧失。坏死组织发生机化时易发生疤痕，若形成包囊，其中的坏死组织逐渐变干，并常有钙盐沉着即钙化。因此，机化与包囊的形成可以消除或限制各种病理性产物或异物的致病作用，是机体防御疾病的重要反应。但也能造成永久性病理状态。

4. 钙化

坏死灶发生钙盐沉着，常见于干酪样坏死灶。在正常的机体内，只有骨和牙齿有固体的钙盐，如果在骨和牙齿以外的组织内有固体的钙盐沉着，则称为病理性钙化。沉着的钙盐主要是磷酸钙。结核病灶中包含大量结核分枝杆菌，为防止病原扩散，机体识别后不进行吞噬溶解的处理，通常采用病理隔离方式，成纤维细胞进行包裹缠绕，继而沉积钙盐进一步隔离，形成钙化灶。

◎ 复习思考题

一、名词解释

槟榔肝、虎斑心、坏疽、代偿、化生、肉芽组织、机化、包囊形成。

二、填空

1. 萎缩的组织体积________，硬度________，色泽________。骨折石膏固定一段时间后，肌肉萎缩属于________性萎缩。

2. 坏死分________、________和________。肾的贫血性梗死属于________性坏死，化脓性炎属于________性坏死。禽结核病灶属于________组织损伤；禽缺硒脑软化属于________组织损伤。

3. 颗粒变性是由于细胞内酸性物质增加使________凝聚成红染颗粒。脂肪变性是由于细胞内________类物质异常增多，融合在一起的，镜下呈空泡样。

4. 组织损伤后机体代偿分为________、________和________代偿。

5. 肥大实质是组成该器官细胞的体积和数量，肥大增生属于________代偿。

6. 微观上组织坏死的标志是发生改变，常见________、________、________3种变化。

7. 组织损伤后机体代偿分为________、________和________代偿。肥大增生属于________代偿。

8. 肉芽组织的功能有________、________、________3种。

9. 创伤愈合可分为________和________两种类型。

10. 肉芽组织主要细胞成分为________、________、________。

三、简答题

1. 局部性萎缩类型有哪些？
2. 简述脂肪变性的病理变化。
3. 简述颗粒变性的病理变化。
4. 坏疽有哪几种类型？各类病变有何特点？
5. 坏死组织细胞对机体是有害的，机体采取什么方法清除？
6. 血管再生的方式如何？
7. 创伤愈合分哪几类？各类有何特点？
8. 骨折愈合基本病理过程有哪些？

实训一　细胞和组织损伤的病理标本观察

【目标要求】通过实训能够识别萎缩、细胞肿胀、脂肪变性、坏死等的眼观及镜检变化。加深对理论知识的理解，为病理诊断提供线索。

【实训用品】大体标本、组织切片、幻灯片、CAI课件、挂图、光学显微镜、幻灯机、显微图像投影和分析系统等。

【内容和步骤】

（1）鼻甲骨萎缩　萎缩性鼻炎病猪的鼻腔大体标本，眼观：萎缩性鼻炎病猪患病早期，鼻黏膜有卡他性炎症，表现黏膜肿胀、充血、水肿，鼻腔中有浆液性、黏液性或脓性渗出物，常混有血液。疾病中期典型者，黏膜坏死脱落，鼻甲骨退化为不正形的残留物，鼻甲骨上下卷曲极度萎缩时，两侧鼻腔各变成大腔洞。疾病后期，鼻中隔发生弯曲或厚薄不匀。常见鼻筒歪斜，上翘和鼻梁皮肤皱褶。

（2）肾颗粒变性　眼观：肾脏稍肿大，形状不变，边缘较钝圆。颜色变淡，灰黄色，好像用开水烫过。质脆易碎。剖开时被膜外翻，且易剥离。切面稍隆起，无光泽，皮质部与髓质部分界欠清晰，组织纹理模糊。镜检：肾小管尤其是近曲小管的上皮细胞分界不清，突入管腔内，使管腔腔隙变狭小且不规则。高倍镜下，肾小管上皮细胞胞浆内有数量不等、红染的细小颗粒。变性上皮细胞的胞核一般仍清晰可见。肾间质显得狭窄，其间毛细血管稀少。

（3）肝颗粒变性　眼观：肝肿大，边缘钝圆，被膜紧张，呈灰黄色或土黄色，严重者似开水烫过一样；质脆易碎，切面隆起，边缘外翻，结构模糊不清，肝小叶间隔变窄。肝脏颗粒变性很少单独发生，常同时存在淤血和脂肪变性。因此，其形态表现复杂，后者甚至掩盖前者。镜检：肝细胞索普遍肿大，肝静脉窦狭窄难以辨认。肝细胞着色不匀，有很多细小颗粒。细胞核无明显改变。

（4）肝脂肪变性　眼观：肝肿大、包膜紧张，边缘钝圆，色微黄或土黄色，质地变软，切面上肝组织纹理模糊，肝小叶间隔不明显。触之有油腻感。若脂变的肝脏同时伴有淤血，其切面呈红黄相间的槟榔肝形象。镜检：肝细胞胞浆内出现大小不等的圆形脂肪空泡，这是脂肪滴在制片过程中被有机溶剂溶解后留下的空隙。严重时，小的脂肪滴互相融合成较大脂肪滴，整个胞浆部位被一个大空泡占据，胞核被挤于细胞一侧。有时脂肪滴较小但数量很多，使细胞呈网状，位于中央，但变小，甚至皱缩或溶解。肝细胞索不均匀地增粗，肝静脉窦狭窄。严重时，肝窦排列紊乱，肝窦边缘可见内皮细胞和星状细胞，小叶分界模糊，与一般脂肪组织相似，故称为脂肪肝。

（5）心肌脂肪变性　眼观：心弥漫性脂肪变性时，轻者难于确定，重者心肌呈灰黄色或土黄色，质地稍软，切面干燥，组织纹理较模糊。有时在心外膜下和心室乳头肌及肉柱部分的小静脉周围，可见土黄色斑点或条纹，分布于色泽正常的心肌之间，呈红黄相间的虎皮样斑纹，称为虎斑心。镜检：通常小静脉周围的心肌纤维脂变严重；可见脂肪小滴呈串珠状排列在心肌纤维之间。细胞核形态正常，位于细胞中央。心肌纤维的分界清晰。

（6）水泡变性与透明变性　皮肤型鸡痘病鸡的标本，眼观：冠、眼睑的肉髯上出现单个灰白色或融合性结节。疣状结节表面粗糙，有一层灰色或暗褐色糠麸痂覆盖。镜检：表皮棘细胞层显著增生、肿大，胞浆空泡状，有些细胞胞浆溶解，互相融合成较大的水泡。在许多肿胀的上皮细胞胞浆中有包涵体（即波灵格氏小体），它呈圆形或椭圆形，红染，有时很大，甚至几乎完全占据整个细胞。

（7）皮肤干性坏疽　眼观：坏死部与正常皮肤分界清楚，分界处常见脓样物和充血。坏死的皮肤干固皱缩，呈棕褐色或黑色，硬如皮革。末梢部位干性坏疽可完全分离脱落。

（8）肝坏死　鸡巴氏杆菌病肝脏标本，眼观：肝肿大，暗红色或灰红色，质脆。在肝被膜下和切面上，遍布大小比较一致的坏死点和出血点。坏死点约针尖大到帽针头大，呈灰白色或灰黄色。镜检：中央静脉和静脉窦淤血，肝细胞普遍发生颗粒变性和脂肪变性；肝小叶内有许多坏死灶。坏死灶中肝细胞坏死，有纤维素沉着和白细胞浸润；这些成分可崩解为无结构的红染物，其中混杂核碎片。

【实训要求】

（1）教师指导　①对照典型的病理大体标本，指导学生观察和识别各类组织器官的眼观病理变化。②对照典型病理组织切片的图片，指导学生观察和识别各类组织器官的光镜下病理变化。

（2）学生分组观察　①学生对相关标本进行分组观察，描述所看病理大体标本眼观病理变化。②学生对相关标本进行分组观察，描述所看病理组织切片在光镜下的病理变化。

（3）讨论和归纳总结。

【实训报告】

（1）简述坏疽的分类及各自具有的特点。

（2）画出肝颗粒变性、心肌脂肪变性、肝坏死的显微图并指出病理特征。

实训二　组织修复的病理标本观察

【目标要求】通过实训能够识别增生、肥大、肉芽组织、疤痕组织、包囊形成、钙化等标本的眼观和镜检变化，分析病理过程，为病理诊断提供依据。

【实训用品】大体标本、组织切片、幻灯片、CAI 课件、挂图、光学显微镜、幻灯片机、显微图像投影和分析系统等。

【内容和步骤】

（1）心肌肥大　眼观：心室肥大时心脏的心界扩大，心尖钝圆，右心室肥大明显时，可见双心尖外观，甚至整个心尖层都由右心室占据。心腔扩张或正常或变小，腔内可能积血，乳头肌、肉柱和瓣膜相应变粗。心室壁和室中隔均增厚。镜检：镜下心肌纤维普遍地增粗，肌细胞核相应增大，肌浆丰富，肌原纤维数量多，有时见心肌纤维粗细不一致。间质相对减少，血管增粗。

（2）皮肤上皮再生　外科切口第一期愈合标本与病理切片，眼观：第一期愈合的外科切口为灰白色线状疤痕，表面有薄层褐色干痂覆盖。镜检：镜下由切口两侧表皮新生上皮组织呈薄层覆盖着愈合切口，其下为肉芽组织。真皮切口由富含成纤维细胞的肉芽组织填充，缺乏毛囊、皮脂腺和汗腺。愈合的皮肤切口，在新生的表皮上有血凝块和组织碎屑形成的痂覆盖。

（3）肉芽组织　眼观：肉芽组织表面覆盖以少量黄红色较黏稠的分泌物或黄白色的纤维膜片，其下的肉芽色泽鲜红、呈颗粒状、湿润，触之易出血。镜检：镜下肉芽组织为幼嫩的纤维结缔组织，其组成和变化分层有所不同。表层为红染无结构的坏死物质，混杂有不少浓缩的炎症细胞核和核碎片，在坏死物和其下面的肉芽组织交界处，有大量嗜中性粒细胞和其他炎症细胞浸润，可见到出血。中层为丰富的毛细血管。接近表层的毛细血管大多垂直地向创面生长，并呈袢状弯曲，互相吻合。毛细血管内空虚或有一些红细胞。成纤维细胞胞浆较大，椭圆形、长圆形或胞浆分支而呈星形，胞浆丰富，微嗜碱性；胞核多呈椭圆形泡沫状；淡染，常见到核仁。有较多的嗜中性粒细胞与巨噬细胞，还有红细胞和浆液。深层胶质纤维增多。成纤维细胞变为纤维细胞（细胞伸长、胞浆少、胞核深染、呈长椭圆形或长条状，核仁消失），数量减少。毛细血管明显减少，嗜中性粒细胞减少或消失。

（4）疤痕组织　眼观：疤痕部位不平，其表面光滑、无毛、灰白色、质硬。剖面呈灰白色，组织结构致密。镜检：镜下疤痕为成熟的纤维组织，有大量胶原纤维。纤维呈丝网状，常按同一方向排列成束，嗜伊红性较强。其间的纤维细胞核细长。纤维和细胞间可能散在少量淋巴细胞，血管很少。无毛囊、皮脂腺和汗腺。疤痕表面的皮肤表层较正常，皮肤薄，且不均匀。

（5）钙化　犬结核病肺脏钙化灶及寄生虫虫卵、幼虫结节肝脏大体标本和病理切片。眼观：结核病病灶发生钙化后，在黄白色干酪样坏死物中可见白色石灰样的颗粒、斑点、条纹。钙化后，整个坏死病灶呈粗糙的灰白色石灰样硬块。难以切开，用金属轻刮切面有砂砾感并发出沙沙声。肝内寄生虫幼虫和虫卵钙化灶呈小球状，坚硬、乳白色，似嵌入肝内的砂粒（砂粒肝）。用刀可割出。钙化小球表面有珍珠光泽，需用力才能切开，剖面常呈灰白色轮状，中心为黄白色虫体残骸。镜检：镜下钙化灶内大量钙盐沉着，呈现蓝色粉末、颗粒或斑块状。

（6）包囊形成　犬肝脏带有厚包囊的成熟脓肿和寄生虫部位形成的包囊大体标本和病理切片。眼观：包囊厚薄不等，薄者如膜，厚者可达1cm以上。包囊内有脓液、寄生虫或其他病理产物，还可能有出血和钙盐沉着。包囊与周围组织分界明确，如脓肿，包囊内表面有脓液黏附。包囊切面为致密组织，刚形成呈灰红色，以后渐变为灰白色，质硬。镜检：镜下包囊表层是由新生结缔组织组成，中心含有病理产物或异物。

【实训要求】

（1）教师指导　①对照典型的病理大体标本，指导学生观察和识别各类组织器官的眼观病理变化。②对照典型病理组织切片的图片，指导学生观察和识别各类组织器官的光镜下病理变化。

（2）学生分组观察　①学生对相关标本进行分组观察，描述所看病理大体标本眼观病理变化。②学生对相关标本进行分组观察，描述所看病理组织切片光镜下病理变化。

（3）讨论和总结。

【实训报告】

（1）简述心肌肥大的病理变化。

（2）绘制包囊形成、肉芽组织的显微图并指出病理特征。

项目九 炎 症

◎ 情境引入

动物临床防治中，常见到各类以不同炎症为病理经过的疾病，羊小反刍兽疫黏膜炎、副猪嗜血杆菌多发性纤维素性浆膜炎和关节炎、猪肺疫纤维素性肺炎、肝硬化增生性炎、鸡大肠杆菌肝周炎和肉芽肿等。伴随着炎症的发生，出现不同炎性细胞浸润，不同物质渗出。掌握炎症的种类、病理变化识别，白细胞辅助诊断，能够在临床中正确诊断疾病。

◎ 任务描述

包括炎症的病因、炎症的介质、炎症的外观症状和全身反应、炎症的病理过程和炎症的分类，各种炎症的病理变化识别，动物常见疾病的炎症病理经过及特征性病理变化。

◎ 技能目标

能够识别各种类型炎症的病理变化特点，各种疾病的炎症经过。能够在临床防治中区别炎症、诊断疾病。

◎ 知识目标

掌握炎症的概念和基本病理过程、炎症的类型及其病理变化特征，掌握炎症的局部表现与全身反应，炎症的分类。了解炎症的影响与结局。

任务一 炎症概述

一、炎症的概念

炎症是指具有血管系统的活体组织对各种损伤因子的刺激所发生的一种以防御反应为主的基本病理过程。其中，局部的血管反应是炎症过程的主要特征和防御反应的中心环节。炎症不仅有损伤的局部表现，同时也伴有一系列全身反应，并发生一系列的病理变化。

二、炎症的原因

凡是能够引起组织损伤的致病因子都可成为炎症的原因，但是否发生炎症还决定于机体的内因。

（1）生物性因素　生物性因素是最常见的致炎因子，如细菌、病毒、支原体等病原微生物和寄生虫等，它们通过机械性损伤或产生内外毒素使组织损伤，也可通过诱发免疫反应引发炎症。

（2）化学性因素　化学性因素包括内、外源性化学物质。如强酸、强碱、机体内的组织坏死产物、代谢废物等均可引起炎症，霉菌毒素可引起动物胃肠炎，某些植物毒素可引起出血性胃肠炎。

（3）物理性因素　高温、低温、放射线及紫外线等均可造成组织损伤引起炎症，机械性因素如机械性创伤、挫伤等也可引起炎症。

（4）免疫反应　各种变态反应均能造成组织细胞损伤而导致炎症，如过敏性皮肤炎，变态反应性甲状腺炎。

（5）正常分泌物流入异位组织　如尿性腹膜炎等。

三、炎症介质

炎症介质是指在致炎因子的作用下，由局部组织细胞释放或在体液中产生的，参与或引起炎症反应的化学活性物质，因此也称为化学介质。炎症反应的整个过程，无不与这些化学活性物质的参与有关。这些物质不仅参与各种炎症反应的诱导和调控，也可作为炎症反应的效应分子。

（一）炎症介质的特点

（1）存在于炎症组织或渗出液中，在炎症发展过程中，其浓度（或活性）的变化与炎症的消长相平行，将其分离纯化后，注入健康组织能诱发炎症反应。

（2）用针对性的拮抗剂，可减轻或抑制炎症的发生或发展，清除组织内的炎症介质后，再给予炎症刺激，炎症反应减轻。

（3）炎症介质在炎症过程中起到炎症传递和放大作用。能使血管扩张，血管通透性增高以及对炎性细胞起趋化作用，导致炎性充血和渗出。

（4）炎症介质能引起发热、炎区疼痛和组织的损伤。

（二）炎症介质的类型

炎症介质的种类较多，按其来源可分为外源性炎症介质和内源性炎症介质两大类，其中以内源性炎症介质为主。内源性炎症介质包括体液源性炎症介质和细胞源性炎症介质。

1. 体液源性炎症介质

由体液（血浆）产生的炎症介质涉及补体系统、激肽系统、凝血系统和纤溶系统等多系统的部分活化产物。

（1）补体系统　补体系统是一组血浆蛋白，具有酶活力，正常情况下以非活性状态存在，当受到某些物质激活时，补体各成分便按一定顺序呈现连锁的酶促反应，参与机体的防御功能，并非为炎症介质参与机体的炎症过程。如 C_{2b}（补体 2b）能使小血管扩张，增强血管壁的通透性及具有收缩平滑肌的作用；C_{3a}（补体 3a）和 C_{5a}（补体 5a）能刺激组织中的肥大细胞和血液中的嗜酸性粒细胞，促使其释放组胺和其他活性介质，因而使渗出加强；C_{3a} 和 C_{5a} 具有趋化因子的作用，能吸引嗜中性粒细胞和单核细胞游走；C_{567}（补体 5 6 7）还能促使释放溶酶，导致组织坏死；C_{3b}（补体 3b）具有调理素的作用，它能加强吞噬活动。还有 $C_{5\sim9}$（补体 5~9）复合物能破坏靶细胞膜的类脂质，故对病毒、细菌、原虫以及受病毒感染的细胞等均能溶解。

（2）激肽系统　激肽是由激肽原酶作用于激肽原而产生的。激肽系统包括激肽释放酶原、激肽释放酶、激肽原和激肽。

在炎症中起主要作用的激肽是缓激肽。目前，缓激肽被认为是体内最强的舒血管物质，主要是扩张微静脉，其次是毛细血管前括约肌和微动脉，但对小静脉有收缩作用；对非血管平滑肌有收缩作用，能引起腹泻、哮喘、腹痛；增强微血管通透性，促进水肿形成；致痛作用，浓度很低的缓激肽就能刺激神经末梢引起强烈的痛觉；抑制白细胞的趋化性；促进成纤维细胞合成胶原纤维。

（3）凝血系统和纤溶系统　在致炎因子的作用下，血浆内的凝血系统、纤溶系统先后被激活，所形成的A肽、B肽等纤维蛋白肽和A、B、C、D、E、Y片段等纤维蛋白（原）降解产物（纤维蛋白多肽），具有促进白细胞趋化、增高血管通透性的促炎作用。

2. 细胞源性炎症介质

由细胞释放的炎症介质有血管活性胺、细胞因子、白细胞产物、P物质、花生四烯酸代谢产物以及血小板凝血因子等。

（1）血管活性胺　血管活性胺主要有组胺和5-羟色胺，是炎症过程中血管反应的最常见活性物质。组胺的作用是使小动脉扩张和血管壁通透性增加，引起血压下降和炎性水肿，低浓度有致痛作用。

（2）细胞因子　细胞因子是一类由多种细胞分泌产生，主要作用于免疫细胞、成纤维细胞、血管内皮细胞的多肽类分子。在免疫和炎症反应中有广泛的生物学活性，包括趋化、激活、促进增殖分化等。

（3）白细胞产物　白细胞产物包括活化氧代谢产物和中性粒细胞溶酶体成分等，主要是中性粒细胞和单核细胞被致炎因子激活后所释放的一些炎症介质，具有促进炎症反应和破坏组织的作用。

（4）P物质　P物质可刺激肥大细胞脱颗粒而引起血管扩张和血管壁通透性增强；内皮细胞、巨噬细胞和其他细胞产生的一氧化氮具有细胞毒性并可引起血管扩张。

在炎症整个过程中，各种炎症介质相互影响、相互协同，在炎症的不同时期发挥各自不同的作用。炎症中主要介质及其作用见表9-1。

表9-1　炎症中主要介质及其作用

主要炎症介质	作用
组胺，缓激肽，前列腺素（PGI_2，PGE_2，PGD_2，$PGF_{2\alpha}$），NO	扩张血管
组胺，缓激肽，C_{3a}和C_{5a}，白三烯C_4、D_4、E_4，PAF，P物质	增加血管壁通透性
IL-1，IL-2，TNF-α，PGE_2	发热
PGE_2，缓激肽	疼痛
氧自由基，溶酶体酶，NO	组织损伤

任务二　炎症的外观症状和全身反应

一、炎症的局部症状

致炎因子作用于机体后，首先引起局部的炎症表现。炎症局部的临床表现是红、肿、热、痛和功能障碍，其发生机制如下。

（1）红　红是炎灶局部充血所致。初期是动脉性充血，局部血液氧合血红蛋白增多，颜色鲜红。随着炎症的发展，血流缓慢，静脉回流受阻，发生静脉性充血（淤血），局部血液中氧合血红蛋白减少，还原血红蛋白增多，局部颜色变为暗红色，若发生在局部皮肤和黏膜，则称为发绀。

（2）肿　肿是由于局部充血和渗出（炎性水肿）所致，特别是渗出。炎症的后期和慢性炎症，由于局部组织增生而引起局部肿胀。

（3）热　热是由于炎症局部动脉性充血，血流加速，血量增多，物质代谢增强，产热增加所致。

（4）痛　痛与多种因素有关。局部肿胀，张力升高，压迫或牵引神经末梢引起疼痛；炎症局部分解代谢加强，氢离子、钾离子积聚，刺激神经末梢引起疼痛；炎症介质如5-羟色胺、前列腺素、缓激肽、白细胞三烯等刺激神经末梢引起疼痛。

（5）功能障碍　功能障碍也是多方面的。疼痛能引起机体功能障碍；局部组织的变性、坏死，组织结构改变，代谢功能异常，炎性渗出物造成的压迫或机械阻塞等都可以引起发炎器官的功能障碍。

二、炎症的全身反应

炎症的病变虽然主要表现在炎灶局部，但作为一个完整的机体，局部的变化往往是整个机体反应的集中体现，局部和整体之间相互影响。

（1）发热　病原微生物是引起发热最常见的原因。细菌、病毒、立克次体、原虫等生物性因素是引起发热常见的外源性致热原。此外，干扰素、肿瘤坏死因子、单核因子、前列腺素等也能引起机体发热。短期的轻微的体温升高，机体的代谢增强，可促进抗体的形成，增强吞噬细胞的吞噬功能、肝脏的解毒功能以及肾脏对有毒物质的排泄功能，提高机体的防御能力。但高热和长期持续发热，常常由于中枢神经系统、血液循环系统以及其他各器官系统的代谢和功能的严重障碍而给机体带来危害。

（2）白细胞增多　由于内毒素、C_3片段、白细胞崩解产物等炎症时可促进骨髓干细胞增殖，生成和释放白细胞入血，使外周血中白细胞总数明显增多。增多的白细胞类型因病原体和病程不同而有差别，在前面已详细阐述。急性炎症的早期和化脓性炎症，以嗜中性粒细胞增多为主；慢性炎症或病毒感染时，淋巴细胞增多明显；过敏反应或寄生虫感染时，嗜酸性粒细胞显著增多。但是，在流感病毒或伤寒杆菌感染时，外周血中白细胞总数常减少，血中白细胞会大量增加，这是机体防御功能增强的一种表现。外周血中白细胞数量和质量能在一定程度上反映出机体的抵抗力和感染的程度。在炎症反应过程中，许多炎症细胞还可分泌一些促进造血细胞分裂增殖、分化的细胞因子，这类细胞因子有白细胞介素、巨噬细胞克隆刺激因子、粒细胞克隆刺激因子等。

（3）单核巨噬细胞系统功能加强　炎症过程中，特别是生物性因素引起的炎症，常见单核巨噬细胞系统功能增强，主要表现为骨髓、肝脏、脾脏、淋巴结中的单核巨噬细胞增多，吞噬功能增强，局部淋巴结、肝脏、脾脏肿大。单核巨噬细胞系统和淋巴组织的细胞增生是机体防御反应的表现。

（4）实质器官的变化　严重炎症向全身播散时，由于发热、细菌及其毒素或体内某些分解产物的作用，重要内脏器官的实质细胞可因此发生代谢障碍，继而表现为变性或坏死；严重时，内脏功能受损，主要见于心、肝、肾。

任务三 炎症的基本病理过程

致炎因子作用于机体局部所引起的病理变化是一个综合的发生、发展过程。既有致炎因子直接作用和继发于炎症反应的不良效应所导致的局部组织的损伤，也有为清除、消灭致炎因子和病理性产物而诱发的炎症应答。同时，还有机体为修复炎症局部组织损伤所出现的增生性变化。

通常急性炎症以变质和渗出变化为主，慢性炎症以增生性变化为主。急性肾小球肾炎是特例，以肾小囊脏层和毛细血管球共同增生，肾小球内间隙减少，造成水分无法从毛细血管球中滤过，临床上以少尿为主要症状。在临床疾病防治中，特别是局部炎症，急性期以冷敷为主，目的是减少局部渗出变化，转为慢性期时进行热敷，促进局部炎性产物吸收。炎症的基本病理过程有以下三种变化。

一、变质性变化

炎症局部组织、细胞发生变性、坏死和物质代谢障碍称为变质。变质既可发生在实质细胞，也可见于间质细胞。组织和细胞的变性和坏死在其他病理过程中也能见到，并非炎症所特有。

变质是炎症的始动环节，其发生主要有两个方面的原因：一是致炎因子的直接损伤作用；二是炎症应答的副作用。组织发生变质的时候，常常引起物质代谢、理化性质和组织细胞形态学的改变。物质代谢改变主要表现在炎区内分解代谢加强和氧化不全产物的堆积；炎区内物质代谢的改变可导致炎区酸碱平衡的改变，pH 增高或降低，从而引起相应的碱中毒或酸中毒，其中以酸中毒最常见；组织细胞形态的改变主要表现为变性和坏死。

由于炎症区域是以分解代谢加强为主，细胞破裂释放出大量营养物质，局部的渗透压明显升高，吸收大量血液中水分，通常引起肿胀。

二、渗出性变化

炎症局部组织血管内的血浆和细胞成分通过血管壁进入组织间隙、体腔、黏膜表面和体表的过程称为渗出。所渗出的液体和细胞总称为渗出物或渗出液。渗出性病变是炎症的重要标志，渗出的成分在局部具有重要的防御作用。

炎症过程中机体的应答是十分复杂的，是一个多细胞、多系统作用的多环节的过程。整个炎症应答过程，表现为以血管为中心，有血管扩张、血浆的渗出、细胞成分（特别是白细胞）的渗出等变化。由于血管中的血浆、白细胞的渗出是整个应答的核心，因此常把炎症应答过程称为渗出。渗出可分为血管的反应和细胞的反应。

（一）微循环的反应

血管的反应被认为是炎症的一个中心环节，主要包括血流动力学和流变学改变以及血管通透性升高。发生部位主要在微循环血管，特别是在微静脉和毛细血管中。

1. 血流动力学改变

血流动力学改变首先表现为微动脉短暂收缩使局部组织缺血，其后很快演变为微循环血管扩张血流加速，局部血容量增多，这是急性炎症血流动力学变化的标志。随着炎症的发展，血管进一步扩张，血管壁通透性升高，血管内血浆渗出，血流变慢。

2. 血管通透性升高

血管通透性升高，在炎症早期就明显地表现出来，是造成炎性水肿的主要机制。血液的液体成分可通过血管壁渗出到血管外而进入组织内。

（二）血浆大量渗出

血浆的大量渗出形成局部炎性水肿。炎性水肿的发生是血管通透性升高的结果，但在其发展过程中，血液中大分子物质渗出和炎区组织细胞裂解所引起的管壁两侧渗透压的改变也起到了促进作用。局部大量渗出液可稀释毒素，减轻其对局部的损伤作用，并为炎区组织细胞带来营养物质，带走炎性代谢产物。渗出液内含有补体和抗体等物质，有利于消灭病原体，渗出液中的纤维素互相交织形成网架，可限制病原体的扩散，同时也有利于吞噬细胞发挥作用，在炎症后期，有利于组织修复。

（三）白细胞游出

对外界损伤因素进行细胞应答是生物进化中形成并延续下来的一种基本反应。高等动物血管系统以及免疫器官的发育，使得其对外界损伤因素的作用表现出了复杂的多细胞的协同反应，更为精确和有效地承担了机体的防御功能。随着医疗科技发展，许多理论和实践逐渐形成完善体系，并广泛应用临床中，如通过针灸或针刀的刺激作用，使白细胞向局部聚集，消除局部慢性炎症。20 世纪 70 年代，发展出自血疗法，通过局部注射自身静脉血激活白细胞，改善慢性炎症。

1. 炎性细胞浸润

白细胞通过血管壁游出进入炎区组织消炎的过程称为白细胞浸润。渗出到炎区组织中的白细胞也称为炎性细胞。白细胞的渗出是炎症反应最重要的特征。血液中或炎区组织中某种白细胞增多，对炎症具有辅助诊断意义。

动画：炎性细胞浸润

2. 白细胞的种类及功能

不同的致炎因子所引起的炎症以及炎症的不同阶段出现的炎性细胞的种类及数量有明显差异，在炎症反应中，渗出的白细胞主要有嗜中性粒细胞、嗜酸性粒细胞、嗜碱性粒细胞、单核细胞和淋巴细胞，加上在组织中广泛分布的肥大细胞、巨噬细胞、淋巴细胞及网状细胞，共同构成炎性细胞群体（图 9-1）。

（1）嗜中性粒细胞　多见于急性炎症的早期、细菌性感染和化脓性炎症，具有很强的游走运动能力和吞噬能力，能吞噬细菌、组织碎片、抗原-抗体复合物及细小的异物颗粒。

在大多数炎性渗出物中，均含有嗜中性粒细胞。它往往是炎灶中最早渗出的白细胞。在细菌性和化脓性细菌感染中，嗜中性粒细胞大量渗出，坏死的嗜中性粒细胞构成了脓汁的成分之一。血液中白细胞分类计数可反映出机体炎症中嗜中性粒细胞的变化。在细菌感染时，外周血中嗜中性粒细胞也常

视频：炎性细胞浸润

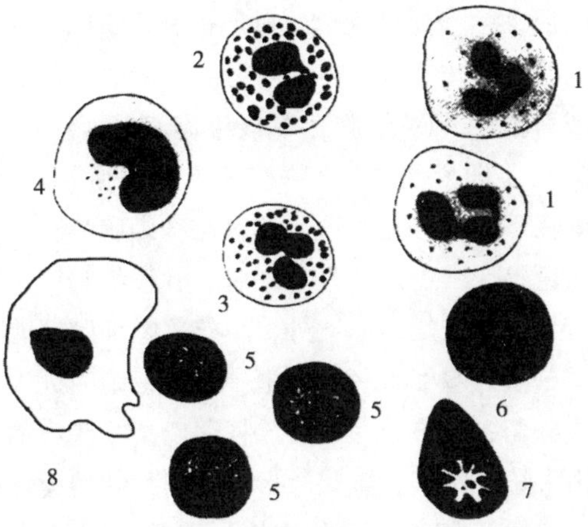

图 9-1　炎性细胞模式图

1—嗜中性粒细胞　2—嗜酸性粒细胞　3—嗜碱性粒细胞

4—单核细胞　5—淋巴细胞　6—大淋巴细胞　7—浆细胞　8—网状细胞

增多；但在一些病毒性感染时，嗜中性粒细胞会出现减少。嗜中性粒细胞减少或幼稚型中性粒细胞增多，往往是病情严重的表现。

嗜中性粒细胞的形态特征是核分叶，成熟的嗜中性粒细胞胞核分成 2~5 个叶，幼稚型嗜中性粒细胞的胞核不分叶而呈弯曲的杆状或带状，细胞直径 10~12μm，胞浆中有嗜中性颗粒，禽类嗜中性粒细胞中的颗粒较大，圆形或椭圆形，嗜酸性染色，因此禽类的嗜中性粒细胞又称为伪嗜酸性粒细胞。嗜中性粒细胞对吞噬的异物具有较强的消化能力，崩解后释放各种酶类，溶解周围变质组织，形成脓汁。在炎症的病理切片中，嗜中性粒细胞的核分叶特征没有血液涂片那样明显，而呈现不规则和多形状。因此，嗜中性粒细胞常被称为多形核白细胞。

外周血中出现大量幼稚型嗜中性粒细胞，如果杆状核的幼稚型嗜中性粒细胞超过 5%，称为核左移。若感染严重，机体抵抗力低下，机体衰竭时，白细胞数目甚至减少，则表明病情严重和骨髓造血功能衰竭，预后不良。

（2）嗜酸性粒细胞　嗜酸性粒细胞因胞浆中含有粗大的嗜伊红颗粒（嗜酸性染色）而得名。嗜酸性粒细胞在循环血液中只占 1%~7%，直径 12~17μm，成熟的细胞核多分为 2 叶，均呈卵圆形。嗜酸性粒细胞具有游走运动能力，嗜酸性粒细胞增多主要与变态反应及寄生虫感染有关。除此以外，在许多疾病特别是组织损伤性疾病中，也常见嗜酸性粒细胞渗出增多，在猪食盐中毒时其能引起特异性嗜酸性粒细胞性脑炎，具有重要的诊断意义。

（3）嗜碱性粒细胞和肥大细胞　嗜碱性粒细胞和肥大细胞参与许多炎症过程，二者在形态和功能上有许多相似之处，它们的功能主要是通过脱颗粒来实现的。嗜碱性粒细胞直径 10~12μm，胞核呈不规则的 S 状，胞浆中含稀疏粗大的嗜碱性颗粒。嗜碱性粒细胞参与 Ⅰ 型变态反应。肥大细胞的颗粒中含有组胺、5-羟色胺、肝素、嗜中性粒细胞趋化因子、嗜酸性粒细胞趋化因子、血小板活化因子等。嗜碱性粒细胞是循环血液中数量最少的白细胞，而肥大细胞广泛存在于结缔组织和皮下。它们脱颗粒主要通过 IgE 和补体成分介导。在速发性过敏反应、迟发性过敏反应及寄生虫疾病中，机体产生大量 IgE 和补体成分，IgE 和补体成分与肥大细胞及嗜碱性粒细胞膜上的受体结合，导致脱颗粒，颗粒中的各种炎症介质便启动急性和慢性炎症反应的发生。肥大细胞还能合成黏多糖前身物质，对促进炎症组织的修复具有积极的作用。

（4）单核细胞和巨噬细胞　单核细胞和巨噬细胞均来源于骨髓多能干细胞。骨髓多能干细胞经过分裂与分化，形成血液中单核细胞，单核细胞直径 15~25μm，胞核肾形或马蹄形，胞浆内含有细小的嗜天青颗粒（即溶酶体），单核细胞游出血管进入组织中便转变成巨噬细胞。不同组织的巨噬细胞处在不同的分化阶段，单核巨噬细胞具有很强的变形运动能力和吞噬能力，可吞噬体积较大的微生物、异物以及衰老细胞、肿瘤细胞等，还可通过细胞毒作用杀伤靶细胞。巨噬细胞还参与特异性免疫反应。此外，单核巨噬细胞还能产生许多炎症介质，参与炎症反应。在炎症反应时，单核巨噬细胞一般较嗜中性粒细胞晚进入炎灶。在一些慢性感染进入胞内的细菌，如结核分枝杆菌、布鲁氏菌、李氏杆菌以及一些病毒感染时，单核巨噬细胞常成为主要的炎症细胞。在由大量巨噬细胞聚集所形成的肉芽肿性炎灶中，巨噬细胞可转变成上皮样细胞和多核巨细胞。多核巨细胞被认为是相邻巨噬细胞相互融合而形成的，细胞体积巨大，含有多个核。根据核的排列，可将多核巨细胞分为两种类型：一种为郎罕氏巨细胞，核沿周边排列；另一种为异物巨细胞，核散在分布。郎罕氏巨细胞常出现在结核结节、鼻疽结节等感染性肉芽肿中，而异物巨细胞常见于缝线、寄生虫卵等异物刺激所致的异物性肉芽肿。

（5）淋巴细胞　淋巴细胞是构成免疫器官的基本单位，它包括了形态上相似的各淋巴细胞亚群。淋巴细胞有大、中、小之分，直径分别为 5、10、15μm，成熟的淋巴细胞多为小淋巴细胞。淋巴细胞由骨髓干细胞分化而来，在中枢免疫器官中增殖、分化成为具有免疫活性的 T 淋巴细胞和 B 淋巴细胞，再经血流迁移至外周淋巴器官中。参与再循环的淋巴细胞绝大多数是 T 淋巴细胞，仅有少量 B 淋巴细胞。根据来源、功能及淋巴细胞膜表面标志，可以把淋巴细胞分成 T 淋巴细胞、B 淋巴细胞、K 细胞（killer cell）、NK 细胞（natural killer cell）等几大类。T 淋巴细胞和 B 淋巴细胞还可以进一步分为若干亚群。

在炎症过程中，淋巴细胞一方面直接起到杀伤病原体等致炎因子的作用，另一方面通过产生大量的炎症介质调节其他炎症细胞的渗出和功能。在炎症灶中，淋巴细胞一般出现于慢性炎症和炎症的晚期，在一些病毒性疾病和过敏反应时，淋巴细胞常成为主要的炎症细胞。

三、增生性变化

慢性炎症多表现为增生。如犊牛副结核，肠黏膜表现脑回样增生。慢性肝硬化表现为肝小叶增生形成假小叶、胆管增生形成假胆管和间质增生。

在致炎因子、组织崩解产物或某些理化因子的刺激下，炎症局部的巨噬细胞、内皮细胞和纤维母细胞可发生增生。炎症增生是一种防御反应，具有限制炎症扩散和修复作用。

致炎因子与炎症应答可造成炎区组织损伤，相应地，机体可通过启动、活化一些组织细胞的增生（包括巨噬细胞、淋巴细胞、浆细胞、血管内皮细胞、成纤维细胞等），使损伤的组织得以修复。修复在损伤发生后不久即已开始，到后期表现得最为明显。当损伤范围小、程度轻时，机体可通过再生使炎症得到痊愈。但多数情况下，炎症的修复是以肉芽组织的增生来完成的。成纤维细胞和血管在炎灶中显著增生，形成肉芽组织，最后成熟老化，转变成疤痕组织。增生可能与一些生长因子有关，这些生长因子主要包括血小板生长因子、表皮生长因子以及转化生长因子等。这些因子主要来源于血小板和炎症细胞，可趋化成纤维细胞、血管内皮细胞、平滑肌细胞等，并激活它们的分裂增殖。此外，炎灶中的酸性代谢产物、细胞崩解释放的腺嘌呤核苷、氢离子、钾离子等，也有刺激细胞增殖的作用。

任务四 炎症的分类

视频：炎症的分类方式

炎症常根据病因、病程、病变部位和病变性质进行分类。根据炎症的基本病理变化性质分类，炎症分为三大类，即变质性炎、渗出性炎、增生性炎。

一、变质性炎

变质性炎是指炎灶内组织和细胞变性、坏死的变质性变化很突出，而渗出和增生性过程很轻微的一类炎症。此类炎症多发生于肝脏和心脏等实质器官，也可见于骨骼肌。

（一）原因

常见于各种中毒以及某些重症感染。例如，黄曲霉毒素中毒可引起肝脏的变质性炎，犊牛口蹄疫可导致心肌的变质性炎。

（二）病理变化

以肝脏、心肌为例作简要说明。

（1）变质性肝炎 眼观：肝脏肿大，呈土黄或黄褐色，质脆易碎。镜检：肝细胞呈颗粒变性、水泡变性、脂肪变性和坏死，甚至溶解，窦状隙、中央静脉充血，汇管区和肝索间见淋巴细胞浸润，有时可见肌纤维断裂、崩解和坏死。

彩图：坏死性肝炎

（2）变质性心肌炎 眼观：心肌色彩不均，色泽变淡，质度柔软，失去固有光泽，煮肉样。镜检：心肌发生颗粒变性、脂肪变性和水泡变性，肌间结缔组织充血、水肿，有少量炎性细胞浸润。

（三）结局

变质性炎多为急性过程，其结局取决于实质细胞的损伤程度。一般炎症损伤较轻时在病因消除后可完全恢复。如果实质细胞大量受到损伤，引起器官功能急剧障碍，可造成严重后果甚至发生死亡。但有时也可转为慢性不愈，此时局部损伤多由结缔组织增生来修复。

二、渗出性炎

渗出性炎是指发炎组织以渗出性变化为主，同时伴有不同程度的变质和轻微增生过程的一类炎症。根据渗出物的主要成分不同，渗出性炎又可分为浆液性炎、纤维素性炎、化脓性炎、出血性炎、卡他性炎、腐败性炎等。

（一）浆液性炎

以渗出大量浆液为特征的炎症。浆液色淡黄，含3%~5%的白蛋白和球蛋白，同时因混有白细胞和脱落细胞成分而呈轻度浑浊。各种理化因素和生物性因素等都可引起浆液性炎。浆液性炎是渗出性炎的早期表现。

浆液性炎常发生于皮下、黏膜、浆膜和肺脏等处。

1. 黏膜浆液性炎

黏膜浆液性炎又称浆液性卡他，常发生于胃肠、呼吸道黏膜、子宫黏膜等部位。眼观：黏膜表面附有大量稀薄透明的浆液渗出物，黏膜肿胀、充血、增厚。镜检：黏膜上皮细胞变性或坏死脱落，固有层毛细血管充血、出血，同时见水肿和少量白细胞浸润。

2. 浆膜浆液性炎

浆膜腔内有浆液蓄积，浆膜充血、肿胀，间皮脱落。

3. 皮下疏松结缔组织浆液性炎

眼观：发炎部位肿胀，严重时指压皮肤可出现面团状凹陷。切开时肿胀部可流出淡黄色浆液，疏松结缔组织本身呈淡黄色半透明胶冻状。镜检：结缔组织成分悬浮于水肿液中，其间距加大。毛细血管充血，白细胞浸润。疏松结缔组织可呈现不同程度的变质性变化。

4. 浆液性肺炎

眼观：炎区肿胀呈暗红色，肺胸膜紧张、湿润、富有光泽、间质增宽，切面流出多量泡沫样液体。镜检：肺泡壁毛细血管充血，肺泡壁上皮细胞肿胀、脱落，肺泡腔内有大量浆液，H. E 染色呈均质红染，其中有一定数量的嗜中性粒细胞和脱落的上皮细胞；间质也可见浆液渗出（图 9-2）。

彩图：浆液性肺炎

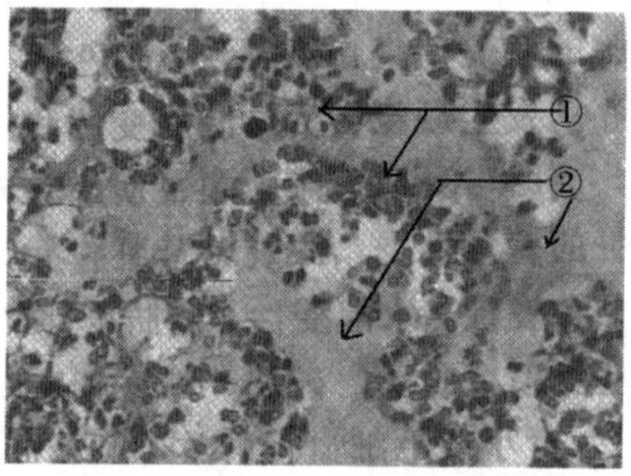

图 9-2　浆液性肺炎

①—肺泡壁毛细血管扩张充血

②—肺泡腔内充满大量浆液并混有嗜中性粒细胞

5. 结局

浆液性炎一般呈急性经过，随着致炎因子的消除和机体状况的好转，浆液性渗出物可被吸收消散，局部变性、坏死组织通过再生可完全修复。若病程持久，引起结缔组织增生，器官和组织发生纤维化，导致相应的功能障碍。

（二）纤维素性炎

视频：纤维素性炎

纤维素性炎是以渗出液中含有大量纤维素为特征的炎症。纤维素即胶原纤维蛋白，是来自血浆中的纤维蛋白原。根据发炎组织生理结构和活动状态不同，渗出的纤维蛋白形成片膜、胶冻、丝状、绒毛、絮状沉淀。纤维素性炎的前期是浆液性炎，随着纤维蛋白渗出增多逐渐演变而成。

在一线生产诊疗中，集约化养殖动物抵抗力低下，往往没有发展成纤维素性炎，动物即死亡，病变通常停留在浆液性炎阶段。因此，在一线诊疗中要分析发展过程，正确诊断，促进行业技术发展。

1. 黏膜纤维素性炎

眼观：黏膜表面附有大量纤维素渗出，渗出的纤维素在黏膜表面可形成一层薄膜覆盖在黏膜表面，呈灰白色，黏膜肿胀、充血、增厚。镜检：黏膜上皮细胞变性或坏死脱落，和渗出的纤维蛋白凝固在一起，固有层毛细血管充血、出血，同时有少量白细胞浸润。

彩图：黏膜纤维素性炎病理图片

（1）浮膜性炎　浮膜性炎又称假膜性炎，容易剥离。如鸡传喉病理经过是气管纤维素性出血性炎症，可以通过甩头使病理产物脱离，形成“血痰”。仔猪副伤寒以纤维素性坏死性肠炎为病理经过，渗出的纤维素假膜可随粪便排出。

（2）固膜性炎　固膜性炎与黏膜表面结合牢固，不易剥离，强行剥离则形成明显的溃疡灶。如白喉型鸡痘，纤维素渗出堵塞呼吸，诱使鸡咳嗽，甚至咽喉翻出。又如猪瘟结肠黏膜上形成“扣状肿”也是固膜性炎（图9-3）。

2. 纤维素性浆膜炎

初期见少量纤维素渗出，呈丝网状沉积于浆膜面上。随着渗出的纤维素不断增多，纤维素凝固而成的膜也不断增厚，呈絮状、网状或片状被覆在浆膜面上，灰白色或灰黄色，易于剥离，如鸡大肠杆菌肝周炎、猪纤维素性胸膜肺炎。浆膜充血、出血、肿胀、粗糙，失去光泽。浆膜腔内蓄积含有大量絮片状纤维素的浑浊的渗出液。心外膜发生浮膜性炎时，由于心脏不断搏动可使心外膜表面附着的纤维素成为绒毛状，称绒毛心（图9-4）。

彩图：纤维素性浆膜炎病理图片

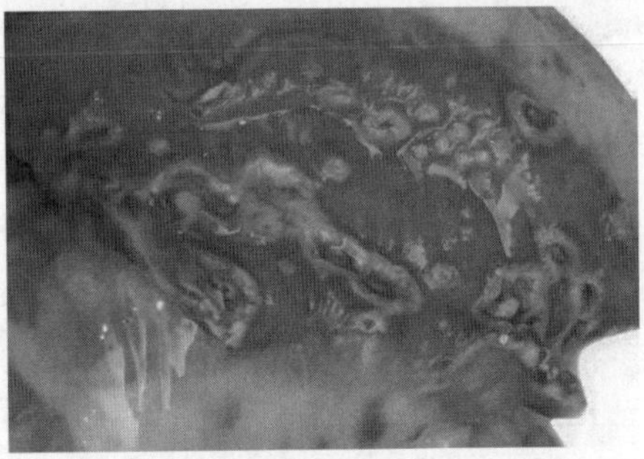

图9-3　猪瘟结肠黏膜上形成“扣状肿”

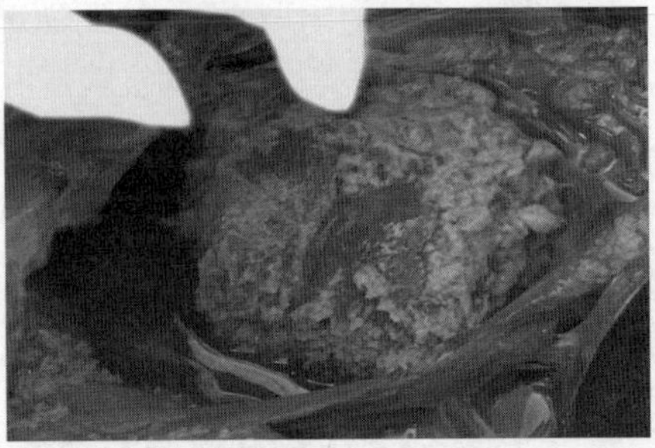

图9-4　浮膜性炎产生的“绒毛心”

副猪嗜血杆菌病的病理经过是多发性浆液性-纤维素性浆膜炎和关节炎，病原是猪副嗜血杆菌，发生在多个组织器官表面和关节的炎症，如心肌表面、肺脏外膜、肋胸膜脏层、肝脏外膜、脾脏外膜、胃肠浆膜和关节囊内层。渗出物初期为大量浆液，很快转变为纤维素性炎，在各器官表面形成灰白色膜状物，在关节内形成胶冻样物。

3. 皮下疏松结缔组织浆液性炎

发炎部位肿胀，指压皮肤可出现面团状凹陷，通常由浆液性炎转变而来。切开时肿胀部有大量灰白或灰黄色胶冻样物，疏松结缔组织本身呈淡黄色半透明胶冻状。如牛肺疫颈部皮下肉垂触诊呈捏粉状，剖检时出现大量胶冻样物质。

4. 纤维素性肺炎

眼观：肺肿胀呈暗红色，质地变实、重量增加，肺胸膜紧张、表面干燥粗糙、间质增宽，在间质和浆膜下肺内渗出大量纤维素，凝固成灰白色胶冻样，外观呈红白相间大理石样，切开有颗粒感。镜检：肺泡壁毛细血管充血，肺泡壁肿胀，肺泡腔内渗出大量纤维素，混有脱落上皮细胞及白细胞和红细胞，凝固一起堵塞肺泡。以纤维素性肺炎经过的疾病，如猪肺疫、牛出败等。纤维素性肺炎分四期，分别是充血水肿期、红色肝变期、灰色肝变期、溶解消散期，这四期分别体现出纤维素性肺炎前期浆液性肺炎、最严重期纤维素性肺炎、病原作用有所消退的纤维素性肺炎、病理产物改造吞噬溶解过程。详见项目十二。

彩图：纤维素性肺炎

（三）化脓性炎

以大量嗜中性粒细胞渗出并伴有不同程度的组织坏死和脓液形成为特征的炎症，称为化脓性炎。脓液即脓性渗出物，是由细胞成分、细菌和液体成分所组成的。镜检：可见脓液中的细胞成分主要是嗜中性粒细胞，除少数继续保持吞噬能力外，大部分已发生变性、坏死和崩解。这种变性坏死的嗜中性粒细胞称为脓细胞。脓液的液体成分是坏死组织受到嗜中性粒细胞释放的蛋白分解酶的作用溶解液化而成的。形成脓液的过程称为化脓。

化脓性炎常由化脓菌如葡萄球菌、链球菌、绿脓杆菌等感染所引起。某些化学物质如松节油、巴豆油等，或机体自身的坏死组织如坏死骨片，也能引起无菌性化脓性炎。由于病原菌和动物种类的不同，脓液在外观上有较大差异。感染葡萄球菌和链球菌生成的脓液一般呈黄白色或金黄色乳糜状；感染绿脓杆菌生成的脓液为青绿色。化脓过程中如混有腐败菌感染，则脓液呈污绿色并有恶臭。犬嗜中性粒细胞的蛋白分解酶有极强的分解能力，故形成的脓液稀薄如水；而禽类的脓液含抗胰蛋白酶，故常呈干酪样。根据发生部位的不同，化脓性炎又有各种不同的表现形式。

视频：化脓性炎和卡他性炎

1. 脓性卡他

脓性卡他是指黏膜表面的化脓性炎。黏膜表面出现大量黄白色、黏稠浑浊的脓性渗出物，黏膜充血、出血和肿胀，重症时浅表糜烂、坏死。

2. 蜂窝织炎

蜂窝织炎是指皮下和肌间疏松结缔组织的一种弥漫性化脓性炎。蜂窝织炎发生发展迅速，炎区内大量嗜中性粒细胞弥漫性地浸润于细胞成分之间，其范围广泛，与周围正常组织间无明显界限（图9-5）。

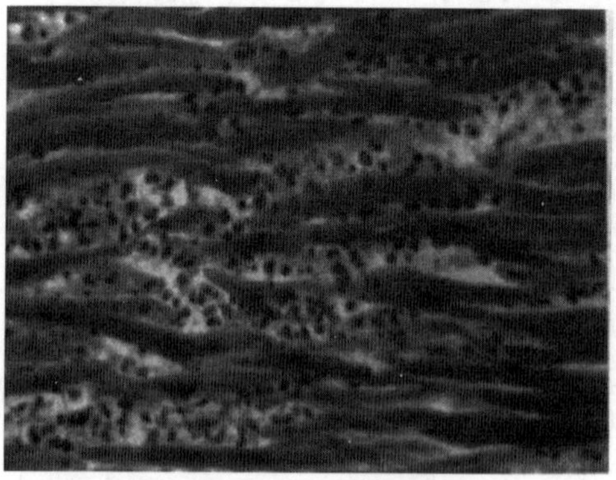

图9-5 心肌蜂窝织炎

（肌纤维间浸润大量变性坏死的嗜中性粒细胞）

3. 脓肿

彩图：化脓性炎

脓肿是指组织内发生的局限性化脓性炎，表现为炎区中心坏死液化而形成含有脓液的腔。急性经过时，炎灶中央为脓液，其周围组织出现充血、水肿及嗜中性粒细胞浸润组成的炎性反应带。慢性经过时，脓肿周围出现肉芽组织，包围脓腔，并逐渐形成一个界膜，称为脓肿膜。大的脓肿通常见包囊形成，脓液干固、钙化。如果化脓菌继续存在，则从脓肿膜内层不断有嗜中性粒细胞渗出，化脓过程持续进行，脓腔可逐渐扩大。皮肤或黏膜的脓肿可向表层发展，使浅层组织坏死溶解，脓肿穿破皮肤或黏膜而向外排脓。深部的脓肿有时可以通过一个管道穿破皮肤或黏膜向外排脓，在组织内形成的这种有盲端的管道，称为窦道。例如，慢性化脓性骨髓炎可见窦道形成并向体表排脓。有时深部脓肿既向体表穿破排脓，又向自然腔穿破排脓，此时会形成一个沟通皮肤和自然管腔的排脓管道，称为瘘管。

4. 积脓

积脓是指浆膜发生化脓性炎时，脓性渗出物大量置积在浆膜腔内，见于产后子宫炎、化脓性胸膜炎、化脓性腹膜炎时。

（四）出血性炎

出血性炎是指渗出液中含有大量红细胞的一类炎症。它多与其他类型的炎症合并发生，例如，浆液性出血性炎、化脓性出血性炎等。主要是一些能严重损伤血管壁的病原微生物，它们可引起血管通透性升高，以致红细胞随同渗出液被动地从血管内逸出。例如，猪瘟病毒、炭疽杆菌等均能引起严重的出血性炎症变化。淋巴结出血时切面呈红白相间大理石样。

视频：牛出血性肠炎

大量红细胞出现于渗出液内，使渗出液和发炎组织被染上血液的红色。如胃肠道的出血性炎，眼观：黏膜显著充血、出血，呈暗红色，胃肠内容物呈血样外观。镜检：炎性渗出液中红细胞数量多，同时，也有一定量的嗜中性粒细胞；黏膜上皮细胞发生变性、坏死和脱落，黏膜固有层和黏膜下层血管扩张、充血、出血和嗜中性粒细胞浸润。在实际工作中要注意区分出血性炎和出血，前者伴有血浆液体和炎性细胞的渗出，同时也见程度不等的组织变质性变化，而后者则缺乏炎症的征象，仅具有单纯性出血的表现。

（五）其他渗出性炎

彩图：小反刍兽疫黏膜炎

1. 黏液性炎

黏液性炎是介于浆液性炎和纤维素性炎之间的一种过渡性炎症，存在时间短。随着浆液中胶原纤维蛋白渗出增多，渗出物逐渐变稠，故称黏液性炎，当胶原纤维蛋白达到一定量时，发生质变，转变为纤维素性炎，其发生部位也是黏膜组织、浆膜组织、皮下疏松结缔组织和肺脏。

2. 卡他性炎

卡他性炎是指发生在黏膜组织上的炎症。急性以渗出为主，慢性以增生为主。

急性卡他性炎根据时间推转依次表现为：浆液性卡他、黏液性卡他、纤维素性卡他、脓性卡他，后期转为慢性卡他；慢性以黏膜肥厚增生为主，如犊牛副结核病，肠黏膜脑回样增生，对水分吸收减少，临床症状水样腹泻。

感冒的症状之一即上呼吸道黏膜卡他性炎症，初期清涕、逐渐变稠，转为慢性时上呼吸道黏膜增生，覆盖味觉神经。

3. 腐败性炎

腐败性炎是指在发生渗出性炎的基础上，进一步感染腐败性细菌，使局部产气、变色的一种炎症。

三、增生性炎

增生性炎是指以增生过程为主，而变质和渗出性变化较轻微的一类炎症。根据致炎因子和病变特点的不同，可分为非特异性增生性炎和特异性增生性炎两种。

（一）非特异性增生性炎

视频：慢性皮肤增生

非特异性增生性炎多为慢性过程，且以间质结缔组织增生为主，故又称为慢性间质性炎。常发生于肾脏、肝脏和心脏。眼观：慢性间质性炎的器官出现散在的、数量和大小不一的灰白色病灶；严重时由于结缔组织大量增生和纤维化以及实质成分减少，致使器官体积缩小，质地变硬。镜检：炎灶部间质结缔组织明显增生，其中可见淋巴细胞、单核细胞浸润，有时还有少量浆细胞；实质细胞发生程度不同的萎缩、变性和坏死。

彩图：慢性增生性炎

少数急性炎症也以增生性变化作为主要表现形式，例如，仔猪副伤寒时肝小叶内库普弗细胞增生所形成的副伤寒结节；病毒性脑炎时，小胶质细胞增生所形成的胶质细胞结节；急性肾小球性肾炎时可呈现肾小球毛细血管内皮细胞和系膜细胞增生，肾小球体积变大，细胞数量增多，同时，也可见少量嗜中性粒细胞浸润和毛细血管内皮细胞的变性等变化。

肝硬化是一种实质细胞和间质细胞共同增生的慢性炎症，通常由于病毒、有毒有害物质等因素的长期作用，肝脏功能下降，肝脏自我结构代偿，宏观可见肝小叶色泽变深，间质明显增宽。镜下可见肝小叶分化增生，一个小叶中可能出现多个中央静脉或无中央静脉，肝细胞染色通常加深增加，称为假小叶。在小叶间汇管区有增生多个胆管，称为假胆管。小叶间质纤维明显变宽，纤维大量增生。在此状态下，肝脏被挤压得异常坚实。

（二）特异性增生性炎

特异性增生性炎是由某些特定的病原微生物（如结核分枝杆菌、布鲁氏菌、慢性鸡大肠杆菌）引起的一种增生性炎。炎症局部形成主要由巨噬细胞增生构成的境界清楚的结节状病灶，这种病灶称为肉芽肿，如结核性肉芽肿。由结核分枝杆菌引起的增生性炎灶内巨噬细胞增生，可进而转变成上皮样细胞。上皮样细胞体积较巨噬细胞大些，呈梭形或多角形，胞浆丰富，但境界不清，核呈圆形或卵圆形，染色质较少，着色较淡，有1~2个核仁。上皮样细胞的溶酶体数量和体积有明显增加，线粒体的数目也增多，细胞内酶的含量也有增加，这些变化表明细胞活性增加，吞噬和杀灭结核分枝杆菌的能力进一步加强。上皮样细胞可互相融合或者其细胞核分裂胞体不分裂而形成多核巨细胞。巨噬细胞及其转变生成的上皮样细胞、多核巨细胞构成的结节状病灶，即是结核性肉芽肿。它的外围有普通肉芽组织包绕和淋巴细胞浸润。这种结构有利于消灭病原菌，并能有效地防止其扩散。

增生性炎多为慢性过程，伴有明显的结缔组织增生，故病变器官往往发生不同程度的纤维化而变硬，器官功能出现障碍（图9-6）。

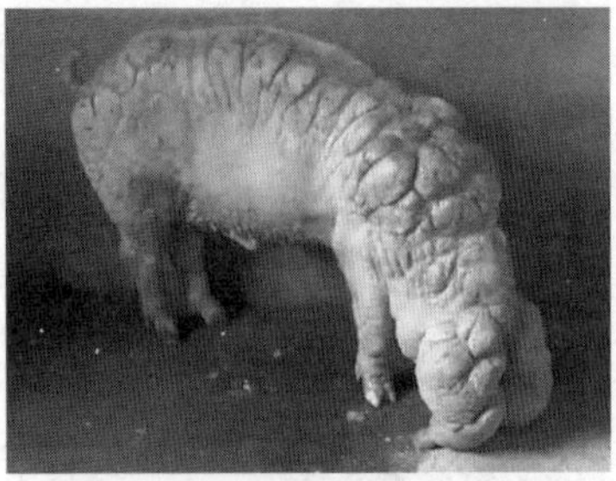

图9-6　慢性皮炎引起皮下结缔组织和皮肤增生

知识点：①病理上2个“大理石样外观”，纤维素性肺炎的外观，淋巴结出血切面呈红白相间大理石样花纹。②病理上2个“波动感”，黏膜水肿时明显增厚有波动感，脓肿成熟液化，触诊有波动感。③病理上2个“捻发音”，皮下窜入性气肿和组织产气梭菌感染时触诊呈捻发音。

视频：化脓性脑炎和非化脓性脑炎

视频：仔猪脑膜炎

视频：伪狂犬脑炎

附：技能培训——化脓性脑炎和非化脓性脑炎

①脑炎微观病理主要有3种表现：炎性细胞在脑组织中浸润，围绕着神经元细胞形成卫星现象，脑膜血管周边有大量炎性细胞围绕形成围管现象，炎性细胞吞噬病变神经元。

②化脓性脑炎是指由细菌引起的脑炎，炎性细胞以嗜中性粒细胞为主，非化脓性脑炎是指由病毒或中毒等引起的脑炎，炎性细胞为淋巴或嗜酸性粒细胞。

◎ 复习思考题

一、名词解释

炎症、炎性细胞、浸润、大理石样外观、蜂窝织炎、卡他性炎。

二、填空题

1. 炎区疼痛是因为________和________的结果。

2. 炎区组织pH呈________性，主要是物质分解的原因。

3. 通常急性炎症病理变化以________和________为主，慢性炎症以________为主。

4. 增生性炎包括________和________两类。

5. 纤维素性炎有前期是________，渗出物是________，通常形成________、________和________有形结构。

6. 化脓性炎为________、________、________和________。

7. 纤维素性炎发生在________、________、________和________部位。

8. 猪肺疫的病理经过是________肺炎，病猪血液中增加的是________类白细胞。

9. 鸡大肠杆菌“包心包肝”是________类炎症，白喉型鸡痘是发生在组织的________性炎。

10. 牛肺疫的肺呈病理变化，血液中增加的是________性白细胞。

三、判断题

1. 猪瘟病猪肠黏膜发生的是纤维素性浮膜性炎，病灶中嗜中性粒细胞增多。(　　)
2. 鸡传染性喉气管炎是发生在上呼吸道中的出血性纤维素性浮膜炎症。(　　)
3. 急性肾小球肾炎以实质细胞变质为主。(　　)
4. 纤维素性肺炎分四期，肝变期体现了纤维素的渗出。(　　)
5. 食盐中毒是非化脓性脑炎，病灶中增加的是单核白细胞。(　　)
6. 肝硬化是慢性增生性炎，是非特异性增生。(　　)

四、简答题

1. 简述炎症的分类方式，炎症的病理分类。
2. 炎症的外观症状有哪些？
3. 简述炎性细胞与疾病关系。
4. 简述化脓性炎的分类。
5. 简述纤维素性肺炎的病理变化，举出以此为病理经过的病例。

实训一　炎症的标本病理变化识别

【目标要求】识别各类型炎症的眼观病变特点，各种炎性细胞的组织学形态和微观病理变化。

【实训用品】大体标本、病理组织切片、幻灯片、CAI 课件、图片和挂图。光学显微镜、幻灯机、显微图像投影和分析系统等。

【内容和步骤】学生自行观察，教师辅导和归纳总结病理变化识别要点。

（1）炎症细胞识别　通过显微镜观察嗜中性粒细胞、嗜酸性粒细胞、嗜碱性粒细胞、单核细胞、巨噬细胞、淋巴细胞、浆细胞、上皮样细胞、多核巨噬细胞的示范病理切片。

（2）病理标本和切片的观察识别

①变质性肝炎。眼观：肝脏不同程度肿胀，包膜紧张，呈暗红和土黄色相间的斑驳色彩，并有出血斑、出血灶和坏死灶，质脆易碎。镜检：肝细胞普遍肿大，肝细胞索排列紊乱，肝细胞部分发生脂肪变性或坏死变化，坏死区大小和数量不一，坏死区周围有嗜中性粒细胞或淋巴细胞浸润。

②浆液性肺炎。眼观：肺脏肿胀，暗红色，表面湿润，间质增宽，质地变实，切面流出多量泡沫样液体，支气管内充满浆液。镜检：肺间质血管和肺泡壁毛细血管扩张充血，肺泡腔及支气管腔内有粉红色浆液充盈，其中有炎性细胞、脱落上皮细胞分布，间质增宽。

③纤维素性肺炎。眼观：病变肺叶增大，呈暗红或灰红色、灰白色，切面可见肺间质增宽，淋巴管扩张，肺质地变实，呈大理石样外观。镜检：肺泡壁毛细血管充血，肺泡腔内有多量粉红色的网状纤维素，其间分布红细胞、白细胞及脱落的上皮细胞，肺间质增宽。

④纤维素性心包炎。眼观：心包表面血管充血，心包增厚并附有黄白色的絮状纤维素，心外膜充血、肿胀、粗糙不平，表面附着黄白色纤维素膜，易于剥离。有的纤维素膜覆盖在心外膜上，形成绒毛状。

⑤化脓性炎。眼观：肝、肾表面的化脓灶为黄白色，周围有红色炎症反应；肝、肾脓肿为突出的包囊，新鲜标本压之有波动感。

⑥出血性淋巴结炎。眼观：淋巴结肿大，暗红色或黑红色。切面呈弥漫性暗红色或有出血性斑点，呈现暗红色出血斑和灰白色淋巴组织相间的大理石样花纹。镜检：可见淋巴滤泡大小不等，髓索肿大，淋巴窦扩张及内皮细胞肿胀脱落。淋巴组织和淋巴窦内有大量的红细胞积聚。

⑦慢性猪瘟固膜性肠炎。眼观：肠黏膜可见散在的纽扣状溃疡（纽扣状肿），它是在肠壁淋巴滤泡坏死的基础上发展的局灶性固膜性炎症。溃疡面上的坏死痂形成明显的隆突的同心层结构，形似纽扣，圆形，质硬，呈灰黄色、暗褐色或污绿色，其周围常有红晕。

⑧结核性肺炎。眼观：结核性肺炎常表现为小叶或小叶融合性。病变部充血、水肿，色灰红或灰白，质地硬实。切面上肺组织呈现灰黄色干酪样坏死物。慢性病例在肺表面和切面上可见灰白色的结节即结核结节，结节中心呈灰黄色干酪样坏死物。镜检：病变区为小叶性或小叶融合性，有时为大叶性，肺泡腔内有浆液、纤维素和炎症细胞，肺组织和渗出物及增生成分变成无结构的坏死物；病灶周围肺组织充血、水肿和炎症细胞浸润并可见上皮样细胞和多核巨细胞；结核结节部可见结节的中央发生干酪样坏死，并常有钙盐沉着，周围散在数量不等的郎罕氏巨细胞。结节的外围区，积集多量淋巴细胞和浆细胞，最外围则是纤维结缔组织形成的包裹层。

【实训报告】

（1）对所观察的炎症大体标本和组织学病理变化特征进行描述。

（2）看图识别不同类型的炎症或对每一种类型的炎症进行举例说明。

实训二　炎性细胞浸润试验

【目标要求】人为造成局部组织发炎，观察炎症区域的变化，识别炎性细胞的种类和对炎症的意义。

【实训用品】家兔、松节油、注射器、光学显微镜、手术刀、载玻片、10%甲醛、染色剂、切片机和切片制作设备等。

【内容和步骤】

（1）取健康家兔 1 只，背部皮肤剃毛，局部消毒。

（2）在剃毛处皮下注射松节油 1mL，经 12h，观察局部炎症变化。

（3）致死家兔，将炎症组织进行抹片，染色，镜下观察炎性细胞聚集情况。

（4）炎症组织制作病理切片，观察炎症损伤和炎性细胞种类。

【实训报告】

（1）对所观察的炎症组织学病理变化特征进行描述。

（2）说明炎性细胞种类。

（3）阐述实训原理。

项目十 肿　瘤

◎ 情境引入

①某鸡场发生马立克氏病，个别病鸡呆钝，精神沉郁，羽毛松乱，行动迟缓，缩颈蹲在墙角下。剖检死亡鸡，在肝脏、心脏、卵巢、脾脏、腺胃、肾等器官可见大小不等的灰白色肿瘤块，质地坚硬而致密，肿瘤呈弥漫性。②犬淋巴肉瘤，呕吐物中带有血丝，大便黏而色稍发黑，食欲下降并逐渐消瘦，继而死亡，剖检可见纵隔前淋巴结和肠系膜淋巴结肿大，显微镜检查肿大的淋巴结固有结构消失，被小淋巴细胞和新生毛细血管所替代，异型性小淋巴细胞，还侵犯淋巴结被膜和小梁。

◎ 任务描述

在掌握肿瘤的类型、命名、一般形态及结构，肿瘤的生长速度和生长方式，良性肿瘤与恶性肿瘤区别的基础上，观察并识别临床常见肿瘤的病理变化，诊断临床常见肿瘤。

◎ 技能目标

根据常见肿瘤病理特征能够自主识别兽医临床常见肿瘤，并给以准确命名；能够对良性肿瘤和恶性肿瘤进行鉴别诊断。

◎ 知识目标

掌握肿瘤的概念、生物学特性、命名原则和常见的致病因子；了解常见的动物肿瘤病理学特征。

任务一　肿瘤的概述

一、肿瘤的认知

肿瘤是机体在各种致癌因子作用下，局部细胞在基因水平上失去对其生长的正常调控，导致异常增生而形成的新生物。这种新生物常形成局部肿块，这种肿块称为肿瘤。

肿瘤细胞具有异常的形态、代谢和功能，并在不同程度上失去了分化成熟的能力。其结构、功能和物质代谢不仅与正常的细胞组织完全不同，而且与再生性增生也有质的不同。具有如下特点。

（1）具有分裂潜能的细胞在致癌因子作用下发生恶性转化和克隆性增生所形成，在致癌因子消失后，已形成的肿瘤仍继续生长，不会自行消失。

（2）不受机体对细胞增生和分化的调节机制所制约，而呈相对自主性和持续性增长。

（3）肿瘤细胞失去正常的分化能力和不同程度的异型性，不组成正常的组织结构。

（4）肿瘤细胞的生长、代谢和机体的生长代谢不相协调。

（5）恶性肿瘤的侵袭性生长对原有组织器官造成破坏。

（6）恶性肿瘤的转移往往是肿瘤致死的原因。

二、肿瘤的生物学特征

（一）肿瘤的一般形态

肿瘤的形态多种多样，并可在一定程度上反映肿瘤的良恶性。

（1）肿瘤的数目和大小　肿瘤的数目、大小不一，多为一个，有时也可为多个。肿瘤的大小与肿瘤的性质（良性、恶性）、生长时间和发生部位有一定的关系。生长于体表或较大体腔内的肿瘤有时可生长得很大，而生长于密闭的狭小腔道内的肿瘤一般较小。

（2）肿瘤的形状　肿瘤的形状多种多样，有息肉状、乳头状、结节状、分叶状、囊状、浸润性包块状、弥漫性肥厚状、溃疡状。形状上的差异与其发生部位、组织来源、生长方式和肿瘤的良恶性密切相关。

（3）肿瘤的颜色　一般肿瘤的切面呈灰白或灰红色，视其含血量的多少、有无出血、变性、坏死等而定。有些肿瘤会因其含有色素而呈现不同的颜色，因此可以根据肿瘤的颜色推断其为何种肿瘤，如脂肪瘤呈黄色，恶性黑色素瘤呈黑色，血管瘤呈红色或暗红色。

（4）肿瘤的硬度　肿瘤的硬度与肿瘤的种类、肿瘤的实质与间质的比例及有无变性、坏死有关。实质多于间质的肿瘤一般较软；相反，间质多于实质的肿瘤一般较硬。瘤组织发生坏死时较软，发生钙化或骨化时则较硬；脂肪瘤很软，骨瘤很硬。

（二）肿瘤的一般结构

肿瘤的组织结构多种多样，但所有肿瘤的组织成分都可分为实质和间质两部分。

（1）肿瘤的实质　肿瘤的实质是肿瘤细胞的总称，是肿瘤的主要成分。它决定肿瘤的生物学特点以及肿瘤的特殊性。通常根据肿瘤的实质形态来识别各种肿瘤的组织来源，进行肿瘤的分类、命名和组织学诊断，并根据其分化成熟程度和异型性大小来确定肿瘤的良恶性和肿瘤的恶性程度。

（2）肿瘤的间质　肿瘤的间质成分一般由结缔组织和血管组成，有的还具有淋巴管。起着支持和营养肿瘤实质的作用。

（三）肿瘤的生长速度与生长方式

各种肿瘤的生长速度差异很大，取决于肿瘤细胞的分化成熟程度，通常成熟程度高、分化好的良性肿瘤生长缓慢，成熟程度低、分化差的恶性肿瘤生长较快。

（1）膨胀式生长　不伸展入周围组织内，而是不断推开挤压周边组织，瘤块外围有胞膜，界限明显，可手术摘除，多为成熟型的良性肿瘤。

（2）浸润式生长　瘤细胞沿着组织间隙向周围组织多处伸展生长，界限不清，无胞膜，易转移，播撒到机体各部，多为恶性肿瘤。

（3）突起式生长　见于上皮性肿瘤，瘤细胞繁殖生长，向上皮表面突起，或形成皱褶，呈乳头状。

（4）弥漫式生长　肿瘤细胞分散的、单独的沿着组织间隙扩散，原有组织结构基本保留，常见于造血组织肉瘤、未分化神经细胞肿瘤等。

三、良性肿瘤与恶性肿瘤的区别

临床上遇到患有肿瘤的病畜时，要仔细区别是良性还是恶性，恶性肿瘤无治疗价值，在肉食品卫生检验方面，要严格按照肉与肉制品的卫生检验法规处理。

1. 良性肿瘤

良性肿瘤多数是膨胀式生长，不浸润邻近组织，不转移，生长较慢，只排挤与压迫邻近组织，界限明显，有一个结缔组织包膜。瘤细胞分化程度良好，核分裂象少或无，与正常起源细胞的形态相差不大，有时只是排列与正常组织不同。危害较小，手术可治，不易复发。

2. 恶性肿瘤

恶性肿瘤生长迅速，既有膨胀式生长又有浸润式生长，侵犯与破坏邻近组织，常发生转移，瘤细胞分化程度低，与正常起源的细胞形态上相差较大，近似胚胎发育期未成熟细胞，细胞变化明显，核分裂象多见。目前，恶性肿瘤没有有效的药物，手术后易复发，晚期引起全身性反应（恶病质，贫血危害较大）。相信随着医疗科技的发展，会开发出有效的防治药物。

良性肿瘤与恶性肿瘤之间并无绝对的界限，在一定条件下可转化，当然一般是由良性转化为恶性，也有少数肿瘤可自行消失。

任务二　肿瘤的分类及命名

一、肿瘤的分类

根据肿瘤的生长特性及对患体的危害程度不同，可分为良性肿瘤与恶性肿瘤。根据肿瘤组织来源不同，可分为上皮组织肿瘤如乳头状瘤、鳞状细胞癌、基底细胞癌等；间皮组织肿瘤如纤维瘤、脂肪肉瘤、黏液瘤、软骨肉瘤等；神经组织肿瘤如成神经细胞瘤、神经纤维瘤等，还有其他类型的肿瘤如恶性畸胎瘤、胚胎性癌、黑色素瘤等。

二、肿瘤的命名

肿瘤的命名原则，一般是根据其组织发生的来源、发生的部位及良性或恶性的不同给予命名的。

1. 良性肿瘤的命名

良性肿瘤通常有两种命名方法：一种是在发生肿瘤的组织名称之后加上一个“瘤”字，例如，由纤维组织发生的肿瘤称为纤维瘤，由脂肪组织发生的肿瘤称为脂肪瘤等；另一种是根据其生长形态而命名的，如发生在皮肤、黏膜上状似乳头的良性肿瘤，称为乳头状瘤，有时加上肿瘤发生部位的名称称为皮肤乳头状瘤。发生膀胱的肿瘤称为膀胱乳头状瘤。

2. 恶性肿瘤的命名

由上皮组织发生的恶性肿瘤统称为“癌”，通常以肿瘤发生的器官或组织的名称后加上“癌”而命名，如食管癌、鼻咽癌等；由间叶组织（结缔组织、脂肪、肌肉、脉管、骨、软骨、淋巴造血组织）发生的恶性肿瘤称为肉瘤。通常命名时在肉瘤之前冠以其发生组织的名称，例如，淋巴肉瘤、骨肉瘤和纤维肉瘤等；由未成熟的胚胎组织和神经组织发生的肿瘤称为母细胞瘤，例如，神经母细胞瘤，肾母细胞瘤等；其他少数不按上述原则命名的肿瘤，例如，恶性黑色素瘤、恶性畸胎瘤、各种白血病，鸡的马立克氏病等。

任务三 肿瘤的病因与诊断

一、肿瘤的病因

肿瘤的病因是个比较复杂的问题，是当前医学研究中最重要的和亟待解决的课题之一。肿瘤的致病因素和其他疾病一样，包括外因和内因两方面。

（一）肿瘤发生的外因

1. 化学性致瘤因素

外界环境中的致瘤因素 90%以上属于化学性因素，有 1000 种以上且分布广泛，与工业生产有一定关系，如多环碳氢化合物（苯并芘）、亚硝胺盐类、芳香胺类与氨基偶氮染料等。

2. 物理性致瘤因素

物理性致瘤因素有电离辐射、紫外线等。长期接触 X 射线、镭等放射性同位素，可诱发某些肿瘤和白血病。骨髓与皮肤对放射性物质最敏感，长期吸入放射性粉尘可引起肺癌。长期接受阳光暴晒，紫外线辐射对人类、动物的皮肤都有致癌作用。

3. 生物性致瘤因素

（1）寄生虫因素　如牛、羊的肝片吸虫与胆管癌有关、人的日本血吸虫感染与膀胱癌有关，癌变机制尚需进一步探讨。

（2）病毒因素　现在已发现仅有 30 余种动物的自发性恶性肿瘤是由病毒引起的，已知的动物肿瘤病毒有 150 余株，其中约 1/3 为 DNA 病毒，其余为 RNA 病毒。例如，鸡白血病、牛白血病、兔纤维瘤、鸡马立克氏病等病毒等。

（3）真菌及其毒素　资料表明有十几种真菌的毒素有致癌或促癌作用，如黄曲霉毒素、镰刀菌毒素等。

（二）肿瘤发生的内因

外界的致瘤因素只是引起肿瘤的条件，外因多须通过内因起作用，内因决定了动物体对致瘤因素的易感性或抵抗力。

1. 遗传因素

临床上绝大多数肿瘤都不是直接遗传的，所能遗传的只是机体对致瘤因素的反应特性。例如，1972 年日本某地引进汉普夏和杜洛克公猪与本地母猪杂交，F1 中出现大批黑色素瘤病例。

2. 年龄

任何年龄的动物都能发生肿瘤，但绝大多数恶性肿瘤发生于老龄。如四岁以上老鸭原发性肝癌发病率高，卵巢癌多见于两岁以上的鸡。

3. 性别与激素

肿瘤发病率在性别上是有差别的。雌鸡患白血病比公鸡显著得多，在一个统计中指出，雌鸡患病达30%，公鸡达9.1%。另外，激素的平衡、缺乏、过量均可能引发肿瘤。乳腺癌与卵巢分泌的雌激素有关，如从幼年开始给低癌族的小鼠雌激素，雌鼠发生乳腺癌的概率会升高；如年轻时割除卵巢，便再不会发生乳腺癌。

4. 免疫性

机体对于肿瘤的发生和发展具有一定的抵抗力，这就是机体的免疫性，当正常细胞转变为恶性肿瘤细胞时，体内会产生特异性的抗原和抗体。

二、肿瘤的诊断

1. 实验室检查

血液和尿液等的实验室检查可提供重要信息。如果体内某些物质的水平变得异常，通过实验室检测血液、脑脊液、大小便及痰等，可提示某些肿瘤的存在。

2. 病理切片检查

病理切片检查能够确诊肿瘤的性质。在切片检查中，从异常地方取一小块组织样品或切除整个肿瘤。在显微镜下进行观察。如果确定肿瘤存在，通常能诊断出肿瘤的种类，并能判断该肿瘤细胞的生长速度。

3. 其他检查

动物机体可通过影像检查，如核磁共振、放射性核素扫描、超声波、内窥镜等，显示出机体内的形态结构是否异常，为肿瘤的最终确诊提供依据。

任务四　动物常见肿瘤

一、良性肿瘤

1. 乳头状瘤

乳头状瘤是由皮肤或黏膜的被覆上皮发生的一种成熟的良性肿瘤。主要发生于皮肤、口、咽、鼻咽、舌、食管、胃、肠、膀胱的表皮或黏膜上皮，是由表皮或黏膜上皮组织增生所致。各种家畜均可发生，以马、牛、羊、兔多见。眼观：呈手指样或乳头状突起，表面光滑或呈菜花状或绒毛状，根部与正常组织相连。镜检：形态为上皮向上方呈过渡生长，形成单个或多个乳头，肿瘤表面被覆上皮细胞，乳头中部由纤维组织与血管组织的间质，瘤细胞排列整齐，无异型性，核分裂象少见，无浸润式生长现象（图10-1）。

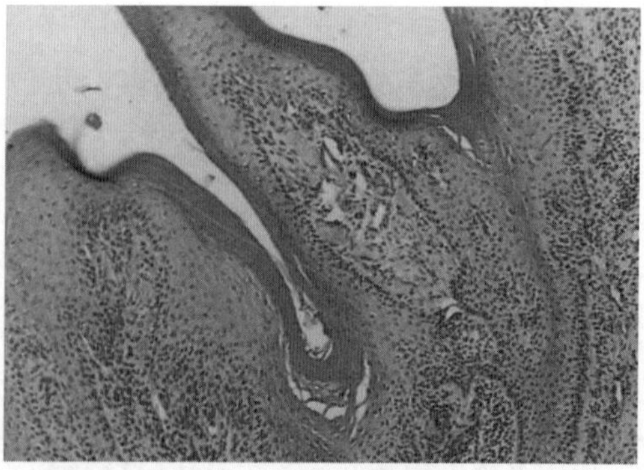

图10-1　乳头状瘤

2. 脂肪瘤

脂肪瘤是由成熟的脂肪组织所构成的良性肿瘤。发生于皮下组织，偶见大网膜及肠壁等处。眼观：呈结节状，切面分叶，颜色同正常脂肪。镜检：与正常脂肪相似，但有大小不一的结缔组织条索。

彩图：肿瘤病理图片

二、恶性肿瘤

1. 鳞状细胞癌

鳞状细胞癌简称鳞癌，分为已分化和低分化两种类型。发生于鳞状上皮覆盖的皮肤和有此种上皮的口腔、食管、喉头、阴道和子宫颈等处的黏膜，其他不覆盖鳞状上皮的组织发生了鳞状化生后也可发生。眼观：质地硬而脆，呈不规则团块状，界线不清，浸润式生长，切面呈灰白色，粗颗粒样，干燥、无光泽、无包膜，可见出血与坏死。镜检：已分化的鳞状细胞癌，癌细胞较大，呈多边形或不规则形，胞浆丰富，核分裂象多见，癌细胞突破上皮层的基底膜向下浸润，形成不规则的巢状或条索状，即癌巢。癌巢中央为轮层状的角化物质，为角化珠；低分化的鳞状细胞癌，癌细胞常呈短梭形或梭形，胞浆少见，核染色质丰富，癌细胞分散排列，不形成癌巢，无角化珠可见，核分裂象多见，异型性明显（图 10-2）。

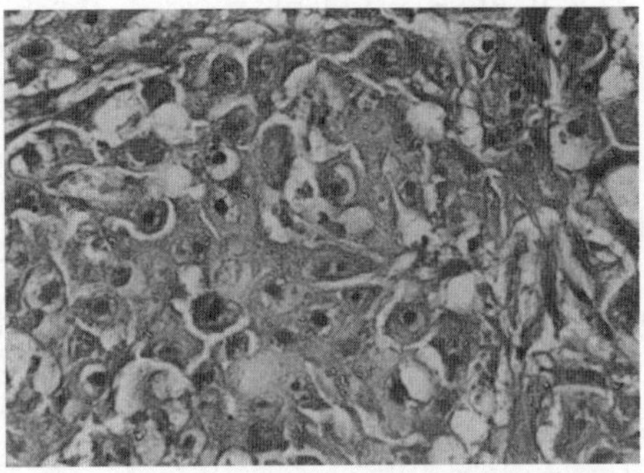

图 10-2 皮肤鳞片状细胞癌

2. 腺癌

腺癌由腺上皮发生，也可以由化生的移行上皮发生。发生于胃、肠、子宫、卵巢、鼻腔、鼻窦和肝脏等。眼观：不规则团块状，无包膜或不完整，分界不清，质使而脆，灰白尢光泽，常有出血、坏死或溃疡。镜检：表现出腺上皮的特征，细胞呈立方状、砥柱状或柱状，有的呈多边形或其他形状，腺癌细胞排列为腺管样、条索样、团块状或筛状（图 10-3）。

3. 纤维肉瘤

纤维肉瘤见于各种畜禽，发生于各种部位，生长缓慢。眼观：无完整包膜，质地柔软，切面鱼肉样，色泽淡红，富有光泽，无纤维素可见。镜检：胞浆少，胞核呈多形性，核分裂象多见（图 10-4）。

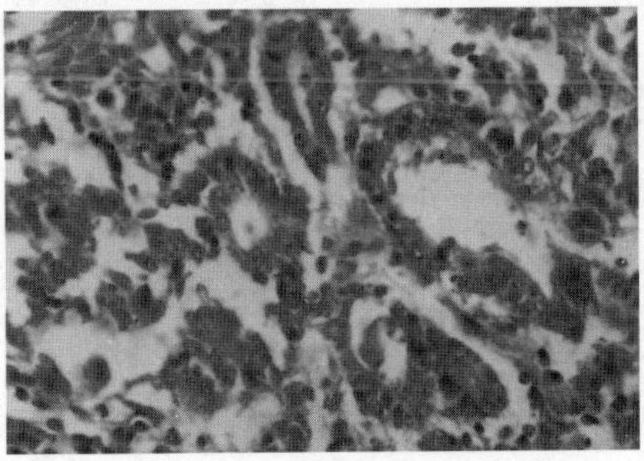

图 10-3 猪鼻窦腺癌纤维肉瘤

图 10-4 纤维肉瘤

4. 淋巴肉瘤

淋巴肉瘤是淋巴组织的一种恶性肿瘤，瘤细胞起源于淋巴结或其他组织内不具被膜的弥散的淋巴滤泡。眼观：呈结节或团块状，质度致密，切面灰白或灰红，如鱼肉样，常见出血和坏死（图10-5）。镜检：肿瘤由异型性的成淋巴细胞和淋巴细胞样瘤细胞组成，体积大，可见核分裂，可见呈丝状的网状纤维、无淋巴滤泡和淋巴窦。

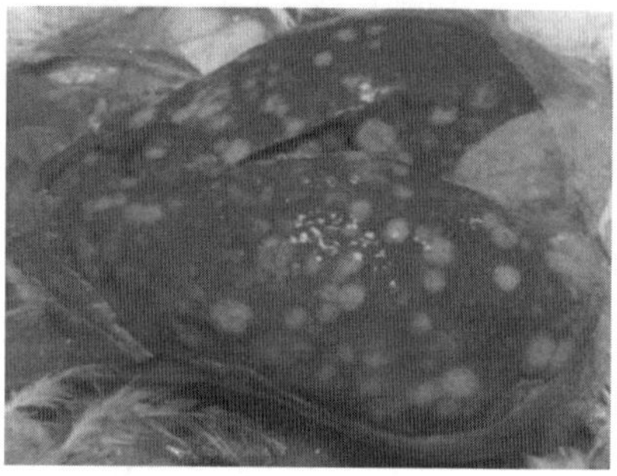

图10-5　鸡马立克氏病肝脏肿瘤样变

5. 黑色素瘤

各种动物均可发生黑色素瘤，常见于马、犬，多发生于头部或躯体的任何部位。眼观：呈结节状，呈黑色或黑褐色。镜检：瘤细胞呈椭圆形、梭形或其他形状，胞核被黑色素覆盖。

6. 肾母细胞瘤

肾母细胞瘤是一种胚胎性恶性肿瘤。见于肾的任何部位，成分为肉瘤样细胞和上皮样细胞。多发生于未成年的兔、猪、犬和牛。眼观：呈结节状或不规则肿块，色灰白，有包膜或包膜不完整。镜检：纤维组织、黏液组织、脂肪组织、肌组织和软骨组织以及上皮样组织，有时可见肾小管或肾小球样结构。

◎ 复习思考题

一、名词解释

癌、肉瘤、母细胞瘤。

二、填空题

1. 肿瘤的生长方式有________、________、________和________四种。
2. 根据肿瘤的生长特性及对患体的危害程度不同，可区分为________与________。
3. 肿瘤的实质是________的总称。

三、单选题

1. 鸡马立克氏病（　　）类型出现肿瘤样变化

A. 神经型　　B. 内脏型　　C. 眼型
D. 皮肤型　　E. 骨骼型

2. 发生在上皮组织的恶性肿瘤称为（　　）

A. 肉瘤　　B. 癌　　C. 母细胞瘤
D. 良性肿瘤　　E. 脂肪瘤

3. 多数良性肿瘤的生长方式是（　　）

A. 浸润式生长　　B. 膨胀式生长　　C. 突起式生长
D. 弥漫式生长　　E. 缓慢生长

4. 绝大多数恶性肿瘤发生外因与（　　）有关

A. X线　　B. 化学物质　　C. 病毒
D. 真菌　　E. 细菌

四、简答题

1. 恶性肿瘤与炎性增生有何不同？
2. 描述肿瘤的组织结构。
3. 如何区分良性肿瘤与恶性肿瘤？
4. 简述肿瘤的病因。
5. 肿瘤是如何分类与命名的？

项目十一 败血症

◎ 情境引入

猪败血型链球菌全身出血、猪瘟急性炎性脾肿；鸡新城疫坏死性脾炎；马和牛的炭疽尸体尸僵不全、血凝不良等。

◎ 任务描述

包括败血症及其派生症的概念，败血症的病因、类型和病理变化。

◎ 技能目标

能够识别败血症的病理变化，在临床防治中正确处理患有败血症疾病的动物。

◎ 知识目标

掌握败血症、菌血症、病毒血症、毒素血症和脓毒败血症的概念；了解临床各类型败血症的病原及病理过程；重点掌握急性败血症的病理变化；了解败血症的局部病理变化。

任务一　败血症的概述

一、败血症的概念

（一）败血症的概念

败血症是指病原微生物突破机体的防御屏障，侵入血液中大量生长繁殖并产生毒素，引起全身性病理变化的过程。

败血症最初是指血液腐败。这是由于当时人们认为全身广泛性出血是腐败菌在血液内繁殖造成的。后来人们注意到，败血症很少是由腐败菌引起的，于是提出，细菌侵入血液，在血液内大量繁殖，造成全身广泛性出血和实质器官变性，称为全身性感染，临床实践中常称为败血症。人们在实践中发现一些病毒性传染病也出现与细菌性败血症相似的变化，故将这种病毒在全身的感染也称为败血症。近有报道，细菌一般不在机体的循环液体内繁殖，血液内出现细菌，是组织感染灶内的细菌向血液扩散，而机体一时不能将其完全清除的结果。

（二）败血症的派生概念

根据侵入机体生物种类、寄生部位和繁殖特点，败血症有许多派生概念，具体如下。

1. 菌血症

菌血症即细菌出现于循环血液中的现象。持续存在的菌血症标志着病原菌已从原发病灶进入血流，而机体由于防御功能降低，故不能将其清除。但必须指出的是，菌血症并不等于败血症，循环血液中一时出现细菌，这在一些细菌性传染病过程中常有出现，甚至这种情况在健康的机体内也偶尔发生。在布鲁氏菌病、鼻疽病时，体内可出现菌血症，但病原菌在血液内的时间较短，这些病原菌一部分被吞噬消灭，大部分在适宜生长的部位停留，造成新的病灶。健康动物口腔或肠道内的细菌，可能通过黏膜侵入血流，出现菌血症，但不出现临床症状，一般情况下细菌在血液中存留时间不长就很快被吞噬细胞清除。

2. 病毒血症

病毒血症即病毒颗粒存在于血液中的现象。病毒病时的病毒血症，主要是由于复制后的病毒被大量释放入血，同时伴有明显的全身性感染过程，如鸡的新城疫病毒。

3. 虫血症

虫血症即寄生原虫侵入血液的现象。原虫病时的虫血症，主要是由于原虫繁殖后大量释放入血，同时伴有明显的全身性病理过程，如附红细胞体、巴贝斯原虫。

4. 毒素血症

病原微生物在局部生长繁殖并产生大量毒素，毒素吸收入血可引起动物机体的病理变化，称为毒素血症，如仔猪水肿病、破伤风。

5. 脓毒败血症

脓毒败血症是由化脓菌引起的败血症，并继发引起全身性、多发性小脓肿灶，如链球菌、化脓棒状杆菌。

二、败血症的病因

败血症的病原主要是细菌和病毒，但某些原虫，如牛泰勒焦虫，也可成为败血症的病原。

病原体在机体抵抗力降低的情况下，突破机体的防御屏障侵入体内的部位称为侵入门户。皮肤、消化道、呼吸道和泌尿生殖道的黏膜都可成为病原体的侵入门户，特别当皮肤、黏膜有损伤时，更易造成病原体的侵入和感染。

病原体由侵入门户进体内后，如果未被吞噬细胞和免疫球蛋白所消灭，便在局部组织、局部淋巴结或其他适于生存的部位生长繁殖，改变其数量和毒力，并刺激或破坏局部组织和神经末梢，引起炎性反应和其他防御适应性反应。此后，病原体的损害作用和机体防御适应性反应之间的斗争，决定着疾病的发生、发展。败血症的出现意味着病原体的损害作用已占明显优势，而机体的抵抗力相对低下或趋于崩溃。

1. 非传染性病原体引起的败血症

非传染性病原体引起的败血症又称感染创型败血症。非传染性病原菌，即环境常在菌和机体寄生菌，以及一些条件性病原菌，如坏死杆菌、气肿疽梭菌等。一般先引起局部感染，而后发展为败血症。

其过程是病原菌先在侵入的部位引起局部炎症，在机体防御适应反应不足，如白细胞吞噬能力下降、骨髓白细胞生成减少等情况下，如果治疗不及时，病原菌大量繁殖，局部组织破坏加剧，炎症波及淋巴管和血管，可引起局部淋巴管炎、静脉炎和淋巴结炎。这时病原菌便经淋巴和血液不断转移或向全身播散。最初进入血液的部分病原菌可被网状内皮细胞吞噬，以后随着机体抵抗力的进一步降低，局部不断扩大的炎灶内的病原菌及其毒性产物大量进入血液，全身各器官、组织受到损害。物质代谢和生理功能呈现严重障碍或紊乱，患畜出现明显的全身症状，即发生败血症。如果局部感染的是化脓性细菌，则可引起脓毒败血症。临床上还常见到幼畜脐败血症、母畜产后败血症等。

2. 传染性病原体引起的败血症

传染性病原菌和病毒通常在感染后直接发展为败血症，此时肉眼常找不到侵入门户的明显病变。这一类败血症的发生机制与非传染性病原菌所引起的败血症基本上是一样的，只是这些病原体的侵袭力和毒力都很强，它们侵入机体后，迅速经血液散播到全身，在适宜其生存的部位繁殖，然后大量向血液倾注，造成广泛的组织损害。这时机体的防御适应反应虽有所表现，但在病原体的作用下迅速瓦解，在很短时间内发展为败血症。

除具有一般性症状和病理变化外，由于传染性病原的不同，往往存在特定性的症状和病理变化，如猪瘟脾的出血性梗死、鸡巴氏杆菌病肝针尖状、向内塌陷的灰白色坏死点。

任务二　败血症的病理变化

一、一般性病理变化

败血症的病理变化包括侵入门户的局部病变和全身病变。由非传染性病原菌所引起的败血症或脓毒败血症，通常在局部出现明显的病变。例如，由创伤感染所引起的皮下脓肿或蜂窝织炎，脐带感染所引起的化脓性脐炎，产后子宫感染所引起的化脓性或坏疽性子宫内膜炎，尿道感染所引起的肾盂肾炎等。侵入门户的病变可能多种多样，感染灶病变可能多种多样，但其炎症的性质多是化脓性、出血性或坏死性炎。在剖检时应注意检查这些原发性病灶的病理变化，并留心检查由局灶性炎发展为全身性病理过程的路径，如局部组织的淋巴管炎、静脉炎和淋巴结炎等。

病毒和传染性病原菌引起的败血症侵入门户的变化一般不明显，不引起明显的眼观病理变化，或只引起轻微的病变，过去称为隐源性败血症。随着新的诊断技术的应用，一些所谓隐源性败血症已可找到它们的侵入门户。例如，应用免疫荧光技术，已经证明扁桃体是猪瘟病毒侵入的最重要门户。

在机体抵抗力特别低下、病原体的攻击力特别强时，机体的防御力会迅速瓦解，动物即很快死亡。肉眼几乎看不见很明显的病理变化，但在组织学上可以看到各个器官组织内，都有着大量的病原菌，心、肝、脾、肾等实质器官内，还出现明显的颗粒变性。这些都是特别易感的个体受到强毒性传染性病原体的攻击所致。由非传染性病原菌所致的败血症也可能出现这种情况。例如，创伤感染厌气性病原菌，通常 3d 左右就可能发展为败血症。

不同病原微生物引起的败血症病理变化特点相似。各种败血症死后剖检均具有如下共同特点。

（一）尸体腐败，血凝不良

由于死于败血症的动物，在病原微生物和毒素作用下，尸体容易发生变性、自溶和腐败，尤其是肌肉很快发生变性，所以往往呈现尸僵不完全或尸僵不明显。血液呈紫黑色黏稠状，凝固不良呈酱油样。

在临床现场诊断中，对动物尸体进行病理解剖，切开尸体即流出血液，如果血液凝固不良，通常是血凝系统被破坏，即为败血症，标志着全身性细菌感染。否则，即根据死亡前症状对某些组织器官进行针对性检查。

（二）溶血

病死动物血液凝固不完全。很多病例发生溶血，大血管和心脏的内膜被染成污红色。由于在病原微生物和毒素作用下，全身小血管和毛细血管发生严重的损伤，结构被破坏，剖检时可见全身皮肤、浆膜与黏膜上多发性出血点或出血斑，如猪瘟、猪肺疫、鸡新城疫、禽流感、兔瘟等。有的可见浆膜下、黏膜下和皮下结缔组织中大量浆液性或浆液出血性浸润。浆膜腔内有积液，其中混有丝状或片状纤维蛋白。

（三）黄疸

黏膜和皮下组织可呈现黄疸色彩。组织学观察时，在肝、脾、淋巴结等器官可见血源性色素沉着，多数器官的毛细血管内出现透明血栓。

（四）免疫器官病理变化

败血症时，全身淋巴结肿大、充血或出血，呈现急性淋巴结炎病变。全身各处的淋巴结肿大、充血、出血，中性粒细胞浸润。组织病理学观察可见淋巴窦壁细胞增生，有时还可见细菌团块或局灶性组织坏死。扁桃体、肠系膜淋巴结和肠相关淋巴组织也呈现轻重不同的水肿、充血、出血、变性或坏死等急性炎症病变；有的出现增生性炎的变化。

脾脏呈急性脾炎的变化，依病原不同，其体积可肿大数倍（如败血型炭疽、急性猪丹毒、猪肺疫等）或肉眼不见肿大，但可见有出血性梗死（如猪瘟等）。肿大的脾脏质地松软，呈紫红色、隆起，固有的微细结构模糊不清，脾组织容易刮脱，这种急性炎性脾肿，俗称败血脾。

（五）中枢神经系统病理变化

败血症时中枢神经系统常无明显的肉眼可见病变，组织病理学观察常可见明显的充血、水肿变化。神经细胞发生不同程度的变性。常见局灶性出血，胶质细胞普遍增生。严重者神经细胞发生坏死，出现卫星现象或形成胶质细胞结节。

（六）实质器官的病理变化

实质器官（心、肝、肾）外观明显淤血肿大，实质细胞发生不同程度的颗粒变性、空泡变性、透明变性或脂肪变性等退行性变化，严重者发生点状或片状坏死等明显的变质性炎症变化。有些疾病，肾小球血管的基底膜上有免疫复合物沉着，肾小管上皮发生明显的空泡变性或透明变性。肺常常发生明显的淤血、水肿或伴发出血性支气管炎的变化。

在脓毒败血症时，突出的表现是有转移性化脓灶。这些病灶是从原发性化脓灶的细菌性栓子随血流转移来的，其分布情况与栓子的运行路径相同。剖检时，有些病例可以看到数量少、体积大的转移性化脓灶。这说明从转移灶的出现到机体死亡，经过了较长的时间。另一些病例，则见转移性化脓灶数量多，而且每个脓灶的体积甚小。这说明病原菌在短时间内会大量进入血流，在全身许多部位同时形成新的病灶，机体在转移灶形成后不久就死亡了。有时在机体内既见较大的化脓灶，又见较小的化脓灶，且密度不等。这说明病程较久，病原菌多次侵入血流，所以出现转移性化脓灶发育阶段上的差异。此外，在转移性化脓灶的结构上，那些体积较大的化脓灶，往往可以见到脓膜的形成，而在这些化脓灶既小且多的病例中，一般只见局部组织脓性溶解和周围组织的反应性充血。从机体转移性化脓灶的表现，可以反映病原菌和机体之间的斗争过程。

二、原发病灶病理变化

感染创型败血症除具有上述变化外，还有原发病灶的病变。根据原发病灶的部位和病理变化的特点，可以判断败血症的来源、病原特性以及疾病的发生、发展过程。

原发病灶的病变特点是局部呈浆液化脓性炎或蜂窝织炎。病因多是由于创伤感染病原微生物所致。由于病原微生物沿淋巴管扩散，可引起创伤附近的淋巴管和淋巴结发炎，故淋巴管肿胀、变粗呈索状，管壁增厚，管腔狭窄，管腔内积有脓汁或纤维素凝块；淋巴结肿大，呈浆液性或化脓性淋巴结炎。若病原菌侵入病灶周围的静脉，则可引起血栓性化脓性静脉炎。眼观：可见静脉管壁肿胀，内膜坏死脱落，管腔内有血栓或脓汁。若病原菌经淋巴管或静脉扩散到机体其他器官，形成大小不等的转移性化脓灶时，则引起脓毒败血症。

三、特殊性病理变化

患败血症畜禽因有严重的物质代谢障碍和毒血症，所以全身各器官的速发性病变和出血一般都比较明显，又因此时病原体在机体内广泛蔓延，所以在很多器官内，特别是在脾脏和全身淋巴组织，可以看到明显的炎症反应。若疾病过程较久，机体具有过敏反应，还可以看到机体过敏性反应所引起的病变。所以败血症患畜在病理形态学变化上通常有某些共同特点，但由于机体本身状况、病程和病原特性等条件不同，每一个具体的败血症病例，又各有其特有的表现形式。例如，牛出血性败血症（巴氏杆菌感染）可引起纤维素性肺炎；鸭瘟可引起食道黏膜和泄殖腔黏膜形成假膜；急性猪瘟可引起脾脏的边缘梗死、肾脏贫血且上有大小不一的出血点；牛肺炎链球菌病可引起“橡皮脾”；急性亚急性猪丹毒组织充血变化；羊小反刍兽疫以各组织器官黏膜炎病理变化；犬瘟热足垫增厚等。

四、结局及对机体的影响

败血症的结局及对机体的影响有两种情况：败血症出现后，如果抢救及时，用药合理，是可以治愈的；在机体与病原体斗争中，败血症的出现是机体抵抗力不足，病原体攻击力占明显优势的表现，如果治疗不及时，会因出现败血性休克或重要器官功能衰竭而引起死亡。

◎ 复习思考题

一、名词解释

败血症、脓毒败血症、毒素血症。

二、简答题

1. 败血症的原因和类型有哪些？
2. 死于败血症的畜禽进行病理剖检时，可见哪些病变？
3. 在临床实践中，怎样处理发生败血症的个体和群体？

模块三　动物病理学

- 动物病理学
  - 动物器官病理
    - 淋巴器官病理：急性和慢性淋巴结炎；急性脾大和慢性脾炎；坏死性脾炎；化脓性脾炎
    - 呼吸系统病理：上呼吸道炎症；肺炎；肺萎陷和肺气肿
    - 循环系统病理：心包炎；心肌炎；心内膜炎
    - 消化器官病理：胃肠炎；肝炎；肝硬化
    - 泌尿系统病理：肾小球肾炎；间质性肾炎
    - 神经系统病理：化脓性脑炎；非化脓性脑炎
  - 动物病理诊断技术
    - 动物尸体剖检技术：尸体剖检的准备；尸体剖检的步骤和术式；动物病料的采取和送检
    - 病理组织切片技术：常用药液的配制方法；病理组织切片的种类和制作过程
  - 学习任务
    - 项目十二　动物器官病理；项目十三　动物病理诊断技术

项目十二 动物器官病理

◎ 情境引入

牛创伤性网胃心包炎；气喘病出现咳嗽症状，呈犬坐姿势，剖检可见肺的心叶、叶尖、叶间叶呈淡灰红色或灰红色，半透明虾肉样变；猪食盐中毒出现流涎、阵发性抽搐，剖检可见肺部淤血、水肿，胃黏膜充血、出血，脑膜充血，脑实质充血、水肿，十二指肠充血、出血，其他无明显病变，病理组织学检查，可见脑血管周围有大量嗜酸性粒细胞浸润，形成“袖套”现象。

◎ 任务描述

本任务包含急慢性淋巴结炎、急性脾大和慢性脾炎；上呼吸道炎、肺炎、肺萎陷和肺气肿；心包炎、心肌炎和心内膜炎；脑炎的发生原因、类型，观察及识别其病理变化，分析其对机体影响。

◎ 技能目标

能够识别动物各器官发生的病理变化，辨别其病变发展程度、类型及对机体的影响，为临床病理学诊断和治疗提供理论依据。

◎ 知识目标

掌握动物器官病理产生的原因、类型及病变特点，了解其发生机制、结局和对机体的影响。

任务一　淋巴器官病理

淋巴器官主要包括淋巴结和脾脏。淋巴结病理常包括淋巴结炎、淋巴结的循环障碍、淋巴结萎缩、异物沉积等。脾脏病理常见的有血液循环障碍、损伤性变化、退行性变化、脾炎等，其中淋巴结炎和脾炎是淋巴器官最常见的病理，本部分主要介绍淋巴结和脾脏发生的各种炎症。

一、急性淋巴结炎和慢性淋巴结炎

淋巴结炎是指淋巴结的炎症，按其经过分为急性和慢性两种类型。急性淋巴结炎常见的有浆液性淋巴结炎、出血性淋巴结炎、坏死性淋巴结炎、化脓性淋巴结炎；慢性淋巴结炎初期为细胞增生性淋巴结炎，后期发展为纤维增生性淋巴结炎。

（一）急性淋巴结炎

急性淋巴结炎多见于炭疽、猪瘟、猪丹毒、猪巴氏杆菌病等急性传染病，或当某一器官、组织感染发炎时，相应的淋巴结也可发生同样的变化。

1. 浆液性淋巴结炎

浆液性淋巴结炎多发生于急性传染病的初期，或邻近组织有急性炎症时。眼观：发炎淋巴结肿大，被膜紧张，质地柔软，呈潮红色或紫红色；切面隆突，颜色暗红，湿润多汁。镜检：淋巴结中毛细血管扩张充血，淋巴窦扩张，网状细胞肿大、增生、脱落，窦内可见渗出的浆液和多量的巨噬细胞，还有嗜中性粒细胞和数量不等的红细胞。淋巴小结早期变化不明显，炎症发展时可见淋巴细胞变性、坏死和增生。

2. 出血性淋巴结炎

出血性淋巴结炎通常是由浆液性淋巴结炎发展而来，常见于猪瘟、猪丹毒、猪巴氏杆菌病等。眼观：淋巴结肿大，呈暗红或黑红色，被膜紧张，质地稍显实；切面湿润，稍隆突并含多量血液，呈弥漫性暗红色或呈大理石样花纹（出血部暗红，淋巴组织呈灰白色）。镜检：淋巴结各级血管扩张充血，组织中散在红细胞或红细胞灶状聚集，淋巴窦扩张，并聚集大量红细胞。

3. 坏死性淋巴结炎

坏死性淋巴结炎是以淋巴结的实质发生坏死为特征的炎症，常见于猪弓形虫病、坏死杆菌病、仔猪副伤寒等。眼观：淋巴结肿大，呈灰红色或暗红色，切面湿润，隆突，边缘外翻，散在灰白色或灰黄色坏死灶和暗红色出血灶，坏死灶周围组织充血、出血；淋巴结周围常呈胶冻样浸润。镜检：可见坏死区淋巴组织结构破坏，细胞核崩解，呈蓝染的颗粒，并有充血和出血，并可见嗜中性粒细胞和巨噬细胞浸润；淋巴窦扩张，其中有多量巨噬细胞和红细胞，也可见白细胞和组织坏死崩解产物。淋巴结周围组织明显水肿和白细胞浸润。

4. 化脓性淋巴结炎

化脓性淋巴结炎是淋巴结的化脓性炎症过程。多继发于所属组织器官的化脓性炎，是化脓菌沿血流、淋巴流侵入淋巴结的结果。眼观：淋巴结肿大，有黄白色化脓灶，切面有脓汁流出。严重时整个淋巴结可全部被脓汁取代，形成脓肿。镜检：炎症初期淋巴窦内聚集浆液和大量嗜中性粒细胞，窦壁细胞增生、肿大，进而嗜中性粒细胞变性、崩解，局部组织随之溶解形成脓液。时间较久则见化脓灶周围有纤维组织增生并形成包囊。

浆液性淋巴结炎和出血性淋巴结炎，消除病因可恢复正常，如进一步发展，可转变为坏死性淋巴结炎或化脓性淋巴结炎；坏死性淋巴结炎可发生机化或形成包囊，如果坏死广泛，最后淋巴结纤维化失去功能；化脓性淋巴结炎时，化脓灶小，可吸收，较大化脓灶形成脓肿，外面包有包囊，最后脓肿浓缩而钙化。

（二）慢性淋巴结炎

慢性淋巴结炎多由急性淋巴结炎转变而来，也可由致病因子持续作用而引起。常见于某些慢性疾病，如结核、布鲁氏菌病、猪霉形体肺炎等。

1. 病理变化

眼观：发炎淋巴结肿大，质地变硬；切面呈灰白色，隆突，常因淋巴小结增生而呈颗粒状。后期淋巴结往往缩小，质地硬，切面可见增生的结缔组织不规则交错，淋巴结固有结构消失。镜检：可见淋巴细胞、网状细胞显著增生；淋巴小结肿大，生发中心明显。淋巴小结与髓索及淋巴窦间界限消失，淋巴细胞弥漫性分布于整个淋巴结内。网状细胞肿大、变圆，散在于淋巴细胞间。后期淋巴结结缔组织显著增生，网状纤维变粗转变为胶原纤维，血管壁硬化。严重时，整个淋巴结可变为纤维结缔组织小体。

2. 结局

慢性淋巴结炎可保持很长时间，如病因消除，细胞增生过程停止，数量减少，淋巴组织内结缔组织增生和网状纤维胶原化，淋巴结功能减弱甚至消失。

二、急性脾大和慢性脾炎

（一）急性脾大

急性脾大又称败血脾，是指伴有脾脏明显肿大的急性脾炎，多见于炭疽、弓形虫病、急性猪丹毒、猪急性副伤寒、猪急性链球菌病等，也可见于牛泰勒焦虫病、马梨形虫病等急性经过的血液原虫病。

1. 病理变化

脾脏含血量增多是急性脾大最突出的病变，也是脾体积增大的主要组织学基础。眼观：脾脏体积增大，但程度不同，一般比正常体积大2~3倍，有时甚至可达5~10倍；被膜紧张，边缘钝圆；切面隆起并富有血样液体，明显肿大时犹如血肿，呈暗红色或黑红色，白髓和脾小梁形象不清，脾髓质软，用刀可刮下大量富含血液而软化的脾髓。镜检：可见脾髓内充盈大量血液，脾实质细胞（淋巴细胞、网状细胞）弥漫性坏死、崩解而明显减少；白髓体积缩小，甚至几乎完全消失，仅在中央动脉周围残留少量淋巴细胞；红髓中固有的细胞成分也大为减少，有时在小梁或被膜附近可见一些被血液排挤的淋巴组织。此外，被膜和小梁中的平滑肌、胶原纤维和弹性纤维肿胀、溶解，排列疏松。

2. 结局和对机体的影响

急性脾大的病因消除后，炎症过程逐渐消散，充血消失，局部血液循环可恢复正常，坏死的细胞崩解，随同渗出物被吸收，一般可以完全恢复正常。有些因机体状况不良而再生能力弱和脾实质破坏严重可发生脾萎缩，此时脾体积缩小，质软，被膜和小梁因结缔组织增生而增厚、变粗。

（二）慢性脾炎

慢性脾炎是指伴有脾脏肿大的慢性增生性脾炎，多见于慢性传染病和寄生虫病，如结核、布鲁氏菌病、副伤寒、亚急性或慢性马传染性贫血、牛传染性胸膜肺炎、锥虫病、焦虫病等。

1. 病理变化

眼观：脾脏轻度肿大或比正常大1~2倍，被膜增厚，边缘稍显钝圆，其质地硬实，切面平整或稍隆突，在暗红色红髓的背景上可见灰白色增大的淋巴小结呈颗粒状向外突出；但有时这种现象不明显，只见整个脾脏切面色彩变淡，呈灰红色。镜检：可见增生过程特别明显，此时淋巴细胞和巨噬细胞都可呈现分裂增殖，但在不同的传染病过程中有的以淋巴细胞增生为主，有的以巨噬细胞增生为主，有的淋巴细胞和巨噬细胞都明显增生。

2. 结局和对机体的影响

慢性脾炎通常以不同程度的纤维化为结局。随着慢性传染病过程的结束，脾脏中增生的淋巴细胞逐渐减少，局部网状纤维胶原化，上皮样细胞转变为成纤维细胞，结果使脾脏内结缔组织成分增多，发生纤维化；而被膜、小梁也因结缔组织增生而增厚、变粗，从而导致脾脏体积缩小、质度变硬。

三、坏死性脾炎

坏死性脾炎是指脾脏实质坏死明显而体积不肿大的急性脾炎，多见于出血性败血症。如鸡新城疫、禽霍乱、巴氏杆菌病、猪瘟、结核病、弓形虫病及牛坏死杆菌病等。

1. 病理变化

眼观：脾脏体积不肿大，其外形、色彩、质度与正常脾脏无明显差别，透过被膜可见分布不均的灰白色坏死小点。镜检：可见脾脏实质细胞坏死特别明显，在白髓和红髓均可见散在的坏死灶，其中多数淋巴细胞和网状细胞已坏死，其胞核溶解或破碎，胞浆肿胀、崩解；少数细胞尚具有淡染而肿胀的胞核。坏死灶内同时见浆液渗出和中性粒细胞浸润，有些粒细胞也发生核破碎。脾脏含血量不见增多，故脾脏的体积不肿大。被膜和小梁均见变质性变化。

2. 结局和对机体的影响

坏死性脾炎的病因消除后，炎症过程可以消散，随着坏死液化物质和渗出物的吸收，淋巴细胞和网状细胞的再生，一般可以完全恢复脾脏的结构和功能。只有脾实质和支持组织遭受严重损伤的病例，脾脏才不能完全恢复，其实质成分减少，出现纤维化，支持组织中结缔组织明显增生而致小梁增粗和被膜增厚。

四、化脓性脾炎

化脓性脾炎主要是由其他部位的化脓灶经血流转移而来，也可直接感染引起。眼观：脾脏形成大小不一的化脓灶（脓肿）。镜检：主要是嗜中性粒细胞浸润和淋巴组织坏死。

化脓性脾炎最常见于成年家兔，由于家兔免疫功能缺陷，病原微生物容易侵害淋巴器官，成年家兔脾常常布满大小不等的脓肿。

任务二 呼吸系统病理

呼吸系统是机体进行气体流通、出入、气血交换的场所。常见的呼吸系统病理有上呼吸道炎症、肺炎、肺萎陷和肺气肿。

一、上呼吸道炎症

上呼吸道炎症是指鼻腔、喉和气管黏膜的炎症，即鼻炎、喉炎和气管炎。有些病例的炎症可能波及肺而导致肺炎。

1. 病因

上呼吸道炎症可以由物理性、化学性和生物性等因素引起，尤其病原微生物，有的能单独引起鼻炎、喉炎或气管炎，有些病原如马腺疫链球菌、鼻疽杆菌、支气管败血波氏杆菌、传染性喉气管炎病毒、恶性卡他热病毒等，可引起上呼吸道和肺脏等多种器官的炎症。

2. 病理变化

上呼吸道黏膜在炎症初期呈浆液性卡他，此时黏膜充血、肿胀，有少量白细胞浸润，黏膜上皮细胞变性、坏死、脱落，渗出的浆液经缺损的黏膜面流出，为稀薄、透明的液体，其中混有少量嗜中性粒细胞和脱落上皮。随着黏膜的炎症反应加剧，白细胞渗出增多，且黏膜和黏液腺分泌黏液的功能亢进，可导致黏膜表面渗出物转变为灰白色的黏稠液体。以后炎症可转变为脓性卡他，此时渗出的大量嗜中性粒细胞崩解，黏膜表层组织坏死、液化，黏膜表面出现黄白色、黏稠、浑浊的脓性渗出物；黏膜充血、肿胀，有时可见糜烂。

二、肺炎

肺炎是细支气管、肺泡和肺间质的炎症，是常见的肺脏病理过程。可发生于各种动物，且往往是死亡的原因。

由于致病因子和机体的反应性不同，肺炎的性质和严重程度也不同。按照病因可分为细菌性肺炎、病毒性肺炎、霉形体性肺炎、立克次氏体性肺炎、真菌性肺炎、寄生虫性肺炎、中毒性肺炎和吸入性肺炎等。按照病变范围可分为支气管肺炎、纤维素性肺炎和间质性肺炎。

（一）支气管肺炎

支气管肺炎是动物肺炎的基本形式，是以支气管为中心的单个小叶或一群小叶的炎症，故又称小叶性肺炎。其炎性渗出物以浆液和脱落的上皮细胞为主，所以，也称为卡他性肺炎。

1. 病因和发生机制

引起支气管肺炎的原因主要是细菌（巴氏杆菌、沙门菌、葡萄球菌、链球菌、霉形体和真菌等），在有害因子（寒冷、感冒、过劳、长途运输和B族维生素缺乏等）影响下，机体抵抗力降低，特别是呼吸道防御能力减弱，进入呼吸道的病原菌可大量繁殖，引起支气管炎，炎症沿支气管蔓延，引起支气管周围的肺泡发炎。

另外，病原菌也可经血流运行至肺脏，引起间质发炎，继而波及支气管和肺泡，引起支气管肺炎。

2. 病理变化

眼观：散在实变病灶，尖叶、心叶和膈叶前下部特别明显，病灶大小不一，直径约1cm，灰黄色，病灶可融合，成为融合性支气管炎，不要和大叶性肺炎混淆（和大叶性肺炎不同点：大叶内实变密度不一致；大叶边缘有较正常的、切面无干燥颗粒，色不均一）。镜检：病变的核心是在支气管-肺泡连接处。早期细支气管和相连的肺泡内充满中性粒细胞，有时是不等量的细胞碎屑、黏液、纤维素与巨噬细胞的混合物。细支气管上皮从变性到坏死和脱落不一，细支气管周围结缔组织有轻度急性炎症（图12-1），在呼吸性细支气管、肺泡管和肺泡内，充满巨噬细胞、嗜中性粒细胞等渗出物。

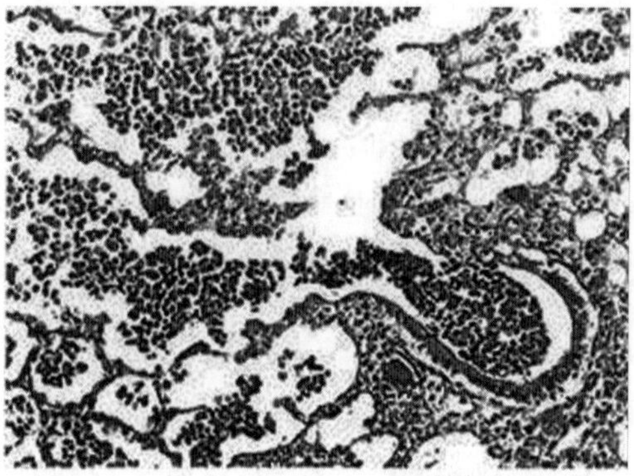

图12-1　支气管肺炎

彩图：支原体肺炎

3. 结局和对机体的影响

及时消除支气管炎病因，可完全恢复；病程一长转变为慢性支气管肺炎，最后往往发展成慢性化脓和纤维化；严重时引起低氧血症、毒血症，可导致死亡。

（二）纤维素性肺炎

纤维素性肺炎是以细支气管和肺泡内充满大量纤维素性渗出物为特征的急性炎症。此型肺炎常侵犯一个大叶、一侧肺叶或全肺，所以又称大叶性肺炎。

1. 病因和发生机制

纤维素性肺炎见于传染病，如巴氏杆菌病、牛传染性胸膜肺炎等，这些病的病原体可随血液、呼吸道和淋巴液侵入肺脏，在机体抵抗力降低时（感冒、过劳、长途运输和吸入刺激性气体等），病原体大量繁殖，沿支气管、血管周围的淋巴管扩散，炎症迅速扩展至整个肺叶及胸膜。由于毛细血管壁遭受损伤，可引起纤维素渗出、出血等变化。

2. 病理变化

纤维素性肺炎的病变发展过程可分为4个期，但各期的变化实际是一个连续发展过程的不同阶段，并不能机械性地将其分开（图12-2）。

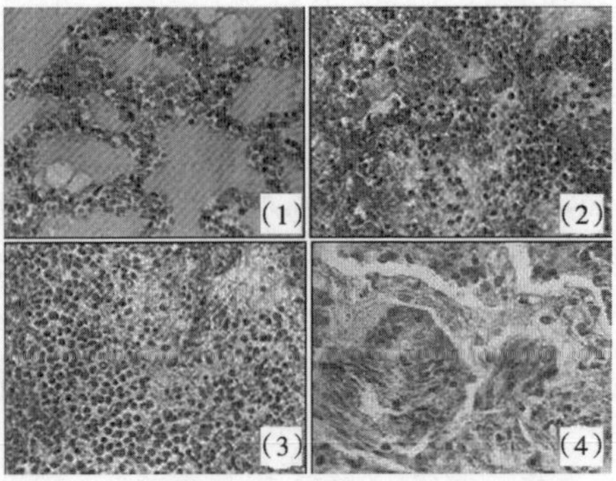

彩图：纤维素性肺炎四期

图12-2　纤维素性肺炎病理变化的4个期

（1）充血水肿期　（2）红色肝变期　（3）灰色肝变期　（4）消散期

（1）充血水肿期　特征是肺泡壁毛细血管充血与浆液性水肿。眼观：可见肺脏稍肿大，重量增加，质地稍变实，呈暗红色，切面平滑，按压时流出大量血样泡沫液体。镜检：肺泡壁毛细血管扩张充血，肺泡腔内有大量浆液性水肿液，少量红细胞、嗜中性粒细胞和巨噬细胞等。

（2）红色肝变期　由充血水肿期发展而来，特征是肺泡壁毛细血管仍显著扩张充血，肺泡腔内含有大量纤维素、白细胞和红细胞。眼观：肺体积肿大，呈暗红色，质地坚实如肝，切面干燥呈细颗粒状。肺间质增宽（有半透明胶样液体蓄积），呈灰白色条纹。镜检：肺泡壁毛细血管极度扩张充血，支气管和肺泡腔内有多量交织成网的纤维素，网眼内有多量的红细胞，少量的白细胞和脱落上皮细胞。间质炎性水肿，淋巴管扩张。

（3）灰色肝变期　特征是肺泡壁充血减弱或消退，肺泡腔中有大量嗜中性粒细胞。眼观：肺呈灰红色，质地坚实如肝，切面干燥，呈细颗粒状。间质变化同上期。镜检：肺泡壁毛细血管充血消退，白细胞和纤维蛋白增多，红细胞溶解消失。

（4）消散期　特征是嗜中性粒细胞坏死崩解、纤维素溶解和肺泡上皮再生。眼观：肺体积较前期变小，色略带灰红色或正常色，质地柔软，切面湿润。镜检：肺泡壁毛细血管重新扩张，肺泡腔中的嗜中性粒细胞坏死、崩解，纤维素被溶解，成为微细颗粒。巨噬细胞增多，并可吞噬坏死细胞和崩解产物。

3. 结局和对机体的影响

动物发生纤维素性肺炎时很少能完全恢复，渗出物、坏死组织常被机化，使肺组织致密而坚实，呈肉样色彩，故称“肉变”。若继发感染，则可形成大小不一的脓肿或腐败分解。严重时，形成空洞或继发脓毒败血症，常伴发纤维素性胸膜炎、心包炎，病程较长时可有胸膜、心包和肺的粘连，纤维素性肺炎可很快引起动物呼吸和心功能障碍，导致动物死亡。

（三）间质性肺炎

间质性肺炎是指发生于肺脏间质的炎症，特征是间质炎性细胞浸润和结缔组织增生。

1. 病因和发生机制

引起间质性肺炎的原因很多，常见的有微生物（如病毒、霉形体等）、寄生虫（如弓形虫），此外，过敏反应、某些化学性因素都可引起间质性肺炎。病因可直接或间接损伤肺泡壁毛细血管，引起通透性升高。在病原体及毒物作用下，肺泡上皮增生，同时存在间质结缔组织增生和单核细胞、淋巴细胞等浸润。

2. 病理变化

眼观：病变区灰白或灰红色，常呈局灶性分布，病灶周围常有肺气肿。质地稍硬，切面平整，炎灶大小不一。病区可为小叶性、融合性或大叶性。病程较久时，则可纤维化而变硬。镜检：支气管周围、血管周围、肺小叶间隔和肺泡壁及胸膜，有不同程度水肿和淋巴细胞、单核细胞浸润，结缔组织轻度增生，间质增宽。肺泡腔闭塞，有时渗出的血浆成分在肺泡内形成透明膜。

彩图：间质性肺炎

3. 结局和对机体的影响

急性间质性肺炎在病因消除后能完全消散。慢性时常以纤维化而告终，可持久地引起呼吸障碍。

三、肺萎陷和肺气肿

（一）肺萎陷

肺萎陷又称肺膨胀不全或肺不张，是指肺泡内空气含量减少而塌陷。根据病因可分为压迫性肺萎陷、阻塞性肺萎陷和先天性膨胀不全。

1. 病因

压迫性肺萎陷是由于肺外压力升高，如气胸、水胸、胸腔肿瘤、肺肿瘤、寄生虫、腹内压升高时，都可压迫肺脏，使其扩张受阻。阻塞性肺萎陷见于支气管管腔不通（主要是支气管炎时渗出物增多），黏膜肿胀，虫体、肿瘤均可阻塞支气管，使气体不能进入，原有的氧气逐渐被吸收而形成肺脏萎陷。另外，新生动物肺内未进入空气，发生先天性膨胀不全或肺不张。

2. 病理变化

眼观：肺病变部位体积缩小，表面塌陷，呈暗红色或紫红色，无弹性，质地如肉，切面平滑。镜检：肺泡壁平行排列，彼此相接，毛细血管充血，萎陷的肺泡腔内有脱落的肺泡上皮细胞。

3. 结局和对机体的影响

病因消除后，可有良好结局。如病因持续存在，萎陷部可发生淤血、水肿、肺泡壁细胞变性，间质结缔组织增生，最后纤维化，肺组织变硬；若继发感染，可发生肺炎。

（二）肺气肿

肺气肿是指肺组织含气量异常增多而致体积过度膨大。肺泡内空气增多称为肺泡性肺气肿；由于肺泡破裂，空气进入间质并使其膨胀，称为间质性肺气肿。前者较常见。

1. 病因和发生机制

急性肺泡性肺气肿多见于吸气量急剧增加，肺内压升高，肺泡扩张或支气管不全阻塞，空气不能呼出而蓄积在肺泡中；慢性肺泡性肺气肿见于肺脏弹性纤维萎缩，过度使役和慢性支气管炎时，肺泡扩张，弹性回缩力降低，气体蓄积在肺泡内；间质性肺气肿多伴发于肺泡性肺气肿，肺泡或细支气管破裂，气体进入间质，使其扩张，常见于牛甘薯黑斑病中毒。

彩图：肺气肿

2. 病理变化

（1）急性肺泡性肺气肿　眼观：肺体积增大，常充满胸腔，色泽苍白，质地松软，按压后凹陷慢慢复平，并有捻发音，切面干燥。镜检：肺泡强度扩张，间隔变薄，毛细血管闭塞，肺泡隔常发生破裂，融合成大的囊腔（图12-3）。

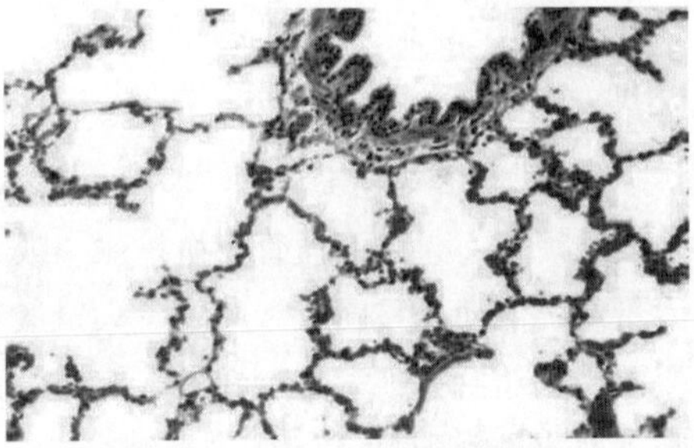

图12-3　急性肺泡性肺气肿

（2）慢性肺泡性肺气肿　眼观：肺脏膨大，肺表面有肋骨压痕，肺切面有气囊泡，切开时有破裂声。镜检：其病变与急性肺泡性肺气肿相同，但肺泡弹性纤维减少，间质结缔组织增多。

（3）间质性肺气肿　眼观：肺小叶间质增宽，内有成串的大气泡，许多单个气泡形成完整的条索，使肺呈网状。牛和猪因肺间质丰富而疏松，故间质性肺气肿非常明显。

视频：牛肺气肿

3. 结局和对机体的影响

急性肺气肿在病因消除后，肺组织弹性恢复，可完全恢复正常。慢性肺泡性肺气肿由于破坏严重，部分发生纤维化，不能完全恢复。肺气肿可使胸内压升高，静脉回流障碍，肺泡壁毛细血管闭锁，肺动脉压升高，加重右心负荷，引起右心肥大，重者可引起呼吸及心脏功能不全。

任务三　循环系统病理

循环系统是生物体的细胞外液（包括血浆、淋巴和组织液）及借以循环流动的管道组成的系统，分为心脏和血管两部分。心脏病理是循环系统病理的主要部分，本部分主要介绍心脏病理，即心包炎、心肌炎、心内膜炎。

一、心包炎

心包炎是指心包的壁层和脏层浆膜的炎症，它可以是独立的疾病，也可伴发于其他疾病过程中，如果仅是心包的脏层炎症则称为心外膜炎。根据渗出物的性质不同，可将其分为浆液性、纤维素性、出血性、化脓性和混合性心包炎。以浆液性、纤维素性或浆液纤维素性心包炎较常见。心包炎根据病因可分为传染性和创伤性两类。

（一）病因和发生机制

1. 传染性心包炎

传染性心包炎主要由病原微生物感染引起，如巴氏杆菌、链球菌、大肠杆菌、鸡伤寒沙门菌、猪丹毒杆菌、结核分枝杆菌、猪传染性胸膜肺炎放线杆菌、霉形体等。这些病原体经过血液或由相邻器官的直接蔓延（从心肌和胸膜）进入心包引起炎症过程。

2. 创伤性心包炎

创伤性心包炎是指心包受到机械性的损伤。如牛、羊采食时，将铁钉、铁丝误咽入胃。由于网胃的前部仅以薄层的膈肌与心包相邻，在网胃收缩时，异物可穿刺胃壁、膈肌并刺入心包或心脏，此时胃内的微生物也随之侵入，引起创伤性心包炎。

（二）病理变化

1. 传染性心包炎

眼观：心包表面血管充血扩张，或有出血斑点。心包膜因炎性水肿而增厚。心包腔因蓄积大量渗出液而明显膨胀，腔内有大量淡黄色浆液性渗出物，若混有脱落的间皮细胞和白细胞则变浑浊。随后纤维素渗出，渗出的纤维素凝结为黄白色絮状或薄膜状物，分布于心包内和心外膜表面或悬浮于心包腔中。

如果炎症持续较久，覆盖在心外膜表面的纤维素，因心脏搏动而形成绒毛状外观，称为“绒毛心”。慢性经过时，被覆于心包壁层和脏层上的纤维素往往发生机化，外观呈盔甲状，称为“盔甲心”。心包脏层和壁层因机化而发生粘连。

镜检：初期心外膜呈现充血、水肿并有白细胞浸润，间皮细胞肿胀、变性，浆膜表面有少量浆液——纤维素性渗出物。随后间皮细胞坏死、脱落，浆膜层和浆膜下组织水肿、充血及白细胞浸润，间或有出血。特别是在组织间隙内有大量丝网状纤维素。与发炎心外膜相邻接的心肌纤维呈颗粒变性和脂肪变性，心肌纤维间充血、水肿及白细胞浸润。病程较久者，则转为慢性，渗出物被机化而形成瘢痕，且包裹心脏。

2. 创伤性心包炎

眼观：心包腔高度充盈，心包膜显著增厚，失去原有的透明光泽。心包腔内积聚污秽的脓性或纤维素性渗出物。心外膜变粗糙肥厚，心壁及心包上可见刺入的异物。镜检：炎性渗出物由纤维素、嗜中性粒细胞、巨噬细胞、红细胞与脱落的间皮细胞等组成。慢性经过时，渗出物往往浓缩而变为干酪样并可发生机化，造成心包粘连。心肌受损时，则会引发化脓性心肌炎。

（三）结局和对机体的影响

心包炎病情较轻的病例，可因渗出物的液化、吸收而痊愈。当渗出物溶解吸收缓慢或困难时，可由新生肉芽组织将其机化导致心包增厚，甚至壁层与脏层发生粘连。心包炎还可并发胸膜炎、肺炎、心肌炎，也可转变为腐败性脓肿。

心包炎的发展常取慢性经过，如果心包内蓄积大量渗出液使心包内压显著升高时，心脏舒张受到限制（尤其是右心房），引起静脉血回流减少，临床上常见动物体循环淤血，牛的肉垂、颈、胸、腹部皮下出现明显水肿。当心包壁层与脏层发生广泛粘连时，心脏的舒张与收缩均受限制，可导致心排出量减少而发生心功能不全。

二、心肌炎

心肌炎是指心肌的炎症，通常伴发于全身性疾病，特别是传染病、寄生虫病、中毒和过敏反应等。

（一）病因和发生机制

心肌炎多见于某些细菌性传染病如巴氏杆菌病、猪丹毒等，病毒性传染病如口蹄疫、流感等及中毒病如砷、磷中毒等。病原体及毒素直接使心肌纤维变性、坏死，也可损伤血管引起血液循环障碍或致敏机体，发生过敏反应而发生心肌炎。

（二）病理变化

根据炎症发生的部位和性质，心肌炎可分为实质性心肌炎、间质性心肌炎和化脓性心肌炎三种基本类型。

1. 实质性心肌炎

实质性心肌炎以心肌的变性为主，而渗出和增生过程轻微。眼观：心肌呈灰白色煮肉状，质地松脆，心脏扩张，特别是右心室。炎症多为局灶性，心脏横切面有围绕心脏的灰黄或灰白色斑条状纹，外观形似虎皮，故称“虎斑心”。镜检：心肌纤维呈颗粒变性、脂肪变性。严重时，呈水泡变性或蜡样坏死，甚至崩解。间质及肌纤维坏死都有程度不同的浆液渗出和嗜中性粒细胞、淋巴细胞、组织细胞及浆细胞浸润（图 12-4）。

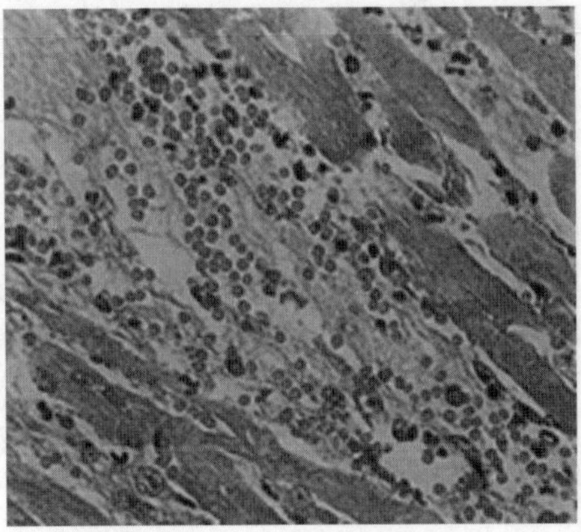

图 12-4　实质性心肌炎

2. 间质性心肌炎

眼观：病变与实质性心肌炎相似。镜检：心肌纤维表现为不同程度的变性和坏死，间质中组织细胞、淋巴细胞、浆细胞及成纤维细胞明显浸润与增生。

3. 化脓性心肌炎

化脓性心肌炎通常由机体其他部位（如肺、子宫等）化脓性栓子经血液转移而来或继发于心肌创伤，多呈局灶性。眼观：心肌有大小不一的脓肿。慢性时，化脓灶的外面形成包囊。

脓汁的颜色可因化脓菌的种类不同而异。镜检：初期血管栓塞部呈出血性浸润，继而发展为纤维素性化脓性渗出，其周围出现充血、出血和嗜中性粒细胞组成的炎性反应带。化脓灶内及其周围的心肌纤维可出现变性。慢性时，化脓灶周围有纤维结缔组织增生。

（三）结局和对机体的影响

心肌炎是一种剧烈的病理过程，对机体影响较大。非化脓性心肌炎可发生机化，化脓性心肌炎的病灶可形成包囊，脓汁干涸并进一步纤维化。

心肌炎可影响心脏的自律性、兴奋性、传导性和收缩性，临床上表现为心律失常，如窦性心动过速，各种形式的期外收缩和传导阻滞。严重时，因心肌广泛变性和坏死以及传导障碍而发展为心力衰竭。

三、心内膜炎

心内膜炎是指心内膜的炎症。按发生部位不同，可分为瓣膜性、心壁性、腱索性和乳头肌性心内膜炎，其中以瓣膜性心内膜炎最为常见。常以瓣膜血栓形成和结缔组织的纤维素样坏死为特征。根据病变特点可将其分为疣状性心内膜炎和溃疡性心内膜炎。

（一）病因和发生机制

动物心内膜炎通常由细菌感染引起，常伴发于慢性猪丹毒、链球菌、葡萄球菌、化脓棒状杆菌等化脓性细菌的感染过程中。细菌及毒性产物可直接引起结缔组织胶原纤维变性，形成自身抗原，或菌体蛋白与瓣膜组织有交叉抗原性，或菌体蛋白与瓣膜成分结合形成自身抗原，发生自身免疫反应，使瓣膜遭受损伤，并在此基础上形成血栓。

（二）病理变化

1. 疣状性心内膜炎

疣状性心内膜炎是以心瓣膜形成疣状血栓为特征的炎症，疣状赘生物常发生于二尖瓣心房面和主动脉瓣的心室面的游离缘。

眼观：早期炎症局部增厚而失去光泽，继而游离缘可见黄白色小结节，以后逐渐增大形成大小不等的疣状物，表面粗糙，质脆易碎。后期疣状物可发生机化，形成菜花样不易剥离的赘生物（图 12-5）。

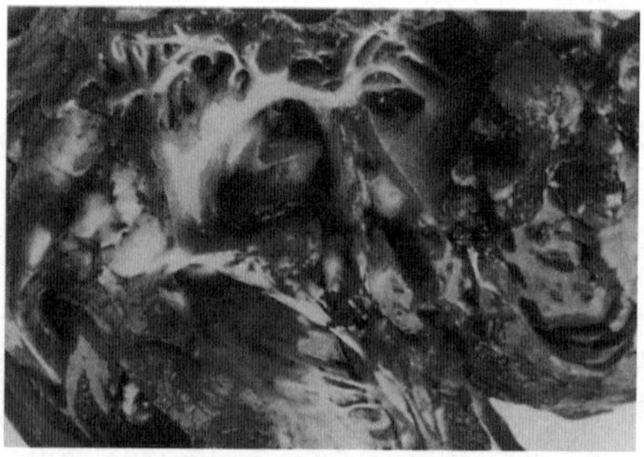

图 12-5　疣状性心内膜炎

镜检：初期疣状物主要是以血小板、纤维蛋白为主构成的白色血栓。后期结缔组织增生和炎性细胞浸润。

2. 溃疡性心内膜炎

溃疡性心内膜炎又称败血性心内膜炎，是以瓣膜发生局灶性坏死为特征的炎症。

眼观：初期瓣膜上形成大小不等的淡黄色坏死斑点，以后逐渐融合，并发生脓性溶解，形成溃疡，而疣状血栓发生脓性分解后，也可形成溃疡，严重时可继发瓣膜穿孔。溃疡表面附有灰黄色凝固物，周围常有出血及炎性反应，并有结缔组织增生，使边缘稍隆起（图 12-6）。

镜检：瓣膜深层组织发生坏死，局部有明显的炎性渗出、嗜中性粒细胞浸润及肉芽组织增生，表面附着由大量纤维素、崩解的细胞与细菌团块组成的血栓凝块。

图 12-6 溃疡性心内膜炎

（三）结局和对机体的影响

心内膜炎通常呈进行性发展，可反复形成血栓和机化。一方面，血栓可在血流的冲击下脱落，成为栓子，随血流运行而阻塞血管，造成脏器梗死；化脓性栓子，可引起转移性化脓灶；另一方面，由于瓣膜的损伤、机化，可使瓣膜狭窄或闭锁不全，影响心脏功能。

任务四 消化器官病理

胃肠、肝脏是动物的主要消化器官，许多病原微生物、理化因素等均可作用于胃肠或肝脏而引起以消化功能障碍为主的疾病。临床常见有瘤胃积食、创伤性网胃炎、瓣胃阻塞、皱胃炎、肠变位、肠炎及肝炎、肝硬化等。消化器官疾病虽多，但各种病变多以炎症变化为基础，因此，本任务主要论述胃肠的常见炎症及肝炎。

一、胃肠炎

临床上胃炎和肠炎往往同时发生，统称胃肠炎。按病程分急性胃肠炎和慢性胃肠炎。

（一）急性胃肠炎

1. 病因

急性胃肠炎常由生物性（细菌、病毒、寄生虫等）因素、机械性（粗硬饲料、尖锐异物刺激）因素、物理性（冷、热刺激）因素、化学性（酸性或碱性物质、霉败饲料、化学药物）因素以及剧烈的应激、毒物中毒等诸多因素引起。

2. 病理变化

按炎症渗出物不同分急性卡他性炎、出血性炎、纤维素性炎。

（1）急性卡他性炎 眼观：胃肠黏膜充血、潮红、表面覆盖大量浆液、黏液性、脓性分泌物，常散发斑点状出血和糜烂；肠壁单个淋巴滤泡和淋巴结肿胀，形成灰白色结节，呈半球状突起。镜检：黏膜上皮变性、坏死、剥脱，黏膜的杯状细胞增多，固有层和黏膜下层充血、水肿并有炎性细胞浸润。

（2）出血性炎 眼观：胃黏膜肿胀无光泽，有弥漫性、点状、斑块状出血。血液和内容物混合在一起，时间稍久呈淡棕色黏稠物，肠黏膜表面覆盖多量红褐色黏液，有时可见暗红色血凝块。肠内容物混有血液，呈暗红色。镜检：黏膜固有层、黏膜下层毛细血管扩张、充血，红细胞局灶性或弥漫分布于整个黏膜内。

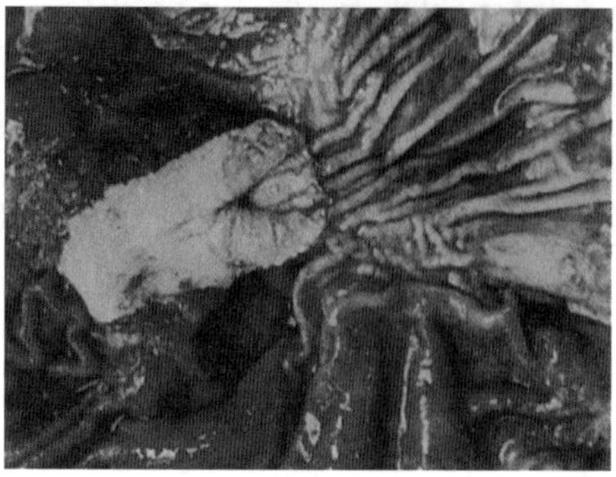

图 12-7 纤维素性胃炎

（3）纤维素性炎 眼观：胃肠黏膜表面覆盖一层灰白色、灰黄色纤维素薄膜（图 12-7）。肠黏膜有时呈絮片状或圆筒状、糠麸样，患浮膜性炎时，假膜容易剥离，剥离后黏膜见充血、出血、水肿。患固膜性炎时，渗出的纤维素与坏死组织结合成痂，不易剥离，强行剥离可见糜烂或溃疡。镜检：黏膜表面、黏膜固有层甚至黏膜下层有大量纤维素渗出，黏膜上皮脱落，渗出物中有大量的纤维素和黏液、嗜中性粒细胞，黏膜层、黏膜下层小血管充血、水肿和炎性细胞浸润。固膜性炎症坏死严重，大量渗出的纤维蛋白和坏死组织融合在一起，黏膜及黏膜下层因凝固性坏死而失去固有结构，坏死组织周围有明显充血、出血和炎性细胞浸润。

3. 结局

急性卡他性胃肠炎损伤轻微，病因消除后可完全恢复，部分病例因迁延时间过久，可转为慢性；出血性胃肠炎因其病因不同，其结局各不相同，如为烈性传染病且出现败血症经过，患病动物常死亡。如损伤较轻，可随病因的消除恢复；纤维素性胃肠炎随疾病的发展而定。如动物能存活，局部坏死组织被吸收或经腐离脱落，残缺部分由结缔组织增生修复形成疤痕；如坏死向深层发展，可致胃肠壁穿孔，继发腹膜炎，后果严重。

（二）慢性胃肠炎

1. 病因

多数由急性胃肠炎转变而来，也可由长期饲喂不当，胃肠内有大量寄生虫或其他致病因子所引起。

2. 病理变化

（1）慢性胃炎 胃黏膜表面覆盖有大量灰白色、灰黄色黏稠液体，胃壁结缔组织增生，胃壁增厚，称为肥厚性胃炎。如果结缔组织增生不均匀，黏膜表面高低不平呈颗粒状，称为颗粒性胃炎。继续发展，结缔组织成熟而收缩，胃壁变薄，称为萎缩性胃炎。

（2）慢性肠炎 肠鼓气，肠壁结缔组织增生，肠壁增厚，黏膜面形成皱褶，继续发展，结缔组织成熟而收缩，肠壁变薄。镜检：黏膜层、黏膜下层、肌层中淋巴细胞、巨噬细胞、成纤维细胞呈不同程度的增生，又称慢性增生性肠炎。

3. 结局

慢性胃肠炎由于病因长期作用引起，因此病因消除后恢复较慢，甚至不能完全恢复。

二、肝炎

肝炎是许多动物的常见疾病。其发生原因有传染性的、中毒性的和寄生虫性的几类。按疾病进程分急、慢性两种。病理类型则有实质性与间质性之分。根据病因、疾病进程和病理特点将肝炎分为传染性肝炎和中毒性肝炎。

（一）传染性肝炎

由病毒、细菌、真菌和寄生虫引起，按照其病因可分为病毒性肝炎、细菌性肝炎、真菌性肝炎和寄生虫性肝炎。

1. 病毒性肝炎

侵害动物肝脏引起炎症的病毒都是一些嗜肝性病毒，如雏鸭肝炎病毒、鸡包涵体肝炎病毒、犬传染性肝炎病毒。某些不是以肝脏为主要侵害靶器官的病毒如牛恶性卡他热、鸭瘟、马传染性贫血等病的病原体，也可引起肝炎。主要病理特征为肝脏呈暗红色或红色与土黄色（或黄褐色）相间的斑驳色彩，其间往往有灰白色或灰黄色的形状不一的坏死灶。部分病毒所致肝炎还可于肝细胞的胞核或胞浆内发现特异性包涵体。

2. 细菌性肝炎

引起此型肝炎的细菌种类很多，如巴氏杆菌、沙门菌、坏死杆菌、钩端螺旋体和各种化脓性细菌等。细菌性肝炎以组织变质、坏死、形成脓肿或肉芽肿为主要病理特征，常见于禽霍乱、鸡弯杆菌性肝炎、沙门菌病等。

3. 真菌性肝炎

其病原体常见有烟曲霉菌、黄曲霉菌、灰绿曲霉和构巢曲霉等致病性真菌。主要以黄疸、组织间质小胆管增生，形成肉芽肿结节为主，镜下可见大量菌丝为病理特征。

4. 寄生虫性肝炎

此型肝炎因肝内某些寄生虫在肝实质中或肝内胆管寄生繁殖，或某些寄生虫的幼虫移行于肝脏时而发生。主要以组织坏死、溃疡为主，表面可见结节或白斑为病理特征，常见疾病有鸡盲肠肝炎、兔球虫病、蛔虫病等。

（二）中毒性肝炎

引起中毒的各种化学性物质大多是亲肝性毒物，如有机氯化合物中的氯丹、毒杀芬、敌草晴、五氯酚钠、多氯联苯胺等；当药物超量使用或用法不当时，可对机体（包括肝脏）起毒性作用，如汞剂、硫酸亚铁、氯仿、酒精、甲醛、磷、铜、砷、氟化物和煤酚等。

近年还不断发现某些临床上经常使用的解热镇痛药如烃基保泰松、消炎痛，某些抗生素和呋喃类化合物等，过量或持久使用也会引起中毒性肝炎；另外，因机体本身患有某些疾病引起物质代谢障碍，毒性代谢产物在体内蓄积过多，以及严重的胃肠炎、肠梗阻和肠穿孔导致的腹膜炎，也能发生这一类型的肝炎。中毒性肝炎的主要病理变化是肝组织发生重度的营养不良性病变以致坏死，同时还伴有充血、水肿和出血。

三、肝硬化

各种原因引起肝细胞严重变性和坏死后，可出现肝细胞结节状再生和间质结缔组织广泛增生，使肝小叶正常结构受到严重破坏，肝脏变形、变硬的过程称为肝硬化。

（一）病因和发生机制

1. 门脉性肝硬化

门脉性肝硬化见于病毒性肝炎、黄曲霉毒素中毒和营养缺乏，如缺乏胆碱或甲硫氨酸等，肝脏长期脂变、坏死，被结缔组织取代，肝小叶结构改变。其特征是汇管区和小叶间纤维结缔组织增生，但胆管增生不明显，假小叶形成。

2. 坏死后肝硬化

坏死后肝硬化是在肝实质大片坏死的基础上形成的，黄曲霉毒素、四氯化碳中毒及猪营养性肝病等常引发慢性中毒性肝炎，可引起此型肝硬化。因病变发展较快，大量肝细胞迅速坏死，使肝体积缩小，肝细胞结节状再生，形成大小不一的结节。此型与门脉型肝硬化不同之处在于假小叶间的纤维间隔较宽，炎性细胞浸润，小胆管增生显著。

3. 淤血性肝硬化

淤血性肝硬化是因为长期心脏功能不全，肝脏淤血、缺氧，肝细胞变性、坏死，网状纤维胶原化，间质因缺氧及代谢产物的刺激而发生结缔组织增生。特点是肝体积稍缩小，色红褐，表面呈细颗粒状。

4. 寄生虫性肝硬化

寄生虫性肝硬化是最常见的肝硬化。可以是寄生虫幼虫移行时破坏肝脏（如猪蛔虫病），或是虫卵沉着在肝内（牛、羊血吸虫），或由于成虫寄生于胆管内（牛、羊肝片形吸虫），或由原虫寄生于肝细胞内，引起肝细胞坏死（兔肝球虫病）。此型肝硬化的特点是有嗜酸性粒细胞浸润。

5. 胆汁性肝硬化

胆汁性肝硬化由于胆道阻塞，肝内胆汁淤滞而引起。肿瘤、结石、虫体可压迫或阻塞胆管，使胆汁淤滞。肝被胆汁染成绿色或绿褐色。

（二）病理变化

肝硬化由于发生原因不同，其形态结构变化也有所差异，但基本变化是一致的。眼观：肝脏常见缩小，边缘锐薄，质地坚硬，表面呈凹凸不平或颗粒状、结节状隆起，色彩斑驳，常染有胆汁；肝被膜变厚。切面上可见十分明显的淡灰色结缔组织条索围绕着淡黄色圆形的肝实质。肝内胆管明显，管壁增厚。镜检：在肝小叶内及间质中有结缔组织增生，炎性细胞以淋巴细胞浸润为主；增生的结缔组织包围或分割肝小叶，使肝小叶形成大小不等的圆形小岛，称假性肝小叶；在增生的结缔组织中有新生毛细血管和由两条立方形细胞形成无腔的假胆管；病程长时，残存肝细胞再生，聚集成团而形成肝细胞结节（图 12-8），假小叶、间质增生、间质中有大量的嗜酸性粒细胞浸润。

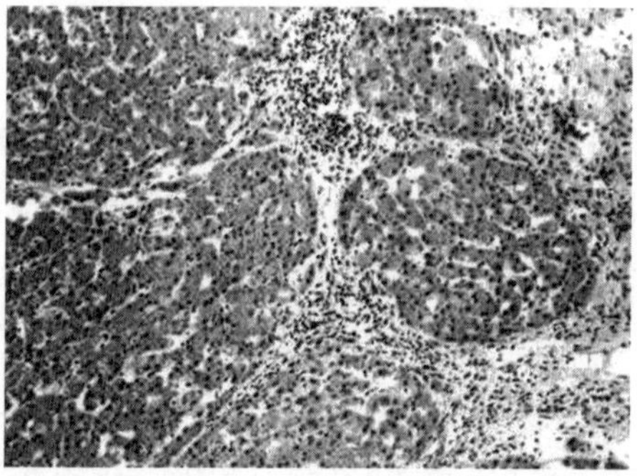

图 12-8　寄生虫性肝硬化

（三）结局和对机体的影响

肝硬化是一渐进性病理过程，即使病因消除也不能恢复正常。肝细胞的再生和代偿能力都很强，早期可通过功能代偿而在相当长的时间内不出现症状。但后期由于代偿失调，则出现一系列的症状，主要为门静脉高压和肝功能障碍。

任务五　泌尿系统病理

肾炎是指以肾小球、肾小管和间质的炎症变化为特征的疾病。根据发生部位和性质，通常把肾炎分为肾小球肾炎、间质性肾炎和化脓性肾炎。

一、肾小球肾炎

肾小球肾炎是以肾小球的炎症为主的炎症。根据肾小球肾炎的病程和病理变化，一般将肾小球肾炎分为急性、亚急性和慢性三大类。

1. 急性肾小球肾炎

急性肾小球肾炎起病急、病程短，病理变化主要在肾小球毛细血管网和肾球囊内，通常开始以血管球毛细血管变化为主，以后肾球囊内也出现明显病变。病变性质包括变质、渗出和增生三种变化，但不同病例，有时以增生为主，有时以渗出为主。

眼观：急性肾小球肾炎早期变化不明显，以后肾脏轻度或中度肿大、充血，包膜紧张，表面光滑，色较红，所以称“大红肾”。若肾小球毛细血管破裂出血，肾脏表面及切面可见散在的小出血点，形如蚤咬，称“蚤咬肾”。肾切面可见皮质由于炎性水肿而变宽，纹理模糊，与髓质分界清楚。

镜检：主要病变是肾小球内细胞增生。早期，肾小球毛细血管扩张充血，内皮细胞和系膜细胞肿胀增生，毛细血管通透性增加，血浆蛋白滤入肾球囊内，肾小球内有少量白细胞浸润（图 12-9）。

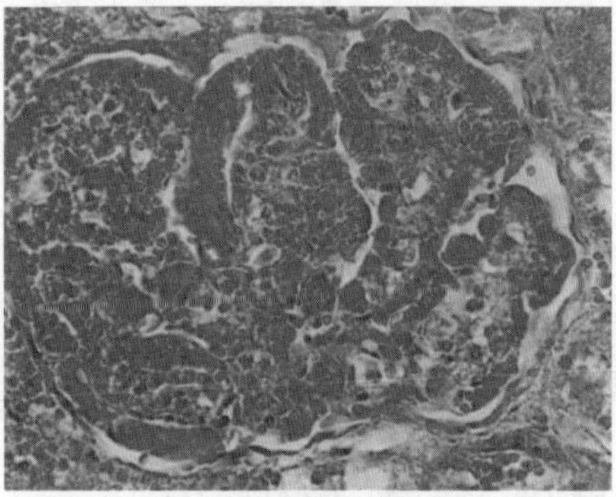

图 12-9　急性肾小球肾炎

2. 亚急性肾小球肾炎

亚急性肾小球肾炎可由急性肾小球肾炎转化而来，或由于病因作用较弱，病势一开始就呈亚急性经过。

眼观：肾脏体积增大，被膜紧张，质度柔软，颜色苍白或淡黄色，俗称“大白肾”。若皮质有无数瘀点，则表示曾有急性发作。切面隆起，皮质增宽，苍白色、浑浊，与颜色正常的髓质分界明显。

镜检：突出的病变为大部分肾球囊内有新月体形成。新月体主要由壁层上皮细胞增生和渗出的单核细胞组成。扁平的上皮细胞肿大，呈梭形或立方形，堆积成层，在肾球囊内毛细血管丛周围形成新月体或环状体。新月体内的上皮细胞间可见红细胞、中性粒细胞和纤维素性渗出物（图 12-10）。

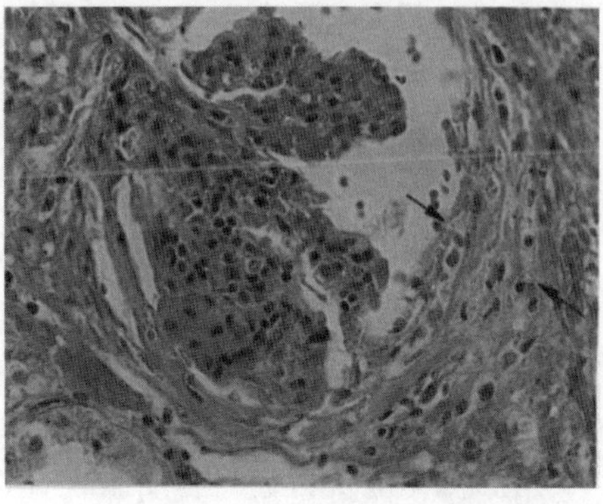

图 12-10　亚急性肾小球肾炎

3. 慢性肾小球肾炎

慢性肾小球肾炎可以由急性和亚急性肾小球肾炎演变而来，也可以一开始就呈慢性经过。慢性肾小球肾炎起病缓慢，病程长，常反复发作，是各型肾小球肾炎发展到晚期的一种综合性病理类型。

眼观：由于肾组织纤维化、瘢痕收缩和残存肾单位的代偿性肥大，肾脏体积缩小，表面高低不平，呈弥漫性细颗粒状，质地变硬，肾皮质常与肾被膜发生粘连，颜色苍白，故称“颗粒性固缩肾”或“皱缩肾”，切面见皮质变薄，纹理模糊不清，皮质与髓质分界不明显。

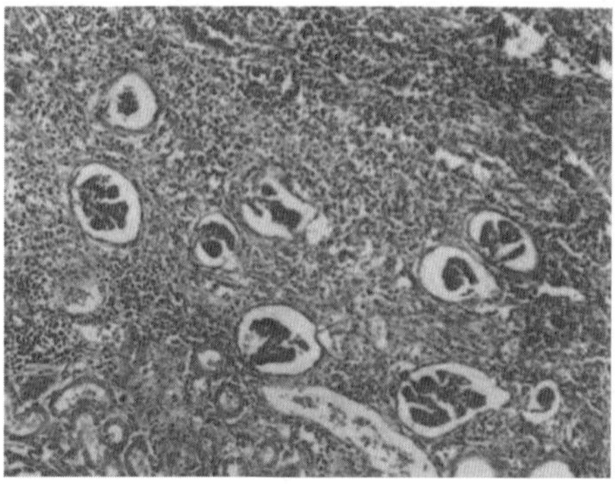
图 12-11　慢性肾小球肾炎

镜检：大量肾小球纤维化，玻璃样变，所属的肾小管也萎缩消失，纤维化。由于萎缩部有纤维化组织增生，继而发生收缩，致使玻璃样变的肾小球互相靠近，这种现象称为“肾小球集中”。有些纤维化的肾小球消失于周围增生的结缔组织之中。残存的肾单位发生代偿性肥大，表现为肾小球体积增大，肾小管扩张。扩张的肾小管管腔内常有各种管型。间质纤维组织明显增生，并有大量淋巴细胞和浆细胞浸润（图 12-11）。

二、间质性肾炎

间质性肾炎是在肾脏间质发生的以淋巴细胞、单核细胞浸润和结缔组织增生为原发病变的非化脓性肾炎。

本病原因尚不完全清楚，一般认为与感染、中毒性因素有关。某些细菌或病毒性传染病如布鲁氏菌病、钩端螺旋体病、副伤寒、犬瘟热、猪大肠杆菌病等多有间质性肾炎的病变，青霉素类、先锋霉素、磺胺类药物过敏及寄生虫感染等都可引起间质性肾炎。

根据间质性肾炎炎症波及的范围不同可将其分为两种类型。

1. 弥漫性间质性肾炎

眼观：肾脏稍肿大，被膜紧张容易剥离，颜色苍白或灰白，切面间质明显增厚，灰白色，皮质纹理不清，髓质淤血暗红。

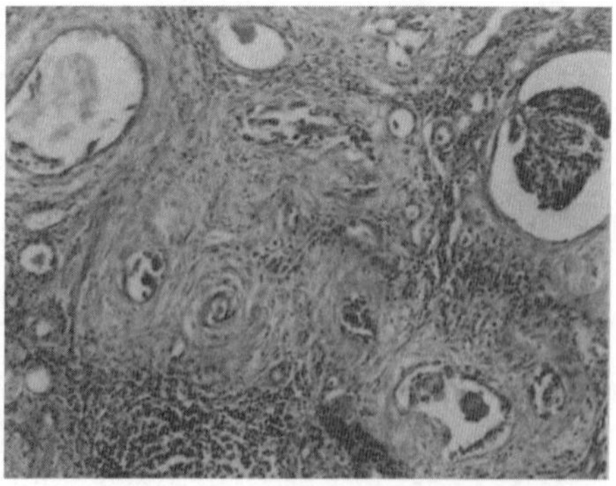
图 12-12　弥漫性间质性肾炎

镜检：急性时间质小血管扩张充血，结缔组织水肿，白细胞浸润，浸润的白细胞为单核细胞、淋巴细胞和浆细胞，浸润细胞波及整个肾间质。肾小管及肾小球变化多不明显。当转为慢性间质性肾炎时，间质发生纤维组织广泛增生，肾小管发生颗粒变性、萎缩消失，并被纤维组织所代替（图 12-12）。

2. 局灶性间质性肾炎

眼观：在肾表面及切面皮质部散在多数点状、斑状或结节状病灶。病灶的外观依动物不同而略有差异。牛，尤其是犊牛，病灶较大（豌豆大到蚕豆大），稍膨隆，呈灰白色，有油脂样光泽，称为白斑肾。

任务六 神经系统病理

脑和脊髓是中枢神经系统主要器官，也是神经系统病理的主要研究内容，脑和脊髓常见病理有脑血液循环障碍、脑萎缩、脑软化、脑膜炎、脑炎等，其中以脑炎最为常见，脑炎是指脑实质的炎症。按炎症性质可分为化脓性脑炎、非化脓性脑炎。

一、化脓性脑炎

化脓性脑炎是指脑组织由于化脓菌感染所引起的以大量嗜中性粒细胞渗出，同时伴有局部组织液化性坏死和脓汁形成为特征的炎症过程。

引起化脓性脑炎的病原主要是细菌，如葡萄球菌、链球菌、棒状杆菌、巴氏杆菌、李氏杆菌、大肠杆菌等，主要源于血源性感染和组织源性感染。

化脓性脑炎在脑组织中形成微细脓肿到眼观可见的脓肿，单发或多发，但很少出现大范围的化脓性浸润。脓肿壁呈絮状的软化组织，浸润有大量嗜酸性粒细胞。毛细血管周围嗜酸性粒细胞形成袖套。陈旧的脓肿灶周围由神经胶质细胞及结缔组织增生形成包囊。

二、非化脓性脑炎

非化脓性脑炎是动物脑炎中常见的一种。其特征是脑血管周围间隙有数量不等的炎性细胞（淋巴细胞、浆细胞或嗜酸性粒细胞）浸润，构成袖套现象。因脊髓同时受害，故称脑脊髓炎。

1. 病毒性脑炎

病毒性脑炎呈典型的非化脓性脑炎，主要病变在脑脊髓实质，脑脊髓膜变化轻微，多见于动物的乙型脑炎、狂犬病、伪狂犬病、猪瘟、犬瘟热、鸡新城疫、禽脑脊髓炎等。眼观：软脑膜充血水肿，脑回变短、变宽，脑沟变浅，切面充血、水肿，严重者可见点状出血及粟粒至米粒大小的软化灶，软化灶可以散在或聚集成群。镜检：脑血管扩张充血，血管内皮细胞肿胀，周围有浆液渗出，间隙增宽，由淋巴细胞、单核细胞等构成袖套；神经细胞变性、坏死，神经胶质细胞增生，参与构成卫星现象和噬神经现象。变性、坏死的神经元被吞噬后，常被增生的胶质细胞所取代，形成胶质细胞结节。有时出现轻微的脑膜炎现象。

如上所述，血管周围袖套、神经元变性、坏死和神经胶质细胞增生，是中枢神经系统病毒性感染的典型性指征，并且意味着病毒的细胞致病作用和对神经细胞变性的应答。病毒性脑炎不仅有上述共同的病变，由于病原的不同，还有某些特异病变。如在狂犬病的脑神经细胞胞质内见有包涵体，这是诊断狂犬病的重要依据。

2. 嗜酸性粒细胞性脑炎

嗜酸性粒细胞性脑炎是由食盐中毒引起的以嗜酸性粒细胞渗出为主的脑炎。本型脑炎多发于鸡、猪，主要由于食入含盐过多的饲料引起。眼观：软脑膜充血，脑回变平，脑实质有小出血点，其他病变不明显。镜检：大脑软脑膜充血、水肿，有时出血。脑膜及灰质内血管周围有嗜酸性粒细胞构成的血管套，多者达十几层。脑实质毛细血管内常形成微血栓，靠近血管的部位也有嗜酸性粒细胞浸润。大脑灰质的另一变化是发生急性层状或假层状坏死与液化，发生在灰质的中层。有时第三、四、六层还可见散在的微细海绵状空腔化区。

◎ 复习思考题

一、名词解释

虎斑心、绒毛心、盔甲心、大红肾、大白肾。

二、填空题

1. 典型猪瘟剖检可见脾脏边缘呈________，淋巴结切面可见________，回盲口呈现________。

2. 患有猪丹毒病猪剖检可见心内膜呈________，房室瓣可见菜花样赘生物，该赘生物实质是________。

3. 牛传染性胸膜肺炎典型病变为肺脏呈肺炎，按其炎症发生过程，此型肺炎分为________、________、________、________。

4. 猪发生食盐中毒，主要临床症状为消化功能紊乱和________，典型组织学病变为________脑炎。

三、单选题

1. 副猪嗜血杆菌病，剖检可见心外膜呈灰白色纤维素外观，此心脏称为（　　）。患有口蹄疫的病猪，剖检可见心肌呈现红黄相间外观，发生了实质性心肌炎，此心脏称为（　　）

A. 虎斑心　　B. 绒毛心　　C. 盔甲心

D. 半月心　　E. 衰竭心

2. 化脓性脑炎发生主要病原为（　　）

A. 细菌　　B. 病毒　　C. 真菌

D. 寄生虫　　E. 毒物中毒

3. 患有猪瘟的病猪尸体剖检，肾脏表面及切面散在的小出血点，此肾脏俗称（　　）

A. 大红肾　　B. 固缩肾　　C. 麻雀蛋肾

D. 大白肾　　E. 萎缩肾

4. 患有猪肺疫的病猪尸体剖检，可见肺脏主要呈现（　　）

A. 支气管肺炎　　B. 纤维素性肺炎　　C. 间质性肺炎

D. 化脓性肺炎　　E. 局灶性肺炎

四、简答题

1. 试述急、慢性淋巴结炎的类型及病变特点。

2. 急性炎性脾肿的病变特征是什么？

3. 纤维素性肺炎的原因有哪些？描述其不同阶段病理形态特征，其结局和对机体影响怎样？

4. 试述心包炎的发生原因、机制和病理特征。

5. 病毒性脑炎的共同表现特点是什么？

实训　动物器官病理标本的观察

【目标要求】能够识别淋巴结炎、脾炎、肺炎、脑炎及胃肠炎等病理标本的眼观和微观变化。加深对理论知识的理解，为病理诊断提供线索。

【实训用品】 大体标本、组织切片、幻灯片、CAI 课件、挂图、光学显微镜、幻灯机、显微图像投影和分析系统等。

【内容和步骤】

观察和识别下列标本、切片的病理变化。

(1) 出血性淋巴结炎　眼观：淋巴结肿胀变圆，呈暗红色，切面见周边出血，与灰白色的淋巴组织相间呈大理石样外观。镜检：淋巴组织中可见充血和散在的红细胞或灶状出血，淋巴窦内及淋巴组织周围有大量的红细胞。

(2) 急性炎性脾肿　眼观：脾脏体积肿大，呈樱桃红色，边缘钝圆，被膜高度紧张；切面隆突；脾小梁和白髓模糊不清。镜检：脾髓高度充血、出血。嗜中性粒细胞浸润；白髓不明显，小梁显示稀少。

(3) 纤维素性肺炎　眼观：病变肺叶增大，呈暗红色或灰红色，切面可见肺间质增宽，淋巴管扩张，肺质地变实，呈大理石样外观。镜检：肺泡壁毛细血管充血，肺泡腔内有多量的网织纤维素和红细胞、少量白细胞及脱落的上皮细胞，肺间质增宽，有多量渗出物蓄积。

(4) 急性肾小球性肾炎　眼观：肾脏稍肿胀，呈苍白色，被膜紧张，容易剥离，表面和切面密布针尖大至粟粒大的出血点。镜检：肾小球肿大，毛细血管丛几乎充满整个肾小囊，内皮细胞和系膜细胞肿胀、增生，使肾小球呈现明显的细胞增多，肾小囊内可见渗出的白细胞和红细胞，肾小管上皮细胞肿胀、变性，使管腔变狭窄。

(5) 非化脓性脑炎　眼观：蛛网膜、软脑膜充血，有时有点状出血，脑膜水肿和脑室积液。镜检：多数神经细胞呈现浓缩、溶解或胞浆内有空泡出现，核浆界限不清或消失。脑实质内血管周围间隙水肿，有淋巴细胞、单核细胞增生浸润，形成袖套现象。神经胶质细胞增生，在变性的神经细胞周围有胶质细胞包围（卫星现象），并出现噬神经细胞现象。

【实训要求】

(1) 教师指导　①对照典型的病理大体标本，指导学生观察和识别各类组织器官的眼观病理变化。②对照典型病理组织切片的图片，指导学生观察和识别各类组织器官的镜检病理变化。

(2) 学生分组观察　①学生对相关标本进行分组观察，描述所看病理大体标本眼观病理变化。②学生对相关标本进行分组观察，描述所看病理组织切片镜检病理变化。

(3) 讨论和归纳总结。

【实训报告】

(1) 简述纤维素性肺炎的分类及各自具有的病理特点。

(2) 画出急性淋巴结炎、支气管肺炎和病毒性肝炎的显微图并指出病理特点。

项目十三 动物病理诊断技术

◎ 情境引入

动物疾病防治中，对死亡动物剖检是最直接的诊断方式之一，通过剖检识别特征性病理变化可作出疑似诊断，并采取相关病料至实验室进一步诊断，通过诊断，对临床疾病防治提出依据，本项内容学习正确对动物剖检和采取病料，为动物疾病防治服务。

◎ 任务描述

包括尸体剖检的准备；畜禽尸体剖检的步骤和术式；动物病料的采取和送检方法；病理组织切片制作常用药液配制和切片制作方法。

◎ 技能目标

能够在临床防治中正确进行动物的尸体剖检，能识别常见器官的剖检变化。能对微生物学、病理学和毒理学检查材料正确的采取、保存和送检。

◎ 知识目标

熟悉尸体剖检前的准备工作、尸体剖检的注意事项；了解动物死后尸体的常见变化；掌握常见畜禽的尸体剖检术式，掌握微生物、病理组织和毒理学检查材料正确的采取、保存和送检的要领。

任务一 动物尸体剖检技术

动物病理剖检又称尸体剖检，是兽医病理学的一种基本研究方法和技术。它是运用病理学的基本知识，通过检查尸体的病理形态学变化，来研究疾病发生、发展和转归的规律，为临诊诊断和疾病防治提供科学依据。动物尸体剖检诊断是长期经验的积累，从事现场尸体剖检诊断，要做到理论联系实际，产教有机融合，通过养殖实践掌握多种动物尸体剖检技能。

视频：尸体剖检技术

一、尸体剖检的准备

尸体剖检是动物疾病诊断过程中的一个重要环节。为了做到早诊断、早治疗，减少动物疾病引起的损失，避免死后变化的影响；同时为防止病原的扩散和实验人员的感染，须做好以下准备。

1. 临诊病史的了解

进行尸体剖检前，剖检者必须先仔细了解病死畜禽生前的病史，包括临诊各种化验、检查、诊断和死因。根据临诊症状、流行病学等检查做出的初步诊断，确定动物尸体能否进行剖检。属于国家规定的禁止剖检的患病动物尸体，一律不能剖检，如炭疽（猪、牛等动物临床表现为发病急剧，死亡较快，咽喉及头部肿胀，死后口、鼻、肛门等天然孔出血，血液不易凝固且呈煤焦油状，尸僵不全，宜先采其耳血进行染色镜检，若为炭疽杆菌，严禁剖检）。

2. 剖检场地的要求

为防止病原扩散和污染环境，同时也为了保护剖检人员的自身安全和便于消毒，剖检尸体，特别是传染病尸体，应在有一定条件的病理剖检室内进行。动物病理剖检室内的地面及墙围应采用易冲刷和易消毒的建筑材料，墙壁与地面之间应呈钝角，地面四周向中心稍倾斜，以利于排水。地面中心处设排水沟（地漏），其余的墙壁和天棚应喷刷油漆，以便洗刷和消毒。在室外剖检时，应选择地势较高、环境较干燥，远离水源、道路、房舍和畜禽舍等地点进行。剖检前挖深达2m的坑，剖检后将内脏、尸体连同被污染的土层投入坑内，再撒上100g/L的石灰水、30~50g/L的来苏儿或克辽林，然后用土掩埋。

3. 器械和药品的准备

剖检最常用的器械有剥皮刀、脏器刀、脑刀、外科剪、肠剪、骨剪、外科刀、镊子、骨锯、锯、斧、阔唇虎头钳、量尺、量杯、注射器和针头、天平等。剖检常用的消毒药品有30~50g/L来苏儿、石炭酸、2g/L高锰酸钾液、70%酒精、30g/L碘酒、20g/L硼酸水等。材料有凡士林、滑石粉、肥皂、棉花和纱布等。病理剖检室还应备有84消毒液、氢氧化钠、过氧乙酸等用于空气以及地面消毒的药品。

此外，还应准备采取脏器病料所需的物品。病料容器如易封口病料袋、塑料包装袋、磨口瓶、试管、西林瓶、保温箱或保温瓶等。采取液体病料需准备灭菌的棉花拭子、灭菌采血器、注射器、容器、灭菌瓶、灭菌吸管、清洁玻璃、灭菌试管或灭菌青霉素瓶、穿刺针等。所需器械用高压蒸汽灭菌法或干热灭菌法或煮沸灭菌法消毒后备用。取材所需溶液：pH 7.4等渗磷酸盐缓冲液（PBS）、95%酒精、10%福尔马林溶液、500g/L甘油生理盐水、1g/L升汞等。

4. 剖检人员的防护

剖检人员，特别是在剖检传染病尸体时，应穿工作服，外罩胶皮围裙或塑料围裙，戴胶手套或线手套、工作帽，穿胶鞋。必要时还要戴上口罩和眼镜。如缺乏上述用品时，可在手上涂抹凡士林或其他油类，保护皮肤，以防感染。在剖检中不慎切破皮肤时应立即消毒和包扎。

在剖检过程中，应保持清洁，注意消毒。常用清水或消毒液洗去剖检人员手上和刀剪等器械上的血液、脓液和各种排出物。剖检后，双手先用肥皂洗涤，再用消毒液冲洗。为了消除粪便和尸腐臭味，可先用2g/L高锰酸钾溶液浸洗，再用20~30g/L草酸溶液洗涤，褪去棕褐色后，再用清水冲洗。

5. 剖检前尸体的处理

剖检前应在尸体体表喷洒消毒液，搬运尸体，特别是搬运炭疽、开放性鼻疽等传染病尸体时，应先用浸透消毒液的棉花团塞住天然孔，并用消毒液喷洒体表，严格按照《病死及病害动物无害化处理技术规范》等相关法规要求处理，然后方可运送，运送用的车辆和绳索等工具，都要严格消毒。污染的土层、草料等要焚烧后深埋。与病畜接触过的人员应及时进行药物预防。只有确诊不是炭疽和其他禁止剖检的烈性传染病尸体，方可安排病理剖检。

二、尸体剖检的步骤和术式

（一）尸体剖检的步骤

为了全面系统地检查尸体所呈现的病理变化，尸体剖检必须按照一定的方法和顺序进行。但考虑到各种动物解剖结构的特点、器官和系统之间的生理解剖学关系、疾病的性质以及术式的简便和效果等，各种动物的剖检方法和顺序既有共性又有个性。因此，剖检方法和顺序不是一成不变的，而是依具体条件和要求有一定的灵活性。一般剖检先由体表开始，然后是体内，体内的剖检顺序通常从腹腔开始，之后胸腔，然后再其他。

1. 致死动物

大多数剖检的都是已经死亡的动物，少数为了更好地观察病理变化，对动物采用致死方法。由于发病系统不同、检验目的不同，致死动物的方法也不同，主要有下列五种：放血致死，静脉注射药物致死，人造气栓致死，断颈致死和断延髓致死。

2. 问诊

问诊包括饲料种类和营养状态、饲养条件、免疫接种情况；发病史、动物死前症状；同批发病情况，群体发病率和死亡率等。结合本地流行病学和季节性疾病，为进一步剖检提供针对性。

3. 外部检查

在剥皮之前检查尸体的外表状态，主要包括以下几个方面：①尸体概况。畜别、品种、性别、年龄、毛色、特征、体态等。②营养状态。可根据肌肉发育情况及皮肤和被毛状况判断。③皮肤。注意被毛的光泽度、厚度、硬度及弹性，有无溃疡、脓肿、创伤、外寄生虫及病理产物的污染等。④天然孔的检查。首先检查各天然孔的开闭状态，有无分泌物、排泄物及其性状、颜色、气味等；其次应注意可视黏膜的检查，着重检查黏膜色泽变化。⑤尸体变化的检查。其中包括尸冷、尸僵、尸斑、尸体自溶、尸体腐败、血液凝固等。尸体变化的检查，有助于判定死亡发生的时间、位置，并与病理变化相区别。

4. 内部检查

内部检查包括剥皮、皮下检查、体腔的剖开及内脏的采出和检查等。

（1）剥皮和皮下检查　为了检查皮下病理变化并利用皮革的经济价值，在剖开体腔之前应先剥皮。在剥皮过程中，注意检查皮下有无充血、出血、水肿、脱水、炎症和脓肿等病变，并观察皮下脂肪组织的多少、颜色、性状及病理变化的性质等。剥皮后，应对肌肉和生殖器官做一个大概的检查。

（2）暴露体腔，视检体腔脏器　按不同的切线将腹壁掀开，露出腹腔内的脏器，并立即进行视检。检查的内容包括：腹腔液的数量和性状，腹腔内有无异常内容物，腹膜的性状，腹腔脏器的位置和外形，横隔膜的紧张程度，有无破裂等；剖开胸腔，注意检查胸腔液的数量和性状、胸腔内有无异常内容物、胸膜的性状、肺脏、胸腺、心脏等。

视频：猪简易剖检

在猪病诊断中，针对较小的死亡病猪，常采用简化的解剖方式，其过程如下：尸体仰卧，先将腋下皮肤组织切开使前肢外展，横向切开下颌，同时检查喉及颌下淋巴结。拎起颈部组织，横向运刀紧贴气管向后平切，陆续切开锁骨软骨和肋骨软骨，一直至腹部和盆腔腹壁，这样，整个胸腔和腹腔完全暴露无遗，初步检查器官位置和胸腹水状态性质等，再进一步器官采摘深入检查。

（3）体腔脏器的采出　腹腔脏器的采出与检查可以同时进行，也可以先采出后检查。腹腔脏器的采出包括胃、肠、肝、脾、胰、肾和肾上腺等的采出；为使咽、喉头、气管、食管和肺联系起来，以观察其病变的互相联系，可把口腔、颈部器官和肺脏一同采出。但大动物一般都采用口腔、颈部器官、胸腔器官分别采出。

采出口腔和颈部器官时，先检查颈部动静脉、甲状腺、唾液腺及其导管，颌下和颈部淋巴结有无病变，然后采出口腔和颈部的器官。

（4）颈部、胸腔和腹腔器官的检查　脏器的检查最好在采出的当时进行，因为此时脏器还保持着原有的湿润度和色泽。如果采出过久，由于受周围环境的影响，脏器的湿润度和色泽会发生很大的变化，使检查发生困难。但是，应用边采出边检查的方法，在实际工作中也有一定难度，因为与动物发病和致死原因有关的病变有时被忽略。通常，腹腔、胸腔和颈部各器官和动物发病致死等问题的关系最密切，所以这三部分脏器采出之后就要进行检查。检查后，再按需要采出和检查其他各部分。至于这三部分器官的检查顺序应服从疾病的情况，即先取与发病和致死原因最有关系的器官进行检查，与该病理过程发生发展有联系的器官可一并检查；或考虑到对环境的污染，应先检查口腔器官，再检查胸腔器官，之后再检查腹腔脏器中的脾和肝脏，最后检查胃肠道。总之，检查顺序服从于检查目的和现场的情况，不应墨守成规。既要细致搜索和观察重点的病变，又要照顾到全身一般性检查。脏器在检查前要注意保持其原有的湿润程度和色彩，尽量缩短其在外界环境中暴露的时间。

（5）骨盆腔脏器、脑的采出和检查　在未采出骨盆腔脏器前，先检查各器官的位置和概貌。可在保持各器官的生理联系下一同采出。公畜先分离直肠并进行检查。然后检查包皮、龟头、尿道黏膜、膀胱、睾丸、附睾、输精管、精囊及尿道球腺等；母畜检查直肠、膀胱、尿道、阴道、子宫、输卵管和卵巢的状态。如剖检妊娠子宫，要注意检查胎儿、羊水、胎膜和脐带等。

剖开颅腔采出脑后，先观察脑膜有无充血、出血和淤血，再检查脑回和脑沟的状态（禽除外），然后切开大脑，检查脉络丛的性状和脑室有无积水。最后横切脑组织，检查有无出血及溶解性坏死等变化。

（6）其他检查

①鼻腔的剖开和检查：用骨锯（大、中动物）或骨剪（小动物和禽）纵行把头骨分成两半，其中的一半带有鼻中隔，或剪开鼻腔，检查鼻中隔、鼻道翻膜、额窦、鼻甲窦、眶下窦等。②脊椎管的剖开、脊髓的采出和检查：剖开脊柱取出脊髓，检查软脊膜、脊髓液、脊髓表面和内部。③肌肉、关节的检查：肌肉的检查通常只是对肉眼上有明显变化的部分进行，注意其色泽、硬度，有无出血、水肿、变性、坏死、炎症等病变；关节的检查通常只对有关节炎的关节进行，看关节部是否肿大，可以切开关节囊，检查关节液的含量、性质和关节软骨表面的状态。④骨和骨髓的检查：主要针对骨组织发生疾病的病例，先进行肉眼观察，检验其硬度及其断面的形象。骨髓的检查对于与造血系统有关的各种疾病极为重要。检查骨干和骨端的状态，红骨髓、黄骨髓的性质、分布等。

5. 组织器官检查要点

（1）淋巴结　要特别注意颌下淋巴结、颈浅淋巴结、髂下淋巴结、肠系膜淋巴结、肺门淋巴结等的检查。注意检查其大小、颜色、硬度，与其周围组织的关系及横切面的变化。

（2）肺脏　首先注意其大小、色泽、重量、质度、弹性、有无病灶及表面附着物等。然后用剪刀将支气管剪开，注意检查支气管黏膜的色泽、表面附着物的数量、黏稠度。最后将整个肺脏纵横切割数刀，观察切面有无病变，切面流出物的数量、色泽变化等。

（3）心脏　先观察心脏外观形态，是否有心室扩张等心力衰竭病理变化，再进一步检查心脏纵沟、冠状沟的脂肪量和性状，有无出血。然后检查心脏的外形、大小、色泽及心外膜的性状。最后切开心脏检查心腔。沿左侧纵沟切开右心室及肺动脉，同样再切开左心室及主动脉。检查心腔内血液的性状，心内膜、心瓣膜是否光滑，有无变形、增厚，心肌的色泽、质度，心壁的厚薄等。心室内检查，出现淡黄色大块鸡脂样物时，说明心肌充血性心力衰竭，心肌缓慢性停止跳动而死亡。

（4）脾脏　脾脏摘出后，注意其形态、大小、质度；然后纵行切开，检查脾小梁、脾髓的颜色，红髓、白髓的比例，脾髓是否容易刮脱。

（5）肝脏　先检查肝门部的动脉、静脉、胆管和淋巴结。然后再检查肝脏的形态、大小、色泽、包膜性状、有无出血、结节、坏死等。最后切开肝组织，观察切面的色泽、质度和含血量等情况。注意切面是否隆突，肝小叶结构是否清晰，有无脓肿、寄生虫性结节和坏死等。

（6）肾脏　先检查肾脏的形态、大小、色泽和质度，然后由肾的外侧面向肾门部将肾脏纵切为相等的两半（禽除外），检查包膜是否容易剥离，肾表面是否光滑，皮质和髓质的颜色、质度、比例、结构，有无结石等。

（7）胃的检查　检查胃的大小、质度，浆膜的色泽、有无粘连。胃壁有无破裂和穿孔等，然后沿胃大弯剖开胃，检查胃内容物的性状、黏膜的变化等。反刍动物胃的检查，特别要注意网胃有无创伤，是否与隔相粘连。如果没有粘连，可将瘤胃、网胃、瓣胃、皱胃之间的联系分离，使四个胃展开。然后沿皱胃小弯与瓣胃、网胃之大弯剪开；瘤胃则沿背缘和腹缘剪开，检查胃内容物及黏膜的情况。

（8）肠管的检查　从十二指肠、空肠、回肠、直肠分段进行检查。检查时，先检查肠管浆膜面的情况，然后沿肠系膜附着处剪开肠腔，检查肠内容物及黏膜情况。

（9）骨盆腔器官的检查　公畜生殖系统的检查，从腹侧剪开膀胱、尿管、阴茎，检查输尿管开口及膀胱、尿道黏膜，尿道中有无结石，包皮、龟头有无异常分泌物；切开睾丸及副性腺检查有无异常。母畜生殖系统的检查，沿腹侧剪开膀胱，沿背侧剪开子宫及阴道，检查黏膜、内腔有无异常；检查卵巢形状、卵泡和黄体的发育情况、输卵管是否扩张等。

（二）常见动物尸体剖检术式

1. 反刍动物的尸体剖检术式

牛、羊等反刍动物，其腹腔脏器的解剖结构与马有很大差异，因此，剖检方法上也要有相应的改变。反刍动物有4个胃，占腹腔左侧的绝大部分及右侧中下部，前至6~8肋间，后达骨盆腔。因此，牛的尸体剖检，通常采取左侧卧位，这样便于检查腹腔内肠管等其他器官。羊因体躯小，故仰卧更便于采取脏器。切开羊胸腔的方法是先用刀或骨剪切断肋软骨和胸骨联结部，再用刀伸入胸腔，划断脊柱左右侧胸壁肋骨与胸椎连接的节，敞开胸腔，这样便于将胸腔内的心脏、肺脏和气管一并采出。

（1）腹腔的剖开　从右侧肷窝部沿肋骨弓至剑状软骨切开腹壁，再从髋结节至耻骨联合切开腹壁，然后将被切成楔形的右肋壁向下翻开，即露出腹腔。

（2）腹腔脏器的采出　腹腔剖开后，在剑状软骨部可见网胃，右侧肋骨后缘为肝脏、胆囊和皱胃，右肋部见盲肠，其余的脏器均为网膜所覆盖。为了采出腹腔脏器，应先将网膜切除，然后依次采出小肠、大肠、胃和其他器官。操作过程如下。

以左手牵引网膜，右手执刀，将大网膜浅层和深层分别自其附着部切离，再将小网膜从其附着部切离，此时小肠和肠盘均显露出来。在右侧骨盆前缘找到盲肠，提起盲肠，沿盲肠体向前可见连接盲肠和回肠的三角韧带，即回盲韧带。切断回盲韧带，分离一段回肠，在距盲肠约15cm处将回肠做二重结扎并切断，由此断端向前分离回肠和空肠直至空肠起始部，即十二指肠空肠曲，再做二重结扎并切断，取出空肠和回肠。在骨盆腔口找出直肠，将直肠内粪便向前方挤压，在其末端做一次结扎，并在结扎的后方切断直肠。然后握住直肠断端，由后向前把降结肠从背侧脂肪组织中分离出来，并切离肠系膜直至前肠系膜根部。再将横行结肠、肠盘与十二指肠回行部之间的联系切断。最后把前肠系膜根部的血管、神经、结缔组织一并切断，取出大肠。检查有无创伤性网胃炎、隔膜炎和心包炎，以及胆管、胰管的状态。如有创伤性网胃炎、隔膜炎和心包炎时，应立即进行检查，必要时将心包、横隔膜和网胃一同采出。通常先分离十二指肠肠系膜，切断胆管、胰管和十二指肠的联系。将瘤胃向后方牵引，露出食管，在其末端结扎并切断。助手用力向后下方牵引瘤胃，术者用刀切离瘤胃与背部相联系的结缔组织，并切断脾膈韧带，即可将胃、十二指肠、胰腺和脾脏同时取出。

（3）胃的检查　先将瘤胃、网胃、瓣胃之间的结缔组织分离，使其有血管和淋巴结的一面向上，按皱胃在左，瘤胃在右的位置平放在地上。用剪刀沿皱胃小弯部剪开，至皱胃与瓣胃交界处，则沿瓣胃的大弯部剪开，至瓣胃与网胃口处，沿网胃大弯剪开，最后沿瘤胃上、下缘剪开。这样胃的各部分可全部展开。如网胃有创伤性炎症时，可顺食管沟剪开，以保持网胃大弯的完整性，便于检查病变。检查胃内容物的量、性状、臭味、寄生虫等。检查胃黏膜的色泽，有无水肿、出血、炎症等。检查网胃时，应特别注意有无异物和创伤。

（4）其他组织器官的采出和检查　其他组织器官的采出和检查没有特别之处，同其他类动物相同。

2. *单胃动物的尸体剖检术式*

单胃动物的剖检基本与反刍动物剖检法相同，仅就以下不同点加以说明。

（1）尸体取背卧位　在剖开体腔前可以不剥皮。皮下检查可在切开体腔过程中进行。

（2）腹腔的剖开和腹腔脏器的采出　从剑状软骨后方沿白线由前向后，直至耻骨联合做一切线。然后再从剑状软骨沿左、右两侧肋骨后缘至腰椎横突做第二、三切线，使腹壁切成两个大小相等的楔形，使其向两侧翻开，即可露出腹腔。腹腔剖开后，见结肠呈盘状卷曲，位于腹腔后2/3稍偏右方。盲肠位于左腰部，其盲端及于骨盆。小肠位于腹腔的左前方与右后方，在胃与结肠之间为网膜。脏器的采出顺序如下。

在左季肋部可见脾脏。提起脾脏，并在接近脾脏部切断网膜和其他联系后取出脾脏。然后再将网膜从其附着部分分离采出。将结肠盘向右侧牵引，盲肠拉向左侧，显露回盲韧带与回肠。在离盲肠约15cm处，将回肠做二重结扎切断。然后握住回肠断端，用刀切离回肠、空肠上附着的肠系膜，直至十二指肠空肠曲，在空肠起始部做二重结扎并切断。取出空肠和回肠。在骨盆腔口分离出直肠，将其中粪便挤向前方做一次结扎，并在结扎后方切断直肠。从直肠断端向前方切离肠系膜，至前肠系膜根部。分离结肠与十二指肠、胰腺之间的联系，切断前肠系膜根部血管、神经和结缔组织，以及结肠与背部之间的联系，即可取出大肠。然后依次将胃和十二指肠、肾脏、肾上腺、胰腺和肝脏采出，采出方法与牛的相同。

（3）小动物的剖检　可自下颌沿颈部、腹部正中线至肛门切开，暴露胸、腹腔，切开耻骨联合露出骨盆腔。然后将口腔、颈部、胸腔、腹腔和骨盆腔的器官一起取出。

3. 家禽的尸体剖检术式

家禽的解剖结构与哺乳动物不同，在家禽的消化系统中，有发达的肌胃，肠管较短，而十二指肠较大，盲肠有两条。肺小，并固定在肋间隙中，有和肺相通的气囊。两侧肾脏固定在腰荐部，各三叶，无膀胱，输尿管直接通入泄殖腔，左侧卵巢发达，成年禽类右侧的卵巢退化，输卵管通入泄殖腔，睾丸位于腰区。鸡无淋巴结，淋巴组织是在其他组织和器官中散在的，但在泄殖腔上边却有一个独特的淋巴器官即法氏囊。在成年以后逐渐萎缩，变小。现以鸡为代表，说明家禽尸体剖检术式。

（1）外部检查　外部检查主要包括羽毛、营养状况、天然孔、皮肤、骨和关节。注意羽毛是否粗乱，有无脱落，泄殖腔周围羽毛有无粪便污染等；口、鼻、眼等有无分泌物及其数量与性状。观察鸡冠、肉髯及其皮肤有无淤血、出血、贫血、痘疹（鸡痘）、皮疹、结节；若鸡冠苍白，疑似脂肪肝-出血综合征、鸡传染性贫血等；皮肤出血，疑似高致病性禽流感、磺胺类药物中毒；皮肤结节，疑似皮肤型马立克氏病；鸡趾部皮肤有结痂及趾瘤，疑似葡萄球菌感染。检查鼻窦时可用剪刀在鼻孔前将口喙的上颌横向剪断，以手稍压鼻部，注意有无分泌物流出；若发现鸡鼻窦部肿胀，鼻窦、眶下窦积有黄白色黏稠分泌物或豆腐渣样渗出物，疑似传染性鼻炎。若有眼炎相关病变（眼结膜内有炎性干酪样物，角膜混浊等），疑似鸡大肠杆菌病、葡萄球菌病和传染性鼻炎。视检泄殖腔的状态，注意其内腔黏膜的变化、内容物的性状及其周围的羽毛有无粪便污染等；若雏鸡泄殖腔外口有石膏样灰白色的粪团黏附或堵塞时，疑似鸡白痢。检查头冠、肉髯，注意头部及其他各处的皮肤有无痘疮、皮疹或其他病变。观察腹壁及嗉囊表面皮肤的色泽。检查各关节的粗细，有无肿胀，龙骨突有无变形、弯曲等现象；若鸡跗关节肿胀，疑似葡萄球菌感染、禽呼肠孤病毒感染、锌缺乏症等；蛋鸡龙骨变软、弯曲，疑似维生素 D 缺乏症；雏鸡蜷趾麻痹症，疑似维生素 B_2 缺乏。营养状况的检查，可用手触摸胸骨两侧的肌肉丰满度及龙骨的显突状况。

（2）体腔的剖开　用消毒药浸渍羽毛后，拔除颈、胸和腹部的羽毛。切割两翅和两后肢内侧基部与躯体的联系，并将翅和后肢压下，使尸体仰卧固定，由下颌间隙沿体正中线至泄殖孔切开皮肤并向两侧分离。检查病死鸡皮下组织及肌肉表面有无异常，皮下见胶冻样分泌物时，疑似高致病性禽流感；雏鸡皮下水肿，疑似维生素 E 缺乏症；皮下见干酪物时，疑似大肠杆菌感染或滑液囊支原体感染；肌肉出血时，疑似高致病性禽流感、传染性法氏囊炎或磺胺类药物中毒；胸肌变干、颜色变暗为病鸡脱水的表现，疑似饮水供应不足、肾型传染性支气管炎、传染性法氏囊炎等。

从泄殖腔至胸骨后端纵切开体腔。在胸骨两侧的体壁上向前延长纵形切口，将两侧体壁剪开。再用骨剪剪断乌喙骨和锁骨，手锯龙骨嵴，向上前方用力搬拉，揭开胸骨，割离肝、心与胸骨的联系及其周围的软组织，即暴露体腔。注意气囊有无病菌生长或其他变化，特别要检查体腔内的炎性渗出物、体腔积血及浆膜炎。检查体腔内容物，健康鸡体腔内各器官表面均湿润而有光泽，异常时可见病理性渗出物及其他病变（尿酸盐沉积、凝血块）；体腔内液体增多时，可利用注射器吸出，置于量筒内，测量其体积。腹水可见于肉鸡腹水综合征、急性禽霍乱、雏鸡食盐中毒等。

在现场诊断中，雏鸡可以简化体腔剖检术式，通常将死亡雏鸡两翅向胸前并拢，一手抓紧脖颈，另一手抓紧两翅，分别向相反方向拉开，即可将胸腹腔完全暴露出来，直接检查。

（3）器官的采出和检查

①器官的采出过程：a. 可先将心脏连心包一起剪离，再采出肝，然后将肌胃、腺胃、肠、胰腺、脾脏及生殖器官一同采出。肺脏和肾脏位于肋间隙内及腰荐骨的凹陷部，可用外科刀柄剥离取出。b. 先用剪刀将下颌骨、食管、嗉囊剪开。注意食管黏膜的变化及嗉囊内容物性状以及嗉囊内膜的变化。再剪开喉头、气管，检查其黏膜及腔内分泌物。颈部皮下注意检查胸腺的颜色、大小。c. 脑采出时可先用刀剥离头部皮肤，再剪除颅顶骨，即可露出大脑和小脑。然后轻轻剥离，将前端的嗅脑、脑下垂体及视神经交叉等部逐一剪断，即可将整个大脑和小脑采出。

②器官的检查：检查的方法和要点基本上和家畜相同。特别注意的是以下几个器官。

a. 气囊是辅助性呼吸器官，在打开腹腔没有采摘腹腔器官时，即立即检查气囊。主要观察气囊的色泽、厚度、透明度及是否附有病理产物。健康鸡的气囊薄而透明，有光泽；气囊表面附有泡沫样或干酪样渗出，气囊增厚，疑似鸡毒支原体感染、大肠杆菌感染，气囊见干酪样结节，疑似禽曲霉菌病、鸡结核。

b. 腺胃和肌胃检查时先将腺胃、肌胃一同切开，检查腺胃胃壁的厚度，内容物的性状，黏膜及腺体的状态，有无寄生虫。再剥离肌胃的角质膜，检查胃壁性状。腺胃肿大，腺胃壁增厚，疑似马立克氏病；腺胃出血，疑似马立克氏病、禽流感和新城疫等。对肌胃的检查要注意肌胃的厚度，肌胃角质层的色泽、有无糜烂或溃疡。例如，肌胃角质层糜烂或溃疡，疑似腺病毒感染、维生素 E 缺乏、霉菌毒素中毒。剥离肌胃角质层，检查角质层下有无出血等病变。若肌胃角质层下出血，疑似高致病性禽流感、典型新城疫，或磺胺类药物中毒。

c. 两侧盲肠也应剪开检查，特别要注意盲肠扁桃体的色泽、肿胀、出血情况。检查有无盲肠球虫病、盲肠肝炎、雏鸡白痢、副伤寒沙门菌感染的典型病变。

d. 胰脏分为三叶，分别开口于十二指肠，且与胆管开口部相邻。注意检查有无出血等病变。若胰腺出血，疑似高致病性禽流感；胰腺坏死，疑似高致病性禽流感、典型新城疫、腺病毒感染等；胰腺白色结节，疑似雏鸡白痢。

e. 肾脏分为三叶，边界不明显，无皮质髓质区别，检查时注意其大小、色泽、质地、表面及切面的性状等。肾有尿酸盐沉着时，可见灰白色点，肾肿大，见于肾型传染性支气管炎、镰刀菌毒素中毒等。鸡肾脏肿瘤性病变见于马立克氏病、禽白血病。

f. 法氏囊是重要的免疫器官，注意有无出血、渗出和坏死等变化。若法氏囊萎缩，疑似鸡传染性贫血、网状内皮组织增殖症、磺胺类药物中毒、黄曲霉毒素中毒等；法氏囊出血，疑似传染性法氏囊炎、禽流感、新城疫等；法氏囊形成的肿瘤，疑似禽淋巴细胞性白血病或鸡法氏囊淋巴瘤（网状内皮组织增殖病病毒感染引起）。

g. 胸腺位于颈部两侧皮下，注意检查胸腺的颜色、大小、是否有出血。若胸腺肿大，疑似网状内皮组织增殖病病毒感染；胸腺萎缩，疑似鸡传染性贫血、网状内皮组织增殖症、磺胺类药物中毒、黄曲霉毒素中毒等；胸腺出血，疑似典型新城疫病鸡。

h. 脑检查时注意脑膜血管有无充血、出血及切面脑实质的变化。如维生素 E 缺乏症雏鸡可见脑软化。

三、动物病料的采取和送检

在动物疾病临床诊断、动物检疫、兽医科学实验等过程中，均需要从动物体中采取病料，包括脏器病料、液体病料等。不同的检验目的，需要对上述病料做不同的保存、包装和运送。

（一）微生物学材料

1. 脏器病料的采取

（1）实质器官　心、肝、脾、肺、肾等实质器官脏器，应选择病变明显的部位采取2～5cm^3小方块即可。若是幼小动物，可采取完整的器官，分别置于灭菌容器内。为防止污染，每一个脏器用一套灭菌的剪、刀、镊，各脏器必须作触片或压片数张。

（2）淋巴结　采取病变脏器邻近的淋巴结，并尽可能多取几个。若采取胃肠附近的淋巴结，应防止胃肠内容物污染。

（3）肠管　用线扎紧病变明显处（5～10cm）的两端，自扎线外侧剪断，把该段肠管置于灭菌容器中，冷藏送检。

（4）皮肤　一般情况下采取大约10cm×10cm的皮肤一块，放于保存液中。能在皮肤上引起疱疹或丘疹、结节、脓疱性皮炎、皮肤坏死等病变的疫病，均可采取有病变的皮肤进行检验。

（5）脑脊髓液及管骨　脑可纵切取其一半，必要时采取部分骨髓或脊髓液。若尸体腐败，可取长骨或肋骨，从骨髓中检查细菌。某些情况下可取整个头。脑及脊髓病料浸入50%甘油生理盐水中，整个头或骨用浸过1g/L升汞溶液的纱布或油布包裹，冷藏送检。

（6）胎儿　胎儿及小动物可将整个尸体包入塑料薄膜中，或采取胎儿胃和内容物及其他病变脏器送检。

2. 液体病料的采取

（1）粪便病料　用清洁灭菌玻璃棒挑取新鲜粪便或以灭菌的棉拭子从直肠深处或泄殖腔黏膜上蘸取粪便，并立即投入灭菌的试管内密封，或在试管内加入少量pH 7.4的保护液再密封。

（2）生殖道病料　主要是动物死胎、流产排出的胎儿、胎盘、阴道分泌物、阴道冲洗液、阴茎包皮冲洗液等。

（3）胃肠内容物病料　小动物可将食管及十二指肠结扎，断端烧烙的整个胃送检。大家畜胃内容物，以无菌刀切开胃后，用灭菌匙取。肠内容物可选取适宜肠段7cm左右，两端结扎，以灭菌剪刀从结扎线外端剪断，置玻璃容器或塑料袋中。

（4）血液　通常从右心室采取心血。先用烧红的铁片或刀片烙烫心肌表面，然后用灭菌吸管或采血器抽取血液，盛于灭菌的试管或青霉素瓶中。

（5）分泌液和渗出液　眼、鼻腔、口腔的分泌液或渗出液，开放的化脓灶，可用灭菌的棉拭子蘸取，放入试管。也可将拭子上的分泌物洗在灭菌肉汤等保存液内。未破溃的脓肿可用采血器刺入脓肿，吸出脓汁注入灭菌容器内。

3. 保存、包装和运送

（1）保存　①病毒检验病料应装入灭菌的容器内，经密封并贴上标签，立即冷藏或冷冻保存，也可加入保存液中。②供细菌检验的脏器病料应分别放入灭菌的容器内或灭菌的塑料袋内，贴上标签，立即冷藏送实验室。作细菌检验的粪便病料较少时，可投入无菌缓冲盐水或肉汤试管内；较多量的粪便则可装入灭菌的容器内，贴上标签后冷藏保存，如较长时间才能送检，应加入保存液。抽吸的分泌物或渗出液，要分别放入已灭菌的玻璃瓶内密封，贴上标签，冷藏。棉拭子病料可放入灭菌试管内密封，贴上标签，密封低温保存。

（2）包装　每个组织病料应分别包装，在病料袋或平皿外面贴上标签，标签注明病料名、病料编号、采样日期等。再将各个病料放到塑料包装袋中。

（3）运送　①填写病料送检单。②运送病料要求派专人用最快速度低温运送。③送检单位向检验单位运送病料的同时必须提供送检单，包括病历、检验记录、送检目的和要求以及其他有关内容。检验室接到检样后必须签字，注明接收时间，并立即进行检验。

4. 注意事项

（1）在采取病料过程中，应注意无菌操作和注意个人防护。

（2）不同病料不能混在一起，盛装病料的容器或试管应先标明动物编号和病料名称。

（3）针对不同类病料做好充分准备。

（4）器械、用具等要充分消毒处理。

（5）病料保存和运送尽快尽早，注意包装和低温。

（二）病理学材料

1. 病理学材料采取方法

用作病理组织学检验的组织病料应选取病变最典型最明显的部位，并应连同部分健康组织一并采取，同时应该含有该器官的主要部分。例如，肾有皮质部、髓质和肾盂，脾和淋巴结要有淋巴小结部分，黏膜器官应含有从浆膜到黏膜各部，心脏应有房室、瓣膜各部等；大的病变组织不同部位可分段采取多块；若同一组织有不同的病变，应同时各取一块。切取的组织病料立即浸泡在95%酒精或10%福尔马林缓冲固定液内固定。固定液体积应是组织块体积的10倍以上，病料密封后加贴标签即可送往实验室。若实验室不能在短期内检验，或不能在2d内送出，经24h固定后，最好更换一次固定液，以保持固定效果。

作狂犬病的尼格里氏体检查的脑组织，取量应较大，一部分供在载玻片上做触片，一部分供固定，用Zenker固定液固定。做其他包涵体检查的组织用氯化高汞甲醛固定液固定。胃肠、胆囊等在固定时易发生弯曲扭转，可将组织块浆膜面向下平放在硬质泡沫板上或硬纸片上，两端结扎放入固定液中，肺组织块常漂浮于固定液面上，可盖上玻片，用脱脂棉或纱布包好后放入标签，再放入固定液的容器中。

固定组织病料时，为了简便，一般一头动物的组织可在同一容器内固定。如有数头动物的组织病料，可用纱布分别包好并附上用铅笔书写的标签后投入一个较大的容器内固定送检。组织块固定时，应将尸检病例号用铅笔写在小纸片上，70%酒精固定后投入瓶内，也可将所用固定液、病料种类、器官名称、块数编号、采取时间写在瓶签上。

2. 保存、包装和运送

（1）保存　通常病理组织学病料用10%福尔马林固定液密封保存在标本瓶内。

（2）包装　病理组织学送检病料固定好后，将组织块用脱脂纱布包裹好，放入塑料袋，再结扎备用。

（3）运送　目前多派专人送检，送检应将整理过的尸体剖检记录及临床流行病学材料一并送检，并填写送检单，以说明送检目的、要求、组织块名称、数量等；此外，送检的病料本单位应保存一套，以备必要时复查用。

3. 注意事项

（1）采取的病理材料应保证新鲜，及时放入固定液内。

（2）组织块力求小而薄，组织块大小应为长、宽 1~3cm，厚度 0.5cm 左右。

（3）正确选择组织块的切面走向。

（4）保持材料的清洁无污染。

（三）毒理学材料

毒理学材料采取、保存、包装和运送的目的是定性或定量检出毒物。毒理学材料一般采取胃和肠的内容物、肝、肾、血液以及引起中毒可疑的剩余饲料等。急性中毒急宰或冷宰肉尸，当缺少内脏时，可从胴体的不同部位取混合样。

采取的毒理学材料要分别装入清洁的容器内，并且注意切勿与任何化学药剂接触混合，密封后在冷藏的条件下（装于放有冰块的保温瓶）送出。

任务二　病理组织切片技术

病理切片能够通过显微镜下观察组织细胞损伤程度和产生的病变，对疾病的诊断和防治提供依据，随着科技的发展，在实验室诊断中，冰冻病理切片结合微生物学进行荧光抗体染色，能够快速准确诊断病原，并定位病原体侵害部位。

一、常用药液的配制方法

（一）染色剂的配制

1. Harris 氏苏木素液

甲液（苏木素 1g + 无水乙醇 10mL）、乙液（硫酸铝钾 10g + 蒸馏水 200mL）、氧化汞 0.5g。经典的配制方法：先将甲液加热溶解后，密封待用，再将乙液加热溶解至沸，去火，待溶液仍处于小沸腾状态时再将甲液徐徐倾入其中，全部混合后，再使溶液在短时间内加热至沸腾，去火，最后，将氧化汞缓慢倾入溶液中。此时液体变为深紫色，待氧化汞全部加入后，再将溶液加温至沸腾片刻，立即将溶液放入流动的冷水中，并缓缓地连续摇晃至溶液完全冷却为止。隔夜后过滤，按 5%比例加入冰乙酸混匀，过滤后保存于冰箱内备用。

2. Hansen 氏苏木素液

甲液（苏木素 1g + 无水乙醇 10mL）、乙液（硫酸铝钾 20g +蒸馏水 200mL）、丙液（高锰酸钾 1g +蒸馏水 16mL）。配制方法：先将甲液加热溶解，然后将乙液加热溶解，将甲、乙两液混合。再将丙液溶解后缓缓滴入，待全部混合后，再次煮沸 1min，冷却后过滤，即可使用。

3. 水溶性伊红溶液

水溶性伊红 1g+蒸馏水 100mL，充分混合溶解，过滤，加入冰乙酸 1 滴。

4. 醇溶性伊红溶液

醇溶性伊红 1g+90%乙醇 100mL，充分混合溶解，过滤，加入冰乙酸 1 滴。

（二）几种固定液的配制

1. 乙醇福尔马林液

95%乙醇 85mL，40%福尔马林 10mL，冰乙酸 5mL。这种固定液同时具有固定和脱水作用，多数用于病理检验的切片。从固定液取出的组织块，可直接浸入 95%乙醇或无水乙醇，不需用水冲洗。

2. 曾克液

升汞 5.0g，重铬酸钾 2.5g，冰乙酸 5mL，蒸馏水 100mL。先将重铬酸钾及升汞溶于蒸馏水中，加温溶解。临用时，取此液 95mL 加冰乙酸 5mL。固定 12~24h，固定后，用流水冲洗 12~24h，浸入各级乙醇，组织浸入 70%乙醇时，用滴碘酒法除去升汞。这是一种优良的固定剂，固定组织的细胞核和胞浆染色效果都很好。

3. 鲍因液

苦味酸饱和水溶液 75mL，40%福尔马林 25mL，冰乙酸 5mL。这是常用的固定液，穿透速度快，固定均匀，固定皮肤合适。固定后，投入 70%乙醇洗涤，至黄色消失为止。

4. 卡诺液

无水乙醇 60mL，氯仿 30mL，冰乙酸 10mL。这是渗透力最强的一种固定液，固定的组织切片适合各种染色法，新鲜标本固定 1~2h。固定细胞分裂的组织更为合适，固定后用 95%乙醇洗涤。

二、病理组织切片的种类和制作过程

病理组织切片有石蜡包埋切片法和冷冻切片法。冷冻切片无需复杂的固定，通过迅速致冷，冰冷组织保持其形态，迅速切片，染色后镜检，但观察其组织病理变化清晰度差，通常与免疫学结合，作病毒性疾病的实验室快速诊断。组织细胞中存在病毒时，可通过对冷冻切片进行对应的荧光抗体染色，镜下观察诊断是否存在病毒，并定位病毒侵害位置。现主要介绍石蜡包埋切片法。

1. 取材

标本不能随意切取，最好由解剖者本人切取。取材要求刀剪锐利，剪切时不可挤压、拉扯病料，以防人为损伤。取材的工具要清洁，采取病料要求新鲜。对于死亡的动物，病料的采取越早越好，冬天一般不超过 24h，夏天一般不超过 4h。在切取标本时，应注意以下各点。①病理组织应尽早固定。组织固定前，切勿挤压、牵拉等。②取材时必须选择正常组织与病灶交界处的组织，切片材料要一式两份，其大小以 1.5cm×1.5cm×0.5cm 为宜。③切取的组织块应包括各个器官的主要构造。④切取肿瘤标本时，应在肿瘤实质部的边缘处垂直切取。⑤组织块固定时，不要弯曲扭转，肠壁、胃壁、胆囊壁等可先平放在硬纸片上，然后慢慢放入固定液中。

2. 固定

所用固定液应为组织块体积的 10 倍。一般常用的固定液是 95%乙醇，10%中性福尔马林溶液（40%福尔马林 100mL，蒸馏水 900mL，磷酸二氢钠 4.0g，磷酸氢二钠 6.5g）。

3. 脱水

固定的组织必须把其内的水分除去。但脱水剂必须是与水在任何比例下均能混合的液体，脱水剂兼有硬化组织的作用。最常用的脱水剂为乙醇、丙酮等。从低浓度乙醇到无水乙醇，依次脱水。如 80%乙醇→90%乙醇→ 95%乙醇→无水乙醇（2 次），每个浓度脱水 30min~1h。

4. 透明

常用透明剂为二甲苯，穿透力较强，透明时间 15~30min，停留时间不宜过长。

5. 浸蜡

先将组织块放入二甲苯加石蜡各半的混合液中，于 52~58℃恒温箱内放置 1h，然后将标本移入保持在 52~56℃恒温箱中的石蜡 2~3h 或更长时间。一般浸蜡时间为4~6h。

6. 包埋

将融化的石蜡倒入内面涂有液体石蜡的金属包埋框中，再将浸过蜡的组织块放入包埋框的中央，并将准备切的组织面向下，等到石蜡表面形成薄膜时，立即将包埋器沉入冷水内 15~20min，取出石蜡块加以修整，组织外面应留有适当的石蜡。

7. 切片

将蜡块固定在石蜡切片机上，使蜡块的切面与刀口成平行方向，转动圆盘，调整切片厚度，切成 4~6μm 厚度的切片。

8. 展片

将水温提高到 40~45℃（切勿再高），将切好的蜡片放在水浴锅内，使蜡片在水面上展平。

9. 捞片贴附

蜡片充分展开后，将涂好蛋白、甘油的玻片伸入水中，以 45°倾斜贴近水平的蜡片，并在水面下将蜡片托带在玻片上。用小镊子调整蜡片于载片的适当位置上，放在 40~50℃的恒温箱内烘干 2~4h。

10. 脱蜡染色

采用苏木精-伊红（HE）染色法，操作顺序为：组织片经二甲苯脱蜡 2 次，每次 10~20min。脱二甲苯。使用无水乙醇，2 次，每次 5~10min。从高浓度乙醇到低浓度乙醇，即 95%、80%、70%、50%，各 2~5min。然后水洗 5min。移入 Harris 氏苏木素液内 10min。水洗，移入 10g/L 盐酸乙醇分化 30s，在加数滴饱和碳酸钠溶液的水中分化 30s。流水充分洗涤。移入 10g/L 伊红水溶液复染 1~2min。水洗，脱水，使用 85%、90%、95%和无水乙醇各 5min。二甲苯透明 5~10min。

11. 封固切片

将已透明的切片从二甲苯中取出，适当擦去二甲苯，在切片部位上，滴一滴光学树脂胶。随即用盖玻片盖上，轻压排出气泡。贴上标签，烘干。

◎ 复习思考题

一、单选题

1. 微生物病料送检实验室时要封闭在（　　）里面带回

A. 75%酒精　　B. 甘油　　C. 10%甲醛

D. 冰块　　E. 广口瓶

2. 败血症死亡的动物最不可能是（　　）

A. 无尸僵　　B. 天然孔出血　　C. 切开时血凝不良

D. 淋巴结没变化　　E. 皮肤黏膜色泽暗红

3. 下列（　　）不是畜禽共有的免疫器官

A. 淋巴结　　B. 扁桃体　　C. 法氏囊
D. 胸腺　　E. 脾脏

4. 白炽灯下剖检，淤血色泽容易看成（　　）

A. 出血　　B. 贫血　　C. 充血
D. 溶血　　E. 凝血

5. 为了对剖检有针对性，剖检前要（　　）

A. 检查器械　　B. 问诊畜主　　C. 了解具体品种
D. 选择场地　　E. 选择时间

二、简答题

1. 试述家畜的尸体剖检术式及要点。
2. 试述家禽的尸体剖检术式及要点。
3. 尸体剖检前有哪些准备？
4. 怎样采取各种病料？注意事项有哪些？
5. 简述石蜡切片制作过程。

实训一　家畜的尸体剖检技术

【目标要求】通过剖检实训使学生掌握家畜的尸体剖检术式，为综合分析病理变化和临床诊断打好基础。

【实训用品】

（1）动物　病死的猪、羊等。

（2）器械　剥皮刀、解剖刀、手术刀、肠剪、骨钳、锯、骨斧、镊子、手术剪、卷尺、注射器、针头、瓷盘等。采集病料常用器具。

（3）药品　1g/L 新洁尔灭溶液、30g/L 来苏儿溶液、30g/L 碘溶液、70%～75%乙醇、10%福尔马林溶液或95%乙醇、药棉、纱布等。

【内容和步骤】

（1）外部检查　①对皮肤的检查需认真仔细。提示：如亚急性猪丹毒时，可见大小比较一致的方形、菱形或圆形疹块。急性猪瘟，皮肤多有密集或散在的出血点、淤血点。②下颌淋巴结、扁桃体及附近组织的检查不可忽视。提示：猪炭疽病时，有下颌淋巴结出血、坏死性炎症或周围组织水肿等特征性病变。

（2）内部检查　大猪的腹腔和胸腔的剖开法与牛相似。但个体小的猪和幼龄猪可采取简单一次剖开法。具体方法：①背卧位，通常不剥皮。切割两前肢内侧与胸壁相连的皮肤、肌肉，将肢体平置于两侧地上。②切割两后肢内侧腹股沟部的皮肤、肌肉，使髋关节脱臼，将肢体向两侧搬压外展。③在下颌间隙切割、分离皮肤和皮下脂肪组织，并从切口向后延伸于颈、胸和腹部两侧。④抓起已切割的下颌部皮肤和皮下脂肪组织，沿上述颈、胸和腹部两侧切口，一直向后做水平切割。这样颈部、胸和腹部器官即暴露。

（3）腹腔器官的取出和检查　①腹腔打开后，先剥离大网膜，取出脾。注意脾的大小、质量、颜色、质地、表面和切面的状况。②取出腹腔器官。先进行皮下脂肪和腹腔器官位置、腹水量和性质观察，再依次取出脏器，分别进行检查。注意肠系膜淋巴结和腹腔、骨盆腔各器官内脏局部淋巴结的检查和腰荐淋巴结的病理变化。一些急性传染病时，上述淋巴结出现一致的较明显的变化。

（4）根据症状和需要，可打开颅腔检查大脑，根据剖检所见的变化，进行综合分析，判断病变的主次，最后对死亡的病畜提出诊断病因，并提出处理意见和建议。

【实训报告】撰写报告，写出剖检病理变化，结合病畜生前临床症状及其他有关资料，做出诊断。并写出实训体会。

实训二　家禽的尸体剖检技术

【目标要求】掌握家禽的尸体剖检技术。识别病理变化，做出初步诊断，为鸡病防治提供依据。

【实训用品】

（1）动物　养鸡场病死鸡。

（2）器械　手术刀、镊子、手术剪、瓷盘等。采集病料常用器具。

【内容和步骤】

（1）剖检前调查　了解病死鸡的基本情况，包括死前症状、其他同类状态、饲养条件及免疫情况。

（2）外部检查　天然孔及分泌物检查、体表检查、营养状况等。

（3）内部检查　①剥皮及皮下检查。②体腔剖开与检查。

（4）脏器的采出和检查　应注意特殊器官如气囊、法氏囊、胸腺、肾、盲肠扁桃体的检查。

（5）通过实训，初步对疾病做出疑似诊断，也可通过实验室进一步确诊。

对疾病的描述，要用通俗客观的语言加以表述。

【实训报告】撰写实训报告，填写家禽尸体剖检记录，写出剖检诊断体会。

模块四　药物代谢动力学

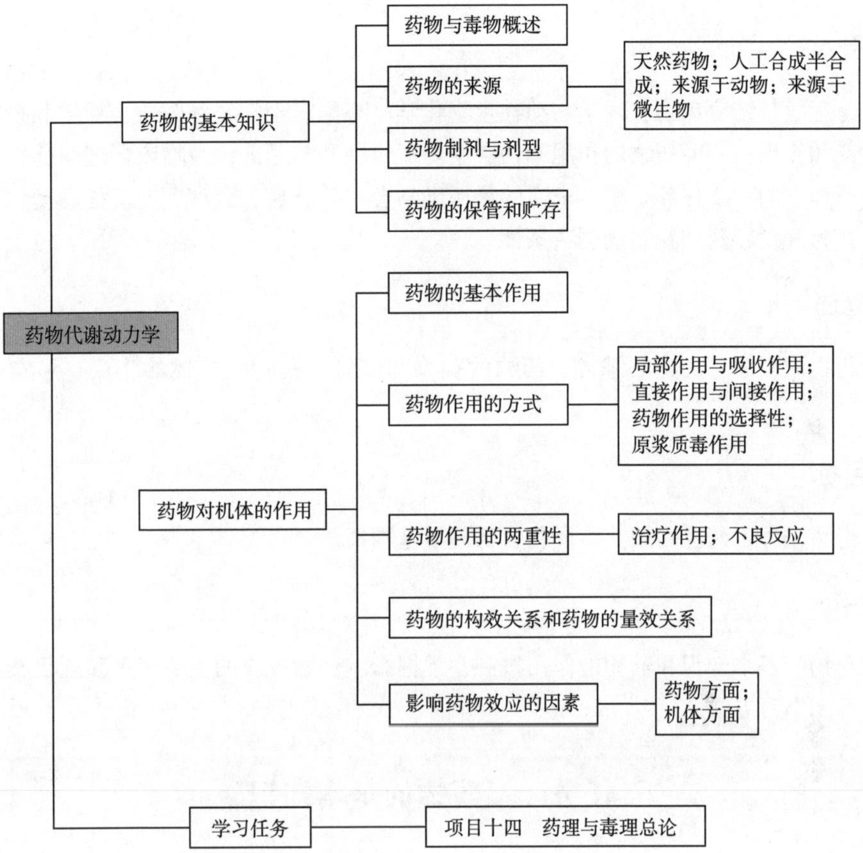

药物代谢动力学
药物的基本知识
药物与毒物概述
药物的来源
天然药物；人工合成半合成；来源于动物；来源于微生物
药物制剂与剂型
药物的保管和贮存
药物对机体的作用
药物的基本作用
药物作用的方式
局部作用与吸收作用；直接作用与间接作用；药物作用的选择性；原浆质毒作用
药物作用的两重性
治疗作用；不良反应
药物的构效关系和药物的量效关系
影响药物效应的因素
药物方面；机体方面
学习任务
项目十四　药理与毒理总论

项目十四 药理与毒理总论

◎ 情境引入

兽医药理学是结合动物生理学、动物生物化学、兽医病理学、兽医微生物学和兽医免疫学等基础理论和知识，阐明药物的作用原理、主要适应证和禁忌证，为临床合理用药提供理论基础。兽医药理学的主要任务是培养未来的兽医师学会正确选药、合理用药、提高药效、减少不良反应，并为开发新药和新制剂创造条件。

◎ 任务描述

包括药物的概念、药物的来源、药物的剂型与制剂、药物对机体的作用、影响药物作用因素。

◎ 技能目标

掌握药物来源、药物作用，掌握兽医药理学基本概念。

◎ 知识目标

掌握药物的基本知识和药物的作用机制，掌握影响药物效应的主要因素和配伍禁忌，明确处方的内容和书写方法。

任务一　药物的基本知识

一、药物与毒物的概念

药物是人们用来预防、治疗和诊断疾病或用以调节动物机体生理功能并规定其作用、用途、用法、用量的物质。从理论上说，凡是能影响机体器官生理功能及细胞代谢活动的化学物质多属于药物范畴。药物或多或少具有一定的毒性，药物与毒物没有质的区别，只是剂量不同。因此在使用时，剂量不当就会出现毒性反应。随着现代科学技术的迅猛发展，动物药业也有了新的突破，新品种、新剂型又不断开发，尤其是副作用小、无残留的中草药制剂不断投入使用，进一步为开发绿色畜禽产品提供了可靠的保证。

毒物是一个相对的概念，在特定的条件下，几乎所有的外源化学物质都有引起机体损害的潜力。以马杜霉素为例，在饲料中添加浓度为 5mg/kg 的条件下，能够预防雏鸡的球虫病，是药物；而当饲料中的浓度达到 6mg/kg 时，就会抑制鸡的生长；当达到 9～10mg/kg 时，就会引起中毒，成为毒物。正如毒理学家 Paracelsus 所说："物质本身并非毒物，只有在一定剂量下才变成毒物；毒物和药物只是剂量的不同。"另外，使用方法不同也会将药物变成毒物，如硝酸银作为消毒剂外用时能够抑制绿脓杆菌生长繁殖，口服时则会引起重金属盐中毒。

二、药物的来源

视频：药物的来源和贮存方式

兽医临床上使用的药物，就其来源大致可以分成两类：自然界存在的即天然药物和通过化学方法人工合成的药物。

（一）天然药物

1. 植物性药物及其成分

植物性药物是利用植物的根、茎、叶、花、果实和种子通过物理加工而制成的。兽医临床广泛使用的中草药绝大多数来源于天然植物。植物性药物来源广泛，资源十分丰富，是防治人、畜疾病的重要物质。植物性药物所含化学物质成分十分复杂，常用的有效成分主要有生物碱、糖苷、挥发油、氨基酸等物质。

2. 矿物性药物

矿物性药物是直接利用原矿物或其制品的药物。属无机盐类药物，常用的有钠、钾、钙、镁、铝、锌、铁、铜、银、汞、铋、铅、锑、砷等与酸生成的盐类及氢氧化物、氧化物。矿物质是畜禽机体不可缺少的营养物质，因此，除供医疗用药外，还广泛用作饲料微量元素添加剂，用以补充动物机体微量元素的需要，促进生长、发育和繁殖，提高畜禽产品的产量。

3. 动物性药物

动物性药物是利用原动物或动物组织、器官经过加工或提炼而成，如胎盘组织液。

4. 微生物药物

微生物药物从某些微生物的培养液中提取。如青霉素是从青霉菌的培养液中获得；根据微生态学原理，利用有益微生物或其促进物质制成能调节机体微生态平衡的活性微生物制剂，如益生素、乳酶生等；根据免疫学原理，利用微生物制成的菌苗、疫苗，还有血清诊断液等均属于微生物类的生物药品。

（二）人工合成药物

人工合成药物，是利用化学的方法，如分解、结合、取代、加成等合成的药物。这类药物大多是有机化合物，组成复杂、种类繁多、作用各异。如目前临床上常用的维生素 B_1、维生素 C、肾上腺皮质激素、性激素、磺胺类药物以及人工合成、半合成的抗生素等。

三、药物制剂与剂型

制剂是根据药典或药品规范将药物制成一定规格的并直接可以用于动物的药物制品，如葡萄糖注射液、泰乐菌素可溶粉、利福平片、磺胺嘧啶钠溶液。

剂型是药物经过加工制成的适合防治疾病应用的一种形式。一般指制剂的形态，如片剂、注射剂、膏剂、散剂等。按其形态分类，可分为液体剂型、半固体剂型、固体剂型等。不同剂型其疗效速度也不一样，液体制剂疗效最快，固体制剂较慢，半固体制剂多为外用。

（一）液体剂型

1. 溶液剂

溶液剂一般指可供内服或外用的澄明溶液。其组成多由两种或两种以上化学药物呈分子或离子状态均匀地分散在溶媒中。溶媒多为水，溶质多为不挥发性化学药物，可供内服和外用，如庆大霉素溶液，也有用醇或油作溶媒的，如维生素A油溶液。

2. 注射剂

注射剂又称针剂，是指灌封于特别容器中经灭菌处理的药物溶液、悬浊液、乳浊液或粉针剂，需通过注射器注射进入机体内的一种给药剂型，如磺胺嘧啶钠注射液。

3. 气雾剂

气雾剂是指液体或固体药物利用雾化器喷出的微粒状制剂。可供皮肤和腔道等局部应用，或由呼吸道吸入后发挥全身作用，也可做环境消毒、除臭和杀虫等。

4. 煎剂

煎剂及浸剂均为生药材的水性浸出制剂。煎剂一般为生药加水煎煮一定时间后去渣内服的液体剂型。

5. 乳剂

乳剂是指两种或两种以上互不相溶或部分相溶的液体（如油和水）加入乳化剂后制成的乳状浑浊液，是一种不均匀分散的液体药剂，它包括水相和油相，如明胶、阿拉伯胶、山梨醇酯等。

除此之外，还有酊剂、流浸膏剂、擦剂、芳香水剂等液体剂型。

（二）半固体剂型

从外观上看呈半固体状态，包括稠剂、浸膏、软膏剂、舔剂等。

（三）固体剂型

1. 丸剂

丸剂是指一种或多种药物加水及赋形剂均匀混合制成的丸状剂型，如五积散、六味地黄丸。

2. 散剂

散剂是指一种或多种药物经粉碎后混合均匀制成的干燥粉末状制剂，或与固体赋形剂（如白陶土、石粉等）混合而成。根据用法，可分为混水的水溶性粉和混饲的散剂，如水溶性阿莫西林粉剂、微量元素预混剂。

3. 片剂

片剂是指一种或多种药物与赋形剂混合经加压制成的扁平或上下略凸起的圆片剂型。一般为内服制剂，如大黄苏打片、酵母片、土霉素片等。片剂具有计量准确、质量稳定、服用方便等优点。

除此之外，还有胶囊剂、栓剂等剂型。在兽医临床上不常应用。

四、药物的保管和贮存

药物在仓库贮存过程中要进行妥善的保养和维护，它对药物的贮存安全、保证质量、减少损耗、促进流通都具有重要意义，是防止药物变质、药效降低、毒性增加和发生意外的重要环节。

1. 药物的保管

按国家规定的管理办法建立严格的管理制度，实行专人、专账、专室、专柜保管。对毒、剧药品及麻醉药品更应按国家法令严格管理、保存。同时，注意安全，加强防火、防盗措施。

2. 药物的贮存

药典对药物的贮存都有具体的要求。总的原则是：遮光、密闭、密封、溶封或严封，在阴暗处、冷处等贮存。药物贮存不当，可引起药物变质、失效，甚至毒性增强。如弱毒苗通常在-15℃条件下贮存，在0℃以上贮存则很快失效，灭活苗通常在2~8℃贮存，冷冻贮存则失效。应根据药物的理化性质、用途、包装、质量和形态，正确的选择仓位、堆码，合理充分利用仓库面积，提高仓库的利用率。还要注意各类药物应分门别类进行贮存，并有利于仓储安全、检查盘底和药物出库。

任务二　药物对机体的作用

在药物的影响下，机体发生的生理、生化功能或形态的变化称为药物的作用或效应。药物的作用是研究机体在药物的影响下所产生的功能变化，或抑制杀灭病原体。药物在体内的变化过程称为药物代谢。药物作用和药物代谢是药物与机体相互作用表现的两个方面。

一、药物的基本作用

药物的作用十分复杂，对机体反应主要表现有以下几个方面。一般地说，药物作用于机体后，机体的功能活动增强称为兴奋；功能活动减弱称为抑制；功能活动由低于正常水平升高至正常称为强壮；由过度兴奋状态降至正常称为镇静；神经系统一部分或大部分功能暂停，经一段时间可以恢复过来称为麻醉；神经系统的活动完全停止而不易恢复称为麻痹。

药物的兴奋和抑制作用是可以转换的，与机体当时的功能状态也有关。当兴奋药的剂量过大或作用时间过长时，往往会在兴奋之后出现抑制。同样，抑制药在产生抑制之前也可能出现短暂而微弱的兴奋。

药物是改变机体功能活动的外界因素。药物作用机体后，可使动物产生病理或生理功能的改变，这主要取决于机体本身的功能状态。在一些物理、化学、病原微生物的作用下，机体组织器官的机能活动失去了生理平衡状态，表现出功能紊乱，导致疾病的发生。治疗量的药物可促使机体的功能活动由病理状态向正常生理方面转化。在这一转化过程中，机体的组织、器官的结构必须是可以恢复正常的。与此同时，机体本身的防卫功能能借助药物的作用不断增强，否则药物是不能达到预期治疗效果的。例如，心脏衰竭应用洋地黄治疗可以恢复心脏正常活动。但此时，心脏在形态、结构上必须是能够恢复正常的。如果发生了器质性病变，以致形态结构不能恢复原来的形态，洋地黄是难以恢复这种病态心脏的生理功能的。由此可见，药物在治疗过程中，虽然是一个重要因素，但不是决定的因素。

此外，药物对机体的作用是多方面的，不是单一的，药物对不同器官可以产生不同的作用。例如，中枢兴奋药咖啡因对心脏呈现兴奋作用，使心脏活动加强加快，但对血管有扩张、松弛作用。

二、药物作用的基本方式

根据药物作用部位、选择性和用药目的，药物作用的基本方式可分为以下几种类型。

1. 局部作用与吸收作用

药物在给药部位所产生的作用称为局部作用，即药物未吸收入血液之前，在用药部位所产生的作用，如松节油、浓氨水、斑蝥素等涂擦在局部皮肤，可引起发泡和发红现象；局部麻醉药注入神经末梢所出现的局部麻醉作用。药物吸收入血液之后，随血液循环分布到全身组织器官所产生的反应，称为吸收作用或全身作用，如静脉注射水合氯醛出现的麻醉作用、阿司匹林内服后产生的解热作用。由于机体各部位是由神经体液联系的，药物局部作用常通过神经反射和体液传递产生全身性作用。

2. 直接作用与间接作用

药物进入机体后首先发生的原发性作用，称为直接作用，即药物直接作用于组织器官所产生的反应，如双氢氯噻嗪直接作用于肾小管，加强水钠排出而呈现利尿作用。由于药物直接作用的结果引起其他组织器官的继发反应，称为间接作用。这种作用是通过神经反射、体液调节而实现的，也称为继发作用。如洋地黄致使心肌收缩力加强，改善血液循环，间接增强了肾脏的血流量，使原尿量增多，可表现出利尿作用。

3. 药物作用的选择性

多数药物在使用适当剂量，并非所到达的组织器官都能产生同等程度的反应，而是只有某一器官可产生特有的反应，而对其他器官组织作用较小，或不产生作用，这种情况称为药物作用的选择性或选择性作用。如缩宫素对子宫平滑肌具有高度选择性，常用于催产。

应该指出的是，药物的选择作用是相对的，不像抗毒素和抗体的选择作用那样具有高度特异性，往往与剂量有关，随着剂量的加大，选择性就可能降低。例如，咖啡因对大脑皮质具有选择性的兴奋作用，但剂量稍大，则兴奋可波及延脑。

在临床上，药物的选择作用越强，其临床治疗价值越大。寻找具有高度选择性作用的药物以代替选择性较低的药物，是现代药理学研究的一项重要课题。

4. 原浆质毒作用

药物的原浆质毒作用，是指一种药物对一切活体组织细胞表现出的同等程度的作用，无选择性。在临床应用时，对这类药物应慎重，以防发生中毒。这类药物刺激性较大，例如，酚类、醛类都能使蛋白质变性；重金属类和砷剂能与含巯基（—SH）的酶结合，使酶失去活力，可导致所有含此酶的活体组织细胞丧失固有的生理功能。

掌握药物基础理论，未来随着科技不断进步，通过研究药物作用机制，可以不断开发新药物，提高医疗服务质量，发展医疗科技。

三、药物作用的两重性

药物作用的两重性是指药物的治疗作用和不良反应。药物作用于机体后，既可产生对疾病有防治效果的作用，同时也会产生与治疗无关，甚至对机体造成损伤的作用。

1. 治疗作用

临床用药对疾病能达到预想疗效的作用称为治疗作用。药物的治疗作用，一般分为对因治疗和对症治疗两种。前者以预防和消除病因为主，如消毒药水在流行传染病时的消毒作用、疫苗的接种、用林可霉素治疗猪链球病、链霉素治疗结核病；后者则以消除疾病的症状为主，如双氯酚酸钠可使发热动物的体温降至正常。

对因治疗和对症治疗是相辅相成的。在临床应用时，应遵循祖国医药学“急则治其标，缓则治其本”的标本缓急治疗原则。

2. 不良反应

在治疗过程中，药物对机体产生与治疗无关的反应，称为不良反应或不良作用。它包括副作用、毒性反应、特异质和过敏反应等。

药物的治疗作用与不良反应也是相对的，二者之间可以相互转换。有时药物的不良作用，在一定情况下可以成为治疗作用，而治疗作用也可以转换为不良反应。

（1）副作用　副作用指药物在治疗剂量时，伴随着治疗作用而出现的某些与治疗无关的有害作用。例如，阿托品解除平滑肌痉挛，同时可引起口腔干燥。反之，阿托品作麻前给药时，可使消化腺体分泌减少，从而达到了用药目的，是治疗作用，但引起胃肠迟缓积食，这又是副作用。

（2）毒性反应　毒性反应是指用药剂量过大或蓄积过多而使机体发生的严重功能紊乱或病理变化。毒性反应主要是由于药量过大、长期反复使用同一种药物或动物排泄功能降低等引发的。只要按规定剂量、疗程用药，一般可以避免毒性反应。

（3）过敏反应　药物的过敏反应，是动物对某一药物的变态反应。常见于过敏体质的个体，是一类免疫反应。过敏反应在第一次用药时不一定发生，只是在经过一个潜伏期之后，再应用原药或有关的药物时才表现出来。现用的疫苗、异种动物血清等是完全抗原，可引起变态反应。变态反应的症状表现是皮疹、支气管哮喘、血清病综合征，以致过敏性休克。过敏反应是特异质个体的一种特殊反应，这种反应与剂量无关，且不同的药物可能出现相似的反应，难以预知。某些动物个体对某种药物的敏感性也可能表现出明显不同，这种质的差异是由遗传因素决定的，称为特异质。

四、药物的构效关系

药物的作用强弱与两个因素有关，一是药物到达受体所在点的有效浓度；二是药物与受体作用的强弱。这两个因素都与药物的化学结构有着密切关系。这就是说，药物的作用效果与药物的化学结构有直接关系。所谓药物的构效关系，是指特异性药物的化学结构与药物效应之间的密切关系。结构类似的化合物能与同一受体结合产生相似的作用，如氨甲酰胆碱和麻黄碱的结构分别与体内神经递质乙酰胆碱及肾上腺素相似，因此，它们具有拟乙酰胆碱和拟肾上腺素的作用。相反，基本结构相似的抗组胺药与体内生物活性物质组胺可竞争同一受体而产生拮抗作用。

特异性药物的化学结构相同，但立体结构不同，即旋光性不同，则药理作用有很大差异。例如，对氨苯甲酸与对氨苯磺酰氨的结构相似，但作用相反，前者能对抗后者的抑菌作用。左旋咪唑有驱虫作用，右旋咪唑不但无驱虫作用，还有毒性。

五、药物的量效关系

药物的量效关系，是指在一定范围内，药物的效应与剂量之间的密切关系。即效应随着剂量的改变而改变。药物剂量的大小影响其作用强度，剂量由小到大，所产生的作用有一个从量变到质变的过程。例如，小剂量大黄有健胃作用，中等剂量有止泻作用，大剂量则有下泻作用。量效关系定量分析和阐明了药物效应与剂量间的规律。

药物产生治疗作用所需要的用量称为剂量。任何药物必须达到一定的用量，在机体吸收后达到一定的药物浓度，才能出现药物的作用。在一定范围内，剂量大小与药物作用强度成正比。剂量过小，不出现药理作用，称为无效量。使机体开始出现效应的药量，称为最小有效量。比最小有效量大，并对机体产生明显效应，又不引起毒性反应，称为有效量或治疗量，即通常说的常用量或剂量。随着剂量的增加，药效强度增大，达到最大药物效应的量称为极量。超过极量，药物作用由量变转化为质变，使机体发生毒性反应。超过极量并引起毒性反应的剂量称为中毒量。能引起中毒的起码量称为最小中毒量。比中毒量大并能引起动物死亡的量称为致死量。为确定一种药物的治疗指数，常采用半数有效量（ED_{50}，对 50%动物有效的剂量）和半数致死量（LD_{50}，引起 50%动物死亡的剂量）来衡量药物的效价和毒性。

药物的最小有效量与最小中毒量之间的范围称为安全范围或安全度。即最小有效量与最小中毒量之间的差距。其差距越大，药物越安全，反之则不安全。《中国兽药典》规定了药物的常用量，对毒、剧药还规定了极量。

药物剂量的单位，固体药物以克（g）为单位，液体药物以毫升（mL）为单位，有的药物以效价为单位（IU），如青霉素、链霉素、脑素等都是用效价单位表示。效价又称强度，是指产生一定效应所需的药物剂量大小，剂量越小，表示效价越高。

六、影响药物效应的主要因素

视频：影响药物作用的因素

药物对机体的作用要受很多因素的影响，有以下几个方面。

（一）药物方面

1. 药物的理化性质

药物对机体作用的强弱与药物到达受体的有效浓度和药物与受体作用的强弱有关。而药物的吸收、分布与其理化性质有关。药物理化性质影响药物通过生物膜，如药物的脂溶性、pH、溶解度以及化学结构均能影响药物的作用。

脂溶性药物可以溶解在生物膜的类脂性物质中，故容易通过细胞膜，相反，非脂溶性药物则难以通过。强酸与强碱是高度电离物质，不易渗入组织。弱酸与弱碱在体液内部分电离，而以未电离分子的形式通过细胞膜。物质通过细胞膜的难易，与其电离度有关，酸碱越强，电离度越大，则吸收越难，反之，弱酸弱碱则易于吸收。

药物分子大小也决定着药物是否能够渗透扩散到特殊组织。动物细菌性脑炎时，能够透入血脑屏障的主要有磺胺嘧啶钠、氯霉素这些分子较小的抗菌药物。溶血性链球菌诱发风湿性关节炎，选用乌洛托品进入关节囊致密组织进行抗菌。

2. 药物的剂量

药物剂量的大小影响其作用强度，在一定范围内，剂量由小到大，药物的效应随剂量的增加而增强。因此，准确地选择剂量，才能达到预期药效。

3. 药物的剂型

药物的剂型可影响药物的体内过程，主要表现在吸收和清除两个方面。同一药物的不同剂型，吸收快慢不一样，注射剂吸收快，口服剂吸收慢。控释制剂和缓释剂可使药物缓慢释放，延长药物吸收时间和有效血药浓度时间，从而减少用药次数。

4. 给药途径

一般来说，给药途径取决于药物的剂型。不同的给药途径可直接影响药物作用的快慢和强弱，甚至产生质的差别。如硫酸镁溶液口服可用于治疗便秘，起下泻作用，作静脉注射则引起中枢抑制。依药物出现作用时间的快慢，其排序为静脉注射>肌内注射>皮下注射>内服。在临床用药时，应根据病情和药物制剂特点，选择适当的给药途径。

动画：药物口服吸收入血途径

口服给药时，一部分因食物的阻碍没有吸收随粪便排出体外，有些药物并不从消化道吸收。药物经过胃肠黏膜吸收，从肠系膜静脉汇集进入肝脏，部分被肝脏灭活失去药理活性，即第一关卡效应，没有被灭活药物从肝门静脉进入后腔静脉，从心脏进入全身，因此，口服给药的剂量通常是注射给药的 2 倍。直肠给药时，药物吸收迅速，不经过肝脏直接进入后腔静脉，没有第一关卡效应。个别药物可以吸入给药，皮肤黏膜给药吸收。

5. 给药时间和次数

为了达到治疗目的，通常需要连续用药一定时间，这一过程称为疗程。在这一疗程中，每天给药的次数和时间，应根据药物在体内的半衰期和病情而定。一般来说，吸收快，排泄也快的药物，需要短时间多次给药；吸收慢，排泄也慢的药物，则间隔时间可以长些。就是说，必须保持药物在体内维持有效的血药浓度，使药物持续发挥作用。

6. 药物的相互作用

药物的相互作用是指两种或多种药物同时或先后使用时，改变了原有的药理效应或毒性反应。药物的相互作用可产生两种结果。①协同作用：联合用药后，各药的作用相似，使药效增强，称为协同作用。协同作用又可分为相加作用和增强作用。相加作用即为两药分别作用的总和；增强作用即药效大于各药分别作用的总效应。②拮抗作用：两药合用，药效减弱，即小于它们分别作用时的总和。

7. 配伍禁忌

两种或多种药物合用后，其作用相互减弱或抵消，甚至引起机体产生毒性反应，用药应予避免，称配伍禁忌。配伍禁忌可分为三种，即物理性配伍禁忌、化学性配伍禁忌、疗效性配伍禁忌。

（二）机体方面

动物种类不同，其解剖结构、生理功能和生化反应也不同，对药物的敏感性也存在差异。例如，反刍动物有复胃，呕吐中枢不发达，催吐药酒石酸锑钾可引起猪呕吐，但对牛、羊只起促进反刍或祛痰的作用。又如，浓盐水静脉注射兴奋迷走神经，反刍有明显效果，胃肠蠕动明显，单胃动物胃肠反应差。

不同年龄、性别、不同生理阶段的动物对药物的反应也不一样。一般来说，老龄和幼龄家畜对药物的耐受性小些，如幼畜对可拉明敏感。但也有例外，如幼畜对阿托品、洋地黄的反应没有成年动物敏感。

不同性别的动物，对药物的反应也不一样。如脑垂体后叶素对公畜无治疗作用，而对母畜则有催产和促进副性征发育和形成的作用。

同一种类，不同的个体对药物的反应也有差异。肥胖的比体格瘦弱的用药量大些，即使体重相同的不同个体，对一些药物也表现出量的差异，主要表现为耐受性和高敏性。

动物的神经类型和病理状态，也影响药物的作用，例如，动物兴奋时，溴化物的镇静作用最明显；处于抑制状态时，咖啡因的作用较为突出。又如，动物发烧疾病状态时，使用解热药可使动物体温下降，动物正常体温时使用解热药，对动物没有影响。在病理状态下的机体可改变药物在体内吸收、分布、转运和排泄。如肝功能不全时，可引起药物半衰期延长或缩短。

◎ 复习思考题

一、名词解释

药物、毒物、局部作用、吸收作用、直接作用、间接作用、药物作用的选择性、治疗作用、不良反应、副作用、毒性作用。

二、填空题

1. 药物与毒物没有明显的界限，仅仅是________的差别。

2. 兽医临床使用的药物，按照来源可分为________和________两类。

3. 天然药物按照来源分为________，________，________和________四类。

4. 不同剂型产生药理学作用的速度有所差异，其中________产生药理学作用最快，而固体制剂较慢。

5. 药物的不良反应包括________、________、________等。

三、简答题

1. 药物来源于哪些方面？并举例说明。

2. 药物的制剂分哪几类？

3. 药物作用的方式有哪些？请分别举例说明。什么是选择性作用？在临床上有何意义？

4. 药物的不良反应有哪些？如何避免？

5. 什么是配伍用药？配伍的主要目的是什么？

6. 影响药物作用的因素有哪些？临床上有何意义？

7. 剂量对药物作用有何影响？

8. 本项目为药理总论，对药物各章节具有概括指导作用，讨论如何学习各药物。

9. 皮肤黏膜给药或肌内注射吸收，能否在粪便中检测出该药物？其到达肠内途径是怎样的？

实训一　药物的配伍禁忌

【目标要求】通过实训了解和观察药物配伍禁忌常见的物理性、化学性变化现象，掌握处理配伍禁忌的一般方法。

【实训用品】松节油、液体石蜡、樟脑醑、乌洛托品散剂、水杨酸苯酯（或水杨酸钠）、黄连素水溶液、磺胺噻唑钠溶液、50g/L 氯化钙溶液、50g/L 碳酸氢钠溶液、稀盐酸、碳酸钙、100g/L 氯化高铁溶液、鞣酸、高锰酸钾、苦味酸、试管、试管架、2mL 和 5mL 玻璃注射器、吸管、天平。

【内容和步骤】

（1）物理性配伍禁忌

①分离：取试管两支，一支加松节油和水各 1mL，另一支加液体石蜡和水各 1mL，充分振摇混合，静置 10min 后，观察分离现象。②沉淀：在试管中先加入樟脑醑 2mL，然后加入水

1mL，混合后使樟脑发生沉淀。③液化：将乌洛托品散剂与水杨酸苯酯（或水杨酸钠）混合研磨，则发生液化而黏结，使药效降低。④潮解：取碳酸钠和乙酸铅各 3g 于研钵中共研即潮解。

（2）化学性配伍禁忌

①沉淀：取试管 1 支加入黄连素的水溶液与磺胺噻唑钠溶液各 2mL 混合，则发生沉淀；另取 1 支试管加入 50g/L 氯化钙溶液和 50g/L 碳酸氢钠溶液各 3mL，混合后立刻产生碳酸钙沉淀。②产气：取试管 1 支加入稀盐酸 5mL 与碳酸钙 2g，混合后立刻放出白色烟雾。③变色：取一支试管先加入 100g/L 氯化高铁溶液 3mL，再加 1g 鞣酸，则溶液变为绿色、蓝色或黑色。④爆炸或燃烧：取高锰酸钾 3 份和苦味酸 2 份分别于研钵中研细，然后在纸上轻轻混拌均匀，备用。然后用普通圆柱形铅笔作轴，将硫酸纸绕铅笔制成圆筒并用糨糊黏合，取下剪成 1.5cm 的小段。每个小段一端折叠闭合，从另一端装入适量制备好的混合药粉，再将这一端也折叠闭合。最后将此制备的小药包立放于石粉地面上，用锤猛击则立即爆炸。

【实训报告】分析配伍禁忌产生的主要原因和表现，实践中如何避免配伍禁忌，写出实训报告。

实训二　常用药剂的配制

【目标要求】掌握不同浓度溶液的稀释法和溶液剂的配制法，为临床防治打下基础。

【实训用品】高锰酸钾、碘、碘化钾、甘油、蒸馏水；天平、量杯或量筒、漏斗、滤纸、漏斗架、玻璃棒、下口瓶、小磨口玻璃瓶、酒精密度计、研钵、水浴锅、软膏板、软膏刀、软膏罐、纱布、5 号药筛。

【内容和步骤】

（1）溶液剂的配制　溶液剂是指将药物溶解于溶媒中的澄明溶液。溶媒主要为蒸馏水或沸水，其次有乙醇和甘油等。配制步骤：溶解→过滤→添加溶媒至全量。

①10g/L 高锰酸钾溶液的配制。处方：高锰酸钾 1g、蒸馏水加至 100mL。制法：取高锰酸钾 1g 置 100mL 量杯中，加热蒸馏水约 80mL，搅拌溶解，过滤后再添加蒸馏水适量至 100mL，即得。

②复方碘溶液的配制。处方：碘 5g、碘化钾 10g、蒸馏水加至 100mL。制法：取碘化钾 10g 溶于约 10mL 蒸馏水中，加碘搅拌溶解后，加水约 70mL 稀释，过滤，再加水至全量。为加速碘溶解，可用研钵进行，于碘化钾溶解后加碘在研钵中研磨，边研磨边加入少量蒸馏水，待溶解后，倒入量筒中，然后以少量蒸馏水洗涤研钵，洗液倒入量筒中，过滤，加水至全量即得。

③碘甘油的配制。处方：碘 1g、碘化钾 1g、蒸馏水 1mL、甘油加至 100mL。制法：取碘化钾，加水溶解后，加碘，搅拌使溶解，再加甘油使成 100mL，搅匀即得。

（2）软膏剂的配制　软膏剂是指用凡士林、羊毛脂、脂肪油等作基质，与主药研合均匀的一种半固体外用制剂。

10%磺胺嘧啶软膏的配制：取凡士林约 10g 置软膏板上，以软膏刀刮成薄层，取磺胺嘧啶 10g 置研钵中研细，过 5 号药筛，然后将磺胺嘧啶细粉倒入凡士林上，以软膏刀来回反复翻研。充分研匀后，再分次加入剩余的凡士林 80g，每次加入均应研磨均匀，至眼观主药分布均匀无聚集即可。

【实训报告】总结药剂的配制方法，通过讨论和自学，说明药剂在临床中的应用。

模块五　作用于病原体的药物

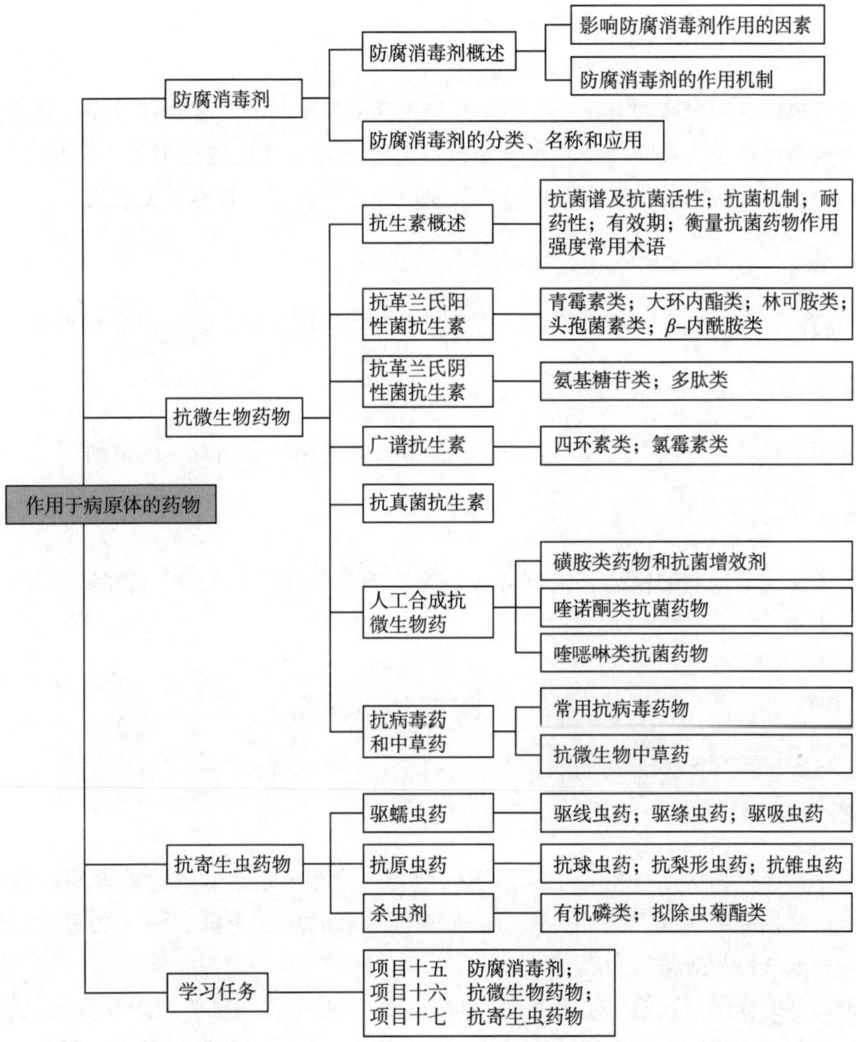

项目十五 防腐消毒剂

◎ 情境引入

防腐消毒剂广泛用于畜禽养殖业，对防止传染病的发生具有重要意义。发生传染病时，使用防腐消毒剂对环境进行及时消毒和终末消毒；无疫病时对环境进行消毒，防止疫病的发生。因此，防腐消毒剂在防治动物疫病、保障畜牧生产和水产养殖上具有重要意义。

◎ 任务描述

包括防腐消毒剂的概念及影响因素、防腐消毒剂的作用机制、防腐消毒剂的分类和应用。

◎ 技能目标

掌握常用消毒药的配制方法及临床应用。达到合理使用防腐消毒剂的目的。

◎ 知识目标

熟练掌握防腐消毒剂的概念、了解防腐消毒剂的分类和作用机制。掌握防腐消毒药物名称、作用与应用。

任务一　防腐消毒剂概述

一、概念

防腐剂是指能抑制病原微生物生长繁殖的药物。消毒剂是指能迅速杀灭病原微生物的药物。但消毒剂在低浓度时仅能抑菌，而防腐剂在高浓度时也能杀菌。两者之间并无严格的界限，因此，一般总称为防腐消毒剂。

防腐消毒剂的作用与其他抗生素不同，它们对病原微生物与机体组织没有明显的选择性，它们对微生物起作用，同样也损害动物机体，甚至对动物机体产生毒性反应。所以，通常不作全身用药，主要用于杀灭或抑制体表、器械、排泄物及周围环境病原微生物。

二、影响防腐消毒剂作用的因素

1. 药物的浓度和作用时间

任何一种防腐消毒剂的抗菌活性，都取决于它与微生物接触的浓度和作用时间。浓度越高，作用时间越长，效果越好，但对组织的刺激性也越大。反之，则达不到杀菌的目的，故使用时应选用适当的浓度和作用时间。

2. 温度

防腐消毒的温度包括药液温度和环境温度。在一定范围内，温度越高，杀菌力越强，每增加10℃，抗菌活性可增加1倍。一般消毒剂需在16℃以上才有明显作用。

3. 有机物的阻碍和消耗作用

有机物能与防腐消毒剂结合使其作用减弱，或机械性保护微生物而阻碍药物的作用。因此，在使用防腐消毒剂前必须将消毒场所彻底打扫干净，创伤应清除脓、血、坏死组织和污物，以便取得更好的消毒效果。

4. 微生物的特点

尽管防腐消毒剂对微生物没有严格的选择性，但不同的微生物，对药物的敏感性是不同的，如病毒对碱类敏感，而对酚类耐药；生长繁殖旺盛期的细菌对药物敏感，而具有芽孢的细菌则对其有强大抵抗力。因此，在消毒时选择适当的药物。

5. 药物之间的相互拮抗

两种药物合用时，常会出现配伍禁忌，产生物理或化学变化，使药效降低。如阳离子表面活性剂和阴离子表面活性剂共用，可使消毒作用消失。

6. 其他

环境的湿度、药物的剂型等都能影响药效，在使用防腐消毒剂时，必须加以考虑。

在动物疫病防治中，新型的防腐消毒剂不断地被开发出来，我们要不断探索，根据不同情况，采用合理方式，避免过度消耗防腐消毒剂，达到理想的消毒效果。

三、防腐消毒剂的作用机制

1. 使菌体蛋白质凝固或变性

此类药物多为原浆毒，能使微生物的原浆蛋白质凝固或变性而杀灭微生物，如酚类、醇类、醛类、酸类和重金属盐类等。

2. 改变菌体胞浆膜的通透性

主要见于阳离子表面活性剂。能改变细胞膜的通透性，造成菌体内重要营养物质和酶的流失，同时水分向菌体内渗入，使菌体破裂或溶解，如新洁尔灭、洗必泰、百毒杀等。

3. 干扰病原体的酶系统

有些防腐消毒剂通过氧化还原反应损害酶的活力基团，或因化学结构与代谢相似，通过与酶竞争或非竞争性地结合，从而抑制酶的活力，引起菌体死亡，如重金属盐类、氧化剂类和卤素类。

4. 使微生物蛋白溶解

本类消毒剂具有强大的作用，主要见于碱类物质，如氢氧化钠、草木灰。

5. 其他类

染料类，如吖啶类利凡诺、结晶紫。

任务二 防腐消毒剂的分类、名称和应用

一、酚类

酚类消毒剂主要使微生物原浆蛋白质变性、沉淀，或使氧化酶、还原酶等失去活力而起抑菌或杀菌作用，对芽孢无效。其性质稳定，有特殊气味，对皮肤有刺激性，在酸性溶液中作用

较强。常见有苯酚、甲酚、复合酚等。

甲酚（Cresol）

【理化性状】 甲酚又称煤酚，为无色或淡黄色澄明液体，有特殊臭味。为植物油、氢氧化钠、煤酚配制成含甲酚50%的肥皂液（来苏儿）。

【作用与应用】 杀菌力为苯酚的2倍，5%～10%甲酚溶液用于器械、用具浸泡和场地、畜舍、病畜排泄物消毒。1%～2%甲酚溶液用于皮肤及手的消毒。

复合酚（Phenol Complicis）

【理化性状】 复合酚又称菌毒敌，为酚及酸类复合型消毒剂，含酚41%～49%，乙酸22%～26%，呈深红褐色黏稠液体，有特异臭味。

【作用与应用】 为广谱、高效、新型消毒剂。可杀灭细菌、真菌和病毒，对多种寄生虫卵也有杀灭作用，还能抑制蚊、蝇等昆虫和鼠害的滋生，主要用于畜（禽）舍、笼具、饲养场地、运输工具及排泄物的消毒。喷洒消毒浓度为0.35%～1%，稀释用水的温度应不低于8℃。在环境较脏、污染较严重时，可适当增加药物浓度和用药次数。通常用药后药效可维持1周。

二、碱类

碱类消毒剂有腐蚀性。其杀菌作用取决于释放的OH^-浓度，高浓度OH^-能水解蛋白质，使细菌酶系统和细胞结构被破坏，也能影响菌体正常的代谢，分解菌体糖类，以及使菌体蛋白质变性或沉淀，从而杀灭细菌繁殖体。

氢氧化钠（Sodium Hydroxid）

【理化性状】 氢氧化钠又称苛性碱、烧碱，为白色块状、棒状或片状结晶，容易吸收空气中的二氧化碳气体形成碳酸钠或碳酸氢钠。极易溶于水，易溶于乙醇，应密封保存。

【作用与应用】 对细菌的繁殖体、芽孢和病毒都有很强的杀灭作用，对寄生虫卵也有杀灭作用，浓度增加和温度升高可明显增强其杀菌效力，但低浓度时对组织有刺激性，高浓度时有腐蚀性。常用于预防病毒或细菌性传染病的环境消毒或污染畜场的消毒。20g/L溶液用于炭疽杆菌的消毒，30～50g/L溶液用于洗刷被美洲幼虫腐蚀病和囊状幼虫病污染的蜂箱和巢箱，器具消毒后用清水冲洗干净。

【注意事项】 高浓度氢氧化钠溶液可灼伤组织，对铝制品、棉、毛织物、漆面等具有损坏作用，使用时应特别注意。

氧化钙（Calcium Oxide）

【理化性状】 氧化钙别名生石灰，为白色或灰白色块状或粉末。无臭，主要成分为氧化钙，易吸水，加水后即成为氢氧化钙，俗称熟石灰或消石灰。消石灰属强碱，吸湿性强，吸收空气中二氧化碳后成坚硬的碳酸钙，失去消毒作用。

【作用与应用】 氧化钙加水后，生成氢氧化钙，其消毒作用与解离的OH^-和Ca^{2+}多少有关。OH^-对微生物蛋白质具有破坏作用，Ca^{2+}也使细菌蛋白质变性而起到抑制或杀灭病原微生物的作用。本品对大多数细菌的繁殖体有效，但对细菌的芽孢和抵抗力较强的细菌如结核分枝杆菌无效。本品适用于地面、墙壁、粪池和粪堆以及人行通道或污水沟的消毒。100～200g/L石灰乳用于畜（禽）舍墙壁、畜栏和地面的涂刷消毒；每1kg生石灰加水350mL配制成混悬液后撒布于阴湿地面、粪池周围及污水沟等处消毒；适量生石灰撒布池塘可改良养鱼塘的底质。

三、醛类

醛类消毒剂杀菌谱广，性质稳定，受有机物影响小，但有特殊刺激性臭味，在高温下挥发快。其杀菌机制为：①凝固菌体蛋白质；②还原菌体氨基酸；③使菌体蛋白质分子烷基化。

甲醛溶液（Formaldehyde Solution）

【理化性状】含40%甲醛的水溶液称为福尔马林，甲醛溶液为无色或几乎无色的澄明液体，有刺激性臭味，与水或乙醇任意混合，放置太久或温度低于5℃以下易凝聚成白色的多聚甲醛沉淀，不易溶于水。消毒温度应在20℃以上，对皮肤和黏膜刺激性强。穿透力差，不易透入物品深部发挥作用。

【作用与应用】不仅能杀死细菌的繁殖型，也能杀死芽孢，以及抵抗力强的病毒、真菌及结核分枝杆菌等。甲醛溶液主要用于皮毛、衣物、厩舍、仓库、孵化室、器具等的熏蒸消毒，标本、尸体防腐；也用于胃肠道制酵。5%甲醛乙醇溶液，可用于术部消毒。0.5%~1%甲醛溶液可作细菌灭活培养，常用于制作灭活疫苗。1%福尔马林溶液可作环境喷雾消毒，2%福尔马林溶液可作器械浸泡消毒，10%福尔马林溶液可用于固定标本和尸体防腐，10%~20%福尔马林溶液可用于浸泡蹄部，治疗蹄叉腐烂。

福尔马林溶液也可作为室内环境、衣物、种蛋熏蒸消毒剂。方法如下：福尔马林溶液20mL/m^3和等量的水，高锰酸钾10g。将高锰酸钾加入溶液中，经化学反应，产生气体，达到消毒目的。消毒时室温不低于15℃，相对湿度为65%~75%，消毒时间为8~10h，消毒场所要密封。

戊二醛（Glutaraldehyde）

【理化性状】戊二醛为无色油状液体，味苦。有微弱的甲醛臭，但挥发性较低。可与水或醇作任何比例的混溶。溶液呈弱酸性。pH>9时，可迅速聚合。对眼睛、皮肤和黏膜有强烈的刺激作用。吸入可引起喉、支气管、肺的炎症。遇明火、高热可燃。

【作用与应用】戊二醛是继甲醛和环氧乙烷消毒之后化学消毒灭菌剂发展史上的第三个里程碑。广泛用于消毒灭菌、制药等行业，戊二醛属高效消毒剂，具有广谱、高效低毒、腐蚀性小、受有机物影响小、稳定性好等特点。

戊二醛可以杀灭一切微生物，养殖中可带畜喷雾消毒，常用于防治细菌传染病、病毒性疾病、真菌性疾病等消毒，其作用较甲醛强2~4倍。2%溶液可用于养殖器械和用具的浸泡洗刷。临床常用戊二醛癸甲溴铵制剂，规格有多种，多为桶装（5000mL/桶；1000mL/桶）。100mL含戊二醛5g和癸甲溴铵5g。使用时按体积比稀释药液，常规喷雾消毒时1∶(2000~4000)，发病期间消毒为1∶(500~1000)。

四、卤素类

本类消毒药有强大的杀菌作用，种类繁多。卤素易渗入菌体内与原浆蛋白的氨基或其他基团结合，或氧化活性基团，使有机物分解或丧失功能，起杀菌作用。常用漂白粉、次氯酸钠、二氯异氰尿酸钠、二氧化氯、碘、碘化钾、碘仿，用于环境消毒的络合碘、多聚酮碘等。

漂白粉（Chlorinated Lime）

【理化性状】漂白粉又称氯石灰、次氯酸钙。本品是次氯酸钙、氯化钙与氢氧化钙的混合物，为白色颗粒状粉末，有氯臭，微溶于水和乙醇，遇酸分解，外露在空气中能吸收水和二氧化碳而导致分解失效，故应密封保存。

【作用与应用】本品在酸性环境中杀菌作用强，在碱性环境中杀菌作用弱；杀菌作用与温度成正比。本品的有效成分为氯，国家规定漂白粉中有效氯的含量不得少于25%。漂白粉水解后产生次氯酸，而次氯酸又可以放出活性氯和初生态氧，从而破坏各种有机质，呈现抗菌作用。对细菌、芽孢、病毒及真菌都有杀灭作用。本品杀菌作用强，但不持久，主要用于畜舍、饮水、鱼池、用具、车辆和排泄物的消毒。

饮水消毒，每1000 L水加本品粉剂6~10g拌匀，30min后可饮用。喷洒消毒，本品10~30g/L澄清液可用于饲槽、饮水用具及其他非金属用品的消毒；100~200g/L乳剂可用于畜舍和排泄物的消毒。

84消毒液在养殖中广泛应用，用于环境喷雾消毒、杀灭传染性病原体、器械用具洗刷、饮水消毒等，其主要成分为次氯酸钠，溶解度远高于次氯酸钙，其应用与次氯酸钙相同，但强度和效果明显高于次氯酸钙消毒剂。

二氯异氰尿酸钠（Sodium Dichloroisocyanurate）

【理化性状】二氯异氰尿酸钠又称优氯净。本品为白色晶粉，为新型高效消毒药，有浓氯臭，含有效氯为600~645g/L。本品性质稳定，室内保存半年后有效氯含量仅降低1.6g/L，易溶于水，溶液呈弱酸性。水溶液稳定性较差，在约20℃下，一周内有效氯的丧失达20%左右；在紫外线作用下更易加速有效氯的丧失。

【作用与应用】对细菌繁殖体、芽孢、病毒、真菌孢子均有较强的杀灭作用。可用于水、食品加工器具及餐具、食品、车辆、畜禽舍、蚕室、鱼塘、用具等的消毒。消毒浓度（以有效氯含量计），鱼塘每升水含0.3mg；饮水每升含0.5mg；每升水用有效氯50~100mg，可用于食品加工厂、畜禽舍、蚕室、用具、车辆等的消毒。

碘（Lodine）

【理化性状】碘为灰黑色带金属光泽的片状结晶，有挥发性，难溶于水，溶于乙醇及甘油，在碘化钾的水溶液或乙醇溶液中易溶解。碘通过氧化和卤化作用而呈现强大的杀菌作用，可杀死细菌、芽孢、真菌、病毒及原虫。故用于环境消毒、外科消毒和表层组织消毒等。

【作用与应用】50g/L碘酊主要用于手术部位及注射部位消毒；10g/L碘甘油常用于治疗黏膜的各种炎症。

聚维酮碘 （Povidone Lodine Solution）

【理化性状】聚维酮碘为红棕色液体。无刺激性，广泛应用于养殖业中。

【作用与应用】本品通过不断释放游离碘，破坏病原微生物的新陈代谢而使之死亡，是一种高效低毒的消毒药物。对细菌、真菌、原虫、病毒均有良好的杀灭作用。用于手术部位、皮肤黏膜、环境和器械消毒，也可用于鱼塘消毒。

通常制剂为5%溶液。桶装，规格不统一，原液可用于皮肤消毒及治疗皮肤病；1∶(5~10）溶液用于奶牛乳头浸泡消毒；1∶50溶液用于黏膜及创面冲洗。1∶1500溶液用于浸泡消毒和环境喷雾消毒。

五、阳离子表面活性剂

本类药物杀菌能力强，作用迅速，高效低毒，用量少，有穿透性。常见有新洁尔灭、百毒杀、洗必泰、杜米酚等。可作环境、器具、皮肤黏膜及饮水消毒。

苯扎溴铵（Benzalkonium Bromide）

【理化性状】苯扎溴铵又称新洁尔灭。本品常温下为黄色胶状体，低温时可能逐渐形成蜡状固体。芳香，味极苦。易溶于水或乙醇，水溶液呈碱性，振摇时产生多量泡沫。性质稳定，可保存较长时间效力不变。无刺激性，耐热，对金属、橡胶、塑料制品无腐蚀作用。

【作用与应用】为季铵盐类阳离子表面活性剂，有杀菌和去垢效力。对多数革兰氏阴性菌和阳性菌，接触数分钟即能杀死。对病毒效力差。不能杀死细菌芽孢、结核分枝杆菌和绿脓杆菌。0.5~1g/L溶液可用于外科手术前洗手，1g/L溶液用于皮肤消毒、真菌感染以及器械消毒（煮沸15min，再浸泡30min），0.1g/L溶液用于创面消毒。

百毒杀（Deciguam）

【理化性状】百毒杀又称癸甲溴铵溶液，是一种双链季铵盐类高效表面活性剂。为无色无味液体，能溶于水，性质稳定。不受环境酸碱度、水质酸度、粪污、血液等有机物及光热的影响。可长期保存，适应范围广。

【作用与应用】低浓度能杀灭畜禽的主要病原菌、病毒和部分虫卵，有除臭和清洁作用。常用0.05%的溶液进行浸泡和洗涤用具、喷洒消毒舍室和饲养环境。1：（10000~20000）体积比，可消毒饮水。

六、氧化剂类

氧化剂是一些含不稳定的结合态氧的化合物，与有机物相遇时，放出新生态氧，通过氧化菌体内的活性基团，破坏菌体蛋白质或酶而发挥杀菌作用。同时，对组织细胞也有不同程度的损伤和腐蚀作用。如高锰酸钾、过氧乙酸、重铬酸钾、双氧水、七氧化二氯等。

高锰酸钾（Potassium Permanganate）

【理化性状】高锰酸钾为强氧化剂，黑紫色结晶，无臭，易溶于水，溶液以其浓度不同而呈粉红色至暗紫色。与还原剂研合可发生爆炸、燃烧。应密封避光保存。

【作用与应用】①鸡群饮水消毒，配成1g/L溶液可用于杀灭鸡肠道病原微生物。②环境、器械、用具消毒，本品与福尔马林合用可用于畜舍、孵化室等空气熏蒸消毒。20~50g/L溶液用于浸泡病禽污染的食槽、饮水器或洗刷食槽、饮水器、浸泡器械以及消毒被污染的器具等。③冲洗创面，0.5~2g/L溶液外用冲洗黏膜及皮肤创伤、溃疡等，10g/L溶液冲洗毒蛇咬伤的伤口。④内服，0.1~0.5g/L高锰酸钾溶液内服可治疗急性胃肠炎性腹泻，还可用于生物碱、氰化物中毒时洗胃。内服量为马、牛每头每次5~10g，猪、羊每次0.3~0.5g。⑤水体消毒，每升水加本品4~5mg。⑥治疗鱼病，每升水加入100mg，药浴30min，治疗大马哈鱼卵膜软化症。

过氧乙酸（Peracetic Acid）

【理化性状】过氧乙酸又称过醋酸，为无色液体。易溶于水、乙醇和乙酸。易挥发，有刺激性酸味，在低温下分解缓慢，故采用低温保存。市售为20%过氧乙酸溶液。

【作用与应用】为强氧化剂，具有高效、快速和广谱杀菌作用，其气体和溶液具有较强的杀菌作用。对细菌、病毒、真菌和芽孢均有效。0.05%溶液2~5min可杀死细菌，0.1%溶液10min可杀死芽孢，在低温下仍有效。常用0.5%的溶液喷洒，消毒畜舍、饲槽、车辆等。

0.04%~0.2%的溶液用于耐酸塑料、玻璃搪瓷和橡胶制品的短时间浸泡消毒。5%的溶液 2.5mL/m^3 喷雾消毒密封的实验室、无菌室、仓库等。0.3%的溶液用于带鸡消毒。此外，还适用于畜禽舍内的熏蒸消毒，一般每立方米用 1~3g 稀释成 3%~5%的溶液，加热熏蒸（室内相对湿度宜在 60%~80%），密闭门窗 1~2h。

过氧化氢（Hydrogen Peroxide）

【理化性状】 过氧化氢又称双氧水，为无色澄明液体；无臭或有类似臭氧的臭气；遇有机物或还原物即迅速分解并发生泡沫，遇光易变质。高浓度对皮肤和黏膜产生刺激性灼伤。

【作用与应用】 本品为氧化性消毒剂，过氧化氢遇到有机物在过氧化氢酶的作用下迅速分解，释出新生氧，对细菌组分发生氧化作用，干扰其酶系统而发挥抗菌作用。但本品作用时间短暂。有机物质存在时杀菌作用降低。局部涂抹冲洗后能产生气泡，有利于清除脓块、血块及坏死组织。主要用于伤口消毒，特别是厌氧菌感染时消毒，如破伤风梭菌。

3%过氧化氢溶液，可 10 倍稀释后使用。

七、醇类

醇类能使菌体蛋白质变性，干扰微生物代谢，抑制细菌繁殖。醇类的杀菌作用随分子质量的增加而增强，如乙醇杀菌作用比甲醇强 2 倍，丙醇比乙醇强 2.5 倍，但随着分子质量的增大，其水溶性降低，难以使用。其主要优点是作用快速，性质稳定，基本无毒、无腐蚀。缺点是不能杀死芽孢、真菌、病毒。常用乙醇（Alcohol），主要通过使细菌菌体蛋白质凝固并脱水发挥杀菌和抑菌作用。以 75%乙醇杀菌能力最强，用于皮肤、手臂、注射部位、注射针头及小件医疗器械的消毒。

八、酸类

酸类包括有机酸和无机酸，无机酸的杀菌作用取决于离解的氢离子，高浓度的氢离子可使菌体蛋白质变性、沉淀，从而发挥抗菌作用；有机酸的杀菌作用取决于不电离的分子透过菌体细胞膜的量，以发挥杀菌作用。由于无机酸成本高、对环境有腐蚀作用、安全性低，故不常使用。有机酸常用乙酸、乳酸、氨基酸类消毒剂。

附：技能培训——创伤治疗时为什么要先进行清创？

结合病理基础和药理基础理论，引导学生进行讨论，教师归纳总结。

（1）愈合清创过程　白细胞对挫灭组织的自我清理、理想化一期愈合条件。

（2）便于创口消毒　清除有机物，减少对防腐消毒剂和抗微生物药的损耗作用。

（3）怎样人为地辅助清理和消毒创面？

◎ 复习思考题

一、单选题

1. 一般适用于带畜消毒的消毒剂为（　　）

A. 复合酚　　B. 碱类　　C. 络合碘类

D. 二氧化氯　　E. 酸类

2. 下列可与高锰酸钾进行混合，用于动物厩舍的熏蒸消毒的是（　　）

A. 过氧乙酸　　B. 甲醛　　C. 苯扎溴铵

D. 氢氧化钠　　E. 氧化钙

3. 乙醇消毒浓度通常为（　　）

A. 50%　　B. 60%　　C. 75%

D. 95%　　E. 100%

4. 兽用碘酊中碘的浓度通常为（　　）

A. 20g/L　　B. 40g/L　　C. 60g/L

D. 80g/L　　E. 50g/L

5. 破伤风伤口消毒选用（　　）

A. 利凡诺　　B. 新洁尔灭　　C. 过氧化氢

D. 苯酚　　E. 苛性钠

6. 环境熏蒸消毒使用福尔马林剂量以及和高锰酸钾比例（　　）

A. 15~20mL/m^3　1∶1　　B. 5~10mL/m^3　2∶1　　C. 10~15mL/m^3　1∶1

D. 15~20mL/m^3　2∶1　　E. 30mL/m^3　1∶1

7. 下列消毒物质在环境中消耗或化学反应后，可以仍有消毒作用的是（　　）

A. 氢氧化钠　　B. 生石灰　　C. 过氧乙酸

D. 高锰酸钾　　E. 硫酸铜

8. 不能饮水消毒的是（　　）

A. 过氧乙酸　　B. 百毒杀　　C. 高锰酸钾

D. 次氯酸钙　　E. 红汞

9.（　　）消毒剂具有穿透性，且高效低毒

A. 来苏儿　　B. 络合碘　　C. 洗必泰

D. 硫柳汞　　E. 二氯异氰脲酸钠

10. 可用于皮肤表面消毒的是（　　）

A. 多聚酮碘　　B. 百毒杀　　C. 过氧乙酸

D. 碘酊　　E. 戊二醛

二、简答题

1. 简述防腐消毒剂的概念，其作用机制有几种分类？举例说明。

2. 简要说明福尔马林的应用。

三、技能应用题

1. 创伤治疗时为什么要先进行清创？

2. 选用你所学的防腐消毒剂，在肉禽舍内带雏消毒，说明可应用的药物名称、使用方法。

3. 某一猪场欲在门口设一消毒池，供消毒来人鞋履及车辆，请选择四种可被应用的消毒剂，并说明应用的方法及使用时的注意事项。

实训　消毒药的配制及应用

【目标要求】掌握饲舍、场地、用具、病畜排泄物等常用消毒药的浓度配制及应用。

【实训用品】玻璃棒、烧杯、量筒、喷雾器、煤酚皂溶液、氢氧化钠、氧化钙。

【内容和步骤】

第一组：将50%的甲酚皂溶液稀释成3%~5%的溶液。在本校养殖场对饲舍、场地、用具、饲槽、车辆等进行消毒，并将部分溶液浸泡用具、器械等。

第二组：将氢氧化钠用热水配成20g/L溶液对细菌或病毒污染的畜栏、禽舍、场地、饲槽、车辆等进行消毒。配制溶液量根据畜栏、禽舍、场地面积大小而定。消毒饲舍时，应驱出家畜，隔半天用清水洗饲槽、地面后，方可让畜禽进入。

第三组：将氧化钙加水配制成100~200g/L的石灰乳，涂刷饲舍、墙壁、畜栏、地面和病畜排泄物。

提示：消毒畜舍时，可选用一相同条件的畜舍不消毒作为对照。消毒后分别在畜舍中央放置营养琼脂平皿沉降接种30min，37℃、24h培养，观察菌落总数和种类有何不同。

【实训报告】记录实训过程和结果，分析实训结果，阐明剂量。

项目十六 抗微生物药物

◎ 情境引入

养殖行业生产和兽药经营中，广泛应用抗微生物药物，抗微生物药物在销售和使用上占绝对优势地位。在临床疾病中微生物疾病最为常见，如大肠杆菌引起的多种动物疾病、巴氏杆菌病、支原体病，甚至某些原虫，如弓形体、球虫、血液原虫等治疗，使用抗微生物药物是最有效的防治措施。

◎ 任务描述

包括抗微生物药物的作用机制、耐药性和有效期、临床应用效果、副作用；抗生素的分类、抗菌谱和临床适应证；人工合成抗菌药物分类、抗菌谱和临床应用；抗病毒药物；合理使用抗微生物药物。

◎ 技能目标

能够在临床动物疫病防治中正确选用适宜的抗微生物药物进行防治；掌握各种抗微生物药物在相关疫病防治中的使用方法和操作技能。

◎ 知识目标

掌握抗微生物药物在养殖业中的重要意义；掌握抗微生物药物的分类和作用机制、抗菌谱和临床适应证、使用方法和注意事项；各类抗微生物药物包括具体药物名称；各类药物作用特点。

抗微生物药物是指能够抑制或杀灭细菌、支原体、真菌、病毒等病原微生物的药物。在当今集约化的大规模养殖中，感染性疾病不仅给畜牧养殖带来巨大损失，而且许多人畜共患病直接或间接地危害人类的健康和影响公共卫生。抗微生物药物在控制畜禽感染性疾病、保证集约化养殖业的发展、提高经济效益方面，起到了极为重要的作用。抗微生物药物到现在已经发展出很多种类，包括抗生素（天然抗生素及半合成抗生素）、合成抗菌药、抗病毒药、抗真菌药、抗菌中草药和防腐消毒药、部分抗寄生虫药物等。新的抗微生物药物也在不断地研发并陆续投入生产中。目前，世界上抗生素95%是由我国生产，我国拥有先进生产技术和条件，要利用资源优势和制度优势，发展国家医疗科技。

任务一　抗生素

一、概念

抗生素是某些微生物（细菌、真菌、放线菌等）在其代谢过程中产生的一种能抑制或杀灭病原微生物的化学物质。抗生素主要从微生物的培养液中提取，目前已有许多品种可人工合成或半合成，这种代谢产物在极低的浓度即可抑制或杀灭其他微生物。

二、抗菌谱及抗菌活性

抗菌谱是指药物抑制或杀灭病原微生物的范围。凡仅作用于单一菌种或某属细菌的药物，称为窄谱抗菌药，例如，青霉素主要对革兰氏阳性菌有作用；链霉素主要作用于革兰氏阴性菌。凡能杀灭或抑制多种不同种类的细菌，抗菌谱的范围广泛，称为广谱抗菌药，如四环素类、氯霉素类、第三代头孢菌素、氟喹诺酮类等。

抗菌活性是指抗菌药抑制或杀灭病原微生物的能力。可用体外抑菌试验和体内治疗试验方法测定，体外抑菌试验对临床用药具有重要参考价值。能够抑制培养基内细菌生长的最低浓度称为最小抑菌浓度（MIC）。能够杀灭培养基内细菌生长的最低浓度称为最小杀菌浓度（MBC）。抗菌药的抑菌作用和杀菌作用是相对的，有些抗菌药在低浓度时呈抑菌作用，而高浓度时呈杀菌作用。临床上所指的抑菌药是指仅能抑制病原菌的生长繁殖，而无杀灭作用的药物。

三、抗生素的抗菌机制和分类

（一）抗生素的抗菌机制

视频：抗微生物药物的作用机理和分类

目前阐明抗生素的抗菌机制有四种类型。除抗生素外，大多数的其他类抗菌药物抗菌机制也符合这四种类型。

1. 抑制细菌细胞壁的合成

大多数细菌细胞的细胞膜外有细胞壁，具有维持细胞形状及保持菌体内渗透压的功能。细胞壁含有不同比例的黏肽，革兰氏阳性菌黏肽含量为65%~95%，革兰氏阴性菌仅含有10%。青霉素类、头孢菌素类等能分别抑制黏肽合成过程中的不同环节，这些抗生素使细菌细胞壁缺损，菌体最终裂解而死亡。因此，青霉素类是繁殖期杀菌，对革兰氏阳性菌作用强，对革兰氏阴性菌作用弱，与其抗菌机制有密切关系。

2. 增加细菌细胞膜的通透性

位于细胞壁内侧的胞浆膜主要是由类脂质与蛋白质分子构成的半透膜，它的功能在于维持渗透屏障、运输营养物质和排泄菌体内的废物，并参与细胞壁的合成等。当胞浆膜损伤时，通透性将增加，导致菌体内胞浆中的重要营养物质（如核酸、氨基酸、酶、磷酸、电解质等）大量外漏流失而死亡，产生杀菌作用，如多黏菌素类等。

3. 抑制菌体蛋白质的合成

蛋白质的合成过程分三个阶段，即起始阶段、延长阶段和终止阶段。不同抗生素对三个阶段的作用不完全相同，有的对三个阶段均有作用，如氨基糖苷类；有的作用于延长阶段，如林可胺类；许多抗生素均通过影响细菌蛋白质的合成而抗菌，如四环素类、氯霉素类、大环内酯类。

4. 抑制细菌核酸的合成

核酸是细菌的遗传物质。新生霉素、灰黄霉素、利福平等可抑制或阻碍细菌细胞 DNA 或

RNA 的合成，使菌体细胞无法正常繁殖代谢。

（二）抗生素的分类

同一类抗生素具有相同的分子结构，其抗菌机制和抗菌作用也相似，根据抗生素的抗菌谱和应用可分为以下几类。

1. 主要作用于革兰氏阳性菌的抗生素

青霉素类、头孢菌素类、大环内酯类、林可胺类、新生霉素、杆菌肽等。

2. 主要作用于革兰氏阴性菌的抗生素

氨基糖苷类、多黏菌素类等。

3. 广谱抗生素

对多种微生物均有作用的抗生素，包括四环素类及氯霉素类等。

4. 抗真菌抗生素

灰黄霉素、制霉菌素及两性霉素 B 等。

5. 抗寄生虫的抗生素

莫能菌素、盐霉素、马杜霉素、拉沙里菌素、伊维菌素、潮霉素 B、越霉素 A 等。

6. 抗肿瘤的抗生素

丝裂霉素 C、正定霉素、博来霉素、光辉霉素等。

四、耐药性

耐药性又称抗药性，分为天然耐药性和获得耐药性两种。天然耐药性属细菌的遗传特征，不可改变；获得耐药性即一般所指的耐药性，是指病原菌与抗菌药多次接触后对药物的敏感性逐渐降低甚至消失的现象，致使抗菌药对耐药病原菌的作用降低或无效。

某种病原菌对一种药物产生耐药性后，往往对同一类的其他药物也具有耐药性，这种现象称为交叉耐药性。交叉耐药性包括完全交叉耐药性及部分交叉耐药性。

耐药性的产生是抗菌药物在兽医临床应用中的一个严重问题。引起耐药性的原因很多，如遗传变异、选药不准、给药剂量和方法不正确、反复使用同一抗菌药物等，均能够诱发微生物对抗菌药物产生不同程度的耐药性。特别是在现代临床防治中，滥用抗菌药物现象十分普遍，“闻炎抗菌”的错误观点更进一步促进了微生物耐药性的产生。

在印度和我国台湾地区曾经出现过“超级细菌”，所谓“超级细菌”是一种细菌进化而耐药的假说，即细菌容易发生遗传变异，某一细菌产生对抗菌药物耐药基因，逃避了抗菌药物对其杀灭作用，其下一代也拥有了该耐药基因，形成一个新的耐药菌株。实际上与反复使用各类抗菌药物有密切关系。我们要合理应用抗微生物药物。

五、抗生素的计量单位和有效期

天然的抗生素一般以特定的生物效价单位（International Unit，IU）作为计量单位，也称为国际单位。合成及半合成抗生素则以质量单位作为计量单位。两种计量单位可以互相换算。纯结晶青霉素 G 钠（或钾）1mg 相当于 1667IU（或 1595IU）；多黏菌素 B 游离碱 1mg 为 10000IU，制霉菌素 1mg 为 3700IU；其他多数抗生素（也包括其他类抗菌药物）以其纯游离碱或其盐 1μg 相当于 1 个效价单位。

抗生素相对其他类抗菌药物来说，有效期短。有些抗生素有效期长一些，例如，同样低温避光保存的青霉素 G 钠有效期为 2.5 年，而链霉素为 4 年，抗生素受光、热、空气、有机物、酸、碱等外界环境的影响而失效，也取决于分子结构的稳定性。因此药典上多规定抗生素的有效期为 2~4 年，商品用药规定为 2 年。

六、衡量抗生素及其他抗菌药物作用强度的常用术语

在学习抗微生物药物中，经常需要对抗微生物药物作用强度定性描述，常见的有两种方式。根据药物临床对微生物抑制和杀灭效果，由强至弱依次为，极强、强大、较强、一定作用、弱或差、无作用；根据体外抗菌试验，由强至弱依次为，极度敏感、高敏、中敏、低敏、无作用或不敏感。

任务二　抗革兰氏阳性菌抗生素

一、青霉素类

1. 青霉素 G（Penicillin G）

【理化性状】青霉素是从青霉菌的培养液中提取获得，有青霉素 F、青霉素 G、青霉素 X、青霉素 K 和双氢青霉素 F 共 5 种。其中青霉素 G（苄青霉素）作用最强，稳定性和产量符合用药要求。青霉素 G 是一种有机酸，难溶于水。其干燥的钠、钾盐较稳定，室温中可保存数年，也易溶于水，但其水溶液不稳定，室温 12~24h 分解失效。遇乙醇、酸、碱、氧化剂及重金属等迅速失效。

【药动学】内服易被胃酸和消化酶破坏。肌内注射或皮下注射后吸收较快，一般 15~30min 达到血药峰浓度。吸收后在体内分布广泛，能分布到全身各组织，以肾、肝、肺、肌肉、小肠和脾脏等的浓度较高。青霉素吸收进入血液循环后，在体内不易破坏，主要以原形从尿中排出。在尿中约 80%的青霉素由肾小管排出，20%左右通过肾小球滤过。

【抗菌谱】属窄谱繁殖期杀菌。对大多数革兰氏阳性菌、革兰氏阴性球菌、放线菌和螺旋体等高度敏感，因其抗菌作用强大而常作为首选药物。此类细菌主要有链球菌、葡萄球菌、肺炎球菌、脑膜炎球菌、丹毒杆菌、化脓棒状杆菌、炭疽杆菌、破伤风梭菌、李氏杆菌、产气荚膜杆菌、牛放线杆菌和钩端螺旋体等；青霉素对大多数革兰氏阴性杆菌有一定作用；对结核分枝杆菌、病毒、立克次氏体及真菌则无效。

【耐药性】除金黄色葡萄球菌外，一般细菌不易产生耐药性，不与其他类抗菌药物交叉耐药。对耐药金黄色葡萄球菌感染的治疗，可采用半合成青霉素类、头孢菌素类、红霉素及氟喹诺酮类药物等。

【作用与应用】主要用于对青霉素敏感的病原菌所引起的各种感染，如猪链球菌病、葡萄球菌病，以及呼吸道感染、泌尿生殖器官感染、化脓性炎；各种芽孢梭菌病、猪丹毒、放线菌病、钩端螺旋体病；此外，大剂量应用可治疗禽巴氏杆菌病及鸡球虫病。

【不良反应】其盐呈碱性，对局部有刺激作用。个别动物对其有过敏反应，临床表现为流汗、震颤、呼吸和心率加快，可出现血管神经性水肿等，严重者可出现休克，若抢救不及时可导致动物迅速死亡。出现过敏反应要立即进行对症治疗，严重者应静脉注射肾上腺素，必要时

可使用糖皮质激素。

【制剂、用法与用量】注射用青霉素 G 钠（钾）　40 万、80 万、160 万 IU。肌内注射，一次量，每千克体重，马、牛 1 万~2 万 IU，羊、猪、驹、犊 2 万~3 万 IU，犬、猫 3 万~4 万 IU，禽 5 万 IU。2~3 次/d，连用 2~3d。奶牛乳管内注入，一次量，每一乳室 10 万 IU，1~2 次/d。乳的废弃期 3d。

长效青霉素　为克服青霉素 G 钠（钾）在动物体内代谢过快的缺点，制成了普鲁卡因青霉素和苄星青霉素（长效西林）长效制剂。肌内注射后吸收缓慢，维持时间长。适用于轻度感染或慢性感染的治疗。注射用苄星青霉素有三种规格，30 万、60 万、120 万 IU。用法和一次用量参照青霉素 G 钠（钾）。

2. 半合成青霉素

半合成青霉素是以青霉素的母核 6-APA 为基本结构，经过化学修饰合成的一系列具有耐酸、耐酶、广谱特点的青霉素。在保持青霉素 G 原有作用的基础上，抗菌谱也有所扩展，有些对革兰氏阴性菌也有较强的杀灭作用，其在理化性状等方面也更趋于稳定，也更便于临床应用。如青霉素 V（苯氧甲青霉素）和苯氧乙青霉素等，不易被胃酸破坏，可内服；苯唑西林、氯唑西林及双氯西林等，对耐青霉素酶的金黄色葡萄球菌有效；氨苄西林、卡巴西林、阿莫西林，不仅对革兰氏阳性菌有效，而且常用于革兰氏阴性菌病的防治。

氨苄西林（Ampicillin）

【理化性状】氨苄西林又称氨苄青霉素、氨比西林，为白色结晶性粉末，味苦。水中微溶，乙醇中不溶，稀酸、稀碱溶液中溶解。其钠盐为白色或类白色粉末或结晶，无臭或微臭，味微苦。有吸湿性，在水中易溶，乙醇中略溶。

【药动学】本品耐酸、不耐酶，内服或肌内注射均易吸收，单胃动物生物利用率为 30%~55%，反刍兽吸收差。吸收后分布到各组织，以胆汁、肾、子宫浓度较高。主要随尿排出。

【作用与应用】本品对大多数革兰氏阳性菌的效力不及青霉素或相近；对革兰氏阴性菌如大肠杆菌、变形杆菌、沙门菌、嗜血杆菌和巴氏杆菌等均有较强的作用；对耐药金黄色葡萄球菌、绿脓杆菌无效。

【制剂、用法与用量】注射用氨苄西林钠　0.5g、1g、2g。肌内注射或静脉注射，家畜、禽 10~20mg/（kg·次），2~3 次/d，连用 2~3d。乳管内注入，一次量，奶牛每一乳室 200mg，1 次/d。

氨苄西林胶囊　0.25g。内服，家畜、禽 20~40mg/（kg·次），2~3 次/d。

阿莫西林（Amoxicillin）

【理化性状】阿莫西林又称羟氨苄青霉素，为白色或类白色结晶性粉末，味微苦。在水中微溶，在乙醇中几乎不溶。耐酸性较氨苄西林强。

【药动学】单胃动物内服后有 74%~92%被吸收，内服相同剂量后血清浓度比氨苄西林高 1.5~3 倍，可进入脑脊液，乳中药物浓度很低。

【作用与应用】作用、应用与氨苄西林相似，对革兰氏阳性菌作用同氨苄西林，对肠球菌属和沙门菌的作用较氨苄西林强 2 倍。多用于呼吸道、泌尿道、皮肤、软组织及肝胆系统等感染。

【制剂、用法与用量】阿莫西林胶囊　内服一次量，每千克体重，家畜、禽 10~15mg，

2 次/d。

注射用阿莫西林钠 0.5g，肌内注射，每千克体重，家畜 4~7mg，2 次/d。乳管内注入，一次量，奶牛每一乳室 200mg，1 次/d。

普鲁卡因青霉素（Procain Benzylpenicillin）

【理化性状】为青霉素的普鲁卡因盐。白色结晶性粉末。在甲醇中易溶，在乙醇或氯仿中略溶，在水中微溶。遇酸、碱或氧化剂等即迅速失效。

【药动学】与青霉素相仿。肌内注射后，在局部缓慢释放和吸收。作用较青霉素持久，但血中有效浓度低，限用于对青霉素高度敏感的病原菌，不宜用于治疗严重感染。为能在较短时间内升高血药浓度，可与青霉素钠（钾）混合制成注射剂，以兼顾长效和速效。

【制剂、用法与用量】注射用普鲁卡因青霉素粉针 30 万 IU 普鲁卡因青霉素，10 万 IU 青霉素钠（钾）。

普鲁卡因青霉素注射液 10mL：300 万 IU；10mL：450 万 IU。

临用前加灭菌注射用水适量制成混悬液，肌内注射，一次量，每千克体重，马、牛 1 万~2 万 IU；羊、猪、驹、犊 2 万~3 万 IU；犬、猫 3 万~4 万 IU，1 次/d，连用 3d。

二、大环内酯类

大环内酯类是由 12~16 个碳骨架的大内酯环及配糖体组成的一类抗生素。兽医临床常用的有红霉素、泰乐菌素、北里霉素、替米考星、泰拉霉素、螺旋霉素等。临床防治中常常使用大环内酯类抗生素的各种盐类以及某些药物的衍生物。其他的大环内酯类药物还有交沙霉素、阿奇霉素、罗红霉素、麦迪霉素、竹桃霉素等。阿奇霉素对微生物作用强大，为人医专用抗生素，兽医禁止使用。

本类抗生素在兽医临床广泛应用，其药理作用也不完全相同，归纳为三个方面：本类药物原为替代对青霉素过敏者而研发的，故对革兰氏阳性菌有较强的抑制作用；对某些支原体、立克氏体和螺旋体也有不同程度的抑制作用，临床上常用于畜禽上呼吸道疾病的防治；部分大环内酯类抗生素有生长促进作用，能增加畜禽的生产性能，如泰乐菌素、北里霉素等。

红霉素（Erythromycin）

【理化性状】红霉素是从红链霉菌的培养液中提取的。为白色或类白色的结晶粉末，难溶于水，其乳糖酸盐或硫氰酸盐较易溶于水。

【药动学】本品内服易被胃酸破坏，常采用耐酸制剂如红霉素肠溶片或琥珀酸乙酯。内服吸收良好，1~2h 达血药峰浓度，可维持有效血药浓度时间约 8h。肌内注射后吸收迅速，分布广泛，肝、胆中含量最高，可通过胎盘屏障进入关节腔。脑膜炎时脑脊液中可达较高浓度。本品大部分在肝内代谢灭活，主要经胆汁排泄，部分可经肠重吸收，仅有 5%由肾脏排出。

【作用与应用】抗菌谱与青霉素相似，对革兰氏阳性菌如链球菌、猪丹毒杆菌、梭状芽孢杆菌、炭疽杆菌、棒状杆菌等有较强的抗菌作用；对某些革兰氏阴性菌如巴氏杆菌、布氏杆菌的作用较弱，对肠杆菌科细菌（大肠杆菌、克雷伯菌、沙门菌）等无作用；对某些支原体、立克次氏体和螺旋体也有效；对青霉素耐药的金黄色葡萄球菌也敏感。与链霉素、氯霉素有协同作用。本品与其他类抗生素之间无交叉耐药性，仅与大环内酯类抗生素之间有部分交叉或完全交叉耐药性。

【制剂、用法与用量】乳酸红霉素注射液　0.25g、0.3g。肌内注射、静脉注射，每千克体重，牛、马、猪、羊3~5mg，犬、猫5~10mg。2次/d，连用3d。

红霉素肠溶片　0.1g、0.25g。内服，仔猪、犬、猫10~20mg/（kg·次）。2次/d，连用3~5d。

50g/L硫氰酸红霉素可溶性粉　混饮，每升水，禽2.5g，连用3~5d。蛋鸡产蛋期禁用。

泰乐菌素（Tylosin）

【理化性状】泰乐菌素提取自弗氏链霉菌的培养液。微溶于水，与酸制成盐后则易溶于水。若水中含铁、铜、铝等金属时，则可与本品形成络合物而失效。

【药动学】兽医临床上常用其酒石酸盐和磷酸盐。内服可吸收，但血中有效药物浓度维持时间比注射给药短。肌内注射后，吸收迅速，组织中药物浓度比内服大2~3倍，有效浓度维持时间也较长。主要由肾脏和胆汁排泄。

【作用与应用】本品为畜禽专用抗生素。对革兰氏阳性菌、支原体、螺旋体等均有抑制作用；对大多数革兰氏阴性菌作用较差。对革兰氏阳性菌的作用较红霉素弱，而对支原体的作用较强。与其他大环内酯类有交叉耐药现象。

主要用于防治畜禽的支原体感染；猪的密螺旋体性痢疾、弧菌性痢疾。此外，本品也可作为畜禽的饲料添加剂，以促进增重和提高饲料转化率。

【制剂、用法与用量】酒石酸泰乐菌素可溶性粉　5g∶5g、10g∶10g、20g∶20g 混饮，每升水，禽500mg，连用3~5d。内服，一次量，每千克体重，猪7~10mg。3次/d，连用5~7d。

酒石酸泰乐菌素注射液　1mL∶50mg、1mL∶100mg、1mL∶200mg。肌内注射，每千克体重，牛10~20mg，猪5~13mg，猫10mg。1~2次/d，连用5~7d。

磷酸泰乐菌素预混剂　混饲，每吨饲料，猪10~100g，鸡4~50g。用于促生长，宰前5d停止给药。

替米考星（Tilmicosin）

替米考星是由泰乐菌素的一种水解产物半合成的畜禽专用抗生素，应用的是其磷酸盐制剂。

【药动学】本品内服和皮下注射吸收快，但不完全，肺组织和乳中药物浓度高。本品具有良好的穿透力，维持时间长，适于肺炎和乳腺炎等感染性疾病的治疗。

【作用与应用】本品有广谱抗菌作用，对革兰氏阳性菌、某些革兰氏阴性菌、支原体、螺旋体等均有抑制作用，对胸膜肺炎放线杆菌、巴氏杆菌及畜禽支原体具有比泰乐菌素更强的抗菌活性。本品主要用于防治敏感菌引起的家畜肺炎、禽支原体病及泌乳动物的乳腺炎。

【注意事项】本品禁止静脉注射，其毒副作用的靶器官是心脏，可引起负性心力效应，容易导致动物死亡。

【制剂、用法与用量】替米考星可溶性粉　100g∶20g。混饮，每升水，鸡100~200mg。连用5d。用于鸡支原体病的治疗（蛋鸡除外）。

替米考星预混剂　混饲，每吨饲料，猪200~400g。用于防治胸膜肺炎放线杆菌、支原体及巴氏杆菌引起的肺炎。

泰拉霉素（Tulathromycin）

【理化性状】泰拉霉素又称土拉霉素，是一种新型动物专用的大环内酯类半合成抗生素。

本品为白色或类白色粉末，可溶解于甲醇、丙酮、乙酸乙酯、乙醇等有机物。

【作用与应用】泰拉霉素主要用于放线杆菌、支原体、巴氏杆菌、副嗜血杆菌引起的猪、牛的呼吸系统疾病。具有用量少、一次性给药、低残留的特点。泰拉霉素药效强于泰乐菌素和替米考星等市场广泛使用的大环内酯类药物。

【制剂、用法与用量】泰拉霉素注射液　50mL：2.5g、20mL：2g，肌内注射 2~5mg/kg 体重。

三、林可胺类

林可胺类包括林可霉素和氯林可霉素。林可霉素是由链霉菌产生的一种碱性抗生素，氯林可霉素为其半合成衍生物。

林可霉素（Lincomycin）

【理化性状】林可霉素又称洁霉素，其盐酸盐为白色结晶性粉末，味苦。在水或甲醇中易溶，乙醇中略溶。

【药动学】内服吸收差，肌内注射吸收良好，0.5~2h 可达血药峰浓度。广泛分布于各种体液和组织中，包括骨骼，可扩散进入胎盘。肝、肾中药物浓度最高，但脑脊液即使在炎症时也达不到有效浓度。内服给药约 50%的林可霉素在肝脏中代谢，代谢产物仍具有活性。原药及代谢物经胆汁、尿及乳汁排出。在粪中可继续排出数日，以致敏感微生物受到抑制。

【作用与应用】抗菌谱与大环内酯类相似。对革兰氏阳性菌如葡萄球菌、溶血性链球菌和肺炎球菌等有较强的抗菌作用，对破伤风梭菌、产气荚膜杆菌、支原体也有抑制作用；对革兰氏阴性菌作用差。主要用于革兰氏阳性菌引起的各种感染，特别适用于耐青霉素、红霉素菌株的感染或对青霉素过敏的患畜。

【不良反应】大剂量内服有胃肠道反应。肌内注射有疼痛刺激，或吸收不良。本品对家兔敏感，易引起严重反应或死亡。

【制剂、用法与用量】盐酸林可霉素注射液　2mL：0.6g、10mL：3g。肌内注射，一次量，每千克体重，猪 10mg，1 次/d；猫、犬 10mg，2 次/d。连用 3~5d。休药期猪 2d。

盐酸林可霉素片　0.25g、0.5g。内服，一次量，每千克体重，猪 10~15mg，犬、猫 15~25mg，1~2 次/d，连用 3~5d。混饲，每吨饲料，猪 44~77g（效价），禽 22~44g，用于促生长，连用 1~3 周。蛋鸡产蛋期禁用，宰前 5d 停止给药。

盐酸林可霉素可溶性粉　混饮，每升水，猪 100~200mg，鸡 200~300mg。连用 3~5d。

克林霉素（Clindamycin）

【理化性状】克林霉素又称氯可林霉素、氯洁霉素，其盐酸盐为白色或类白色晶粉。易溶于水。本品的盐酸盐、棕榈酸酯盐酸盐供内服用，磷酸酯供注射用。

本品内服吸收比林可霉素好，达峰时间比林可霉素快。抗菌谱与林可霉素相同，但抗菌强度比林可霉素强 4~8 倍。

【制剂、用法与用量】盐酸克林霉素胶囊　75mg、150mg。每千克体重，一次量内服，犬、猫 10mg，2 次/d。

磷酸克林霉素注射液　2mL：150mg。肌内注射，用量同盐酸克林霉素胶囊。

四、头孢菌素类

头孢菌素类抗生素又称先锋霉素类，是以冠头孢菌的培养液中提取获得的头孢菌素 C 为原料，引入不同的化学基团改造其侧链，而得到一系列半合成广谱抗生素。头孢菌素类抗生素杀菌力强大，副作用小，耐酸和β-内酰胺酶。迄今为止，先后有四代头孢菌素类抗生素应用于临床疾病防治中。

第一代：头孢氨苄、头孢羟氨苄、头孢噻吩钠、头孢唑啉、头孢拉啶等。

第二代：头孢呋辛、头孢克洛、头孢西丁、头孢孟多、头孢替安、头孢丙烯等。

第三代：头孢噻肟、头孢哌酮、头孢他啶、头孢曲松、头孢噻呋（动物专用）等。

第四代：头孢吡肟、头孢噻利、头孢匹罗、头孢利定、头孢吡唑、头孢喹肟等。

【抗菌谱】头孢菌素的抗菌谱与氨苄西林、阿莫西林等广谱青霉素相似，对革兰氏阳性菌、阴性菌及螺旋体有效。第一代头孢菌素对革兰氏阳性菌（包括耐药金黄色葡萄球菌）的作用极强，对革兰氏阴性菌的作用则差，对绿脓杆菌无效；第二代头孢菌素对革兰氏阳性菌的作用与第一代相似或有所减弱，但对革兰氏阴性菌的作用较强，部分药物对厌氧菌有效，但对绿脓杆菌无效；第三代头孢菌素对革兰氏阳性菌强大，作用较第一二代减弱，对革兰氏阴性菌强大，作用比第二代增强，尤其对绿脓杆菌、肠杆菌属有强大的杀菌作用；第四代头孢菌素除具有第三代的抗菌作用，对β-内酰胺酶高度稳定，血浆消除半衰期较长，无肾毒性。

【作用与应用】由于本类药物价格较贵，特别是第三四代，兽医临床应用还存在一定的限制性，更多的是应用于宠物、种畜禽及贵重动物等，且很少作为首选药物应用。现阶段养殖发展中，第三代药物已越来越多地应用于动物疾病防治中，特别是头孢噻呋制剂应用有明显的上升趋势。主要治疗耐药金黄色葡萄球菌及某些革兰氏阴性杆菌如大肠杆菌、沙门菌、伤寒杆菌、痢疾杆菌、肺炎球菌、巴氏杆菌等引起的消化道、呼吸道、泌尿生殖道感染等，特别是能用于对其他抗菌药物耐药的微生物疾病治疗，如用于治疗耐药的副猪嗜血杆菌。

【制剂、用法与用量】头孢氨苄胶囊、片剂、2%混悬剂　0.25g。内服，一次量，每千克体重，马 22mg，犬、猫 10~30mg，3~4 次/d。乳管内注入，一次量，奶牛每一乳室，200mg，2 次/d，连用 2d。

注射用头孢唑啉钠　0.2g、0.5g。肌内注射或静脉注射，一次量，每千克体重，马 15~20mg，3 次/d；犬、猫 20~25mg，3~4 次/d。

注射用头孢噻吩钠　0.5g。肌内注射，一次量，每千克体重，大动物 10~20mg，1~2 次/d；犬、猫 20~35mg，3 次/d。

头孢羟氨苄胶囊　0.25g。内服，一次量，每千克体重，犬、猫 22mg，2~3 次/d。

注射用头孢噻呋钠　1g、4g。肌内注射，一次量，每千克体重，牛 1.1mg，猪 3~5mg，犬 2.2mg，1 次/d，连用 3d。

五、β-内酰胺类

克拉维酸钾（Clavulanate Potassium）

【理化性状】克拉维酸钾是自棒状链霉菌的培养滤液中分离而得的一种新型β-内酰胺类抗生素，属氧青霉烷类化合物。白色或微黄色结晶性粉末，微臭，极易引湿。在水中极易溶解，在甲醇中易溶，在乙醇中微溶，在乙醚中不溶。

【药理作用】 本品抗菌机理同青霉素，但抗菌活性微弱，对多数肠杆菌科细菌和革兰氏阴性菌微弱，对金黄色葡萄球菌、溶血性链球菌等革兰氏阳性球菌有一定作用，本品单独应用无效。常与青霉素类、头孢类药物联合使用，以克服细菌产生耐药性，作为青霉素类和头孢类的抗菌增效剂，协同头孢类和青霉素类药物而提高疗效。

【制剂与规格】

阿莫西林克拉维酸钾片　0.125g（阿莫西林 0.1g，克拉维酸钾 0.025g）

注射用阿莫西林克拉维酸钾　1.2g（阿莫西林 1g，克拉维酸钾 0.2g）

任务三　抗革兰氏阴性菌抗生素

一、氨基糖苷类

本类药物的化学结构含有氨基糖分子和非糖部分的糖原结合而成的苷，故称为氨基糖苷类抗生素。临床上常用链霉素、卡那霉素、庆大霉素、新霉素、阿米卡星、小诺霉素、大观霉素、安普霉素等。氨基糖苷类具有以下的共同特征。

（1）氨基糖苷类为有机碱类，常用制剂为硫酸盐，均为白色或类白色粉末，易溶于水，性质比青霉素稳定，在碱性环境中作用增强。

（2）内服不易吸收，可作为肠道感染用药。全身感染时常注射给药。大部分以原形从尿中排出，适用于泌尿道感染。

（3）抗菌谱较广，主要对需氧革兰氏阴性杆菌和结核分枝杆菌作用较强；某些品种对绿脓杆菌、金黄色葡萄球菌也有作用；对革兰氏阳性菌的作用较弱；对某些支原体也有不同的效果。

（4）主要不良反应是损害第八对脑神经和肾脏，以及对神经肌肉的阻断作用。

（5）细菌对本类药物易产生耐药性。药物之间有部分或完全交叉耐药性。

链霉素（Streptomycin）

【理化性状】 链霉素是从灰链霉菌培养液中提取的一种有机碱。常用的是其硫酸盐，为白色粉末，有吸湿性，易溶于水。

【药动学】 内服难吸收，大部分以原形随粪便排出。肌内注射吸收迅速而完全，约 1h 血药浓度达高峰，有效药物浓度维持 6~12h。主要分布于细胞外液，易透入胸腔、腹腔中，有炎症时渗入增多。能透过胎盘进入胎血循环，胎血浓度约为母畜血浓度的一半，因此，孕畜慎用链霉素。链霉素大部分以原形通过肾小球滤过而排出，可用于治疗泌尿道感染。

【作用与应用】 抗菌谱较广，对结核分枝杆菌的作用在氨基糖苷类中最强，对大多数革兰氏阴性杆菌如大肠杆菌、沙门菌、布氏杆菌、变形杆菌、痢疾杆菌、鼻疽杆菌和巴氏杆菌等有较强的抗菌作用，但对绿脓杆菌作用弱；对革兰氏阳性球菌有一定作用；对钩端螺旋体、放线菌、败血支原体也有效；对梭菌、真菌、立克次氏体、病毒无效。

细菌对链霉素极易产生耐药性，且不易恢复。临床主要用于敏感菌所致的急性感染。

【制剂、用法与用量】 注射用硫酸链霉素　0.75g、1g、2g、5g。肌内注射，每千克体重，家畜 10~15mg，家禽 20~30mg，2 次/d，连用 2~3d。

卡那霉素（Kanamycin）

【理化性状】 卡那霉素是从卡那链霉菌的培养液中提取的，有 A、B、C 三种成分，临床应用以卡那霉素 A 为主。其硫酸盐为白色或类白色结晶性粉末，易溶于水，水溶液耐热稳定。

【药动学】内服吸收差。肌内注射吸收迅速，有效血药浓度可维持 12h。主要分布于各组织和体液中，以胸、腹腔中的药物浓度较高，胆汁、唾液、支气管分泌物及脑脊液中含量很低。有 40%~80%以原形从尿中排出，可用于治疗尿道感染。

【作用与应用】抗菌谱与链霉素相似，但抗菌活性稍强。对多数革兰氏阴性菌如大肠杆菌、变形杆菌、沙门菌和巴氏杆菌等有强大抗菌作用，但对绿脓杆菌无效；对结核分枝杆菌和耐青霉素的金黄色葡萄球菌也有效。对呼吸系统的支原体也有较好的治疗效果。卡那霉素主要用于多数革兰氏阴性杆菌和部分耐青霉素的金黄色葡萄球菌所引起的感染，也常用于治疗猪喘气病、猪萎缩性鼻炎和鸡慢性呼吸道病。

【制剂、用法与用量】注射用硫酸卡那霉素　0.5g、1g、2g。肌内注射一次量，家畜 10~15mg/kg。2 次/d，连用 2~3d。

阿米卡星（Amikacin）

【理化性状】阿米卡星又称丁胺卡那霉素，是在卡那霉素的基团上引入较大的丁胺基团而生成的半合成衍生物。其硫酸盐为白色或类白色结晶粉末，极易溶于水。

【作用与应用】抗菌谱与卡那霉素相似，但较卡那霉素广，且作用有所增强，耐药性有所延缓。对绿脓杆菌、金黄色葡萄球菌有效，并对耐庆大霉素、卡那霉素的绿脓杆菌、大肠杆菌、变形杆菌、肺炎杆菌仍然有效。

【制剂、用法与用量】硫酸阿米卡星注射液　1mL：0.1g、2mL：0.2g。肌内注射，一次量，每千克体重，马、牛、猪、羊、犬、猫、家禽 5~7.5mg/（kg·次），2 次/d。

庆大霉素（Gentamicin）

【理化性状】庆大霉素又称正泰霉素，是从放线菌科小单孢子属的培养液中提取获得的复合物。其硫酸盐为白色或类白色结晶粉末，有吸湿性，在水中易溶，乙醇中不溶。

【药动学】内服难吸收，肌内注射后吸收快而完全，主要分布在细胞外液，能渗入胸腹腔、心包、胆汁及滑膜液中，也可进入淋巴结及肌肉组织。其 70%~80%以原形从肾小球滤过从尿中排出。

【作用与应用】本品在氨基糖苷类中抗菌谱较广，抗菌活性最强。对大多数革兰氏阴性菌和耐药金黄色葡萄球菌作用强大；对支原体、结核分枝杆菌也有作用。临床主要用于耐药金黄色葡萄球菌、绿脓杆菌、变形杆菌，大肠杆菌、沙门菌等所引起的各种呼吸道、肠道、泌尿道感染和败血症；内服还可以治疗肠炎和细菌性腹泻。

细菌对本品易产生耐药性，敏感性降低，但停药一段时间后可部分或完全恢复。

【制剂、用法与用量】硫酸庆大霉素注射液　2mL：0.08g、5mL：0.2g、10mL：0.2g、10mL：0.4g。肌内注射，一次量每千克体重，家畜 2~4mg，犬、猫 3~5mg，家禽 5~7.5mg。2 次/d，连用 2~3d。休药期猪 40d。静脉滴注用量同肌内注射。

硫酸庆大霉素片　20mg。内服，一次量每千克体重，幼畜 5 ~10mg，2 次/d。

安普霉素（Apramycin）

【理化性状】安普霉素又称安普拉霉素，其盐酸盐为白色结晶性粉末，易溶于水。

【作用与应用】抗菌谱广，对多数革兰氏阴性菌如大肠杆菌、沙门菌、巴氏杆菌、变形杆菌、克雷伯菌等有强大的抗菌作用；对部分革兰氏阳性菌、密螺旋体、支原体等有较强的抗菌活性。

内服后吸收差，适于治疗肠道感染。肌内注射后吸收迅速，生物利用度高。安普霉素主要用于治疗雏禽、幼龄家畜的大肠杆菌病、沙门菌病。本品对猪的密螺旋体性痢疾、畜禽的支原体病也有效。本品对猫易产生毒性，不宜使用。

【制剂、用法与用量】硫酸安普霉素注射液　肌内注射，20mg/（kg·次），2 次/d，连用 3d。

硫酸安普霉素可溶性粉　混饮，每升水，禽 250~500mg（效价）。连用 5d。宰前 7d 停止给药。内服，一次量，每千克体重，家畜 20~40mg，1 次/d，连用 5d。

硫酸安普霉素预混剂　混饲，每吨饲料，猪 80~100g（效价），用于促生长。连用 7d。宰前 21d 停止给药。

大观霉素（Spectinomycin）

【理化性状】大观霉素又称壮观霉素、奇霉素、奇放线菌素。其盐酸盐或硫酸盐易溶于水，水溶液在酸性溶液中稳定。

【作用与应用】大观霉素对某些革兰氏阴性菌（布氏杆菌、克雷伯菌、变形菌、绿脓杆菌、沙门菌、巴氏杆菌等）有强大的作用，对革兰氏阳性菌（链球菌、葡萄球菌）作用较弱。对支原体也有一定的作用。本品主要用于治疗畜禽的大肠杆菌、沙门菌、巴氏杆菌感染。常与林可霉素配伍（合剂为利高霉素），用于治疗仔猪腹泻、猪的支原体性肺炎和败血支原体引起的鸡慢性呼吸道病。本品内服吸收较差，仅限于治疗肠道感染，对急性严重感染宜注射给药。

【制剂、用法与用量】盐酸大观霉素可溶性粉　5g：2.5g、50g：25g、100g：50g。混饮，每升水，鸡 1~2g，连用 3~5d，蛋鸡产蛋期禁用，休药期 5d；内服，猪 20~40mg/（kg·次），2 次/d。

利高霉素可溶性粉　5g：大观霉素 2g 与林可霉素 1g、100g：大观霉素 40g 与林可霉素 20g。混饮，每升水，禽 0.5~0.8g。连用 3~5d。仅用于 5~7 日龄雏鸡。

二、多肽类抗生素

多黏菌素（Polymyxin）

【理化性状】多黏菌素提取自多黏芽孢杆菌的培养液，是由多种氨基酸和脂肪酸组成的碱性多肽类抗生素（细菌素），兽医临床应用的有多黏菌素 B、多黏菌素 E（抗敌素）和多黏菌素 M（多黏膜菌素甲）三种，前两种供全身应用，后一种主要外用。

【药动学】内服不吸收，主要用于肠道感染。肌内注射后 2~3h 达血药峰浓度，有效血药浓度可维持 8~12h。吸收后分布于全身组织，肝、肾中含量较高，主要经肾缓慢排泄。

【作用与应用】本品为窄谱杀菌剂，对革兰氏阴性杆菌的抗菌活性强。主要敏感菌有大肠杆菌、沙门菌、巴氏杆菌、布氏杆菌、弧菌、痢疾杆菌等，多黏菌素可表现出较强的杀菌作用，对绿脓杆菌特效，具有强大的杀菌作用。细菌对本品不易产生耐药性，但多黏菌素 B 与多黏菌素 E 之间有交叉耐药性。本品副作用小，作用迅速，特别适用于急性病例的治疗。

临床主要用于革兰氏阴性杆菌的感染，特别是绿脓杆菌、大肠杆菌所致的严重感染。可用于治疗犊牛、仔猪的肠炎、下痢等。局部应用可治疗创面的感染等，也可以作生长促进剂和扶壮药物。

【制剂、用法与用量】硫酸黏菌素可溶性粉 混饮，每升水，猪 10~100mg，鸡 20~60mg。连用 5d。宰前 7d 停止给药。

硫酸黏菌素预混剂混饲（促生长） 每吨饲料，牛（哺乳期）5~40g，猪（哺乳期）2~40g，仔猪、鸡 2~20g。宰前 7d 停止给药。

注射用硫酸黏菌素 乳管内注入，奶牛每一乳室，5~10mg。子宫内注入，牛 10mg，1~2 次/d。

任务四 广谱抗生素

一、四环素类

四环素类分为天然品和半合成品两类。前者由不同链霉菌的培养液中提取获得，有四环素、土霉素、金霉素和去甲金霉素；后者为半合成衍生物，有多西环素、甲烯土霉素等。兽医常用的有四环素、土霉素、金霉素和多西环素。

土霉素（Oxytetracycline）

【理化性状】土霉素从土壤链霉菌中获得。为淡黄色的结晶性或无定形粉末。在日光下颜色变暗，在碱性溶液中易被破坏失效。在水中极微溶解，易溶于稀酸、稀碱。常用其盐酸盐，易溶于水，水溶液不稳定，宜现用现配。

【药动学】内服吸收不规则、不完全，主要在小肠的上段被吸收。胃肠道内的镁、钙、铝、铁、锌、锰等多价金属离子，能与本品形成难溶的螯合物，而使药物吸收减少。因此，不宜与含多价金属离子的药品或饲料、乳制品同用。内服后 2~4h 血药浓度达峰值。反刍兽因吸收差，且抑制瘤胃内微生物活性，不宜内服给药。吸收后在体内分布广泛，易渗入胸、腹腔和乳汁，也能通过胎盘屏障进入胎儿循环，脑脊液中浓度低。体内储存于胆、脾，尤其易沉积于骨骼和牙齿。主要由肾脏排泄。

【作用与应用】土霉素为广谱抗生素。除对革兰氏阳性菌和阴性菌有作用外，对立克次氏体、衣原体、支原体、螺旋体、放线菌和某些原虫也有抑制作用。但对革兰氏阳性菌的作用不如青霉素类和头孢菌素类；对革兰氏阴性菌作用不如氨基糖苷类和氯霉素。本品有促生长作用。细菌对本品能产生耐药性，但产生较慢。天然四环素之间有交叉耐药性。

临床主要用于治疗敏感菌所致的各种感染，如猪肺疫、禽霍乱、布氏杆菌病和犊牛、仔猪和禽的白痢等；对防治畜禽支原体病、放线菌病、球虫病、钩端螺旋体病等也有一定疗效；也用于多种细菌混合感染或不明原因的感染。

【不良反应】①其盐酸盐水溶液属强酸性，刺激性大，不宜肌内注射，静脉注射时药液漏出血管外可致静脉炎。②易引起肠道菌群紊乱，消化功能失调。③长期应用损伤肝脏。

【制剂、用法与用量】土霉素片 0.05g、0.125g、0.25g。内服，一次量，每千克体重，猪、驹、犊、羔 10~25mg，犬 15~50mg，禽 25~50mg。2~3 次/d，连用 3~5d。

注射用盐酸土霉素 0.2g、1g。肌内注射、静脉注射，家畜 5~10mg/（kg·次），2 次/d，连用 2~3d。

复方长效土霉素注射液 1mL：0.2g。肌内注射，家畜 10~20mg/（kg·次），1 次/2d。

多西环素（Doxycyclinc）

【理化性状】多西环素又称强力霉素、脱氧土霉素，其盐酸盐为淡黄色或黄色结晶性粉末，易溶于水，微溶于乙醇。

【药动学】本品内服后吸收迅速，生物利用度高，维持有效血药浓度时间长，对组织渗透力强，分布广泛，易进入细胞内。原形药物大部分经胆汁排入肠道又再吸收。本品在肝内大部分以结合或络合方式灭活，再经胆汁分泌入肠道排出，对肠道菌群无明显影响；肾脏排出时，容易被肾小管重吸收，因而有效药物浓度维持时间较长。

【作用与应用】抗菌谱与其他四环素类相似，体内、体外抗菌活性较土霉素、四环素强，临床用于治疗畜禽的支原体病、大肠杆菌病、沙门菌病、巴氏杆菌病和鹦鹉热等。

【制剂、用法与用量】盐酸多西环素片　0.1g。内服，一次量，每千克体重，猪、驹、犊、羔 3~5mg，犬、猫 5~10mg，禽 15~25mg。1 次/d，连用 3~5d，混饲，每吨饲料，猪 150~250g，禽 100~200mg。

盐酸多西环素可溶性粉　混饮，每升水，猪 100~150mg，禽 50~100mg。

临床中还有其他制剂，盐酸四环素、盐酸金霉素、米诺霉素（二甲胺四环素）等也广泛应用于兽医临床，米诺霉素是四环素类抗生素中作用最强的药物，其造价成本高，在一定程度上限制了其推广应用。

二、氯霉素类

本类抗生素包括氯霉素、甲砜霉素及其衍生物氟甲砜霉素等，均属广谱抗生素。

氯霉素（Chloramphenicol）

【理化性状】氯霉素是从委内瑞拉链霉菌培养液中提取。为白色针状或微黄绿色的针状、长片状结晶粉末。味苦。在甲醇、乙醇、丙二醇中易溶，在水中微溶。在弱酸或中性溶液中较稳定，在碱性溶液中易被破坏。氯霉素及其盐、酯及制剂禁止用于所有食品动物。

【药动学】内服吸收良好，肌内注射吸收迅速。吸收后迅速分布于全身各组织和体液中，易透入血-脑脊液屏障及胎盘屏障。主要在肝脏代谢，大部分与葡萄糖醛酸结合，小部分降解为芳香胺而失活，约 10%以原形从尿中排出。幼龄动物因肝、肾功能较弱，使用氯霉素后可获较高的药物浓度和较长的维持时间；成年动物，若肝、肾功能障碍可致蓄积中毒。

【作用与应用】属于广谱快效抑菌性抗生素。对革兰氏阳性菌和阴性菌都有作用，但对阴性菌的作用较阳性菌强。特别是对肠杆菌特效，对沙门菌、伤寒杆菌、副伤寒杆菌、流感杆菌作用最强；其次为大肠杆菌、痢疾杆菌、变形杆菌、布鲁氏菌、巴氏杆菌、克雷伯菌。对部分衣原体、立克次氏体和某些原虫也有一定抑制作用。但对绿脓杆菌、真菌及病毒无效。

细菌对本品可产生耐药性，但发生较缓慢，耐药菌以大肠杆菌为多。临床主要用于肠道感染，特别是沙门菌感染如仔猪副伤寒、幼驹副伤寒、禽副伤寒、雏鸡白痢、仔猪黄痢、白痢和幼驹大肠杆菌病等。同时，也可用于子宫炎、乳腺炎、传染性角膜炎等局部感染。

【不良反应】长期或多次反复应用时，氯霉素可抑制骨髓造血功能，导致再生障碍性贫血和溶血性贫血等；引起消化功能紊乱和 B 族维生素、维生素 E 的缺乏。

【制剂、用法与用量】氯霉素注射液　2mL：0.25g。肌内注射、静脉注射，一次量，每千克体重，马 20~50mg，犬、猫 40~50mg。2~3 次/d。静脉注射时，以 50g/L 葡萄糖注射液稀释。

甲砜霉素（Thiamphenicol）

【理化性状】甲砜霉素又称甲砜氯霉素、硫霉素，为白色结晶性粉末。无臭。微溶于水，溶于甲醇，几乎不溶于乙醚或氯仿。

【作用与应用】属广谱抗生素，抗菌活性与氯霉素相似，对大多数革兰氏阳性菌和阴性菌均有抑制作用，但对阴性菌的作用较阳性菌强。对革兰氏阴性菌高度敏感，绿脓杆菌对本品多有耐药性；本品对放线菌、钩端螺旋体、某些支原体、部分衣原体和立克次氏体也有作用。细菌在体内外对本品均可缓慢产生耐药性，与氯霉素间有完全交叉耐药性，与四环素类之间有部分交叉耐药性。临床上主要用于治疗沙门菌、大肠杆菌及巴氏杆菌、支原体等引起的肠道、呼吸道及泌尿道感染。

本品吸收进入体内后，主要通过肾脏排泄，且大多数药物（70%~90%）以原形从尿中排出，故可用于治疗泌尿道的感染。

【制剂、用法与用量】甲砜霉素片　25mg、100mg、125mg、250mg，内服，一次量，每千克体重，家畜 10~20mg，家禽 20~30mg。2 次/d。

氟苯尼考（Florfenicol）

【理化性状】氟苯尼考又称氟甲砜霉素，是甲砜霉素的单氟衍生物。为白色或类白色结晶性粉末。无臭。在二甲基甲酰胺中极易溶解，甲醇中溶解，冰乙酸中略溶，水或氯仿中极微溶解。

【作用与应用】属动物专用抗生素。具有广谱、高效、低毒、吸收良好、体内分布广泛和不致再生障碍性贫血等特点。内服和肌内注射吸收快，大多数药物（50%~65%）以原形从尿中排出。抗菌谱与氯霉素相似，但抗菌活性优于氯霉素和甲砜霉素。对耐氯霉素和甲砜霉素的大肠杆菌、沙门菌、克雷伯菌也有效。

【制剂、用法与用量】氟苯尼考注射液　2mL：0.6g。肌内注射，一次量，每千克体重，猪、鸡 20mg，1 次/2d，连用 2 次。

氟苯尼考预混剂　100g：2g、100g：50g。每吨饲料添加本品，猪 200~300g（效价），鸡 150~200g。连用 3~5d。

任务五　抗真菌抗生素

真菌感染根据感染部位不同分两类：一类为浅表真菌感染，主要侵害皮肤、羽毛、趾甲、冠、髯等，引起多种癣病；另一类为深部真菌感染，主要侵害机体的深部组织及内脏器官，如念珠菌病、犊牛真菌性胃肠炎、雏鸡曲霉菌性肺炎等。兽医临床常用的抗真菌药有两性霉素 B、制霉菌素、灰黄霉素、克霉唑及酮康唑等。

两性霉素 B（Amphotericin B）

【理化性状】两性霉素 B 是从链霉菌的培养液中分离获得的。为微黄色粉末，不溶于水，溶于醇。

【作用与应用】两性霉素 B 为广谱抗深部真菌药。对隐球菌、球孢子菌、白色念珠菌、芽生菌等都有抑制作用，是治疗深部真菌感染的首选药。两性霉素 B 主要用于犬组织胞浆菌病、芽生菌病、球孢子菌病，也可预防白色念珠菌感染及各种真菌的局部炎症，如趾甲或爪的真菌感染、雏鸡嗉囊真菌感染等。本品内服不吸收，是消化系统真菌感染的有效药物。

【制剂、用法与用量】注射用两性霉素 B　50mg。静脉注射，一次量，每千克体重，家畜 0.1~0.5mg，隔日 1 次或 1 周 3 次，总量 4~11mg。外用时，稀释成5g/L 溶液，涂敷或注入局部皮下；30g/L 软膏剂可用于涂敷局部。

克霉唑（Clotrimazole）

【理化性状】克霉唑为咪唑类人工合成的广谱抗真菌药，又称抗真菌 I 号，为白色结晶性粉末，难溶于水。

【药动学】内服易吸收，单胃动物约 4h 可达血药峰浓度，广泛分布于体内各组织和体液中。主要在肝脏代谢失活，代谢物大部分由胆汁排出，小部分经尿排泄。

【作用与应用】对各种皮肤真菌如小孢子菌、表皮癣菌和毛发癣菌有强大的抑菌作用，对深部真菌作用较两性霉素 B 差。临床主要用于体表真菌病，如毛癣、鸡冠等各种癣病。

【制剂、用法与用量】克霉唑片　0.25g、0.5g。内服，一次量，牛、马 5~10g，驹、犊、猪、羊 1~1.5g。2 次/d。混饲，雏鸡每 100 羽为 1g。

克霉唑软膏　外用，1%或 3%软膏。

酮康唑（Ketoconazole）

【理化性状】酮康唑属咪唑类合成抗真菌药。白色结晶粉末，溶于酸性溶液。内服易吸收，属广谱抗真菌药，对皮炎芽生菌、球孢子菌、曲霉菌及皮肤真菌均有抑制作用，疗效优于灰黄霉素和两性霉素 B。酮康唑适用于消化道、呼吸道及全身性真菌感染；外用治疗鸡冠癣和皮肤黏膜等浅表真菌感染。

【制剂、用法与用量】酮康唑片　0.2g。内服，一次量，每千克体重，家畜 5~10mg，1~2 次/d；犬 5~20mg，2 次/d。外用，2%软膏。

任务六　磺胺与抗菌增效剂

一、磺胺类药

磺胺药是最早人工合成的抗菌药物。1935 年，德国科学家格哈德·多马克发现了第一个磺胺类药物——百浪多息（对氨基苯磺酸）。先后合成的这类药有成千上万种，而临床上常用的只有二三十种。现代养殖防治中，由于磺胺类药的毒副作用、蓄积残留等不良反应，逐渐限制了它的使用，但磺胺类药由于其独特的优点：抗菌谱较广、性质稳定、价格低廉、生产量大等，特别是磺胺药可作为治疗某些疾病的特效药，使得磺胺药在抗微生物药物中仍有重要地位。

（一）构效关系

磺胺类药物的基本化学结构是对氨基苯磺酰胺（简称磺胺），即

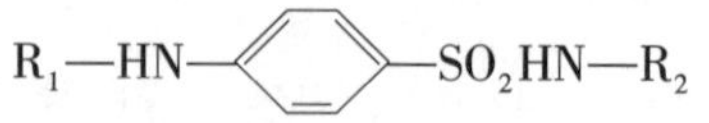

R_1、R_2 代表不同的基团，由于所引入的基团不同，因此就合成了一系列的磺胺类药物，在其结构中以其他基团取代氨基上的氢所得的衍生物，必须保持对位和游离的氨基才有活性，

一个氢原子（R_2），被杂环取代所得的衍生物抗菌活性增强，通常取代基分子质量越大，抗菌活性越强。杂环取代 R_1 所得的衍生物丧失抗菌活性，必须经体内代谢分解才能恢复。

（二）抗菌机制

磺胺类药主要通过干扰敏感菌的叶酸代谢而抑制其生长繁殖。对磺胺药敏感的细菌在生长繁殖过程中，不能直接从生长环境中利用外源叶酸，而是利用对氨基苯甲酸（PABA）、二氢蝶啶及谷氨酸，在二氢叶酸合成酶的催化下合成二氢叶酸，再经二氢叶酸还原酶还原为四氢叶酸，四氢叶酸参与嘌呤、嘧啶、氨基酸的合成。磺胺类的化学结构与 PABA 的结构极为相似，能与 PABA 竞争二氢叶酸合成酶，抑制二氢叶酸的合成，进而影响核酸的合成，阻止细菌生长增殖。

（三）药理作用

抗菌谱较广，为慢效抑菌剂。对大多数革兰氏阳性菌和部分革兰氏阴性菌有效，甚至对衣原体和某些原虫也有效。对磺胺药较敏感的病原菌有链球菌、肺炎球菌、沙门菌、化脓棒状杆菌、大肠杆菌等；一般敏感菌有葡萄球菌、变形杆菌、巴氏杆菌、产气荚膜杆菌、炭疽杆菌、绿脓杆菌等。某些磺胺药还对球虫、卡氏白细胞原虫、疟原虫、弓形虫等有效，但对螺旋体、立克次氏体、结核分枝杆菌等无效。细菌对磺胺类药易产生耐药性。

（四）使用原则

（1）首次使用量加倍，外用时清创（创面组织中含有大量的 PABA），使磺胺占有浓度上的优势。

（2）磺胺和乙酰化磺胺从肾脏中排出时，在酸性环境中易形成结晶，故应配合使用碱化尿液，增加其溶解度。

（3）磺胺类药易蓄积中毒，损害神经，不宜连续使用，中毒时应大量输液和输入碳酸氢钠，加快排出，同时采用对症疗法。

（4）磺胺类药和抗菌增效剂联合有协同作用，使磺胺药效果增加数倍甚至数十倍。

（五）常用磺胺类药物及应用

不同磺胺类药物对病原菌的抑制作用也有差异。一般来说，其抗菌作用强度的顺序为 SMM>SMZ>SD>SDM>SMD>SM_2>SN。具体见表 16-1。

表 16-1　　常用磺胺类药物及应用

名称	缩写	临床作用适应证
磺胺嘧啶	SD	细菌性脑炎首选，对大肠杆菌病和球菌作用强
磺胺二甲嘧啶	SM_2	抗菌效果比 SD 弱，用于全身感染和防治球虫病
磺胺间甲氧嘧啶	SMM	抗菌最强，局部和全身感染；弓浆虫、猪水肿病、禽球虫
磺胺甲噁唑	SMZ	抗菌力与 SMM 相似。磺胺中见效快，适用于呼吸道和泌尿道感染
磺胺地托辛	SDM	抗菌力与 SD 相似，对禽球虫、霍乱、传染性鼻炎有较好疗效
磺胺对甲氧嘧啶	SMD	疗效比 SDM 差，适用于泌尿道感染
氨苯磺胺	SN	抗菌力低，毒性大，常配成 10%软膏外用治疗创伤感染

二、抗菌增效剂

抗菌增效剂是一类新型广谱抗菌药物，能增强磺胺药和多种抗生素的疗效，国内常用甲氧苄啶（Trimethoprim，TMP）和二甲氧苄啶（Diaveridine，DVD，又称敌菌净）两种。TMP 内服、肌内注射，吸收迅速而完全，1~4h 血药浓度达高峰。抗菌增效剂可广泛分布于各组织和体液中；DVD 内服吸收很少，胃肠道内浓度较高，作为肠道抗菌增效剂比 TMP 优越。

其作用机制是抑制二氢叶酸还原酶的活力，使二氢叶酸不能还原成四氢叶酸，因而阻碍了敏感菌叶酸代谢和利用，从而阻碍菌体核酸合成。TMP 或 DVD 与磺胺类药物合用时，可从两个不同环节同时阻断叶酸的合成，而起双重阻断作用，抗菌作用可增强数倍至几十倍，甚至使抑菌作用变为杀菌作用，并可减少耐药菌株的产生。

抗菌谱广，与磺胺类相似且效力较强。对多种革兰氏阳性菌及阴性菌均有抗菌活性，其中较敏感的有溶血性链球菌、葡萄球菌、大肠杆菌、变形杆菌、巴氏杆菌和沙门菌等。但对绿脓杆菌、结核分枝杆菌、丹毒杆菌、钩端螺旋体无效。

单独使用也有抗菌作用，但易产生耐药性，临床常与其他类抗菌药物联合使用。TMP 常以 1∶5 的比例与 SMD、SMM、SMZ、SD、SM_2、磺胺喹噁啉（SQ）等磺胺药合用；以 1∶4 的比例与四环素类合用。抗菌增效剂主要用于敏感菌引起的呼吸道、泌尿道感染、腹膜炎、乳腺炎、创伤感染等，也用于幼畜肠道感染、猪萎缩性鼻炎、猪传染性胸膜肺炎。对家禽大肠杆菌病、鸡白痢、鸡传染性鼻炎、禽伤寒及霍乱等均有良好的疗效。DVD 常以 1∶5 的比例与 SQ 等合用，主要防治禽、兔球虫病及畜禽肠遭感染等。DVD 单独应用可防治球虫病。

抗菌增效剂也可以与其他抗菌药物协同使用，商品药庆增安就是庆大霉素和抗菌增效剂联合抗菌的复方制剂。

任务七　其他人工合成抗菌药物

一、喹诺酮类抗菌药物

喹诺酮类是指一类具有 4-喹诺酮环结构的药物，1962 年首先应用于临床的第一代喹诺酮类是萘啶酸；第二代的代表药物是 1974 年合成的吡哌酸；1979 年合成了第三代的第一个药物诺氟沙星，又称为氟喹诺酮类药物。至今，第三代药物研发十分迅速，在疾病防治中应用广泛，氟喹诺酮类药物具有抗菌谱广、杀菌力强、吸收快和体内分布广泛、抗菌作用独特、与其他抗菌药无交叉耐药性、毒副作用小、安全范围较大的特点。

1. 抗菌谱

氟喹诺酮类药物为广谱杀菌性抗菌药，能抑制细菌 DNA 回旋酶，干扰 DNA 复制而产生杀菌作用。氟喹诺酮类药物对革兰氏阳性菌、革兰氏阴性菌、支原体、某些厌氧菌均有效，如对大肠杆菌、沙门菌、巴氏杆菌、克雷伯菌、变形杆菌、绿脓杆菌、嗜血杆菌、波氏杆菌、丹毒杆菌、金黄色葡萄球菌、链球菌、化脓棒状杆菌等均敏感，对耐甲氧苯青霉素的金黄色葡萄球菌、耐磺胺类+TMP 的细菌、耐庆大霉素的绿脓杆菌、耐泰乐菌素或泰妙菌素的支原体也有效。

利福平、氯霉素可导致氟喹诺酮类药物作用降低，不宜与利福平、氯霉素联合应用。

2. 常用药物及应用

第三代氟喹诺酮有诺氟沙星、培氟沙星、氧氟沙星、环丙沙星、洛美沙星、恩诺沙星、达氟沙星、二氟沙星、单诺沙星、沙拉沙星等。在防治中主要用于敏感的革兰氏阴性菌、部分阳性菌和支原体引起的疾病，总体来说，氟喹诺酮类药物药理作用相似，不同药物的作用又有一定的侧重。根据药物在疾病防治中出现的频率，选取主要药物介绍，见表16-2。

视频：抗支原体的抗菌药物

表16-2　常用第三代氟喹诺酮类药物的名称、作用和应用

药物名称	性状和体内代谢	药理作用和特点	临床制剂及应用
诺氟沙星(氟哌酸)(Norfloxacin)	类白色至淡黄色结晶性粉末，微苦，在水或乙醇中微溶，易溶于乙酸、盐酸或氢氧化钠。其烟酸盐、盐酸盐、乳酸盐均易溶于水	对大肠杆菌、巴氏杆菌及绿脓杆菌的作用较强；对革兰氏阳性菌有效；对支原体也有一定的作用；对大多数厌氧菌不敏感	烟酸诺氟沙星可溶性粉剂及注射剂：主要用于敏感菌引起的消化系统、呼吸系统、泌尿道感染和支原体病等
培氟沙星(Pefloxacin)	其甲磺酸盐为白色或微黄色粉末，易溶于水。内服吸收良好，体内分布广、较易通过血-脑脊液屏障	抗菌谱、体外抗菌活性与诺氟沙星相似。作用优于诺氟沙星，对畜禽巴氏杆菌、大肠杆菌、沙门菌较强，对畜禽支原体有一定作用	甲磺酸培氟沙星可溶性粉剂及注射剂：主要用于敏感菌引起的呼吸道感染、肠道感染、脑膜炎、心内膜炎、败血症
环丙氟哌酸(环丙沙星)(Ciprofloxacin)	其盐酸盐和乳酸盐为淡黄色结晶性粉末，易溶于水。内服、肌内注射吸收迅速，鸡适于内服，吸收率高，马、猪注射利用率高。动物体内分布广泛	对革兰氏阴性菌的抗菌活性是本类药物最强的一种；对革兰氏阳性菌的作用较强。对厌氧菌和绿脓菌有较强的抗菌作用。对支原体也有较强的作用	盐酸环丙沙星可溶性粉剂及注射剂：应用于全身各系统的感染，消化道、呼吸道、泌尿生殖道、皮肤软组织感染及支原体感染等均有良效
乙基环丙沙星(恩诺沙星)(Enrofloxacin)	为类白色结晶性粉末。无臭，味苦。水或乙醇中微溶，在乙酸、盐酸或氢氧化钠中易溶。内服、肌内注射吸收迅速较完全。内服生物利用率高，体内的代谢主要是成为环丙沙星	本品为动物专用的广谱杀菌药，对支原体有特效，效力比泰乐菌素和泰妙菌素强。对耐泰乐菌素、泰妙菌素的支原体仍然有效。对革兰氏阴性菌和革兰氏阳性菌都有较强的作用	盐酸恩诺沙星溶液剂、注射剂：大肠杆菌性腹泻和败血症、巴氏杆菌病、沙门菌病、支原体病、链球菌、胸膜肺炎放线菌、链球菌病等引起的疾病
氧氟沙星(Ofloxacin)	为黄色或灰黄色结晶性粉末，微溶于水，易溶于乙酸，内服和肌内注射吸收良好，生物利用率高。体外抗菌活性优于诺氟沙星	对多数革兰氏阴性菌和阳性菌、某些厌氧菌和支原体有广谱的抗菌活性，对绿脓杆菌和痢疾杆菌等均有良好的抗菌作用	盐酸氧氟沙星粉、注射剂：用于治疗支原体及支原体与细菌混合引起的呼吸道、泌尿道、肠道感染和皮肤、软组织感染等

续表

药物名称	性状和体内代谢	药理作用和特点	临床制剂及应用
二氟沙星（Difloxacin）	为白色或类白色粉末。无臭，味苦。不溶于水。其盐酸盐能溶于水。猪、鸡体内吸收迅速。猪肌内注射及内服后吸收完全，鸡肌内注射、内服后吸收不完全	对多种细菌有效，如大肠杆菌、绿脓杆菌、金黄色葡萄球菌、变形杆菌、巴氏杆菌等，对支原体也有效。尤其对鸡的大肠杆菌病和仔猪的红、黄、白痢有特效	盐酸二氟沙星可溶性粉：临床主要用于治疗畜禽慢性呼吸道病、气管炎、肺炎、禽霍乱、链球菌病、大肠杆菌性肠炎、伤寒等疾病

二、喹噁啉类抗菌药物

本类药物为合成抗菌药，应用于畜禽的主要有乙酰甲喹、喹乙醇和卡巴氧。卡巴氧主要用作生长促进剂，因发现其有致突变作用，许多国家已禁用。

乙酰甲喹（Maquindox）

【理化性状】乙酰甲喹又称痢菌净，为鲜黄色结晶或黄色粉末。无臭，在水、甲醇中微溶。

【药动学】内服和肌内注射均易吸收，猪肌内注射后约 10min 即可分布全身。消除半衰期约 2h，给药后 8h 血液中已测不到药；破坏少，约 75%以原形从尿中排出。

【作用与应用】具有广谱抗菌作用。对革兰氏阴性菌的作用强，对于革兰氏阳性菌较强，对猪痢蛇形螺旋体的作用尤为突出。对大肠杆菌、巴氏杆菌，沙门菌、鼠伤寒沙门菌、变形杆菌的作用强大；对某些革兰氏阳性金黄色葡萄球菌、链球菌也有抑制作用。本品主要用于猪痢蛇形螺旋体性痢疾及细菌性肠炎，如仔猪黄痢和白痢、犊牛副伤寒、鸡白痢、禽大肠杆菌病。不能用作生长促进剂。

【制剂、用法与用量】痢菌净片 0. 1g、0. 5g。内服，畜禽 5~10mg/（kg·次）。2 次/d，连用 3d。

痢菌净注射液 10mL：50mg。肌内注射，猪、牛 2. 5~5mg/（kg·次）；鸡 2. 5mg/（kg·次）。2 次/d，连用 3d。

任务八 抗病毒药和中草药

一、常用抗病毒药物

病毒不具有细胞的结构，其核心是 DNA 或 RNA，外包以蛋白质外壳。病毒需寄生于宿主细胞内，利用宿主细胞的代谢系统才能增殖。目前应用的抗病毒药可通过干扰病毒吸附于宿主细胞、阻止病毒进入宿主细胞、抑制病毒核酸复制、抑制病毒蛋白质合成、诱导宿主细胞产生抗病毒蛋白等多途径发挥效应。现代医药中病毒没有特效药物，常用的抗病毒药有金刚烷胺、吗啉胍、利巴韦林与干扰素等，对病毒起到一定的作用。

金刚烷胺（Amantadine）

金刚烷胺是人工合成的饱和三环葵烷的氨基衍生物，为窄谱抗病毒药，对亚洲甲型流感病毒选择性高。此外，金刚烷胺也能抑制丙型流感病毒的复制，但对乙型流感病毒、疱疹病毒、麻疹病毒、腮腺炎病毒等无效。金刚烷胺主要用于甲型流感和猪传染性胃肠炎的防治。本品干扰病毒进入细胞，阻止病毒脱壳及其核酸释出等作用，因此，适于病毒病的初期使用。金刚烷胺的衍生物金刚乙胺，作用优于金刚烷胺。

吗啉胍（Moroxydine）

吗啉胍又称病毒灵，其盐酸盐为白色结晶性粉末。无臭，味微苦。在水中易溶，在乙醇中微溶。吗啉胍主要抑制胞内病毒的自我复制和释放，为广谱抗病毒药，对流感病毒、副流感病毒、鼻病毒、呼吸道合胞体病毒等 RNA 型病毒有作用，对 DNA 型的某些腺病毒、鸡马立克氏病毒也有一定的抑制作用，主要用于流感、病毒性支气管炎、水痘疱疹等，也用于对鸡传染性支气管炎、鸡传染性喉气管炎、鸡痘、禽流感的防治。

利巴韦林（Ribavirin）

利巴韦林又称病毒唑、三氮唑核苷，为白色结晶性粉末。无臭、无味、易溶于水，为广谱抗病毒药，对 DNA 和 RNA 病毒均有抑制作用。敏感的病毒包括流感病毒、副流感病毒、腺病毒、疱疹病毒、正黏病毒、副黏病毒、痘病毒、细小核糖核酸病毒、棒状病毒、轮状病毒等。利巴韦林可用于防治禽流感、鸡传染性支气管炎、鸡传染性喉气管炎等。

干扰素（Interferon， IFN）

干扰素是病毒进入机体后诱导宿主细胞产生的一类具有多种生物活性的糖蛋白。白细胞释放后可促使其他细胞抵抗病毒的感染。其他非病毒物质如衣原体、立克次氏体、细胞内毒素、真菌提取物，甚至人工合成的多聚核苷酸也能诱导细胞产生干扰素。它们可统称为干扰素诱导剂。其中的多聚核苷酸有较高的药用价值。干扰素有 α、β、γ 三类和Ⅰ、Ⅱ二型，即白细胞干扰素（α-IFN）、纤维母细胞干扰素（β-IFN）和免疫细胞干扰素（γ-IFN）。

干扰素可通过在离体培养的白细胞内，加入仙台病毒或鸡新城疫病毒诱导产生和制取，也可通过大肠杆菌、酵母菌基因工程重组而得，这种干扰素纯度高。干扰素内服不吸收，通过肌内注射或皮下注射给药。兽用干扰素常见注射液及冻干粉制剂。

其他抗病毒药还有阿昔洛韦（无环鸟苷）、阿糖腺苷、聚肌苷酸-聚胞苷酸。

二、抗微生物中草药

1. 中草药在现代养殖业对病毒性疾病防治的优势

在现代畜禽养殖中，由病毒引起的疾病十分普遍，很多病毒性传染病没有确切有效的疫苗，防治中经常使用抗病毒药，效果不明显。特别近年来，有些抗病毒成分的药物禁止在兽药中使用，这使动物病毒性传染病的防治难度增加。中草药防治动物病毒性传染病是当前养殖发展趋势。

中草药是我们国家传统瑰宝，具有历史悠久，来源广泛，价格低廉，副作用小等优点，其作用机制是抑制病毒、抗菌消炎、解热镇痛、增强免疫、综合调节动物体内环境，修补病毒引起的损伤，干扰病毒的体内复制；中草药制剂相对价格低廉、较少产生耐药性。近年来，中草药研究广泛地应用于现代养殖业生产中，其应用有明显的上升趋势，常常用于疾病的防治和饲料添加过程中，因此开发研制中草药抗菌药物具有特别重要的意义。

2. 中草药制剂的应用

目前，许多中草药如黄芪、穿心莲、板蓝根、大青叶、金银花、黄连等单方或复方的各种剂型，也广泛应用于某些病毒感染性疾病的防治。许多传统方剂也被应用到养殖防治中，如银翘散用于防治多种病毒性疾病；三黄加白散用于防治禽耐药性大肠杆菌病；双黄连、清开灵用于防治猪的感冒和高致病性蓝耳病。

越来越多的中草药方剂在不断研发和完善，并应用于疾病防治中，实践表明，禽的传染性法氏囊炎使用中草药方剂治疗效果较合成抗病毒药更为显著。各种不同的中草药方剂制剂和剂型越来越多地应用于养殖防治中，占有不可或缺的地位。

任务九　抗微生物药物的合理使用

现代集约化的密集养殖模式在一定程度上促使了疾病的流行，抗微生物药物使用量最为广泛，普遍存在滥用情况。要合理用药，减少药物在动物体内蓄积残留，保证畜产品安全和人类健康，提高畜产品质量。

一、正确诊断疾病、选用敏感抗菌药物

通过临床疑似诊断和实验室确诊，确定疾病是何种微生物引起的，依据理论结合实际情况，选用敏感的若干抗菌药物，必要时要进行细菌的分离鉴定和药敏试验；还要考虑到发病率、病程缓急、发病动物的药物代谢问题，药物的成本、是否容易获得和停药期等。最终经过筛选，确定一种或一种以上的抗菌药物进行治疗。例如，结核病可选用链霉素、雷米封、利福平。

特别强调的是，有些炎症并非都是由细菌引起，如变态反应、挫伤血肿等，要充分掌握基础理论，合理应用抗微生物药。

二、制定合适的给药方案

根据药物的药代动力学和药物的作用、受治疗动物的种类、生理体况和状态，设计出合适的剂量、间隔给药时间及疗程；设计给药途径和方法；注意给药时的注意事项，关注预计疗程后的疾病发展情况和后续措施。以保证药物的疗效，减少不良反应的发生。

微生物性疾病的治疗通常以 3d 为一个疗程，在接近一个疗程时，动物个体应该有所好转或群体表现出发病率、死亡率降低或平稳的状况，或某些个体趋向康复，若如此，可酌情考虑继续治疗。如果个体病情继续恶化发展，或群体病情发病率、死亡率明显增加，必须重新诊断疾病，检验药物选择和给药方案是否正确。

三、防止产生耐药性

抗菌药物广泛应用于当今的养殖生产中，随之而来的细菌耐药性问题也日益严重，在兽医临床中，金黄色葡萄球菌、大肠杆菌、猪副嗜血杆菌、绿脓杆菌、巴氏杆菌、痢疾杆菌及结核分枝杆菌最易产生耐药性，地区不同其敏感的抗生素也不尽相同。因此，要严格掌握适应证，防止滥用抗菌药物，对不明原因者应确诊病原，不能急于滥用抗菌药。最好根据体外抑菌试验结果来确定使用哪一种抗菌药，或联合用药，或中西医结合抗菌。病原菌出现耐药时，最好避

开市面上的常见药物，选用不常用的往往见效。

四、正确联合应用抗菌药物、防止配伍禁忌

根据抗菌药抗菌机制和性质，将其分为四大类：Ⅰ类为繁殖期或速效杀菌剂，如青霉素类、头孢菌素类；Ⅱ类为静止期或慢效杀菌剂，如氨基糖苷类、多黏菌素类；Ⅲ类为快效抑菌剂，如四环素类、氯霉素类、大环内酯类；Ⅳ类为慢效抑菌剂，如磺胺药等。Ⅰ类与Ⅱ类合用一般可获得增强作用；Ⅰ类与Ⅲ类合用可出现拮抗作用；其他类合用多出现叠加或无关作用。还应注意作用机制相同的一类药物合用效果并不会增强，而可能相互增加毒性。此外，联合用药时应注意药物之间的理化性质、药物动力学和药效学之间的相互作用与配伍禁忌，避免出现浑浊、沉淀和析出等现象。

五、采取综合治疗措施

机体的免疫力是协同抗菌药的重要因素，在治疗中过分强调抗菌药的功效而忽视机体内在因素，往往是导致治疗失败的重要原因之一。因此，在使用抗菌药物的同时，应根据病畜的种属、年龄、生理、病理状况，采取综合治疗措施，调节内环境，增强病畜的抗病能力，如纠正机体酸碱平衡失调、补充能量、扩充血容量等辅助治疗，从而促进疾病康复。

知识点：双黄连、板蓝根等中草药注射液，磺胺类与头孢、青霉素类混合；磺胺类药与氨基糖苷类抗生素混合。

临床疾病治疗中，为方便省事，将多种药物混合成一针注射。

双黄连、板蓝根等中草药注射液主要成分为有机酸、有机糖苷，与 pH 呈碱性药物混合，溶解度增加，越发清亮。头孢、青霉素类为有机酸类抗生素，临床制剂为钠盐，为强碱弱酸盐，pH 呈现碱性。

磺胺类药物在酸性环境中溶解度降低，在碱性环境中溶解度增加，与头孢、青霉素类混合清亮透明，氨基糖苷为有机碱类抗生素，制剂用其硫酸盐，为强酸弱碱盐，pH 呈酸性，与磺胺类药物混合出现白色沉淀，无法推动注射器。

◎ 复习思考题

一、名词解释

抗生素、耐药性、抗菌谱、抗菌活性。

二、填空题

1. 青霉素类抗菌机理是抑制________，属于________期杀菌。

2. 抗病毒西药有________，________，________等。

3. 抗菌增效剂与磺胺间甲氧嘧啶使用效果________，而抗菌增效剂本身（有或无）抗菌作用________。

三、单选题

1. 猪大肠杆菌病用药，理论上讲下列（　　）组效果最差

A. 阿米卡星　氟苯尼考　B. 磺胺二甲氧嘧啶　庆大霉素　C. 青霉素钠　林可霉素

D. 喹乙醇　环丙沙星　　E. 氧氟沙星　阿莫西林

2. 仔猪副伤寒可使用下列（　　）药物治疗

A. 环丙沙星　　B. 泰乐菌素　　C. 二甲硝咪唑

D. 林可霉素　　E. 青霉素钠

3. 猪肺疫可使用下列（　　）药物治疗

A. 阿奇霉素　　B. 安普霉素　　C. 乙酰甲喹

D. 替米考星　　E. 二性霉素

4. 羊肠毒血症治疗选用下列（　　）组药物

A. 环丙沙星　　B. 氨卞西林　　C. 阿米卡星

D. 制霉菌素　　E. 克拉维酸钾

5. 猪链球菌治疗选用下列（　　）组药物

A. 多黏菌素　　B. 氟苯尼考　　C. 庆大霉素

D. 阿莫西林　　E. 多西环素

6. 链球菌脑膜炎时首选下列（　　）药物治疗

A. 磺胺间甲氧嘧啶　　B. 磺胺嘧啶钠　　C. 阿莫西林

D. 替米考星　　E. 卡巴氧

四、判断题

1. 多黏菌素对绿脓杆菌无效。(　　)

2. 克霉唑是用于治疗霉形体病抗生素。(　　)

3. 替米考星用于大肠杆菌病治疗，是泰乐菌素的衍生物，临床效果强于泰乐菌素。(　　)

4. 土霉素和莫能菌素都可以给牛作生长促进剂。(　　)

5. 硫酸卡那霉素口服给药治疗猪支原体肺炎。(　　)

五、简答题

1. 抗生素与合成抗菌药常用的种类有哪些?

2. 论述磺胺类与抗菌增效剂合用可使药效增强的作用机制。

3. 简述喹诺酮类药物的作用与应用。其杀菌机制是什么?

4. 怎样才能做到合理应用抗菌药物?

5. 写出有抗支原体作用的抗菌药物。

实训一　抗菌药物的 K-B 法药敏试验

【目标要求】掌握纸片法药敏试验的操作方法，试验结果的判定方法，了解抗菌药物对细菌的意义，为临床疾病防治打下基础。本实训时间为 2h。

【实训用品】

(1) 实训材料　大肠杆菌菌种、相关抗菌药物样品、营养琼脂培养基、生理盐水、灭菌棉签、表面皿、接种环。

(2) 实训用具　打孔器、镊子、微量移液管、分析天平、恒温箱、无菌操作台。

【内容和步骤】

(1) 药敏纸片的制作　①取样品药品配成有效浓度，取 1mL。②将直径 6mm 的灭菌滤纸片 100 张浸入有效浓度药液 1mL 中，振荡均匀后阴干，备用。

（2）无菌操作方式，用灭菌棉签涂布法将菌种接种琼脂培养基。

（3）用镊子夹取各种药敏纸片，均匀粘贴在培养基表面，稍加按压。

（4）置恒温箱中37℃培养16~24h，取出读数。

（5）记录各纸片抑菌直径，比较敏感性，检查各抗菌药物之间的叠加、协同、拮抗关系。

提示：①抗菌药液有效浓度，氟苯尼考4mg/mL、利福平4mg/mL（丙酮或乙醇溶解）、单方磺胺间甲氧嘧啶20mg/mL、头孢噻呋钠2mg/mL、硫酸多黏菌素3万IU/mL、乳酸环丙沙星0.5mg/mL、硫酸庆大霉素2mg/mL。

②药敏纸片可以使用市售的。自制复方药时以主要含量的药物为主来稀释。

③本实训也可在琼脂表面打孔，分别滴加等量的抗菌药物有效浓度原液进行琼脂扩散。

④注意抑菌圈的直径大小、边缘整齐度、透明度和交叉轨迹，分析抗菌强度。

⑤本实训累计时间为2h，由于存在不连续性，可在教学实习中穿插进行。

【实训报告】撰写实训报告，说明实训结果和对疾病防治的意义。

实训二　微生物耐药性产生诱导试验

【目标要求】掌握微生物培养方法、药敏试验方法、细菌产生耐药性诱导试验操作方法。抗菌药物在临床疾病防治的应用。

【实训用品】恒温箱、微生物接种用具、微量移液器、营养琼脂、乳糖胆盐培养基、试管、童氏小管、溴甲酚紫指示剂、试验用大肠杆菌菌种、庆大霉素、药敏纸片。

视频：大肠杆菌耐药性诱导试验

【内容和步骤】

（1）庆大霉素10倍梯度培养基的制作

①取试管8支，分别加入乳糖胆盐培养基，第1支加入4.9mL，2~9支试管分别加入4.5mL。每支试管倒置童氏小管，排出气体，滴0.5g/L溴甲酚紫指示剂2滴，灭菌后备用。

②第1支培养基中用微量移液器加入100g/L硫酸庆大霉素100μL，反复吹打混合均匀，即为庆大霉素2mg/mL有效浓度。

③第1支试管吸出500μL混合药物培养基，加入第2支培养基中，混合均匀，再吸出500μL至第3管，以此10倍梯度稀释有效浓度庆大霉素操作至第7管，混合均匀，吸出500μL弃去不用。第8支不加药物作对照，粘贴标签，标记各试管庆大霉素浓度。

（2）大肠杆菌耐药性诱导试验

①试验开始时对试验菌种进行琼脂扩散法药敏试验，得原始的数据。

②分别向每支10倍梯度庆大霉素有效浓度培养基中接种试验用大肠杆菌菌种培养，37℃培养24h，观察结果。确定最低抗菌浓度，将最低抑菌浓度中的菌种移接至同一药物浓度试管中做适应性继代培养至生长良好，再移接至下一个10倍梯度药物浓度试管中，如此操作，不断适应移接至更高浓度中，直至其不再生长，说明耐药性已经达到极限。

③通过耐药诱导培养，将末代耐药菌种作为进一步试验使用，并同时进行琼脂扩散法药敏试验。

④末代耐药菌种移接至无药培养中继代培养以恢复其敏感性，每偶数代进行1次琼脂扩散

法药敏试验，观察敏感性恢复代数和程度。

⑤根据试验取得的数据，分析大肠杆菌对庆大霉素产生耐药性快慢和程度，恢复敏感性的速度和程度，正确指导临床用药，为临床养殖防治用药提供依据。

（3）试验结果说明　填写下列表格，并进行比对分析：庆大霉素对大肠杆菌的最小抑菌浓度；耐药诱导试验前后的药敏数据对比；大肠杆菌对庆大霉素产生耐药的速度；敏感性恢复的速度和程度。见表16-3、表16-4、表16-5。

表16-3　大肠杆菌在庆大霉素各梯度中生长情况

庆大霉素浓度	lg10	2lg10	3lg10	4lg10	5lg10	6lg10	7lg10	对照培养
细菌生长情况								

表16-4　大肠杆菌在庆大霉素各梯度诱导耐药代数

庆大霉素浓度	lg10	2lg10	3lg10	4lg10	5lg10	6lg10	7lg10
适应培养代数							
最终生长情况							

表16-5　大肠杆菌在无药培养基中耐药恢复试验结果

无药培养代数	2	4	6	8	10	12	14	16	18	20	22	24	26	28
药敏试验结果														

【实训报告】撰写实训报告，说明实训结果。

实训三　抗菌中草药有效成分的提取

【目标要求】掌握中草药中有效抗菌成分的提取方法，了解中草药抗菌药物对临床疾病防治的意义，增强以现代医学的方法研究使用中草药意识，接受传统中医学文化，发挥传统医药在现代疫病防治中的作用，开发新的药源，为临床疾病防治打下基础。本实训时间为2h。

视频："水-醇-水"法提取中草药成分制作水针

【实训用品】

（1）实训材料　抗菌中草药、蒸馏水、1% HCl、吐温80。

（2）实训用具　煎药器、烧杯、电炉、冰箱、量筒、滴管、玻璃棒、微孔膜过滤器、蒸馏装置、天平、小型粉碎机。

【内容和步骤】

说明：本实训是以"水-醇-水"法提取加减三黄加白散中的抗菌成分。

（1）称取黄连25g、黄芩15g、黄柏20g、白头翁20g，粉碎成颗粒状。

（2）取蒸馏水（70℃以上）500mL，加混合药粉充分浸泡6h以上。

（3）随即用煎药器加热煮沸60min，多层细布挤压过滤草药，保留水煎液备用。

（4）将上述药渣再次加 300mL 蒸馏水煎煮 60min，多层细布挤压过滤，保留水煎液和上面水煎液混合。

（5）混合水煎液加热浓缩成浓稠糖浆状 30～50mL。先加入 75%乙醇 150mL，混合均匀，再加入 95%乙醇 150mL 混合均匀。

（6）放置 2～4℃环境中冷藏，静止沉淀 48h 后，先用脱脂棉过滤，后用微孔膜过滤器过滤。

（7）将上述滤液加入蒸馏水 50mL，用蒸馏装置加热蒸发和回收乙醇，浓缩成 50mL 左右，冷藏静止放置 48h，过滤。

（8）将（7）中滤液加入蒸馏水 30mL 共 80mL，冷藏静止放置 48h。

（9）继续过滤，滤液滴入 1% HCl，调节 pH 5.5，再加入 0.5mL 吐温 80 试剂。

（10）滤液灌装封瓶，100℃灭菌 15min，即为注射剂制成品，相当于原生药 1g/mL。

提示：①本实训可结合教学实习穿插进行。②提取药液可进一步进行纸片法、管蝶法药敏试验，或用于肠杆菌病的现场防治。

【实训报告】撰写实训报告，说明中草药抗菌成分提取过程和原理。

项目十七 抗寄生虫药物

◎ 情境引入

①西德犬精神萎靡，鼻镜干燥，食欲减退，尿液发黄，经抗菌药物治疗无效后，出现食欲废绝，大量饮水，体温达 40.1℃，呼吸困难，眼结膜黄染呈现化脓性结膜炎，经检查在头部、四肢发现蓖麻子大小的蜱。初步诊断为梨形虫病，使用血虫净深部肌肉注射，每天一次，连用 3d 后治愈。②某鸡场一栋鸡舍，1 月龄蛋鸡出现精神不振，羽毛蓬松，双翅下垂，采食饮水减少，下痢，粪便中混有饲料，后期由水样带血到咖啡样血便，初步诊断为鸡球虫病。使用马杜霉素铵盐拌料治愈。

◎ 任务描述

本任务在初步诊断寄生虫类疾病的基础上，根据各类抗寄生虫药物作用特点、临床应用和使用注意事项，针对养殖发生的寄生虫病，合理选用适宜的药物，并正确的使用药物进行预防与治疗，以达到养殖防治的目的。

◎ 技能目标

掌握常用抗寄生虫药物的作用和应用，能够在疫病防治中合理使用抗寄生虫类药物。

◎ 知识目标

熟练掌握抗寄生虫药物的基本概念、分类和作用机制。抗寄生虫药物的名称、作用与应用、使用注意事项。

抗寄生虫药物是指用来驱除或杀灭畜禽体内外寄生虫的药物。畜禽寄生虫感染是一种普遍存在的现象，且多为群发性疾病，给畜牧业生产的发展带来了严重的经济损失。有些寄生虫是畜禽和人类同患，也严重危害人类健康，甚至危及生命安全。合理选用抗寄生虫药物是防治畜禽寄生虫病综合措施的一个重要环节。

任务一 驱蠕虫药

凡能将畜禽体内寄生的蠕虫杀灭或驱出体外的药物，称为驱蠕虫药。寄生于畜禽体内的蠕虫种类很多，主要有线虫类、绦虫类、吸虫类和棘头虫类。

一、驱线虫药

（一）有机磷酸酯类

有机磷酸酯类主要有敌百虫、哈罗松、蝇毒磷等。

敌百虫（Dipterex）

【理化性状】白色结晶性粉末或小粒，易潮解，易溶于水，性质不稳定，遇碱变质。

【作用与应用】本品属有机磷化合物，广谱驱虫药，对体内、外寄生虫均有效。其杀虫机制是抑制虫体内胆碱酯酶的活力，使乙酰胆碱在体内大量积蓄，导致虫体兴奋、痉挛、最后麻痹而死亡。同时，敌百虫可使宿主胃肠蠕动加强，促使虫体排出。对大多数消化道线虫及某些吸虫以及体表皮肤的蝇蛆、螨、蜱、蚤、虱均有杀灭作用。

【制剂、用法与用量】片剂　0.3g、0.5g。内服，一次量，每千克体重，马30~50mg，牛20~40mg，猪、绵羊80~100mg，山羊50~70mg，犬75mg。1次/（3~4）d。外用，局部涂擦或喷雾驱虫，其浓度为10~20g/L。

【注意事项】①本品有一定的毒性，注意使用剂量。②牛、羊慎用，家禽禁用，动物宰前7d停药。③不能与碱性物质配伍，水溶液应现配现用。④遮光，密封保存。

目前，敌百虫已很少用作内服驱虫使用，主要用于驱除和杀灭体表和环境中的寄生虫，用于涂擦、喷雾、药浴或沙浴。

（二）咪唑类

咪唑类药物包括左旋咪唑、丙硫苯咪唑、噻苯咪唑、甲苯咪唑、芬苯达唑、苯亚砜苯咪唑、氟苯达唑等药物。

左旋咪唑（Levamisole）

【理化性状】左旋咪唑又称左咪唑、左噻咪唑、驱钩蛔、驱虫速。为噻咪唑的左旋异构体，常用其盐酸盐或磷酸盐，为白色或类白色结晶性粉末、无臭、味苦，在水中极易溶解，在乙醇中盐酸盐易溶，磷酸盐微溶。在碱性水溶液中均易分解失效。

【作用与应用】左旋咪唑为人工合成的广谱驱虫药，进入虫体后，会抑制虫体肌肉的琥珀酸脱氢酶的活力，使延胡索酸不能还原为琥珀酸，使虫体糖代谢发生障碍，能量产生不足，虫体肌肉麻痹而被排出体外。常用于各种动物的驱虫，对成虫和幼虫均有效。本品对家畜的多种线虫有驱除作用，如胃肠道线虫、肺线虫、肾虫、心丝虫、眼寄生虫等；对禽类可用于驱除多种线虫，如鸡蛔虫、异刺线虫等。对马的蛔虫、蛲虫和肺丝虫特别有效。另外，左旋咪唑有增强白细胞吞噬力、提高机体免疫力的作用，常用于抗肿瘤和病毒疾病。

【制剂、用法与用量】片剂　25mg、50mg。注射液　2mL：0.1g、5mL：0.25g、10mL：0.5mg。涂擦剂　100mL：10g。内服、混饲或饮水、皮下注射或肌内注射，一次量，每千克体重，牛、羊、猪7.5~8mg；禽25mg；犬、猫10mg。左旋咪唑涂擦剂耳根部涂敷，猪一次量，每千克体重1~1.2mL。

【注意事项】①本品对马慎用，骆驼禁用。②屠宰前7d停药。③犬、猪对其敏感，个别动物给药后会出现胆碱能神经兴奋样作用，通常在2h内可自行缓解。严重者可注射肾上腺素和阿托品救治。

噻苯咪唑（Thiabendazole）

【理化性状】噻苯咪唑又称噻苯唑、噻苯达唑。为白色或微黄色结晶粉末，味微苦，无臭，性质稳定，几乎不溶于水。

【作用与应用】本品为合成的苯并咪唑类广谱、高效、低毒驱虫药，对大多数胃肠线虫均有高效，具有杀蚴和虫卵作用。吸收迅速、分布广，给药后 3~7h 血药浓度最高，代谢产物于 3d 全部经粪便排出。本品通过抑制虫体延胡索酸还原酶，使虫体能量产生不足从而达到驱虫作用。本品还有改变虫体渗透性和抑制虫囊发育等作用。临床上用于马大、小型圆形线虫、尖尾线虫；牛、羊血矛线虫、毛圆线虫、类圆虫和鞭虫等；对猪有除蛔虫、鞭虫作用外，对其他线虫（如有齿食道线虫、红色舌圆线虫等）均有较好效果；对鸡可作预防性用药，可控制气管比翼线虫，但对蛔虫、异刺线虫效果差。

【制剂、用法与用量】片剂　0.25g。内服，一次量，每千克体重，马、牛、羊 50~100mg，猪、犬 50mg，1 次/d，连用 3d。混饲：禽 0.5~5g/L，连喂 7~14d。

丙硫苯咪唑（Albendazole）

【理化性状】丙硫苯咪唑又称阿苯达唑、阿苯唑、丙硫咪唑。白色或类白色结晶粉末，无臭，无味，不溶于水。

【作用与应用】为噻苯咪唑类药物，易由消化道吸收，由尿中排出 47%，其中 28%在 24h 内排出。本品对畜禽常见的胃肠道线虫、肺线虫、肝片吸虫、绦虫和蚴虫均有效，对体表节肢寄生虫也有效，如虱、螨。其主要作用在于抑制虫体延胡索酸还原酶，阻止虫体能量的生成。本品毒性低，不良反应少，畜禽耐受性大。羊每千克体重，内服 0.1g，未见不良反应；牛每千克体重，内服 22.5mg 对生殖功能无影响。

【制剂、用法与用量】片剂　25mg、50mg、200mg、500mg。内服，一次量，每千克体重，马、猪 5~10mg，牛、羊 10~15mg，犬 25~50mg，禽 10~20mg。

（三）阿维菌素类

阿维菌素类是阿维链霉菌产生的一类大环内酯类抗生素。高效、广谱、安全、应用广泛，包括阿维菌素、伊维菌素、多拉菌素、依立菌素。

阿维菌素（Avermectin）

【理化性状】阿维菌素又称爱比菌素，商品名为虫克星，为白色或淡黄色结晶性粉末，无味，几乎不溶于水，微溶于乙醇，易溶于氯仿。

【作用与应用】为大环内酯类体内外驱虫药。驱虫谱广、效力强，主要用于驱除肠道线虫，对体外寄生虫，如蜱、螨、虱、蝇类及蝇类蚴、耳羌虫等也有杀灭作用。口服或注射都有良好的驱虫效果。但本品没有驱除吸虫、绦虫的作用。

【制剂、用法与用量】片剂　2mg、5mg。涂擦剂　2mL∶10mg、100mL∶500mg。内服，一次量，每千克体重，羊、猪 0.3mg。浇注或涂擦，一次量，每千克体重，0.1mL。牛、猪由肩部向后沿背正中线浇注，犬、兔于耳部涂擦。

伊维菌素（Ivermectin）

【理化性状】伊维菌素为白色结晶性粉末，无味，在甲醇、丙酮或乙酸中易溶，在水中几乎不溶。

【作用与应用】作用同阿维菌素，是一种新型的高效、广谱、低毒、低残留动物用驱蠕虫药。治疗剂量对移行中的圆线虫具有高效，对蜱、虱、蛆、螨等也有驱杀作用。毒性小，临床上应用此药均未出现局部或全身性副作用。对反刍动物、马、猪和犬至少有 10 倍治疗量的安全范围。

【制剂、用法与用量】注射剂 1mL∶0.01g、2mL∶0.02g、5mL∶0.05g。皮下注射，一次量，每千克体重，牛、羊0.2mg，猪0.3mg。混饲，每吨饲料，猪2g，连用7d。

二、驱绦虫药

吡喹酮（Praziquantel）

【理化性状】吡喹酮又称环吡异喹酮。白色或类白色结晶性粉末，味苦，几乎无臭，有吸湿性，微溶于水。溶于乙醇、氯仿等有机溶剂。

【作用与应用】是新型高效、广谱驱绦虫药，所有动物对其耐受性好，能使宿主体内血吸虫兴奋、肌肉痉挛，并移行至肝脏而死亡。对各种绦虫的童虫、蚴虫和成虫都有作用，但无杀虫卵作用。对各种吸虫也有驱除作用。该药毒性小，安全范围大，是目前较为理想的治疗绦虫病和日本血吸虫病的药物。

【制剂、用法与用量】片剂 0.2g、0.5g。内服，一次量，每千克体重，牛25~30mg，羊60mg，犬、猫2.5~5mg，家禽10~20mg。

氯硝柳胺（Niclosamide）

【理化性状】氯硝柳胺又称硝氯柳胺、灭绦灵、血防67、育米生。淡黄色或灰白色轻质粉末或结晶性粉末，无味，几乎不溶于水。露置空气中易呈黄色。

【作用与应用】本品为较新的驱绦虫药，内服后难吸收，吸收后小部分可转变为无作用的氨基氯硝柳胺。通常绦虫与药物接触1h，虫体萎缩，头节脱落死亡。用药48h，虫体可全部排出。其作用机制是抑制虫体细胞内线粒体的氧化磷酸化作用，阻碍虫体的三羧酸循环，使乳酸蓄积而发挥灭绦虫作用。杀灭绦虫的头节及其近段，使绦虫从肠壁脱落而随粪便排出体外。本品主要对马裸头绦虫，牛、羊的莫尼茨绦虫、曲子宫绦虫、无卵黄腺绦虫，鹿、牛隧状绦虫，犬、猫复孔绦虫、多头绦虫、豆状带绦虫，鸡赖利绦虫，小鼠膜壳绦虫等有驱杀作用；本品还可用于兔、猴、鱼（鲤鱼）和爬虫类绦虫病的治疗。此外，本品对牛、羊的前后盘吸虫及其幼虫、牛双口吸虫及其幼虫、日本血吸虫中间宿主钉螺，也都有驱杀作用。

【制剂、用法与用量】片剂 0.5g。内服，一次量，每千克体重，马80~90mg，牛60~70mg，羊50~70mg，犬、猫80~100mg，禽50~60mg，火鸡、鸽200mg；兔、猴100mg。灭钉螺陆地每平方米加药2g，用50mL水调匀喷洒。

盐酸丁奈脒在临床也是常用的一种驱绦灭囊药物，主要用作犬、猫、羊驱绦虫药，也用于杀灭体内囊虫。内服，一次量，每千克体重，牛、羊30~50mg，犬、猫25mg。其他驱绦虫药还有二氯酚、羟溴柳胺、槟榔碱等，也在生产中使用。

三、驱吸虫药

除前述的吡喹酮、阿苯达唑外，主要的驱吸虫药还有硫双二氯酚、硝氯酚、三氯苯咪唑、碘硝酚等。

硫双二氯酚（Bithionole）

【理化性状】硫双二氯酚又称别丁。白色或类白色结晶，有酚味，无臭，难溶于水，可溶于乙醇和稀碱溶液中。

【作用与应用】干扰虫体的能量代谢，阻止三磷酸腺苷的合成，使虫体麻痹。一般对成虫效果好，对未成熟虫体效果差。内服吸收少，大部分随粪便排出，从而达到驱除畜禽多种吸虫和绦虫的作用。对马、驴埃及腹盘吸虫、各种毛首线虫、前后盘吸虫，牛、羊肝片吸虫，猪姜片吸虫，许壳绦虫，犬、猫带绦虫，家禽多种绦虫均有效。

【制剂、用法与用量】片剂　0.25g、0.2g。内服，一次量，每千克体重，马 10~20mg，牛 50~60mg，猪、羊 75~100mg，犬、猫 200mg，兔 80~100mg。连用 2 次，间隔时间为 1~2d；鸡 100~200mg，鸭 30~50mg，鹅 600mg。鸡、鸭、鹅均需连服 2 次，间隔时间为 4d，可混于饲料中投服。

注射液　2mL：0.4g、10mL：2g。深部肌内注射，每千克体重，牛、羊20~25mg。

三氯苯咪唑（Triclabendazole）

【理化性状】三氯苯咪唑又称肝蛭净。本品为白色或类白色粉末。在甲醇中易溶，在水中不溶。

【作用与应用】是一种新型的苯并咪唑类驱虫药。对肝片吸虫具有理想的杀灭效果，能杀死牛、羊各日龄阶段的肝片吸虫的成虫和幼虫。药物主要经表皮吸收，干扰虫体的微管结构和功能，以及抑制虫体水解蛋白酶的释放。对牛、绵羊、山羊等反刍动物肝片形吸虫具有极佳效果。

【制剂、用法与用量】三氯苯达唑丸剂　250mg、900mg。混悬液　5%、10%。内服，一次量，每千克体重，牛 12mg，羊、鹿 10mg。

任务二　抗原虫药

畜禽原虫病主要有球虫病、锥虫病、焦虫病、梨形虫病和弓形虫病等，多呈地方性、季节性流行和散发性，主要表现为急性或亚急性经过。

一、抗球虫药

球虫病以艾美耳属球虫为主，对雏鸡、幼兔、犊牛、羔羊的危害最大，常造成巨大的经济损失。抗球虫药的种类较多，由于球虫发育的主要阶段不同，选用的药物也不同。如作用于第一代裂殖体的药物，虽然预防性强，但不利于动物免疫力的形成；作用于第二代裂殖体的药物，即治疗作用的药物，对动物免疫力的形成影响不大。经常使用一种药物，易形成耐药性，故应经常更换所用的药物。耐药性形成的快慢因药物种类而不同，喹啉类药物产生耐药性最快；氯羟吡啶较快；磺胺类、呋喃类、胍类药物中等；氨丙啉、球痢灵较慢；尼卡巴嗪最慢；到目前为止，球虫对莫能菌素还未产生明显的耐药性。

目前，专用抗球虫药物常见的有氯苯胍、氨丙啉、地克珠利、托曲珠利、氯羟吡啶、二硝托胺、尼卡巴嗪等。由于专用抗球虫药有残留、副作用大，目前限制性使用。

（一）聚醚类离子载体抗生素

本类药物广泛应用于畜禽养殖中，有抗球虫和促进生长作用。常用沙利霉素（盐霉素）、马杜霉素、莫能菌素。

沙利霉素（Salinomycin）

【理化性状】沙利霉素又称盐霉素，白色结晶性粉末，易溶于丙酮、三氯甲烷、苯、乙酸乙酯、乙醚和甲醇，不溶于水。

【作用与应用】广谱抗球虫药，对鸡的堆型、布氏、巨型、变位、毒害、脆弱艾美耳球虫等均有强大的作用。作用峰期在感染后1~2d，即对无性生殖的早期裂殖体有较强的作用。兼具抗菌活性，对于大多数革兰氏阳性菌（包括与鸡球虫病的发生密切相关的梭菌等革兰氏阳性厌氧菌）有杀灭作用，对某些霉菌也有作用，且有提高饲料报酬、促进生长发育、缓解热应激等作用。

【注意事项】本品安全范围较窄，应严格限制用药浓度。使用本品时间过长或混饲浓度超过100mg/kg时，可明显抑制免疫功能作用，并会出现毒性作用，表现为共济失调，两腿无力，采食量下降和体重减轻，蛋壳质量和产蛋量下降，故蛋鸡产蛋期禁用，并禁止与泰乐菌素及其他抗球虫药配伍用。本品对火鸡、鸟类及雏鸭毒性较大，应慎用。肉鸡休药期5d。

马杜霉素（Maduramicin）

【理化性状】马杜霉素又称加福、抗球王，其铵盐为白色结晶性粉末，不溶于水。其1%预混剂为黄色或浅褐色粉末。

【作用与应用】本品为聚醚类离子载体抗生素，能有效地控制和杀灭鸡柔嫩、巨型、毒害、堆型、布氏和变位艾美耳球虫，按每千克饲料用药5mg的浓度，其抗球虫效力优于莫能菌素、盐霉素、尼卡巴嗪和氯羟吡啶等。抗球虫活性峰期在子孢子和第一代裂殖体（即感染后第1~2d）。对其他聚醚类离子载体抗生素已产生耐药性的球虫仍有效。此外，本品对大多数革兰氏阳性菌和部分真菌有杀灭作用，并有促进生长和提高饲料利用率的作用。

【制剂、用法与用量】马杜霉素铵盐预混剂 100g∶1g。混饲，每1000kg饲料加量为5g。休药期5d。

【注意事项】本品只用于肉鸡，对其他动物及产蛋鸡均不适用，蛋鸡产蛋期禁用。为保证药效和防止中毒，药料应充分混匀。

莫能菌素（Monensin）

【理化性状】莫能菌素又称欲可胖、瘤胃素，其钠盐为淡黄色粉末，性质稳定，不溶于水，易溶于乙醇，在酸性介质中不稳定，在碱性介质中很稳定。

【作用与应用】其抗球虫的机制，一般认为，能与宿主以及正在发育的寄生虫的钠、钾离子形成复合物，从而影响钠、钾离子的转运。对鸡的毒害、柔嫩、堆型、波氏、巨型、变位艾美耳球虫均有效。临床上用于防治雏鸡、雏火鸡、犊牛、羔羊和兔的球虫病，对革兰氏阳性菌和猪的密螺旋体有抑制作用。本品的抗球虫作用峰期为周期的滋养体阶段。本品有促进生长和提高饲料利用率的作用。

【制剂、用法与用量】莫能菌素预防剂 200g/L。混饲，每千克饲料中，禽100~120mg，兔40mg，羔羊、犊牛20~30mg。休药期3d。

【注意事项】①对马属动物毒性大，禁用。产蛋鸡禁用。②禁止与地美硝唑、泰乐菌素、竹桃霉素、支原净并用，否则有中毒危险。

（二）其他类抗球虫药

除以上的抗球虫药外，还有许多抗球虫药物，如青霉素、硝基呋喃类、磺胺类。另外，许多生物碱类也有抗球虫作用，如白头翁素、常山酮。这些抗球虫药也经常用于防治畜禽的寄生虫病。

二、抗梨形虫药

梨形虫病是由蜱传播的寄生在宿主红细胞内的原虫病，常发生于马、牛等动物。尽管梨形虫有很多种类，但病畜主要症状相似，如发热、贫血、黄疸等，往往引起患畜大批死亡。

三氮脒（Diminazene Aceturate）

【理化性状】三氮脒又称贝尼尔、血虫净。为黄色或金黄色结晶性粉末，无臭，味微苦，易溶于水，微溶于乙醇。遇日光易变色，水溶液偏弱酸性。

【作用与应用】为新型抗梨形虫药，具有杀伤家畜血液中寄生性原虫的作用。其作用机制是能抑制虫体脱氧核糖核酸合成，从而影响其生长繁殖。对驽巴贝斯虫、马巴贝斯虫、牛双芽巴贝斯虫、牛巴贝斯虫、柯契卡巴贝斯虫、羊巴贝斯虫和牛泰勒虫效果显著；对牛环形泰勒虫和边缘无定形体有一定效果，对马媾疫锥虫、水牛伊氏锥虫病也有一定的治疗作用。除有治疗作用外，还有一定的预防家畜梨形虫病的作用。但预防作用差，当剂量不足时，梨形虫与锥虫都可以产生耐药性。

【制剂、用法与用量】注射用粉针 1g。肌内注射，一次量，每千克体重，马 3~4mg，奶牛 2~5mg，黄牛 3~7mg，水牛 7mg，猪、羊 3~5mg，犬 3.5mg。用时配成 50~70g/L 溶液。

【注意事项】①本品安全范围小，毒性较大，治疗量也会出现不良反应，马、水牛慎用，骆驼禁用；②宜深部肌内注射、剂量大时应分点注射。

【不良反应】①马注射治疗剂量后可呈现出汗、流涎、腹痛等症状。②牛在治疗量时，偶尔可出现一些轻微的反应，通常 1h 左右可自行恢复。③可用阿托品配合输液解救。

三、抗锥虫药

家畜常见的锥虫病有伊氏锥虫病和马媾疫锥虫病。治疗本类寄生虫病常用的药物有：甲硫喹嘧胺、萘磺苯酰脲、新胂矾纳明等。

喹嘧胺（Quinapyramine）

【理化性状】喹嘧胺又称安锥赛，白色或微黄色结晶性粉末。无臭，味苦，有吸湿性，易溶于水。

【作用与应用】本品影响虫体代谢过程，使生长繁殖受阻。抗虫范围广，对伊氏锥虫、刚果锥虫、马媾疫锥虫、活跃锥虫有明显效果，但对布氏锥虫效果差。本品主要用于防治马、牛、骆驼伊氏锥虫病和马媾疫锥虫病。

【制剂、用法与用量】甲硫喹嘧胺 500mg，喹嘧胺氯化物 286mg，喹嘧胺硫酸盐 214mg。肌内注射或皮下注射：一次量，每千克体重，马、牛 5mg，配成 100g/L 溶液，分点注射。

【注意事项】①有一定毒性和刺激性，马慎用。②马于配种前 18d 分点注射 1 次，效果好。

萘磺苯酰脲（Suramin）

【理化性状】萘磺苯酰脲又称苏拉明、那加诺、那加宁、拜耳 205，其钠盐为白色、微红色或带乳酪色精细粉末，味涩，微苦。易溶于水，微溶于甲醇、乙醇，不溶于氯仿、乙醚。有吸湿性，水溶液呈酸性反应，不稳定。遇光、酸、碱逐渐分解。

【作用与应用】本品为传统的高效、低毒抗锥虫药物之一，对锥虫的作用在于直接抑制虫体代谢，导致虫体分裂受阻，最后溶解死亡。本品在体内停留时间长达数月，因此有预防作用。本品主要用于防治马、牛、骆驼伊氏锥虫病，马媾疫锥虫病和布氏锥虫病。对牛泰勒焦虫也有效。早期感染治疗效果最好。

【制剂、用法与用量】临用时用灭菌注射用水或生理盐水配成100g/L的溶液，静脉注射，一次量，每千克体重，马10~15mg，牛15~20mg，骆驼20~30mg。第一次用药后1个月再注射1次。

四、其他抗原虫药

地美硝唑（Dimevamide）

【理化性状】地美硝唑又称二甲硝咪唑、迪美唑、滴咪唑、达美素。白色或淡黄色粉末，遇光变黑。

【作用与应用】具有广谱抗菌和抗虫作用。对细菌和螺旋体如链球菌、葡萄球菌、密螺旋体有抑杀作用，对寄生虫如组织滴虫、纤毛虫、阿米巴原虫和滴虫等也有杀灭作用。与球虫抑制剂、抗生素等配伍使用，可用于防治螺旋体引起的猪下痢，也可防治禽类的组织滴虫病及六鞭毛虫病。

【制剂、用法与用量】预混剂　100g：20g、500g：100g。混饲，每1000kg饲料，猪1000~2500g，鸡400~2500g。休药期，猪、鸡3d。

【注意事项】①蛋鸡产蛋期禁用。②连续用药鸡不得超过10d。

甲硝唑（Metronidazole）

【理化性状】甲硝唑又称甲硝哒唑、灭滴灵、甲硝基羟乙唑、灭滴唑。白色或微黄色结晶性粉末，稍具苦咸味，微溶于水及乙醇，性质稳定。

【作用与应用】是目前广泛应用的高效、低毒抗毛滴虫药。内服后吸收良好，主要用于牛、鸽毛滴虫病，鸡、火鸡组织滴虫病和兔球虫病，还具有抗阿米巴原虫作用。近来发现，本品易进入中枢神经系统，可作为治疗厌氧菌感染性脑膜炎的首选药物，对厌氧菌性引起的感染具有良好的作用。

【制剂、用法与用量】片剂　0.2g、0.5g。内服，一次量，每千克体重，牛50mg，1次/d，连用5d。猪10mg，犬20mg，兔30~40mg。均为2次/d，连用5d。

注射液　20mL：0.1g、100mL：0.5g。静脉注射，一次量，每千克体重，牛25mg，制成50g/L注射液，间隔12h，连用3次。治疗鸽毛滴虫病时，将本品配成0.5g/L水溶液混饮，连用7d，停药3d，再饮7d。对火鸡组织滴虫病以250mg/kg饲料连续混饲，有明显效果。外用10g/L溶液，冲洗公牛包皮腔、母畜尿道、阴道、子宫等，药液停留15min左右，隔天1次，连用3次为1疗程。

【注意事项】①妊娠早期、泌乳期不宜用。②剂量过大时，可出现以震颤、衰弱和共济失调为特征的神经系统紊乱等不良反应。

任务三　杀虫剂

用于杀灭动物体外寄生虫的药物称为杀虫剂，如虱、螨、蜱、虻、蚊、蝇及蝇蛆等所用的药物。杀虫剂虽然能有效地消灭这些有害的节肢动物，但对人和畜禽也有较强的毒性。所以在使用杀虫剂前，必须先熟悉药物性质和作用特点，掌握安全有效的使用方法，以及对人、畜的毒性和中毒的解救措施，以保证杀虫效果和人、畜安全。

一、有机磷杀虫剂

本类药物一般不适用于奶牛。用药后至少需要停药 7d，动物才能屠宰出售。其中敌百虫为常用药物之一，详见本项目任务一驱线虫药。

倍硫磷（Fenthion）

【理化性状】倍硫磷又称百治屠，纯品为无色或淡黄色澄明油状液体，性质稳定，略有大蒜味，微溶于水，溶于多数有机溶剂，含量不得少于 97%。

【作用与应用】为广谱低毒有机磷杀虫剂。本品主要用于家畜体外寄生虫病的防治，是杀灭牛皮蝇蚴的特效药，也用于杀灭虱、蜱、蝇等。本品性质稳定，一次用药可维持药效 2 个月左右。

【制剂、用法与用量】倍硫磷泼淋剂　含倍硫磷 20g/L。用 0.25～1g/L 溶液于体表喷淋。犊牛、泌乳牛禁用。发生中毒可用阿托品解救。

马拉硫磷（Malathion）

【理化性状】纯品为浅黄色油状液体。微溶于水，易溶于多数有机溶剂，具有强烈蒜臭味。

【作用与应用】无内吸杀虫作用，为接触性杀虫剂，也有胃毒杀虫作用。对蚊、蝇、虱、螨、蜱、臭虫均有杀灭作用。

【制剂、用法与用量】马拉硫磷溶液　100mL：25mL、100mL：50mL。

马拉硫磷乳剂　100mL：50mL。用水配成 0.1%～0.2%溶液喷洒。

【注意事项】本品不可与碱性物质或氧化物接触；对鱼类敏感，对蜜蜂有剧毒；1 月龄以内的动物禁用。

二、拟除虫菊酯类杀虫剂

拟除虫菊酯类杀虫剂是一类性质稳定、杀虫谱广、高效、低毒、速效、残留期短，对人、畜安全的新型杀虫剂。拟除虫菊酯类杀虫剂是根据天然除虫菊中有效成分的化学结构，经人工合成的。其杀虫的作用机制属神经毒作用，可作用于昆虫神经，使昆虫过度兴奋、痉挛、最后麻痹而死。

溴氰菊酯（Deltamethrin）

【理化性状】溴氰菊酯又称倍特、敌杀死，白色结晶性粉末，无味，难溶于水，遇碱易分解，但在酸、中性溶液、光中较稳定。

【作用与应用】溴氰菊酯是一种接触性杀虫剂，具有作用迅速、残效期长的特点。对动物体外寄生虫，如蚊、蝇、蜱、虱、螨等有很好的杀灭效果。对有机磷、有机氯耐药的虫体也有强大的杀灭作用。药效长，可达 1 个月之久。

【制剂、用法与用量】50g/L 溴氰菊酯乳油、25g/L 溴氰菊酯可湿性粉。外用、药浴或喷淋，50mg/L 水。

【注意事项】①本品对鱼剧毒，应慎用，蜜蜂、蚕对本品敏感。②对皮肤、呼吸道有刺激性。

在畜牧业中，有许多毒力强、有效期长的杀虫剂，如六六六、敌敌畏，因其不易分解，长期残留在动物体内，已经禁止使用。

【案例链接】高速公路一辆运载大米的货车翻倒，麻雀吃大米后纷纷在大米周边死亡。分析：麻雀进化完善，有饱食神经，可能大米中加入杀虫剂呋喃丹（又名扁毛灵），鸟类对其非常敏感，摄入迅速死亡。在行业活动中要贯彻绿色发展理念，慎重合理使用该杀虫药物。

◎ 复习思考题

一、单选题

1. 猪副红细胞体原虫病治疗用下列（　　）组药物无效

A. 磺胺间甲氧嘧啶　　B. 多西环素　　C. 伊维菌素

D. 三氮脒　　E. 磷酸伯喹胺

2. 下列药物中，（　　）没有抗球虫作用

A. 磺胺脒　　B. 土霉素　　C. 沙利霉素

D. 呋喃唑酮　　E. 恩诺沙星

3. 牛焦虫病治疗用下列（　　）组药物无效

A. 贝尼尔　　B. 青蒿素　　C. 丙硫咪唑

D. 磷酸伯喹胺　　E. 硫酸喹啉脲

4. 安锥赛是用于治疗（　　）的特效药

A. 蛔虫　　B. 肝片吸虫　　C. 绦虫

D. 球虫　　E. 锥虫

5. 对绦虫无效的是（　　）组

A. 阿苯达唑　　B. 吡喹酮　　C. 氯硝柳胺

D. 左旋咪唑　　E. 柳双二氯酚

二、案例分析题

1. 夏季，鸡 3 月龄，衰竭，腹泻带有血样物，有死亡率。剖检可见盲肠肿大，紫黑色，内充满血液，肠黏膜有出血灶。讨论鸡球虫病诊断要点，选择抗寄生虫药，拟定给药方案。

2. 春季，牛体温升高，食欲减少，呼吸加快，结膜暗红色，尿色深，实验室检查血液涂片，在红细胞中发现梨子样虫体。如何选择抗寄生虫药？拟定给药方案。

实训　驱虫药的驱虫试验

【目标要求】通过现场操作，掌握伊维菌素、左旋咪唑、敌百虫的驱虫作用。

【实训用品】伊维菌素和左旋咪唑针剂、50g/L 敌百虫溶液、生理盐水、搪瓷盘、镊子、毛剪、注射器、针头、表面皿、滴管、放大镜、酒精棉球。

【内容和步骤】

（1）实验室内驱虫观察

①取表面皿 4 个，分别滴加少量的生理盐水，挑入若干只蚯蚓或少量市售鱼虫。

②观察蚯蚓或鱼虫的正常活动状态。

③分别向各表面皿中滴入伊维菌素、左旋咪唑、50g/L敌百虫溶液若干滴，留一只作对照。

④借助放大镜观察虫体中毒后肌肉状态、虫体形态、死亡状态，记录各现象出现时间，并填写表17-1。

表17-1　　驱虫试验观察表

给药种类	伊维菌素	左旋咪唑	敌百虫	对照
虫体中毒状态				
环肌纵肌状态				
虫体死亡状态				

（2）现场驱虫操作

①实训用猪的准备：经粪检，挑选蛔虫感染明显的猪，清晨喂饲前称重。

②给药剂量和方法：按药品说明剂量进行伊维菌素、左旋咪唑注射给药。

③观察结果：用药后0.5~3d内观察猪的排虫情况。

提示：本实训可结合教学实习穿插进行。

【实训报告】撰写实训报告，分析实训中现象和各驱虫药作用机制。

模块六　作用于动物机体的药物

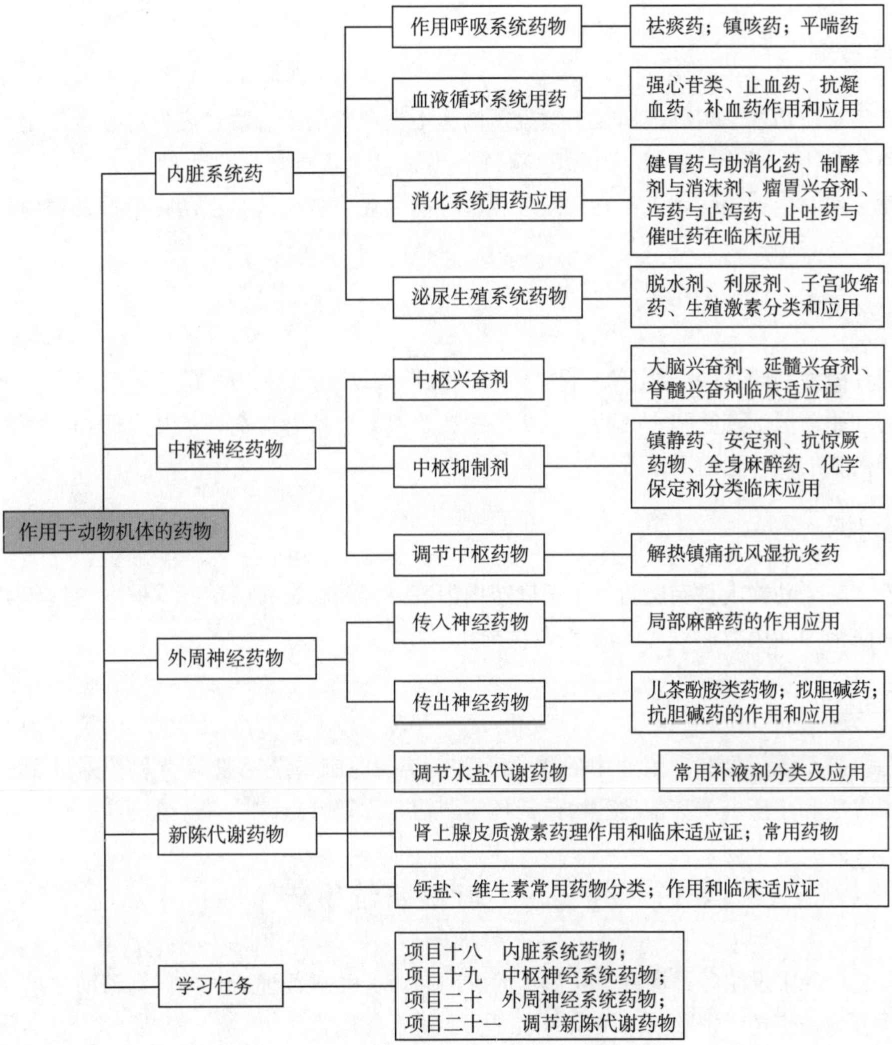

项目十八 内脏系统药物

◎ 情境引入

临床疾病防治中，内科疾病较为常见。消化不良和胃肠内容物过度发酵、食欲不振、胃肠迟缓、便秘腹泻；呼吸道狭窄、肺及呼吸道分泌物过多；重要器官水肿、难产和产后子宫炎症、动物发情和生殖功能异常；心力衰竭和各种出血症、贫血等，在治疗中涉及本项目中多种药物。

◎ 任务描述

改善呼吸症状的祛痰、镇咳、平喘药物；健胃和助消化药、制酵剂和消沫剂、瘤胃兴奋剂、泻药和止泻药、催吐和止吐药；强心药物、止血药、抗凝血剂和抗补血药物；利尿剂和脱水剂、子宫收缩药、生殖激素等。

◎ 技能目标

能够在临床动物内科疾病防治中正确选用内脏系统药物进行防治；掌握本项目各类药物在相关疫病防治中使用方法、适应证和操作技能。

◎ 知识目标

掌握内脏系统药物在养殖业中的重要意义；掌握内脏系统药物分类和作用机制、临床应用、使用方法和注意事项；各类药物包括具体药物名称及特点。

任务一　呼吸系统用药

呼吸系统经常发生各种疾病，在治疗原发病同时，针对各种症状可进行辅助性治疗。呼吸系统药物分为祛痰药、镇咳药、平喘药三类，常联合使用。

一、祛痰药

凡能促进气管与支气管分泌，使痰液稀释，易于排出的药物均称为祛痰药。

在病理情况下，由于炎症对支气管黏膜的刺激，使分泌物增多，形成黏稠物附着于呼吸道内壁不能排出，因此导致咳嗽，严重的引起喘息。

氯化铵（Ammonium Chloride）

【理化性状】氯化铵又称氯化铔。为白色结晶性粉末。无臭，味咸。易溶于水。有吸湿性。

【作用与应用】内服能刺激胃黏膜，通过迷走神经反射，引起支气管腺体分泌增加；同时，吸收后的氯化铵有一部分经呼吸道排出，通过晶体渗透压作用带出一定量水分，使稠痰变稀，易于咳出；此外，氯化铵从肾排出，有轻度的利尿作用。

【制剂、用法与用量】氯化铵片 0.3g。内服，一次量，马 8~15g，牛 10~25g，猪 1~2g，羊 2~5g，犬、猫 0.2~1g。3 次/d。

乙酰半胱氨酸（Acetylcysteine）

【理化性状】乙酰半胱氨酸又称痰易净、易咳净，为白色结晶性粉末，可溶于水及乙醇。为黏痰溶解性祛痰剂。

【作用与应用】本品能降低痰液的黏度，使之易于咳出。对脓性和非脓性痰液均有效。用于急慢性支气管炎、支气管扩张、喘息等治疗。

【制剂、用法与用量】用 100~200g/L 溶液喷至咽喉部，中等动物 2~5mL，2~3 次/d；用 50g/L 溶液气管插管或直接滴入气管内，牛、马 3~5mL，2~4 次/d。

二、镇咳药

镇咳药指能降低咳嗽中枢兴奋性，减轻或制止咳嗽的药物。

咳嗽是呼吸道受异物或炎性产物的刺激而引起的防御性反应，能使异物或炎性产物排出，但频繁而剧烈的咳嗽导致呼吸道损伤，造成肺气肿、心功能障碍等不良后果。临床常用镇咳药有喷托维林、可待因、甘草、杏仁、二氧丙嗪等。

可待因（Codeine）

【理化性状】可待因又称甲基吗啡。本品从阿片中提取，也可由吗啡甲基化而得。为无色细微结晶。味苦，易溶于水。

【作用及应用】本品能直接抑制咳嗽中枢，产生较强的镇咳作用，同时还有镇痛作用。对各种原因引起的咳嗽均有效。临床常用于无痰、剧痛性咳嗽，胸膜肺炎等引起的干咳，对有痰性咳嗽不宜单独应用。

【制剂、用法与用量】磷酸可待因片 15mg、30mg。内服，一次量，马、牛 0.2~2g，猪、羊 15~60mg，犬 15~30mg。

值得注意的是，可待因属于吗啡类物质，人与畜长期使用有依赖性。

三、平喘药

凡能解除支气管平滑肌痉挛，扩张支气管，缓解喘息的药物称为平喘药。临床上许多药物都有松弛平滑肌的作用，如肾上腺素类药、咖啡因、阿托品、抗过敏药等。平喘药以儿茶酚胺类药物为主，这类药包括去甲肾上腺素、肾上腺素、异丙肾上腺素、氨茶碱、麻黄碱、多巴胺。

氨茶碱（Aminophylline）

【理化性状】氨茶碱是茶碱和乙二胺的复盐。为白色或淡黄色的颗粒或粉末。微有氨臭，味苦。易溶于水，水溶液呈碱性。应遮光、密闭保存。

【作用与应用】本品作用是通过抑制磷酸二酯酶，减少 cAMP 的降解，增加细胞内 cAMP 的浓度而实现的。具有扩张血管、松弛平滑肌、兴奋中枢神经系统、强心和利尿作用。松弛支气管平滑肌作用较强，当支气管平滑肌处于痉挛状态时作用更明显。临床上用于痉挛性支气管炎，急、慢性支气管哮喘和心力衰竭时气喘的治疗。有强心作用，可作为心性水肿的辅助治疗。

【注意事项】①本品对局部有刺激性，应深部肌内注射或静脉注射。②静脉注射量不宜过大，并以葡萄糖溶液稀释至25g/L以下浓度，缓慢注入。③不宜与酸性药物配用。

【制剂、用法与用量】氨茶碱片 0.05g、0.1g、0.2g。内服，一次量，马、牛5~10mg/kg，犬、猫10~15mg/kg。

氨茶碱注射液 2mL：0.25g、2mL：0.5g、5mL：1.25g。肌内注射、静脉注射，一次量，马、牛1~2g，猪、羊0.25~0.5g，犬0.05~0.1g。

任务二 血液循环系统用药

一、强心苷类

强心苷是一类能选择性作用于心脏，加强心肌收缩力，改善心脏功能的药物。强心苷存在于洋地黄、毒毛旋花、羊角拗、夹竹桃、铃兰、万年青等200多种植物中，经分离提取而得。其结构由苷元和糖两部分组成。

强心苷类主要用于慢性心功能不全。由于长期毒素、过劳、心肌炎等损伤心肌，发生心功能不全，引起全身性静脉淤血，此类心衰竭也称充血性心力衰竭。

【作用与应用】强心作用，特别是用于充血性心力衰竭，选择性的增加心肌收缩力，使心缩期缩短、舒张期延长，回心血量增加，心排出量增大。同时，使过速的心率减慢；具有利尿作用，通过血液循环的改善，相对增加肾脏血流量，肾小球滤出增多，原尿生成相对增多。同时直接抑制肾小管对钠离子重吸收，使水、钠排出增多而利尿。

【注意事项】强心苷安全范围窄，治疗量和中毒量接近。有一定的蓄积中毒作用，使用时注意给药方式，首次给药全效量为1/2静脉注射，之后每间隔2h静脉注射1/10~1/8，呈现强心作用后，每天全效量为1/10，一次给药；禁止与钙剂或其他强心药合用，避免心搏骤停于收缩期；器质性心衰禁止使用强心苷类药；2周内使用过强心苷类病畜不得再次使用。

【制剂、用法与用量】

（1）洋地黄制剂 加强心肌收缩力，对心率影响明显，用于慢性心力衰竭。

洋地黄片 0.1g。内服，全效量每千克体重，马0.033~0.066mg，犬0.03~0.04mg。

洋地黄毒苷注射液 5mL：1mg、10mL：2mg。静脉注射，全效量，马、牛、犬0.006~0.012mg。

（2）毒毛花苷K 作用类似洋地黄，与洋地黄相比快而强、维持时间短、蓄积中毒作用小。对心缩作用尤为明显，用于急性心衰或慢性心衰的急性发作。

毒毛花苷K注射液 1mL：0.25mg、2mL：0.5mg。静脉注射，一次量，马、牛1.25~3.75mg，犬0.25~0.5mg。以50g/L葡萄糖10~20倍稀释后静脉缓慢注射。

（3）地高辛（狄戈辛） 中效强心苷，排泄快，蓄积作用小，见效快。

片剂 每片0.25mg 内服量：马20~40μg/kg体重，犬5μg/kg体重，猫4μg/kg体重。2次/d。

注射液 每支2mL：0.5mg。静脉注射2.5~5μg/kg体重，2次/d。

附：其他类有强心作用的药物

视频：强心药物

临床上有强心作用的药物很多，除强心苷类外，常见以下种类。

咖啡因 通过直接改善心肌呼吸酶活力；兴奋心血管中枢间接强心。为大脑兴奋剂。

樟脑 在肝脏中代谢生成氧化樟脑，氧化樟脑有强心作用，氧化樟脑的商品名为强尔心，是一种临床上直接用来增强心肌功能的药物。

儿茶酚胺类 包括肾上腺素、去甲肾上腺素、异丙肾上腺素、氨茶碱和麻黄碱，主要作用于α、β受体，兴奋心血管，起到交感神经兴奋样作用，增加或恢复心率而强心。

阿托品 抗胆碱药，抑制副交感神经的作用，间接使交感神经兴奋而增强心缩和心率。

钙剂 对外周神经有兴奋作用，类似于强心苷的作用，包括氯化钙注射液、葡萄糖酸钙注射液。

葡萄糖和氯化钾 葡萄糖对心肌供能强心，氯化钾能增强心跳神经兴奋性。

二、止血药

止血药指能促进血液凝固和制止出血的药物。各类止血药就是围绕着凝血的过程，在不同的环节增强这种作用。临床主要分为局部止血药和全身止血药。

1. 局部止血药

局部止血药主要是通过改变局部凝血结构而加强凝血过程。吸收性明胶海绵、淀粉海绵，是临床常用止血制剂。

吸收性明胶海绵是将50~100g/L明胶溶液加热（约45℃）搅拌至形成泡沫状，加入少量甲醛固定冻干，切成适当大小及形状，经灭菌后供用。本品为白色、质轻、多孔性海绵状物。在水中不溶，可被胃蛋白酶溶解消化，有强吸水力。有多孔和表面粗糙的特点，敷于出血部位，造成优良的凝血环境，血液流入其中，血小板被破坏，凝血因子被激活，形成纤维蛋白凝块，堵住伤口，起止血作用。临床上用于外伤出血及各种外科手术的止血。

另外，1g/L盐酸肾上腺素溶液、50g/L明矾溶液，50~100g/L鞣酸溶液等也常用作局部止血药。

2. 全身止血药

全身止血药按其作用机制可分为三类：①作用于血管，降低血管通透性、收缩血管的止血药，如安络血等。②影响凝血过程的止血药，如酚磺乙胺、亚硫酸氢钠甲萘醌。③抗纤维蛋白溶解的止血药，如6-氨基已酸、凝血酸等。

局部出血时也可以使用全身止血药协助止血，如手术前使用全身止血药，子宫性出血时注射维生素K。

安络血（Adrenosin）

【理化性状】安络血又称安特诺新。为肾上腺色素缩氨脲与水杨酸钠生成的水溶性复合物。橙红色粉末，易溶于水。

【作用与应用】主要作用于毛细血管，增强毛细血管对损伤的抵抗力，降低毛细血管的脆性，使受伤血管断端回缩，并降低毛细血管的通透性，减少血液外渗。

临床适用于毛细血管损伤或通透性增加的出血，如鼻出血、组织渗出性出血、紫癜等；也用于产后出血、手术后出血、内脏出血和尿血等，安络血不影响凝血过程，对大出血或动脉出血疗效差。

【制剂、用法与用量】安络血注射液　1mL：5mg、2mL：10mg。肌内注射，一次量，马、牛 5~20mL，猪、羊 2~4mL。2~3 次/d。

酚磺乙胺（Etamsylate）

【理化性状】酚磺乙胺又称止血敏。为白色结晶性粉末。无臭，味苦。水中易溶，乙醇中溶解。有引湿性。遇光易变质，遮光、密封保存。

【作用与应用】本品能促进血小板的增生，增强血小板凝集并促进释放凝血因子，缩短凝血时间；还可增强毛细血管抵抗力，降低毛细血管通透性，防止血液外渗。本品作用迅速，肌注后可维持 4~6h。毒性低，无副作用。

临床可用于防治各种出血性疾病，如手术前后预防出血及止血、组织渗出性出血、鼻出血、消化道出血、膀胱出血、子宫出血等。

和安络血一样，由于能降低毛细血管通透性，偶尔也用于水肿和过敏的治疗。

【制剂、用法与用量】酚磺乙胺注射液　1mL：0. 25g、2mL：0. 5g。肌内注射、静脉注射，一次量，马、牛 1. 25~2. 5g，猪、羊 0. 25~0. 5g。用于预防外科手术出血时，一般在手术前 15~30min 用药。

维生素 K（Vitamin K）

凝血酶原的合成，必须有维生素 K 的参与，并且在肝脏中合成。维生素 K 不足或肝功能发生障碍时，都会使凝血酶原减少，导致凝血障碍引起组织器官的出血。

临床上用于毛细血管性出血；各种肝脏炎症引起凝血酶原合成障碍；预防性服用，特别是长期服用抗菌药物抑制正常肠道菌生理活动而导致维生素 K 合成减少时，要预防性服用维生素 K。

三、抗凝血药

凡能延缓或阻止血液凝固的药物称抗凝血药，简称抗凝剂。在输血或血样检验时，为防止血液在体外凝固，需加抗凝剂，称体外抗凝。当手术后或患有形成血栓倾向的疾病时，为防止血栓形成或扩大，向体内注射抗凝剂，称体内抗凝。

枸橼酸钠（Sodium Citrate）

【理化性状】枸橼酸钠又称柠檬酸钠。为白色结晶性粉末。易溶于水，味咸。有风化性，应密封保存。

【作用与应用】钙离子参与凝血过程的每一个步骤。枸橼酸钠的枸橼酸根离子与血浆中钙离子形成难解离的可溶性复合体，使血浆钙离子浓度迅速降低，血液不能凝固，产生抗凝血作用。主要用于体外抗凝。如输血或送检血样时，配成 25~40g/L 灭菌溶液，以 1：10 的比例加入全血中。

草酸钠（Sodium Oxalate）

【理化性状】草酸钠为白色无臭结晶性粉末。能溶于水，不溶于醇，水溶液近中性。

【作用与应用】草酸根离子能与血浆中钙离子结合成不溶性的草酸钙，从而降低血浆中钙离子浓度，阻止血液凝固。可用于实验室血样的抗凝，配制成 20g/L 草酸钠溶液，以 1∶10 的比例加入全血中抗凝。草酸钠毒性很大，仅供外用。

肝素（Heparin）

【理化性状】肝素是动物体内天然的抗凝血因子，药用肝素是从牛、羊的肺、肝和小肠黏膜提取的一种黏多糖硫酸酯。为白色粉末，易溶于水。

【作用与应用】肝素抗凝血原理是对抗凝血活素，阻碍凝血酶原转变成凝血酶，影响血液凝固过程的各个环节，肝素在体内、体外都有很强的抗凝血作用。

主要用于输血、血样抗凝、阻止血栓形成、体外循环和动物交叉循环的抗凝。

【注意事项】肝素应用过量，可引起各种黏膜出血、关节积血、伤口出血等。禁用于出血性素质和伴有凝血迟缓的各种疾病；肝脏疾病时慎用。

【制剂、用法与用量】肝素钠注射液　1mL∶12500U。治疗血栓、栓塞症，皮下注射、静脉注射。一次量，每千克体重，犬 150～250U，猫 250～375U。3 次/d。治疗弥散性血管内凝血，马 25～100U，小动物 75U。

知识点：同种动物之间也存在血型不同，动物之间相互输血也会发生血凝，20 世纪，苏联科学家发现，在动物输血的同时，输入一定量的氯化钙，即可避免输血后发生血液凝固。

四、补血药

补血药是指增进机体造血功能，补充造血物质，改善贫血状态的药物。也称为抗贫血药。

引起贫血的原因很多，在本书病理基础部分已有详细介绍。贫血不是一种独立的疾病。各种原因引起的贫血，常伴有类似的临床症状和血细胞形态学变化。治疗时应先查明贫血原因，根据实际情况采取综合防治措施，积极治疗原发病，促进机体再造血液，补充造血原料。

铁制剂

临床常用的有硫酸亚铁、右旋糖酐铁和葡聚糖铁钴注射液。

【药动学】铁制剂内服后，主要在十二指肠上段以二价亚铁离子形式吸收，胃酸、维生素 C 能促进三价铁还原为二价铁，有利于铁的吸收，铜对铁的吸收有协助作用。钙、磷和鞣质可使铁盐沉淀，阻碍其吸收。铁制剂用于缺铁性贫血的治疗和预防。另外，维生素 B_{12}、叶酸、钴元素和铜元素能够辅助机体造血，都是不可缺少的物质。

【作用与应用】铁是构成血红蛋白的必需物质，也是肌红蛋白、细胞色素和某些呼吸酶的组成部分。饲料中含有丰富的铁，一般情况下家畜不会缺铁。但吮乳期或生长期幼畜、妊娠期或泌乳期母畜因需铁量增加而摄入量不足；胃酸缺乏、慢性腹泻等而致铁吸收减少；慢性失血使体内的储铁耗竭；急性大出血后恢复期等，都必须补铁。

【制剂、用法与用量】硫酸亚铁　配制成 2～10g/L 溶液。内服，一次量，马、牛 2～10g，猪、羊0.5～3g，犬 0.05～0.5g，猫 0.05～0.1g。

葡聚糖铁钴注射液　2mL∶0.2g（Fe 效价）、10mL∶1g（Fe 效价）。肌内注射，一次量，仔猪 100～200mg。

右旋糖酐铁注射液　10mL∶1g（Fe 效价）。肌内注射，一次量，仔猪 1～2mL。

附：技能培训——临床上治疗过敏、水肿、血管渗出性出血的药物汇总

动物过敏出现的血管神经性水肿疹块、组织水肿、血管渗漏性出血的发生机制均与局部组织血管通透性增强有直接关系，因此，能够降低血管通透性的药物均有治疗过敏、水肿、血管渗出性出血的作用。

视频：抗过敏、治疗出血和水肿通用药

儿茶酚胺类药物：通过收缩末梢血管降低血管通透性。常见肾上腺素、去甲肾上肾素、麻黄碱、氨茶碱。

肾上腺皮质激素：倍他米松、地塞米松、氢化可的松等。

全身性止血药：止血敏、安络血。

钙剂：氯化钙、葡萄糖酸钙。

抗过敏药：苯海拉明、马来酸氯敏那敏。

任务三　消化系统用药

作用于消化系统药物，在临床应用种类很多，应用频率仅次于抗微生物药物。不同的畜禽消化系统解剖结构和生理功能各有特点，消化系统疾病发病类型和发病率也有差异，如反刍兽常发前胃疾病，幼畜易发生消化不良。畜禽用药种类也不尽相同，如禽类不使用苦味健胃剂，100g/L 氯化钠对牛胃肠兴奋作用强，单胃动物效果差。根据作用和临床应用，可分为健胃药、助消化药、瘤胃兴奋剂、制酵药、消沫剂、泻药和止泻药、止吐药和催吐药等。

一、健胃药与助消化药

（一）健胃药

健胃药指能提高食欲，促进消化液分泌，加强消化功能的药物。

健胃药的药效标志是增进食欲。食欲不振常常不是一种单独的疾病，而是某些疾病的一个症状。因此，对于食欲不振应着重于病因治疗，临床上健胃药主要适用于功能性食欲不振，或作为病因治疗的辅助药物。这类药物按其性质与作用分为苦味健胃药、芳辛性健胃药和盐类健胃药三类。

视频：健胃药

1. 苦味健胃药

苦味健胃药的特点是具有强烈的苦味，口服可刺激舌部味觉感受器，反射性地兴奋食物中枢，加强唾液和胃液分泌，提高食欲，促进消化功能。此作用在动物消化不良、食欲减退时更显著。禽类由于舌面缺乏味觉感受器，对此类药物不敏感。代表性药物为龙胆、大黄、马钱子。制成合理的剂型，如酊剂、散剂、舔剂。经口给药。

复方龙胆酊　龙胆 100g、陈皮 40g、豆蔻 10g、加 40%乙醇 1000mL 浸制而成。口服，一次量，马、牛 50~100mL，猪、羊 5~15mL，犬 1~4mL。

2. 芳辛性健胃药

芳辛性健胃药含有挥发油，内服可刺激消化道黏膜，反射性地增加消化液的分泌，促进胃肠蠕动，提高食欲。代表药物：陈皮、肉桂、大蒜、姜等，临床制成酊剂内服。

3. 盐类健胃药

盐类健胃药主要有氯化钠、碳酸氢钠、人工盐。内服少量通过渗透压作用，可轻度刺激消化道黏膜，反射性地引起胃肠蠕动增强、消化液分泌增加，提高食欲。吸收后又可补充离子，调节体内离子平衡。

人工盐　由硫酸钠44%、碳酸氢钠36%、氯化钠18%、硫酸钾2%混合而成。内服（健胃），一次量，马、牛50~150g，羊、猪10~30g，犬5~10g。缓泻，马、牛200~400g，羊、猪50~100g，犬20~50g。

在现代集约养殖经营中，为达到快速增重目的，对健康动物也使用诱食剂和健胃药。如猪添加甜蜜素增加采食量；丁酸钠加入猪、宠物等动物饲料中；鱼油可以诱食猫采食猫粮；大蒜素也广泛应用于养殖中，作饲料添加剂，用于抑菌抗病、提高食欲，增加采食量。

（二）助消化药

视频：助消化药

助消化药能补充消化液中某种成分的不足，发挥替代疗法的作用，从而迅速恢复正常的消化活动。食物消化主要由胃肠及其附属器官分泌的胃液、胰液、胆汁等完成。当消化功能减弱，消化液分泌不足时，会引起消化过程紊乱。例如，仔猪的神经调节不完善，消化液分泌不足，对品质差的乳汁和饲料蛋白不能正常消化吸收，使未消化吸收的大量蛋白质进入肠管后段，被微生物大量利用，产生毒素，刺激肠管蠕动增强，引起腹泻。相比抗菌药物，使用助消化药治疗作用迅速、见效快。

稀盐酸（Dilute Hydrochloric Acid）

【理化性状】稀盐酸为无色澄明液体。无臭，味酸。含盐酸约10%，呈强酸性反应。应置玻璃塞瓶内密封保存。

【药理作用】①内服稀盐酸能补充胃液中盐酸的不足，使胃蛋白酶原活化为胃蛋白酶。②使胃蛋白酶在酸性环境中发挥作用。③松弛幽门括约肌，便于食糜进入十二指肠。④当酸性食糜进入十二指肠时，可反射性地增强胰液和胆汁分泌，有助于脂肪及其他食物的进一步消化。⑤能增加钙、铁等盐类溶解与吸收。⑥抑制细菌的繁殖，有制酵和减轻气胀的作用。

【作用与应用】稀盐酸主要用于胃酸缺乏引起的消化不良、食欲不振、前胃弛缓、马骡急性胃扩张。内服，一次量，马10~20mL，牛15~30mL，猪1~2mL，羊2~5mL，犬0.1~0.5mL。用水50倍稀释内服。

胃蛋白酶（Pepsin）和胰酶（Panereatin）

胃蛋白酶是从牛、羊、猪等动物的胃黏膜提炼取得的生物制品，通常和稀盐酸配合使用，主要用于胃液分泌不足时引起的消化不良。能够加强对蛋白质的进一步消化分解。

胰酶由猪、牛、羊的胰脏提取，内含胰蛋白酶、胰淀粉酶和胰脂肪酶等。为淡黄色粉末。有肉臭。能消化蛋白质、淀粉和脂肪，使其分解成氨基酸、单糖、脂肪酸和甘油，以便被小肠吸收。主要用于病后恢复期和幼畜消化不良，也用于胰脏功能障碍引起的消化不良。胰酶在中性或弱碱性环境中作用最强。内服，一次量，马、牛5~10g，猪、羊1~2g，犬0.2~0.5g。

复合酶（Enzyme）

复合酶是养殖生产中常用的一种饲料添加剂，饲料用复合酶富含蛋白酶、淀粉酶、果胶酶、纤维素酶、木聚糖酶、β-葡聚糖酶等，并富含多种维生素。能促进畜禽对饲料中营养物质的消化吸收，特别是畜禽不能消化的果胶、纤维素等物质，提高饲料转化率，促进生长，提高畜禽生产性能。长期使用可明显减轻畜禽粪便臭味和畜舍氨气，改善养殖环境。适用于猪、鸡、牛、鸽、鹌鹑和鱼虾等水产养殖。市售复合酶为袋装或桶装，通常0. 1%~0. 2%拌料使用。

微生态制剂（Microbial Ecological Agent）

养殖业中所谓微生态制剂，是利用有益微生物及其代谢产物制成的活性微生物制剂。微生态制剂是替代抗生素用品之一，也是动物营养研究重要方向之一。2020年，农业农村部颁布法规，禁止在动物饲料中添加抗生素。在从事行业活动中，要坚持绿色发展理念，减少畜产品药物残留，保证畜产品质量，以微生态制剂替代部分抗生素。

这些益生菌包括：乳酸菌类（嗜酸乳杆菌、嗜热乳杆菌、双歧杆菌、醋酸菌群）、杆菌类（枯草芽孢杆菌、纳豆芽孢杆菌、地衣芽孢杆菌、蜡状芽孢杆菌、放线菌群）、酵母菌等。

【药理作用】内服后在消化道内增殖。①协助动物机体分解营养物质，分解糖类产生乳酸形成酸性肠道环境，抑菌制酵。用于消化不良、肠臌气和幼畜腹泻等。②产生益生素，包括酶、维生素、细菌素、氨基酸和促生长因子等活性物质。③有些微生态制剂可以在体外发酵饲料，能够改善饲料结构。转化糖类、纤维素物质合成氨基酸和蛋白质。④生物拮抗作用，益生菌通过在肠道内大量增殖，改善肠道菌群，拮抗有害细菌生长。微生态制剂在应用上剂量越大，效果越显著。

【注意事项】本类药物在使用时避免和抗菌药物联合使用，以免造成相互拮抗。

【制剂、用法与用量】乳酶生　乳酶生又称表飞鸣。为乳酸杆菌的干燥制剂，每克含活乳酸杆菌1000万个以上。一般宜于饲前给药。内服，一次量，驹、犊10~30g，猪、羊2~10g，犬0. 3~0. 5g。

干酵母　干酵母又称食母生。为麦酒酵母菌的干燥菌体。干酵母片0. 3g、0. 5g，内服，一次量，马、牛120~150g，猪、羊30~60g，犬8~12g。

知识点：传统医药保和丸

传统中成药保和丸是效果确切的多功能助消化药。由神曲、焦山楂、茯苓、半夏、陈皮、连翘、莱菔子、大麦芽组成，主要用于消化不良、食欲不振、腹胀腹痛、伤食等疾病的治疗。

二、制酵剂与消沫剂

（一）制酵剂

制酵剂指能抑制细菌或酶的活动，阻止胃肠内容物过度发酵，使其不能产生过量气体和有害物质的药物。

视频：制酵剂与消泡剂

瘤胃臌胀有两种情况：原发性疾病是家畜采食大量含皂苷类或腐败变质的饲料后，因细菌的作用而产生大量气体，当这些气体不能通过肠道或嗳气排出时，则引起臌胀。继发性瘤胃臌胀是因为其他疾病引起前胃弛缓，反刍、嗳气次数减少而造成的。治疗时除穿刺放气外，一般可使用制酵剂，如鱼石脂、甲醛溶液、煤酚皂溶液、酒精、大蒜酊等，以制止胃肠道内微生物发酵产气，并刺激胃肠黏膜，加强胃肠蠕动，以排出发酵物和气体。同时对继发性瘤胃臌胀要积极治疗原发病。制酵剂临床上主要用于治疗反刍动物的瘤胃臌胀，也用于马属动物的胃扩张及肠臌气。

鱼石脂（Ichthammol）

【理化性状】鱼石脂为棕黑色浓厚的黏稠液体。在热水中溶解，易溶于乙醇。溶液呈弱酸性。

【作用与应用】内服本品能抑制胃肠道内微生物的繁殖，起到防腐、制酵作用；刺激胃肠黏膜，促进胃肠蠕动。临床上常用于瘤胃臌胀、急性胃扩张、前胃弛缓、胃肠气胀、消化不良。

内服，一次量，马、牛10~30g，猪、羊1~5g。用时先稀释成10%乙醇溶液，然后加水稀释成30~50g/L溶液灌服。本品外用对局部有温和的刺激作用，有消炎、消肿和促进肉芽新生等功效。用于慢性皮炎、蜂窝织炎、腱炎、冻疮等，多配成30%~50%软膏局部涂敷。

甲醛溶液（Formaldehyde Solution）

甲醛溶液为含40%甲醛的水溶液（详见项目十五 防腐消毒剂）。内服后可杀灭细菌、纤毛虫等，迅速制止瘤胃内发酵。本品刺激性强，为减轻对胃肠黏膜的刺激，以20~30倍稀释液内服，用于急性瘤胃臌胀。应用后可能继发消化不良，不宜反复应用。内服，一次量，牛8~25mL，羊1~3mL。

（二）消沫剂

消沫剂是一类能降低泡沫表面张力，迅速破坏泡沫，使泡内气体逸散的药物。

当牛、羊采食大量含皂苷的饲料，如紫云英、紫苜蓿等豆科植物后，经瘤胃发酵会产生许多不易破裂的黏稠性小气泡，这些小气泡夹杂在瘤胃内容物中无法排出，便引起泡沫性臌胀病。消沫剂由于呈疏水性，与起泡液接触后，可造成泡沫膜局部的表面张力下降，使泡沫破裂，气体逸出，气体通过嗳气排出。

二甲硅油（Dimethicone）

【理化性状】二甲硅油为二甲基硅氧烷的聚合物。无色或微黄色液体，不溶于水。

【作用与应用】内服后，能降低瘤胃内泡沫膜的局部表面张力，使泡沫破裂。作用迅速，约在用药后5min起作用，在15~30min作用最强。临床上主要用于泡沫性臌胀病。

【制剂、用法与用量】二甲硅油粉 由二甲硅油（4%）、无水山梨醇单硬脂酸酯（0.4%）、聚乙烯醇（0.56%）和葡萄糖（加至100g）组成。内服，一次量（以二甲硅油计），牛3~5g，羊1~2g。临用前配成2%~5%乙醇溶液或煤油溶液，用胃管投服。投服前后投小量温水，以减少局部刺激。

二甲硅油片 50mg、25mg。内服，一次量，牛3~5g，羊1~2g。

松节油（Terebintine）

【理化性状】松节油为常用的皮肤刺激药之一，也用于消化道疾病。

【作用与应用】本品内服后能刺激消化道黏膜，促进胃肠蠕动，并有制酵、驱风、消沫作用。临床上主要治疗瘤胃臌胀、泡沫性臌胀、肠臌气、胃肠弛缓等。应用时加3~4倍植物油混合后内服，以减少刺激性。

【制剂、用法与用量】内服，一次量，马15~40mL，牛20~60mL，猪、羊3~10mL。

食用植物油如豆油、菜油、棉籽油、花生油等都能降低泡沫的稳定性，使泡沫破裂而发挥消沫作用。这些油类来源广、疗效可靠、应用方便。

三、瘤胃兴奋剂

瘤胃兴奋剂指能加强瘤胃平滑肌收缩，促进瘤胃蠕动，促进反刍，从而消除积食和气胀的药物。

临床上，反刍动物的前胃弛缓症是比较常见的。原发性前胃弛缓见于饲养管理不善，饲料质量低劣、突然更换饲料等原因，特别放牧牛在秋季饲草品质改变时最易发生本病。继发性前胃弛缓见于某些全身性疾病如高热、传染病、剧痛、低血钙等，从而产生瘤胃积食、瘤胃臌胀、瘤胃酸中毒等一系列疾病。治疗时应消除病因、兴奋瘤胃，以促进瘤胃功能的恢复。可促进瘤胃兴奋的药物有浓氯化钠注射液、甲氧氯普胺、拟胆碱药。

浓氯化钠注射液（Concentrated Sodium Chloride Injection）

【理化性状】100g/L 氯化钠的灭菌水溶液，无色透明，专供静脉注射用。

【注意事项】静脉注射时速度宜慢，不可漏出血管外。心脏衰弱的病畜，应慎用。

【作用与应用】①能刺激血管壁的化学感受器，反射性的兴奋迷走神经，加强胃肠的蠕动和分泌。当胃肠功能减弱时，这种作用更加显著。②本品静脉注射可提高血液渗透压，增加血容量，改善胃肠血液循环，有利于组织的新陈代谢。

临床上常用于前胃弛缓、瘤胃积食、马属动物的便秘疝等。本品作用缓和，疗效良好，一般用药后 2~4h 作用最强。在治疗牛原发性前胃弛缓时，配合安钠咖使用，通常一次性给药治愈。

【制剂、用法与用量】浓氯化钠注射液　50mL：5g、250mL：25g。静脉注射，一次量，每千克体重，家畜 0. 1g。

甲氧氯普胺（Metoclopramide）

【理化性状】甲氧氯普胺又称灭吐灵、胃复安。为白色至淡黄色结晶或结晶性粉末。能溶于水及乙酸等。

【作用与应用】本品内服或注射均能增加反刍次数，增强瘤胃收缩和肠管蠕动，增加排粪次数，并能使反刍持续期延长，嗳气次数增加。还可用于消化不良。能抑制延髓催吐化学感受区，有非常强的止吐作用。临床上常用于犬、猫的止吐。

【制剂、用法与用量】胃复安片　5mg、10mg、20mg。内服，一次量，每千克体重，犊牛 0. 1~0. 3mg，牛 0. 1mg。2~3 次，7d。

胃复安注射液　1mL：10mg、1mL：20mg。肌内注射、静脉注射，用量同片剂。

拟胆碱药氨甲酰胆碱、毛果芸香碱，抗胆碱酯酶药新斯的明等对胃肠平滑肌有较强的兴奋作用，作用强烈，应注意剂量。肠管完全堵塞和妊娠母畜禁止使用。（详见项目二十　任务二　传出神经药物）

四、泻药与止泻药

视频：泻药

（一）泻药

泻药临床上主要用于治疗便秘，排除肠内毒物及腐败分解产物，或服用驱虫药后除去肠内残存的药物和虫体。根据泻药作用机制将其分为四类。

1. 容积性泻药

临床上常用的有硫酸钠和硫酸镁（泻盐），又称盐类泻药。硫酸钠、硫酸镁水溶液内服不易被胃肠黏膜吸收，在肠内形成高渗，能吸收大量肠壁组织水分，软化粪便，增大肠内容积，并对肠壁压力感受器产生机械性刺激，反射性地使肠蠕动增强。同时，盐类的离子对肠黏膜也有一定的化学刺激作用，能促进肠蠕动，加快粪便排出。

硫酸钠（Sodium Sulfate）

【理化性状】硫酸钠又称芒硝。为无色块状结晶或颗粒状粉末。味苦咸，易溶于水。纯度较高的芒硝称为元明粉。

【作用与应用】①小剂量内服能刺激消化道黏膜，使胃肠分泌和蠕动加强，有轻度健胃作用。内服，一次量，马、牛 15～50g，猪、羊 3～10g。②较大剂量时有泻下作用。常配制成 60～80g/L 溶液，胃管灌服。一次量，马 200～500g，牛 400～800g，羊 40～100g，猪 25～50g，犬 10～20g，猫 2～5g。③牛瓣胃阻塞时，配制成 250～300g/L 硫酸钠溶液 250～300mL 直接注入第三胃内，有较好的软化秘解物效果。④元明粉外敷可减轻局部炎症肿胀；脓创和瘘管的冲洗、引流，可用 100～200g/L 硫酸钠溶液。⑤作饲料添加剂使用，在肠道菌的作用下，合成少量的含硫氨基酸，明显减少动物相互撕咬、异嗜癖和啄癖发生。

硫酸镁（Magnesium Sulfate）

硫酸镁又称泻盐。为无色细小针状结晶或斜方形柱状结晶，味苦而咸，易溶于水。本品内服、外用的作用与应用与硫酸钠基本相同，因其在单位体积内解离的离子数较硫酸钠少，所以泻下作用较硫酸钠弱。内服刺激十二指肠黏膜，反射性地使胆总管括约肌松弛和胆囊排空，有利胆作用；此外，静注硫酸镁溶液有抑制中枢神经作用，缓解骨骼肌痉挛。（详见项目二十）

2. 刺激性泻药

本类药物内服后，到达肠内后分解出有效成分，刺激肠黏膜化学感受器，可反射性地促进肠管蠕动并增加肠液分泌，产生泻下作用。临床常用的有大黄、芦荟、番泻叶、蓖麻油、巴豆。

大黄（Radix et Rhizoma Rhei）

【来源与成分】大黄是蓼科植物大黄的干燥根茎，味苦。内含苦味质、鞣质和蒽醌苷类的衍生物（大黄素、大黄酚和大黄酸等）。

【作用与应用】大黄的作用与用量有密切关系。①口服小剂量时，发挥其苦味健胃作用。②中等剂量时，鞣质发挥其收敛止泻作用。③大剂量时，体内水解为大黄素和大黄酚等，刺激大肠黏膜化学感受器，使肠蠕动增强，引起泻下。致泻后往往继发便秘，故临床常与硫酸钠配用。④大黄还有较强的抗菌作用，能抑制金黄色葡萄球菌、大肠杆菌、痢疾杆菌、绿脓杆菌、链球菌及皮肤真菌等。⑤外用，大黄配成撒布剂，可治疗外伤、化脓创、火伤和烫伤等，有去腐生肌功效。

【制剂、用法与用量】大黄末，内服（健胃），一次量，马 10～25g，牛 20～40g，猪 1～2g，犬 0.5～2g。致泻，配合硫酸钠等，马、牛 100～150g，猪、羊 30～60g，犬 2～4g。

蓖麻油（Castor Oil）

【理化性状】本品为淡黄色黏稠油液，有微臭，味淡带辛，能溶于醇，不溶于水。

【作用与应用】蓖麻油本身并无刺激性，内服到达十二指肠后，一部分经胰脂肪酶的作用，皂化分解为蓖麻油酸钠和甘油。蓖麻油酸钠可刺激小肠黏膜，促进小肠蠕动而引起泻下。另一部分未被分解的蓖麻油对肠道和粪块起润滑作用。本品主要用于小肠便秘，小家畜比较多用。中、小家畜内服后，经 3~8h 发生泻下。

【用法与用量】内服，一次量，马、牛 200~300mL，驹、犊 30~80mL，羊、猪 20~60mL，犬 5~25mL，猫 4~10mL。

3. 润滑性泻药

本类药物内服后，多以原形通过肠道，起润滑肠壁、软化粪便及阻止肠内水分吸收的作用，使粪便易于排出。临床常用的有液体石蜡、花生油、棉籽油、菜籽油、芝麻油和猪油等。临床适用于瘤胃积食、小肠阻塞、大肠便秘等。

液体石蜡（Liquid Paraffin）

【来源与成分】本品是石油提炼过程中的一种副产品，为无色透明的油体。

【用法与用量】内服，一次量，马、牛 500~1500mL，羊 100~ 300mL，猪 50~100mL，犬 10~30mL，猫 5~10mL。可加温水灌服。

4. 神经性泻药

包括拟胆碱药如氨甲酰胆碱、毛果芸香碱，抗胆碱药如新斯的明等。它们有较强的促进胃肠蠕动，增强腺体分泌作用，可引起泻下。神经性泻药作用迅速，但其副作用很大，应用时必须注意。（详见项目二十　外周神经系统药物）

（二）止泻药

视频：止泻药的分类

止泻药指能制止腹泻的药物。根据药物作用特点可将止泻药分为：①保护、收敛性止泻药，如鞣酸蛋白、碱式硝酸铋、碱式碳酸铋等，在肠黏膜表面形成蛋白保护膜；②吸附性止泻药，如药用炭、白陶土、矽炭银、某些胶体等具有吸附作用，能吸附毒物、毒素等，从而减少其对肠黏膜的刺激；③抗菌止泻药，如某些抗菌药物，发挥对因治疗作用，对肠道消炎从而止泻；④抑制肠道平滑肌的药物，如阿托品、颠茄、盐酸消旋山莨菪碱等，可松弛肠道平滑肌，减少蠕动和分泌，抑制腹泻、腹痛。

1. 保护性止泻药（收敛止泻）

鞣酸蛋白（Tannalbumin）

【理化性状】鞣酸蛋白为淡黄色粉末，由鞣酸和蛋白质相互作用制成，含鞣酸 50%，不溶于水和乙醇。

【作用与应用】鞣酸蛋白内服后，在胃内酸性环境下稳定，到达小肠内在胰蛋白酶等作用下，蛋白质部分被消化释出鞣酸，与肠黏膜结合而发挥收敛和保护作用。这种作用持久且能达到肠管后部。临床上主要用于治疗急性肠炎和非细菌性腹泻。内服，一次量，马、牛 10~20g，猪、羊 2~5g，犬、猫 0.5~1g。

许多作物果壳中含有鞣酸（单宁酸），食入后与胃内容物和胃黏膜蛋白结合，形成鞣酸蛋白，在肠中再被分解出鞣酸，起到收敛止泻作用，但食入过多会引起便秘。

2. 吸附性止泻药

这类药物通过自身的化学结构发挥其药理作用。如药用炭是将动物骨骼或木材在密闭窑内加热烧制，研细成粉末。表面积大，吸附作用强，能吸附大量的气体、病原微生物、发酵产物、化学物质和细菌毒素等，并能覆盖于黏膜表面，保护肠黏膜免受刺激，达到止泻的作用；白陶土主要含硅酸铝，有吸附和保护作用，矽炭银片每片含白陶土 264mg，药用炭 61mg 和硝酸银 1.78mg，氯化钠 0.64mg；许多胶体也有吸附微生物和毒素的作用，如口服明矾，Al^{3+} 在水溶液中水解生成铝胶（氢氧化铝），起到吸附止泻作用。

有些矿石类物质也用作饲料添加剂，如多面体矿石，利用其颗粒表面积大吸附能力强，能吸附肠道中毒素，减少毒素对肠黏膜刺激而止泻。养殖中常用的脱霉剂常用沸石、火山石深加工，主要成分氢氧化硅铝酸钠钙、纳米蒙脱石，主要吸附肠道中毒素，吸附发霉饲料中霉菌毒素，保护肠黏膜。吸附性止泻药在临床上用于治疗肠炎、腹泻、中毒等。外用于浅部创伤，有干燥、抑菌、止血和消炎作用。

腐植酸钠（Sodium Humate）

腐植酸钠又称胡敏酸钠，腐植酸钠盐，为乌黑晶亮、闪着漂亮光泽的无定形颗粒。无毒、无臭、无腐蚀，极易溶于水。腐植酸钠是以风化煤、泥炭和褐煤为原料经特殊工艺加工制成的一种具有多种功能的大分子有机弱酸钠盐，是一种生产绿色乳肉蛋食品用的良好兽药和饲料添加剂。兽用腐植酸钠添加剂含有腐植酸、炭黑、多种消化酶。能调节肠道环境，主要用于吸附肠道毒素收敛止泻，肠黏膜损伤出血治疗，消化不良性腹泻治疗。

3. 抗菌止泻药

家畜腹泻多因微生物感染所引起，临床上往往首先考虑使用抗菌药物对因治疗，如选用氟苯尼考、喹诺酮类、黄连素和氨基苷类等，均有较强的抗菌止泻作用。

4. 抑制肠道平滑肌的药物

剧烈腹泻、腹痛会导致水盐平衡障碍，诱发新的疾病。可选用肠道平滑肌抑制药，如阿托品、颠茄等，松弛肠道平滑，强行抑制其蠕动而止泻。

五、止吐药与催吐药

临床疾病防治中，经常使用止吐药和催吐药，特别是现代兽医防治中，宠物动物疾病越来越受到关注，已形成了新的分支。止吐药与催吐药不仅是其他类动物使用辅助治疗用药，更是宠物类动物常用治疗药物，如用于误食异物、毒物等需要催吐时；伴随胃肠炎时，许多动物发生呕吐，大量失水可危及生命。仔猪的传染性胃肠炎，多次呕吐和腹泻后即会因脱水而死。猫是最容易发生呕吐的动物，疾病状态下经常呕吐。

在动物药理各章节中，许多药物有止吐和催吐作用，如硫酸铜、高锰酸钾、氯化铵、碘化钾口服均有不同程度的催吐作用。氯丙嗪是安定剂，能抑制中枢神经兴奋性，临床中也经常用于止吐和抗应激，止吐效果显著（详见项目十九　中枢神经系统药物）。以下为常用制剂。

爱茂尔（Bromosoval and Procainee）

【理化性状】爱茂尔又称溴米那盐酸普鲁卡因注射液。本品为无色的澄明液体。

【作用与应用】选择性抑制中枢的兴奋性，有镇静、催眠、止吐作用。属专用止吐药。用于妊娠呕吐、神经性呕吐、晕船晕车或胃痉挛等引起的呕吐、呃逆症等，也可用于动物长途运输的抗应激药物。

【不良反应】能抑制中枢兴奋性，引起呼吸困难、短促，或心动过缓、昏睡、直立性低血压等。

【制剂、用法与用量】注射液 2mL：20mg。皮下注射或肌内注射，每次 2mL。对顽固性呕吐可适当增加剂量和注射次数。

阿扑吗啡（Apomorphine）

【理化性状】阿扑吗啡又称阿朴吗啡、去水吗啡。为白色或灰白色细小有闪光结晶或结晶性粉末。无臭。能溶于水和乙醇，水溶液呈中性。露置空气或日光缓缓变为绿色，勿用。

【作用与应用】本品为中枢反射性催吐药。能直接刺激延髓催吐化学感受区，反射性地兴奋呕吐中枢，引起恶心、呕吐。口服作用较弱、缓慢，皮下注射后 5~15min 即可产生强烈的呕吐。常用于犬驱除胃内毒物。

【用法与用量】皮下注射，一次量，猪 10~20mg，犬 2~3mg，猫 1~2mg。

附：技能培训一——促进胃肠蠕动药物汇总

瘤胃兴奋剂：100g/L 氯化钠、甲氧氯普胺。

拟胆碱药：比赛可灵、乙酰胆碱、毛果芸香碱、毒扁豆碱、甲基新斯的明。

大脑兴奋剂：咖啡因。

神经垂体激素：加压素、催产素。

泻下药：大黄、蓖麻油、番泻叶等。

视频：促进胃肠蠕动的药物

其他如健胃剂、口服鱼石脂等也能够促进胃肠蠕动。牛磺酸、胆汁盐、B 族维生素药物注射也能明显促进胃肠蠕动。

附：技能培训二——反刍兽过食碳水化合物综合征的治疗

反刍兽过食碳水化合物综合征发病机制如下：①反刍兽食入过量的谷物类精饲料，谷物类吸水膨胀，首先引起腹胀、腹痛。②精饲料在瘤胃中过度发酵产生大量酸性物质。大量酸性物质损伤消化道黏膜，引起出血性肠炎；酸性产物吸收后引起机体酸中毒，影响各器官系统的功能，出现中枢神经初期兴奋后期抑制，心肌麻痹，末梢血管淤血而诱发全身性水肿，呼吸加深加快，肌肉初期震颤后期转入麻痹，严重时可出现肌红蛋白溶解，使动物站立困难等症状。③产生有毒有害物质，如组胺、缓激肽类。吸收入血后可引起机体过敏反应，沉积肢蹄处诱发蹄叶炎。

提示：治疗原则有以下 4 点。①加快瘤胃内物质排出。②抑菌制酵。③中和吸收的酸性产物和抗过敏。④对症治疗，如强心、镇静、镇痛等。

结合病理基础和药理基础，在教师的指导下，讨论相关的症状，设计出相关的用药治疗方案，对没有学习到的药物通过自学掌握。

附：技能培训三——牛磺酸、胆汁盐在临床疾病治疗中应用

动物体最大的消化腺是肝脏，消化机能启动是始于胆汁分泌的刺激作用，促进胃肠蠕动增强和其他消化腺体大量分泌。牛黄是胆汁盐的结晶，因此，药物中含有少量牛磺酸和胆汁盐时，在原发病没有治愈情况下，动物用药后即有食欲，开始采食，掩盖了疾病症状。如清开灵。

任务四　泌尿生殖系统用药

一、脱水剂和利尿剂

（一）脱水剂

脱水剂指能使组织脱水的药物。由于此类药物在体内不被代谢或不易被代谢，多以原形经肾脏排泄，提高了原尿渗透压，使尿量增多，有利尿作用。因此，又称渗透性利尿药。

脱水剂主要用于肺水肿、脑炎、脑室积水、严重的组织水肿，降低眼内压及治疗急性肾功能不全等，加快某些毒物的排泄。本类药物有甘露醇、山梨醇、高渗葡萄糖注射液等。葡萄糖可被代谢并有部分转运到组织中，使脑内压回升，高浓度葡萄糖维持血浆渗透压时间短。

甘露醇（Mannitol）

【理化性状】甘露醇为白色结晶性粉末。无臭、味甜。能溶于水，微溶于乙醇。等渗溶液为50.7g/L，临床多用其200g/L高渗溶液。

【作用与应用】①脱水作用：静脉注射高渗溶液后，迅速提高血液渗透压，吸收组织间水分进入血管，产生脱水作用。本品不能进入眼及中枢神经系统，但可通过渗透压的作用降低颅内压和眼内压。静注后20min即可显效，能维持6~8h。②利尿作用：由于本品在体内不被代谢，经肾小球滤过时，在肾小管内会形成高渗，从而带出水分产生利尿作用。

【注意事项】宜缓慢静脉注射，禁止漏注到血管外；心功能不全或心性水肿的患畜禁用；本品低温保存时，易析出结晶，微热溶解后再用，不影响药效。

【制剂、用法与用量】甘露醇注射液　100mL：20g，250mL：50g。静脉注射，一次量，牛、马1000~2000mL，猪、羊100~250mL。2~3次/d。

（二）利尿剂

利尿剂是指作用于肾脏，促进电解质和水的排泄，增加尿量的药物。

利尿剂用于治疗各种水肿或积水，也用于促进体内毒物和尿道上部结石的排出。按其作用强度和作用部位一般分为三类：高效利尿剂（呋塞米、利尿酸等）、中效利尿剂（氢氯噻嗪、氯噻酮等）和低效利尿剂（螺内酯、氨苯蝶啶等）。许多中草药也有利尿作用，效果温和、副作用小，如车前子、茯苓、泽泻、猪苓等。

呋塞米（Furosemide）

【理化性状】呋塞米又称速尿、呋喃苯胺酸。为白色或类白色结晶性粉末。无臭、无味。水中不溶，乙醇中略溶。遮光、密封保存。

【作用与应用】速尿主要作用于髓袢升支的髓质部和皮质部，抑制Cl^-的重吸收，通过离子作用相应减少Na^+、K^+重吸收。伴随Cl^-、Na^+、K^+的排出，带走大量水分，因此，产生强大的利尿作用。静脉注射后1h发挥最大药效，药效可维持4~6h。另外，速尿还可增加尿中Ca^{2+}、Mg^{2+}的排出量。临床上适用于各种原因引起的水肿，如全身水肿，尤其对肺水肿疗效较好，并能促进尿道上部结石的排出。在其他利尿剂无效时仍可发挥作用。

【注意事项】在其他类利尿剂有效时尽量不使用速尿。切忌反复使用，易造成机体脱水、低钾与低氯血症，要严格掌握剂量及给药次数，并注意补充 KCl，禁与洋地黄和氨基苷类抗生素配伍。

【制剂、用法与用量】呋塞米片　20mg、50mg。内服，一次量，马、牛、羊、猪 2mg，犬、猫 2.5~5mg。2 次/d，连服 3~5d，停药 2~4d 后可再用。

呋塞米注射液　2mL：20mg、10mL：100mg。肌内注射、静脉注射，一次量，每千克体重，牛、马、猪、羊 0.5~1mg，犬、猫 1~5mg。每日或隔日 1 次。

氢氯噻嗪（Hydrochlorothiazide）

【理化性状】氢氯噻嗪又称双氢克尿噻、双氢氯尿噻。为白色结晶性粉末。无臭，味微苦。不溶于水，微溶于乙醇，在氢氧化钠溶液中溶解。遮光、密封保存。

【作用与应用】抑制髓袢升支皮质部和远曲小管近端对 Na^+的主动重吸收，通过离子作用，相应的使 Cl^-重吸收也减少，通过晶体渗透压的作用带出大量水分，产生较强的利尿作用。临床用于各种类型水肿，对心性水肿效果较好。氢氯噻嗪是中度、轻度心性水肿的首选药。也可用于牛的产后乳房水肿和胸、腹部炎性肿胀及某些急性中毒病。

【注意事项】长期大量用药，易引起低血钾，应配合 KCl 使用。禁与洋地黄合用。

【制剂、用法与用量】氢氯噻嗪片　25mg、250mg。内服，一次量，每千克体重，牛、马 1~2mg，猪、羊 2~3mg，犬、猫 3~4mg。

氢氯噻嗪注射液　5mL：125mg、10mL：250mg。肌内注射、静脉注射，一次量，牛 100~250mg，马 50~150mg，猪、羊 50~75mg，犬 10~25mg。

（三）脱水剂和利尿剂的合理应用

在临床防治中，水肿或积水是许多疾病的临床症状。重要的器官发生水肿，必须消除症状，否则严重影响器官功能，易造成动物器官衰竭而死亡，如肺急性水肿、脑膜炎、急性脑室积水等。

脱水剂和利尿剂均有利尿、脱水作用，但作用有所侧重，因此在治疗急性水肿时，二者要合理配合，提高治疗效果。例如，使用氢氯噻嗪治疗肺急性水肿，其机制是加强血液中水分排出，使血液浓缩，渗透压增加，间接从肺组织中吸收水分。脑、肺等重要器官水肿时要使用脱水剂，配合利尿药物，以保证器官功能尽快恢复。

二、子宫收缩药

子宫收缩药是指选择性地兴奋子宫平滑肌，引起子宫收缩的药物。常见有缩宫素、神经垂体激素、麦角制剂和中草药益母草制剂、拟胆碱药、前列腺素 F2α 等。

视频：子宫收缩药

缩宫素（Oxytocin）

【来源与性状】缩宫素又称催产素，从牛或猪脑神经垂体中提取或化学合成。为白色结晶性粉末，能溶于水，水溶液呈酸性。

【药理作用】本品能直接兴奋子宫平滑肌，加强其收缩。缩宫素对子宫收缩的强度及性质与用药剂量、体内激素水平有关。对非妊娠子宫，小剂量能加强子宫的节律性收缩（阵缩），大剂量则可引起子宫的强直性收缩；对妊娠早期子宫不敏感，妊娠后期逐渐加强，临产时最强，产后缩宫素对子宫的作用逐渐降低。雌激素可提高子宫对缩宫素的敏感性，而孕激素则相反。催产时，缩宫素对子宫体的收缩作用强，对子宫颈的收缩作用较弱，利于胎儿娩出。另外，本品还能增强乳腺平滑肌收缩，促进排乳，也可促进乳汁分泌。

【作用与应用】①催产和引产：对于子宫颈口开放，宫缩努责无力的临产母畜，可注射小剂量助产。②产后子宫出血：较大剂量使子宫强直收缩，压迫血管而止血。③产后疾病：用于胎衣不下、死胎滞留、子宫复旧不全、子宫脱垂。④催乳：用于新分娩母猪的无乳症。

【注意事项】催产时，检查胎位、胎势、胎儿大小、产道开张情况；严格掌握剂量，以免引起子宫强直性收缩，造成胎儿窒息或子宫破裂。

【制剂、用法与用量】缩宫素注射液　1mL：10U、5mL：50 U。皮下注射、肌内注射，一次量，牛、马 30~100U，猪、羊 10~50U，犬 2~10U。

神经垂体素（Pituitrin）

【来源与性状】神经垂体素是从牛或猪脑神经垂体中提取的水溶性成分。能溶于水，不稳定。为缩宫素（催产素）和加压素（抗利尿素）的混合物。

【作用与应用】①均能选择性地作用子宫平滑肌，使子宫平滑肌收缩。缩宫素此作用与加压素相比尤为明显。②均能够收缩血管平滑肌升高血压，促进肾小管对水分重吸收而增加血容量，间接升高血压。加压素此作用较缩宫素明显。③对胃肠平滑肌有收缩作用。对子宫的作用同缩宫素，但有抗利尿、收缩小血管引起血压升高的作用。在催产、子宫复原等方面的应用，同缩宫素。

【制剂、用法与用量】神经垂体素注射液　1mL：10U、5mL：50U。用法、剂量同缩宫素。

麦角制剂（Ergot）

【来源与性状】麦角是寄生在黑麦或其他禾本科植物上的一种霉菌的干燥菌核。现可用人工培养法大量生产。在麦角中含有多种作用强大的麦角生物碱，包括麦角胺、麦角毒碱和麦角新碱。临床常用马来酸麦角新碱，其盐为白色或类白色的结晶性粉末，无臭，微有引湿性，略溶于水和乙醇。遮光、密封冷处保存。

【作用与应用】麦角制剂对子宫颈和子宫体平滑肌具有很强的兴奋作用，与缩宫素相比，作用强大而持久，剂量稍大即引起子宫强直性收缩，子宫颈的收缩使胎儿难以娩出，而使胎儿窒息，甚至子宫破裂。

临床上不适宜催产或引产，适用于产后子宫出血、产后子宫复原和胎衣不下。另外，麦角制剂也能收缩末梢血管，临床配合小剂量咖啡因治疗淤血性头痛。

【制剂、用法与用量】马来酸麦角新碱注射液　1mL：0.5mg、1mL：2mg。肌内注射、静脉注射，一次量，马、牛 5~15mg，猪、羊 0.5~1mg，犬 0.1~0.5mg。

三、生殖激素

视频：生殖激素应用

生殖激素主要包括性激素和促性腺激素两类。性激素是由动物性腺分泌的甾体类激素，包括雌激素、孕激素及雄激素三类，雌激素由卵巢的成熟卵泡上皮细胞所分泌，主要有雌二醇、雌酮、雌三醇；孕激素是由卵巢的黄体细胞分泌，以孕酮（黄体酮）为主；雄激素主要由睾丸间质细胞分泌，包括甲睾酮、丙酸睾酮、苯丙酸诺龙和去氢甲基睾丸素等。促性腺激素分两类：

一类是垂体分泌的促卵泡素（FSH）和促黄体素（LH）；另一类是非垂体促性腺激素，有绒促性素与马促性素等。临床上，常用性激素与促性腺激素制剂来补充体内性激素不足或促进其释放、防治产科疾病、诱导同期发情及促进畜禽繁殖力等。

苯甲酸雌二醇（Estradiol Benzoate）

【理化性状】白色结晶性粉末，无臭。不溶于水，微溶于乙醇或植物油，略溶于丙酮。临床用其灭菌油溶液。遮光、密封保存。

【作用与应用】本品内服由消化道吸收。由于反刍动物内服时，部分在瘤胃内被破坏，因而常肌内注射给药。对母畜促进其性器官形成和第二性征发育，促进发情；促进初产母牛乳腺导管的发育和泌乳，但加强输卵管和子宫平滑肌收缩；并增强子宫对催产素的敏感性，使子宫颈周围的结缔组织松软，子宫颈口松弛；若给公畜应用，可对抗雄激素，抑制第二性征发育，降低性欲。另外，本品有增强食欲，促进蛋白质合成作用，禁止作为饲料添加剂。

临床上，作催情药用于卵巢功能正常而发情不明显的家畜；治疗子宫内膜炎、子宫蓄脓、胎衣不下、死胎等；应用催产素促进母畜分娩时，预先注射本品，能提高催产素的效果；治疗老年犬或阉割犬的尿失禁、母畜性器官发育不全、雌犬过度发情及假孕犬的乳房胀痛等。

【注意事项】用于催情时，应尽量配合原有的发情周期，本品不能促进卵泡成熟和排卵。对泌乳母牛大量注射，因抑制催乳素分泌，可导致泌乳停止；反复大剂量或长期应用，可导致卵巢囊肿或慕雄狂、流产、卵巢萎缩及性周期停止等。妊娠家畜或肝、肾功能严重减退时，忌用。

【制剂、用法与用量】苯甲酸雌二醇注射液　为雌二醇苯甲酸酯的灭菌油溶液，1mL：1mg、1mL：2mg。肌内注射，一次量，马 10~20mg，牛 5~20mg，猪 3~10mg，羊 1~3mg，犬、狐 0.2~0.5mg，猫、貂、兔 0.1~0.2mg。

黄体酮（Progesterone）

【理化性状】黄体酮又称孕酮。本品由卵巢黄体分泌，现多用人工合成品。为白色或几乎白色的结晶性粉末，无臭无味，不溶于水，溶于乙醇、乙醚或植物油，极易溶于氯仿。遮光、密封保存。

【作用与应用】内服后在肝脏迅速被灭活，多以肌内注射给药，其代谢产物与葡糖醛酸结合后，从尿中排出，部分孕酮或其代谢产物可从乳汁排出。黄体酮对子宫内受精卵着床及胚胎早期发育提供营养需要；抑制输卵管及子宫肌收缩，使子宫颈口闭合，具有保胎作用和阻止精子或病原体进入子宫的作用；可抑制发情和排卵；促进乳腺腺泡发育。

临床上，做保胎药用于预防和治疗流产，与维生素 E 同用效果更好；治疗牛卵巢囊肿引起的慕雄狂，可皮下埋植黄体酮来对抗发情；用于母畜同期发情。禁用于泌乳乳牛，用药动物屠宰前应停药 21d。

【制剂、用法与用量】黄体酮注射液　1mL：10mg、1mL：50mg。肌内注射，一次量，马、牛 50~100mg，猪、羊 15~25mg，犬、猫 2~5mg，母鸡醒抱 2~5mg。

复方黄体酮注射液　1mL：黄体酮 20mg 与苯甲酸雌二醇 2mg。用法、用量同黄体酮注射液，疗效较好。

甲睾酮（Methyltestosterone）

【理化性状】甲睾酮又称甲基睾丸素。本品为白色结晶性粉末，不溶于水。

【作用与应用】 本品能促进雄性生殖器官的发育，维持第二性征，促进性欲；保证精子的正常发育和成熟，维持精囊和前列腺的分泌功能；大剂量可抑制促性腺激素释放激素的分泌，使促性腺激素分泌减少，从而抑制精子的生成；对抗雌激素，抑制母畜发情；增加蛋白质合成，促进肌肉与骨骼生长，刺激骨髓造血功能，使红细胞生成加快。临床上，主要用于种公畜因雄激素分泌不足而致的性欲缺乏、隐睾症；去势役畜使役力早衰；治疗乳腺囊肿，抑制泌乳；母犬假妊娠。

【注意事项】 前列腺肿患犬、孕畜及泌乳母畜禁用；有一定的肝脏毒性；食品动物屠宰前休药 21d。

【制剂、用法与用量】 甲基睾丸素片 5mg。内服，一次量，家畜 10～40mg，犬 10mg，猫 5mg。

卵泡刺激素（Follicle Stimulating Hormone， FSH）

【理化性状】 卵泡刺激素又称垂体促卵泡素、促卵泡素。本品是从猪、羊的脑垂体前叶中提取，为白色或类白色的冻干块状物或粉末，易溶于水。应密封在冷暗处保存。

【作用与应用】 本品能刺激卵泡的生长和发育，在小剂量黄体生成素的协同作用下，可促使卵泡分泌雌激素，引起母畜发情，如与大剂量黄体生成素合用，则可促进卵泡成熟和排卵，对公畜有促进精原细胞的增殖和精子形成的作用。本品主要用于母畜催情，使不发情母畜发情排卵，提高同期发情；治疗卵泡停止发育或两侧卵泡交替发育、多卵泡症和持久黄体等卵巢疾病；用于超数排卵，牛、羊在发情的前几天注射本品，可出现超数排卵，供卵移植或提高产仔率。

【注意事项】 用药前应先检查卵巢的变化，酌情决定用药剂量和次数；剂量过大或长期应用，可引起卵巢囊肿；对单胎动物超数排卵则有不良反应。

【制剂、用法与用量】 注射用垂体促卵泡素　50mg。静脉注射、肌内注射、皮下注射，一次量，马、牛 10～50mg，猪、羊 5～25mg，犬 5～15mg（临用前用 5～10mL 生理盐水溶解）。

黄体生成素（Luteining Hormone，LH）

【理化性状】 黄体生成素又称垂体促黄体素、促黄体激素。本品是从猪、羊的脑垂体前叶中提取，属于一种糖蛋白。为白色或类白色的冻干块状物，易溶于水。应密封在冷暗处保存。

【作用与应用】 本品对雌性家畜的作用是在卵泡刺激素作用的基础上，促进卵泡趋向成熟，产生雌激素，引起排卵，排卵后形成黄体，分泌黄体酮，因此具有早期安胎作用；对公畜则作用于睾丸间质细胞，可增加睾酮的分泌，提高公畜性欲，在卵泡刺激素协同作用下可促进精子形成。临床主要用于成熟卵泡排卵障碍、卵巢囊肿、早期胚胎死亡、早期习惯性流产、母畜久配不孕及公畜性欲减退、精液量减少等疾病的治疗。

【注意事项】 用于促进母马排卵时，若检查卵泡直径在 2.5cm 以下时禁用；长期或反复应用，机体可产生抗体，降低药效。

【制剂、用法与用量】 注射用垂体促黄体素　25mg。皮下注射、静脉注射，一次量，马、牛 25mg，猪 5mg，羊 2.5mg，犬 1mg（临用前用 5mL 生理盐水溶解）。可在 1～4 周内重复注射。

马促性素（Serum Gonadotrophin）

【理化性状】 马促性素又称马促性腺激素。本品是孕马子宫内膜杯状细胞产生的一种糖蛋白，从怀孕40~120d孕马血清中分离制得。本品包括卵泡刺激素和黄体生成素两种成分，为白色或类白色粉末，溶于水，水溶液不稳定。

【作用与应用】本品主要表现卵泡刺激素样作用，也有轻度黄体生成素样作用。可促使卵泡发育和成熟，引起发情，促进成熟卵泡排卵甚至超数排卵。对公畜能促进雄激素分泌，提高性欲。主要用于不发情或发情不明显的母畜，诱导其发情和排卵；用于同期发情提高受胎率；猪、羊使用本品，可引起超数排卵，增加窝产仔数和产仔窝数；母牛应用，引起超数排卵，用于胚胎移植。

【注意事项】溶液配好后在数小时内用完；单胎动物不要在本品诱发的发情期限配种；反复使用，可产生抗体，降低药效，有时会引起过敏反应；直接用孕马血清时，供血马必须健康。

【制剂、用法与用量】马促性腺激素粉针　400U、1000U、3000U。皮下注射、肌内注射、静脉注射，一次量，马、牛1000~2000U，猪、羊200~1000U，犬25~200U，猫、兔50~100U。

绒促性素（Chorionic Gonadotrophin）

【理化性状】绒促性素又称人绒毛膜促性腺激素。本品是孕妇胎盘绒毛膜产生的一种糖蛋白，从孕妇尿中提取而得。为白色或类白色粉末，溶于水。密封，在凉暗处保存。

【作用与应用】主要作用与黄体生成素相似，也有较弱的卵泡刺激素样作用。本品能促使成熟的卵泡排卵并形成黄体，延长黄体持续时间，刺激黄体分泌孕酮。对公畜能促进睾丸间质细胞分泌雄激素，提高性欲。临床上主要用于诱导排卵、提高受胎率、增加同期发情的效果，治疗卵巢囊肿，习惯性流产、公畜性功能减退及隐睾症等。

【注意事项】治疗性功能障碍、隐睾症应每周注射2次，连用4~6周；提高母畜受胎率应于配种当天注射；治疗习惯性流产应在怀孕后期每周注射1次。多次使用，可产生抗体，降低疗效。

【制剂、用法与用量】注射用绒促性素　500U、1000U、2000U、5000U。肌内注射，一次量，马、牛1000~5000U，猪500~1000U，羊100~500U，犬25~300U。每周2~3次（临用前用注射用水或生理盐水溶解）。

氯前列烯醇（Cloprostenol）

【理化性状】本品为无色的澄明液体。

【作用与应用】本品能有效溶解功能性黄体和病理性黄体，增强子宫平滑肌的收缩舒张节律，治疗持久黄体、黄体囊肿而引起的不发情，同期发情调控，引产、流产等分娩控制，母畜产后子宫内膜炎防治、促进卵巢、子宫修复。在养殖生产中，常用于溶解牛的持久黄体和猪的诱导引产。

【制剂、用法与用量】20mL：1.84mg。肌内注射，一次性剂量0.2~0.6mg。

附：技能培训一——静脉注射不得外漏药物

盐酸四环素、100g/L氯化钠、水合氯醛、甘露醇、氯化钙等药品有较强的刺激性，静脉注射不能漏出到血管外，更不能皮下和肌内注射，容易造成局部肿胀炎症。一旦漏出血管外，局部可注射100g/L硫代硫酸钠缓解。

附：技能培训二——猪产后消化机能紊乱

在养猪生产中，部分猪产后不食，精神状态正常，体温正常或略低，排便减少，粪便色泽深、干小，继而乳汁逐渐减少。通常按产后感染治疗 4~5d，逐渐恢复。实际上这并非产后感染，而是生产中内分泌调节的作用，引起消化机能紊乱，经若干天调节可自我恢复。在治疗中使用龙胆酊 20~30mL，缓慢喷入母猪舌面上，可迅速调整胃肠机能，恢复食欲。

附：技能培训三——临床动物引产用药

当今集约化养殖的动物，由于运动减少，光照不足，机体缺乏自然调节，生殖激素分泌不足，延期分娩时有发生，超过一定时限，胎儿骨骼硬化，胎盘老化，造成难产或产出死胎，母猪、母牛较为常见。在达到生产日期时，可对动物进行引产，通常采用组合用药，氯前列烯醇 0.5mg，地塞米松磷酸钠 10mg，缩宫素 50IU，肌内注射，24h 内出现效果，分娩起动。

附：技能培训四——案例分析

牛发生水肿，防治人员使用呋塞米辅助治疗，用药后牛大量排尿，很快四肢无力、瘫痪，不能站立，使用氯化钾 10g，加入 500mL 生理盐水中静脉滴注，3h 后，病牛恢复能够站立。分析：呋塞米是作用最强的一种利尿剂，其副作用是容易丧失大量的电解质，造成血钾尝试降低，钾离子是维持神经和肌肉兴奋性的重要电解质，因此，在使用利尿剂时注意电解质的补充。

◎ 复习思考题

一、填空题

1. 龙胆酊通过给药，刺激味觉感受器，通过神经反射起到作用。少量大黄粉通过方式给药，通过神经反射起到作用，这类药物对禽类________效。

2. 100g/L 氯化钠（浓盐水）通过给药，兴奋性迷走神经而起到作用。硫酸镁口服有________作用，而静脉注射呈现________作用。

3. 铁制剂作为补血药，因为铁是合成物质的主要成分。常见全身止血药有________、________、________。局部止血药主要是通过改变局部凝血而加强凝血过程的。安络血和止血敏能辅助治疗水肿是因为它们都能降低________。

4. 强心苷容易蓄积中毒，主要有________和________两种药物，通常方式给药________，禁止________与________合用。

5. 氯化铵内服能刺激胃黏膜，通过迷走神经反射引起________分泌增加；同时，吸收后的氯化铵部分经呼吸道排出，通过________作用带出一定量水分，使稠痰变稀，易于咳出。

6. 氨茶碱具有扩张血管、________松弛而平喘、对心脏________作用。可待因可通过中枢的兴奋性而起到________作用。

7. 利尿剂和脱水剂主要是用于________的治疗。目前利尿最强的是________利尿药物。脱水剂主要是因为________，在血液中保持较长时间的渗透压作用，吸收组织中________，同时从尿中排出时，还有________作用。

二、单选题

1. 用于充血性心力衰竭的药物是（　　）

A. 洋地黄注射液　　B. 咖啡因　　C. 樟脑

D. 氯化钙　　E. 肾上腺素

2. 可作为体内抗凝的药物是（　　）

A. 柠檬酸钠　　B. 肝素　　C. 草酸钠

D. 氯化钙　　　　　　　　　　E. 维生素K

3. 马来酸麦角新碱易使子宫强直性收缩，也能引起子宫颈收缩使胎儿难以娩出。猪产力性难产选用下列（　　）药物最合适

A. 马来酸麦角新碱　　　　　　B. 缩宫素　　　　　　　　C. 比赛可灵

D. 新斯的明　　　　　　　　　E. 氯前列烯醇

三、判断题

1. 甲氧氯普胺可以止吐，也能促进胃肠蠕动。（　　）

2. 口服鞣酸蛋白可以保护肠黏膜。（　　）

3. 口服或注射硫酸镁都能够产生泻下作用。（　　）

4. 健胃药能用于消化不良疾病治疗是因为其能够消化分解饲料。（　　）

5. 阿托品止泻是因为能够杀灭肠道中的病原菌。（　　）

四、简答题

1. 微生态制剂为何不能与抗菌药物同服？举出几个益生菌的例子。

2. 大黄的作用与用量有何关系？大黄致泻后为何可继发便秘？怎样解决此问题？

3. 兴奋胃肠的药物有哪些？各有什么特点？

4. 强心药物有哪些？临床上怎样合理选用强心苷及其他强心药？

5. 临床常用的止吐药物和催吐药物有哪些？

6. 怎样理解健胃药与助消化药对食欲不振、消化不良的作用？

7. 简述全身止血药、抗凝血药的作用特点与应用。

8. 常用利尿剂和脱水剂有哪些？

9. 缩宫素与麦角新碱对子宫有什么作用特点？各有什么应用？

10. 儿茶酚胺有哪些药物？药理作用如何？

五、论述题

1. 饲料加工厂经常出售仔猪用发酵料和酸化料，试问发酵料和酸化料有何意义？

2. 偏远山区，牛食入大量含皂苷植物，在没有药物情况下，口服熟豆油和白酒进行救治，说明其操作原理。

实训　泻药的药理作用

【目标要求】观察盐类泻药和润滑性的泻下作用机制，掌握泻药的合理选用及应用，为临床疾病防治提供理论依据。

【实训用品】

（1）动物　家兔。

（2）药品　30g/L、100g/L 芒硝溶液，1∶5 浸渍大黄水、液体石蜡，生理盐水，100g/L 水合氯醛溶液，温水。

（3）器材　兔固定板、剪子、注射器、纱布、药棉、温度计、茶缸、镊子、缝合针、缝合线、针头。

【内容和步骤】

（1）取家兔1只，称重，按每千克体重 1.5mL 耳静脉注射 100g/L 水合氯醛溶液使之麻醉

后，仰卧固定。剖开腹腔，找出小肠，观察其正常的蠕动和充盈状况。

（2）在不损伤肠系膜血管的情况下，将肠内容物推挤至两边，用线将肠管结扎成等分 5 段，使之互不相通，每段长约 3cm。

（3）各段分别注入大黄水、30g/L 芒硝溶液、100g/L 芒硝溶液、液体石蜡，生理盐水各 0.5mL。

（4）注射完毕后，立即将肠管放回腹腔内，用线缝合腹壁并盖以温湿纱布，注意保温。经 40min 后打开腹腔，观察各段肠管充盈情况，并以注射器抽取液体，比较有无差异。

（5）剪开肠管，观察肠黏膜充血情况并记录于表 18-1。

表 18-1　泻药的药理作用实训记录表

项目	药物				
	大黄水	30g/L 芒硝	100g/L 芒硝	液体石蜡	生理盐水
肠管充盈度					
肠黏膜颜色					
液体量					

【实训报告】

（1）撰写实训报告，说明实训结果和注意事项。

（2）分析各段肠管所产生变化的原因，说明应用盐类泻药以何浓度为宜。

项目十九 中枢神经系统药物

◎ 情境引入

情境一：7 岁雌性萨摩犬，未绝育。因阴道持续有分泌物流出，经过实验室和影像学诊断，确诊为子宫蓄脓。需使用全身麻醉剂进行子宫病理性摘除手术。

情境二：动物发生脑炎，临床兴奋不安，使用抑制中枢兴奋性药物；新生犊牛呼吸抑制用药救治。

情境三：动物多种疾病体温升高，消除发热症状，掌握本项内容，在临床治疗中正确选择和使用本项目药物进行治疗。

◎ 任务描述

中枢兴奋剂的种类、适应证和使用注意；中枢抑制剂种类和应用，全身麻醉剂和化学保定剂种类及应用；解热、镇痛、抗风湿和非特异性消炎药物的种类。

◎ 技能目标

能够在临床疾病防治中正确的应用中枢兴奋药和解热镇痛抗炎药。

◎ 知识目标

了解中枢兴奋药的分类；掌握常用中枢兴奋药的作用特点、药物名称、临床应用及其不良反应。全麻药以及镇痛抗炎药的临床选择和应用是中枢神经系统药物的重点，对于中枢神经系统药物不良反应的准确掌握及过量解救以及根据临床症状和动物状态准确选择中枢兴奋药和抑制药。

任务一　中枢兴奋剂

中枢兴奋剂是能提高兴奋中枢神经系统功能活动的药物。在常规用量时，本类药物对中枢神经系统不同部位具有一定的选择性作用。根据其主要作用部位可分为三类：大脑兴奋剂、延髓兴奋剂、脊髓兴奋剂。

一、大脑兴奋剂

咖啡因（Caffeine）

中枢兴奋剂咖啡因能够全面兴奋组织器官，不法者将其按毒品使用。也有无良畜主将患病宠物注射咖啡因出售，使宠物显现活泼状态。兽医工作中要坚守职业道德，切忌滥用药物，遵纪守法。

【理化性状】 咖啡因属黄嘌呤类生物碱，来源于茶叶、咖啡、可可的种仁，或人工合成。白色或微黄绿色，无臭、味苦。热水或氯仿中易溶，在水、丙酮、乙醇中略溶。为增加其稳定性和可溶性，临床使用其苯甲酸钠盐制剂。

【药动学】 本品易从胃肠道和注射部位吸收，分布于各组织，可透过血-脑脊液屏障和胎盘屏障，大部分在肝中代谢后由尿中排出，仅少量以原形从尿中排出。体内转化排泄速度快，作用时间短，安全范围大，不易产生蓄积中毒。

【药理作用】

（1）兴奋大脑皮质　小剂量兴奋大脑皮质，咖啡因对大脑皮质有直接兴奋作用，表现为增强动物对刺激的反应性，缩短反射的潜伏期，消除疲劳，短暂地增加肌肉工作能力。剂量增大可兴奋延髓，超剂量则兴奋脊髓。

实验证明咖啡因能加强大脑皮质的兴奋过程，而不减弱其抑制过程。这一特性与乙醇或麻醉药等减弱抑制过程而引起的兴奋有本质区别，因而咖啡因能作为上述药物的直接对抗剂。在麻醉药中毒或危重病而致中枢抑制、呼吸麻痹时，咖啡因是一种良好的苏醒剂。

（2）兴奋心脏、升高血压　咖啡因直接能兴奋心跳中枢，同时直接加强心肌呼吸酶的代谢，使心肌收缩力加强，心率加快，心排出量增加。较大剂量能兴奋血管运动中枢，升高血压。

（3）利尿　除间接增加肾小球滤过外，还能抑制肾小管的重吸收，利尿作用很明显。但强度和持续时间比其他专用的利尿药要弱得多。

（4）全面兴奋作用　加强组织细胞代谢，影响机体中水、盐、糖和脂肪等的代谢，使血糖、血中游离脂肪酸增加。能直接兴奋骨骼肌，但作用很弱。能提高动物反应，增加胃肠蠕动。松弛支气管平滑肌等。

【作用与应用】 ①主要用于对抗中枢抑制状态，如麻醉药与镇静催眠药过量，严重传染病和过度劳役引起的呼吸循环衰竭等，可肌内注射咖啡因制剂安钠咖或葡萄糖溶液静脉滴注。②用于日射病、热射病及中毒引起的急性心力衰竭，做强心药，可调整患畜功能，增强心脏收缩，增加心排出量。③咖啡因与溴化物合用，调节皮层活动，恢复大脑皮质抑制与兴奋过程的平衡。

【注意事项】 ①本品与鞣酸、苛性碱、碘、银盐接触可产生沉淀，禁配伍。②剂量过大易引起中毒。中毒时，可用溴化物、水和氯醛、戊巴比妥等对抗兴奋症状。

【制剂、用法与用量】 苯甲酸钠咖啡因粉　内服，一次量，马 2~6g，牛 3~8g，羊、猪 0.5~2g，犬 0.2~0.5g。

苯甲酸钠咖啡因注射液（安钠咖注射液）　10mL：1g。皮下注射、肌内注射、静脉注射，一次量，马、牛 2~5g，羊、猪 0.5~2g，犬 0.1~0.3g，鸡 0.025~0.05g，鹿 0.5~2g。一般每日给药 1~2 次，重症给药间隔 4~6h。

二、延髓兴奋剂

尼可刹米（Nikethamide）

【理化性状】 尼可刹米（可拉明）为人工合成品，无色或淡黄色澄明状液体，低温处结晶。有轻微的臭味，微苦，能与水、乙醇、氯仿或乙醚任意混合，遮光、密封保存。

【药动学】 本品注射和内服均易吸收，在体内最终转化为 *N*-甲基烟酰胺后从尿中排出，作用时间短，一次静脉注射仅维持 5~10min。

【作用与应用】主要直接兴奋延髓呼吸中枢，也可刺激颈动脉体化学感受器而反射性兴奋呼吸中枢，能提高呼吸中枢对 CO_2 的敏感性，使呼吸加深加快。对大脑皮质、血管运动中枢和脊髓有较弱的兴奋作用，对其他器官无直接兴奋作用。常用于各种原因引起的呼吸抑制。如中枢抑制药中毒、因疾病引起的中枢性呼吸抑制、一氧化碳中毒、溺水、新生仔畜窒息等。

本品安全性大，但一次静脉注射作用仅维持数分钟。过量可致血压上升、心动过速、肌肉震颤及僵直、咳嗽、呕吐、出汗。因作用温和，安全范围大，临床常用于各种原因所致的中枢性呼吸抑制。一般间歇静脉注射给药效果较好。注射速度不宜过快。

【制剂、用法与用量】尼可刹米注射液　2mL：0.5g。静脉、肌内或皮下注射，一次量，马、牛 2.5~5g，羊、猪 0.25~1g，犬 0.125~0.5g。

樟脑（Camphora）

【理化性状】樟脑为樟科植物樟树蒸馏而得，现可人工合成。为白色结晶性粉末或无色半透明硬块。有挥发性和刺激性臭味。难溶于水，易溶于乙醇。

【作用与应用】樟脑吸收后，可兴奋延髓的呼吸中枢和血管运动中枢，使呼吸增强、血压回升。对正常状态的动物作用较弱，而对这些中枢处于抑制状态时作用较为明显。可用于中枢抑制、肺炎等感染性疾病和中枢抑制药中毒引起的呼吸抑制；肝中代谢生成氧化樟脑，对心脏有强心作用。临床使用较多的是氧化樟脑，尤其当机体缺氧时效果更佳；内服有防腐制酵作用，用于消化不良、胃肠臌气等；外用对皮肤黏膜有温和的刺激作用，使皮肤血管扩张，血液循环旺盛。将本品制成樟脑酯或 431 擦剂，用于治疗挫伤、肌肉风湿症、蜂窝织炎、腱炎等。

【注意事项】宰前动物或泌乳动物禁用樟脑，以免影响肉、乳的质量；动物处于严重缺氧时忌用；幼畜对樟脑敏感应慎用。

【制剂、用法与用量】樟脑磺酸钠注射液　1mL：0.1g、5mL：0.5g、10mL：1g。皮下注射、肌内注射、静脉注射，一次量，牛、马 1~2g，猪、羊 0.2~1g，犬 0.005~0.1g。

氧化樟脑注射液（强尔心）　10mL：0.05g。皮下注射、肌内注射、静脉注射，一次量，牛、马 0.05~0.1g，猪、羊 0.02~0.05g。

任务二　中枢抑制剂

中枢抑制剂是对中枢神经系统功能具有不同程度抑制作用的一类药物。中枢抑制剂按其作用特点，可分为只作用于中枢神经系统某些部位的选择性抑制药如镇静药、抗惊厥药、镇痛药和对中枢神经系统的全面性抑制药如全身麻醉药。

一、镇静药

镇静药是指能使中枢神经系统产生轻度的抑制作用，减弱功能活动，从而起到缓和激动，消除躁动、不安，恢复安静的一类药物。

溴化物

溴化物包括溴化钠、溴化铵、溴化钾等。单纯作为镇静药，内服给药后吸收迅速，但排泄缓慢，长期应用可引起蓄积中毒。在临床上常用于治疗中枢神经过度兴奋的病畜，如破伤风引起的惊厥、脑炎引起的兴奋、猪和家禽因食盐中毒引起的神经症状以及马、骡疝痛等。

【作用与应用】溴化物在体内释放出溴离子，溴离子能加强和集中大脑皮质的抑制，呈现镇静作用。当大脑皮质兴奋过程占优势时，这种作用更为明显。大剂量可引起嗜睡。两种以上溴化物合用有作用相加的效果。常用于治疗中枢神经过度兴奋、不安等病症。

【不良反应】①刺激性大。溴化物对局部组织和胃肠膜有刺激性，静脉注射不可漏出血管外；内服温度不要太高，应稀释成 10~30g/L 的水溶液。②排泄缓慢。长期应用可引起蓄积中毒，连续用药不宜超过一周。

【制剂、用法与用量】三溴片（溴化钠 0.12g、溴化钾 0.12g、溴化铵 0.06g）　内服，马 15~50g；牛 15~60g；羊 5~15g；犬 0.5~2g；家禽 0.1~0.5g。

溴化钠注射液　1mL：1g。静脉注射，一次量，马、牛 5~10g；猪、羊0.1~1.5g；犬 0.5~2g。

安溴注射液　100mL：溴化钠 10g 和安钠咖 2.5g。能调节中枢神经兴奋和抑制达到新的平衡。主要用于治疗马属动物疝痛性疾病、伴有痛苦不安的疾病及心力衰竭等。静脉注射，马、牛 80~100mL，猪、羊 10~20mL。

二、安定药

安定药是指能在不影响意识清醒的情况下，使精神异常兴奋的动物转为安定的药物。此类药物与镇静药、催眠药不同，安定药对不安和紧张等异常兴奋具有选择性抑制作用。一般情况下，加大剂量时不引起麻醉，但有催眠作用。单独应用时抗惊厥作用不明显。

氯丙嗪（Chlorpromazine）

【理化性状】氯丙嗪又称冬眠灵、氯普马嗪。常用其盐酸盐，为白色或乳白色结晶粉末。有微臭，味极苦，易溶于水、乙醇、氯仿，水溶液呈酸性。避光、密封保存。

【药动学】本品注射和内服均易吸收，呈高度亲脂性，易透入血-脑脊液屏障和胎盘屏障，脑内浓度较血浆浓度高 4~8 倍，本品在肝中代谢后，其产物与葡萄糖醛酸或硫酸结合后随尿或粪便排出。本品排泄慢，动物体内残留时间可达数月。

【药理作用】

（1）对中枢神经系统的作用　①中枢镇静，氯丙嗪主要抑制大脑边缘系统和脑干网状上行激活系统，使动物对外界刺激的反应性降低，使动物安静与嗜睡。可减弱动物的攻击行为。②镇吐作用，小剂量即能抑制延髓催吐化学感受区，大剂量能直接抑制呕吐中枢。但不能对抗前庭刺激所引起的呕吐。③加强中枢抑制药的作用，能加强催眠药、麻醉药、镇痛药与抗惊厥药的作用。配伍应用时要适当减少中枢抑制药的用量。④降温作用，抑制下丘脑体温调节中枢，能使正常的体温下降，并且降温作用受外界温度的影响，环境温度越低，降温作用越明显。

（2）对自主神经系统与心血管系统作用　能明显阻断 α-受体，使肾上腺素的升压作用翻转。还能抑制血管运动中枢，直接舒张血管平滑肌，使血压下降。

（3）对内分泌系统作用　能解除下丘脑多巴胺神经介质对催乳素的抑制作用，使动物催乳素的分泌增加；抑制促肾上腺皮质激素和生长激素的释放，使其分泌减少。

（4）抗休克作用　因氯丙嗪阻断外周 α-受体，直接扩张血管、解除小动脉与小静脉痉挛，可改善微循环。故有抗休克作用。

【作用与应用】①用于强化麻醉以及使动物安静。因破伤风、脑炎及中枢兴奋药中毒引起的惊厥，使其安静，缓解症状；用于有攻击行为的家畜及野生动物，便于保定和诊治。②麻醉前给药。本品配合水合氯醛或其他全麻药能显著增强麻醉药效果，减少麻醉药用量，从而可减轻麻醉药的毒副反应。③用于抗应激反应，如烧伤缓解、长途运输等。

【制剂、用法与用量】盐酸氯丙嗪注射液 2mL：0.05g。肌内注射，一次量，每千克体重，马、牛 0.5~1mg，羊、猪 1~2mg，犬、猫 1~3mg，虎 4mg，熊 2.5mg，单峰骆驼 1.5~2.5mg，野牛 2.5mg，豺 2mg。盐酸氯丙嗪片 12.5mg。内服，一次量，每 10kg 体重，犬、猫 1.6~2.4 片。

乙酰丙嗪（Acepromazine，Acetazine）

【理化性状】药用马来酸盐。又称乙酰普马嗪，为黄色结晶性粉末。无臭。溶于水、乙醇、氯仿，微溶于乙醚。

【作用与应用】乙酰丙嗪作用类似氯丙嗪。具有镇静、降低体温、降低血压及镇吐等作用，但镇静作用强于氯丙嗪，故增强催眠药与麻醉药的作用较氯丙嗪强。毒性反应及局部刺激性较小。本品应用基本同氯丙嗪，与哌替啶配合治疗痉挛疝，呈良好的安定镇痛效果，此时用药量为各药的 1/3 量即可。

【用法与用量】内服，一次量，每千克体重，犬 0.5~2mg，猫 1~2mg。肌内、皮下或静脉注射，一次量，每千克体重，牛、羊、猪、犬 0.5~1mg，猫 1~2mg。

地西泮（Diazepam）

【理化性状】地西泮又称安定、苯甲二氮唑，为白色或类白色结晶性粉末，无臭、微苦。不溶于水，易溶于乙醇、氯仿和丙酮。

【作用与应用】①抗焦虑作用，小于镇静剂量时有良好的抗焦虑作用，可明显缓解狂躁不安等症状，主要用于焦虑症。②镇静作用，较大剂量能使兴奋不安的动物安静，使有攻击性的狂躁的动物变得易于驯服，易于接近和管理。③肌肉松弛作用，较大剂量时，可促进脊髓中的突触前抑制，抑制多突触反射，使肌肉松弛。④抗惊厥与抗癫痫作用，能对抗电惊厥、戊四氮与士的宁所致机体中毒造成的惊厥。

本品可用于各种动物镇静催眠、保定、抗惊厥、抗癫痫、基础麻醉及术前给药。治疗犬癫痫、破伤风及士的宁中毒、防止水貂等野生动物攻击、牛和猪麻醉前给药等。

【注意事项】静脉注射宜缓慢，以防造成心血管及呼吸抑制。

【制剂、用法与用量】地西泮片 2.5mg、5mg。内服，一次量，犬 5~10mg，猫 2~5mg，水貂0.5~1mg。

地西泮注射液 2mL：10g。肌内注射、静脉注射，一次量，每千克体重，马 0.1~0.15mg，牛、羊、猪 0.5~1mg，犬、猫 0.6~1.2mg，水貂 0.5~1mg。

三、抗惊厥药

抗惊厥药是指能对抗或缓解中枢神经因病变而造成的过度兴奋症状，消除或缓解全身骨骼肌不自主强烈收缩的一类药物。常用的抗惊厥药有硫酸镁注射液、巴比妥类药物、水合氯醛等。

硫酸镁注射液（Magnesium Sulfate Injection）

【作用与应用】硫酸镁注射液给药主要发挥镁离子作用。当镁离子浓度升高时，与钙离子竞争受体，引起中枢神经系统抑制，产生镇静及抗惊厥作用。同时，镁离子又引起神经肌肉传导阻断，使骨骼肌松弛，其原因主要是运动神经末梢乙酰胆碱释放量减少，其次为乙酰胆碱在终板处去极化减弱及肌纤维膜的兴奋性下降。

由上可知，由于镁离子的中枢抑制作用和神经肌肉接头的阻断作用，故可用镁盐抗惊厥。镁离子对平滑肌也有舒张、解痉作用，致血管扩张，血压下降。本品主要用于缓解破伤风、脑炎、士的宁等中枢兴奋药中毒所致的惊厥，还应用于膈肌痉挛、胆管痉挛、分娩时子宫颈痉挛，尿潴留，慢性汞、砷、钡中毒等。

静脉注射速度宜缓慢，否则易致呼吸抑制。发生呼吸麻痹时，应立即静脉注射钙剂解救。

【制剂、用法与用量】硫酸镁注射液　10mL∶1g。肌内注射、静脉注射，一次量，马、牛10~25g，羊、猪2.5~7.5g，犬、猫1~2g。

四、全身麻醉药

（一）麻醉概念

全身麻醉药简称全麻药，是一类能可逆地抑制中枢神经系统功能的药物，使意识丧失、感觉及反射暂时消失，骨骼肌松弛等，但仍保持延脑生命中枢的功能。主要用于外科手术前的麻醉。

（二）麻醉分期

随着麻醉药在体内浓度的增加，麻醉作用也发生相应的由浅入深的过程。为了取得满意的麻醉效果，避免意外事故，熟悉和掌握全麻药的麻醉分期十分必要。一般将麻醉过程分为四期，但各期间并无明显界限，主要以意识、感觉、呼吸次数与深浅、血压高低、脉搏次数与性质、瞳孔大小、角膜反射有无、骨骼肌张力变化等指标，作为判断各期的指征（表19-1）。

（1）第一期为镇痛期（随意运动期）　指从麻醉给药开始，至意识消失为止。此期主要是网状结构上行激活系统和大脑皮质受抑制。

（2）第二期为兴奋期（不随意运动期）　指从意识丧失开始，此期大脑皮质功能抑制加深，使皮层下中枢失去大脑皮质的控制与调节，动物表现不随意运动性兴奋。兴奋期易发生意外事故，不宜进行任何手术。镇痛期与兴奋期合称诱导期。

（3）第三期为外科麻醉期　指从兴奋转为安静、呼吸转为规则开始，麻醉进一步加深，大脑、间脑、中脑、脑桥依次被抑制，脊髓功能由后向前逐渐抑制，但延髓中枢功能仍可保持。据麻醉深度可分为浅麻醉和深麻醉，兽医临床一般宜在浅麻醉期进行手术。

（4）第四期为麻痹期（中毒期）　指从呼吸肌完全麻痹至循环完全衰竭为止。外科麻醉禁止达到此期。

表19-1　麻醉各期的主要特征

麻醉分期	受抑制的部位	呼吸	脉搏	瞳孔	痛觉反射	骨骼肌	角膜反射	肛门反射
诱导期	大脑皮质	快，不规则	快而有力	张缩不定	有	紧张有力	有	有

续表

麻醉分期		受抑制的部位	呼吸	脉搏	瞳孔	痛觉反射	骨骼肌	角膜反射	肛门反射
麻醉期	浅麻醉期	中脑；胸段以下脊髓	慢而有力，胸腹式为主	稍慢均匀	逐渐缩小	消失	松弛	减弱	有
	深麻醉期	脑桥；胸段、颈段脊髓	慢而浅，腹式为主	慢而弱	有缩小至散大	消失	极度松弛	消失	减弱至消失
麻痹期		延髓	慢而浅，有时停止	慢，有间歇	散大	消失	极度松弛	消失	消失

（三）麻醉方式

目前，使用的全麻药种类虽多，但各种全麻药单独应用都不理想，为了克服全麻药的不足，增强麻醉作用，减少毒副反应，增加麻醉安全性，扩大麻醉药应用范围，常采用联合用药或辅以其他药物，此即复合麻醉。复合麻醉是指同时或先后应用两种以上麻醉药物或其他辅助药物，以达到完善的手术中和术后镇痛及满意的外科手术条件。常用的复合麻醉有下列几种。

1. 麻醉前给药

在应用全麻药前，先用一种或几种药物以补救麻醉药的不足或增强麻醉效果。如给予阿托品可减少呼吸道、消化道分泌，防止由于迷走神经兴奋所致的心跳减慢。

2. 诱导麻醉

为避免全麻药诱导期过长的缺点，一般选用诱导期短的硫喷妥钠或氧化亚氮，使之快速进入外科麻醉期，然后改用乙醚或甲氧氟烷等其他药物维持麻醉。

3. 基础麻醉

先用硫喷妥钠等巴比妥类药物，使其达到浅麻醉状态，在此基础上再用其他药物麻醉，可减轻麻醉药不良反应，增强麻醉效果。

4. 配合麻醉

常用局麻药配合全麻药进行麻醉。如先用水合氯醛引起浅麻醉，再在术野或有关部位施用局麻药，以减少水合氯醛的用量及毒性。为满足手术对肌肉松弛的要求，往往在麻醉的同时应用琥珀胆碱等肌松药。

5. 混合麻醉

用两种或两种以上药物配合在一起进行麻醉，以达取长补短目的。如氟烷与乙醚混合使用、水合氯醛硫酸镁注射液等。

（四）麻醉药分类和应用

1. 吸入性麻醉药

吸入性麻醉药包括挥发性液体，如乙醚、氟烷、异氟烷、恩氟烷或气体，如氧化亚氮、环丙烷等。经呼吸由肺吸收，并主要以原形经肺排出，其吸收速度与肺通气量、吸入气中药物浓度、肺血流量等有关。

2. 静脉麻醉药

静脉麻醉药是一类非经吸入而多数经静脉注射产生麻醉效应的药物。非吸入性麻醉药的给药途径有多种，如静脉注射、肌内注射、腹腔注射、口服及直肠灌注等。其中，静脉注射麻醉法因作用迅速、确实，是兽医临床常用的方法。常用药物有苯巴比妥、戊巴比妥、异戊巴比妥、巴比妥钠、硫喷妥钠、氯胺酮、水合氯醛、速眠新（846 合剂）等。

苯巴比妥（Phenobarbital）

【理化性状】苯巴比妥又称鲁米那。其钠盐为白色结晶性颗粒或粉末。无臭，味微苦，有引湿性。易溶于水，可溶于乙醇。

【药动学】本品内服、肌内注射均易吸收，分布各组织及体液中，但以肝、脑浓度最高。由于本品脂溶性低，透过血-脑脊液屏障速率也很低，故见效慢。内服后 1~2h，肌内注射后 20~30min 见效。一次静脉注射犬半衰期 92.6h，马 28h，驹 12.8h，反刍兽体内代谢快。因在肾小管内可部分重吸收，故消除慢。

【作用与应用】本品为长效巴比妥类药物，具有抑制中枢神经系统作用，尤其是大脑皮质的运动区。故本品在低于催眠剂量时即可发挥抗惊厥作用，也有抗癫痫作用。加大剂量，能使大脑、脑干与脊髓的抑制作用更深，骨骼肌明显松弛，意识和反射消失，再继续可抑制延髓生命中枢，引发中毒死亡。本药对丘脑新皮层通路无抑制作用，故无镇痛作用，但能增强解热镇痛药的镇痛作用。主要应用：①抗惊厥作用，用于脑炎、破伤风等疾病及中枢兴奋药中毒的解救。②镇静，用做犬、猫的镇静药。③全身麻醉，加大剂量，用于多种动物的全身麻醉。

【注意事项】用量过大抑制呼吸中枢时，可用安钠咖、尼可刹米等中枢兴奋剂解救；肾功能障碍的患畜禁用；苯巴比妥钠盐药液呈碱性，禁与酸性药液配伍，以免发生沉淀。

【制剂、用法与用量】苯巴比妥片 15mg、30mg、100mg。内服，一次量，每千克体重，用于抗惊厥，犬、猫 6~12mg。

注射用苯巴比妥钠 0.1g、0.5g。肌内注射，一次量，用于抗惊厥，每千克体重，羊、猪 0.25~1g，犬、猫 6~12mg。

戊巴比妥（Pentobarbital）

【理化性状】戊巴比妥钠盐为白色结晶性颗粒或粉末。无臭，味微苦，有引湿性。极易溶于水，在乙醇中易溶，在乙醚中几乎不溶。水溶液呈碱性反应，久置易分解，加热分解更快。

【药动学】本品口服易吸收，吸收后迅速分布，易通过胎盘屏障，较易通过血-脑脊液屏障。本品主要在肝脏代谢失活，从肾脏排出。反刍兽代谢迅速，如绵羊血浆半衰期为 1.11h，山羊半衰期为 0.91h。

【作用与应用】戊巴比妥是中效巴比妥类药物。有巴比妥类药物的镇静、催眠和麻醉作用。机制为抑制脑干网状结构上行激活系统所致，且具有高度选择性，对丘脑新皮层通路无抑制作用，故无镇痛作用。戊巴比妥钠对呼吸和循环有显著的抑制作用。能使血液中红、白细胞减少，血沉加快，延长血凝时间。动物苏醒期长，一般需 6~18h 才能完全恢复，猫可长达 24~72h。

用于中小动物的全身麻醉药；成年马、牛的复合麻醉；还可用作各种动物的镇静药、基础麻醉药、抗惊厥药以及中枢兴奋药中毒的解救。

【制剂、用法与用量】戊巴比妥钠注射剂 0.1g。静脉注射，一次量，每千克体重，马、牛 15~20mg，羊 30mg，猪 10~25mg，犬 25~30mg；肌内注射，一次量，每千克体重，马、牛、猪、羊 5~15mg，犬 25~30mg，临用前配成 30~60g/L 溶液。

水合氯醛（Chloral Hydrate）

【理化性状】水合氯醛为无色透明的结晶。有刺激性臭味，味微苦，有挥发性和引湿性，易溶于水和乙醇。遇热、碱、日光能分解产生三氯乙酸与盐酸。应遮光、密封保存。

【药动学】本品口服及灌肠易吸收，能迅速分布于脑内和其他组织中。大部分在体内被还原为麻醉作用较弱的三氯乙醇，然后在肝脏中与葡萄糖醛酸结合生成氯醛尿酸随尿排出，仅有少量直接以原形随尿排出。

【作用与应用】①对中枢神经系统的作用：水合氯醛及代谢物三氯乙醇均有中枢抑制作用。三氯乙醇极性较小，中枢抑制作用较强。水合氯醛对中枢神经系统的抑制作用随着药量增加，产生不同作用，即小剂量镇静、中等剂量催眠、大剂量麻醉与抗惊厥。超过浅麻醉量能抑制延髓呼吸中枢、血管运动中枢及心脏活动而发生中毒，终因心跳、呼吸停止而死亡。②对心血管系统的作用：对心脏作用表现出非迷走神经效应和迷走神经效应的双重作用。前者是对心脏代谢的抑制，而后者表现为心动徐缓，是加强迷走效应的结果。同时，长时间麻醉，红细胞数量减少，有时血红蛋白含量也降低。幼畜往往发生短时淋巴细胞增多。③对代谢的影响：能降低新陈代谢，抑制体温中枢。麻醉越深，体温下降越快。尤其与氯丙嗪并用，降温更显著。

临床上主要用于：①镇静、解痉，用于抗惊厥时，剂量应酌情增加。②麻醉，用作马、骡、驴、骆驼、猪、犬、禽类麻醉药或基础麻醉药。牛、羊敏感，一般不用。全麻以静脉注射为优。

【注意事项】①本品刺激性大，静脉注射时不可漏出血管，内服或灌注时，宜用 100g/L 的淀粉浆配成 50~100g/L 的溶液；②静脉注射时，先注入 2/3 的剂量，余下 1/3 剂量应缓慢注入，待动物出现后躯摇摆、站立不稳时，即可停止注射并助其缓慢倒卧；③有严重心、肝、肾脏疾病的病畜禁用；④因抑制体温中枢，使体温下降 1~3℃，故在寒冷季节应注意保温。

【制剂、用法与用量】水合氯醛硫酸镁注射液　50mL、100mL。为含水合氯醛 8%、硫酸镁 5%、9g/L 氯化钠的灭菌水溶液。静脉注射（镇静），一次量，马 100~200mL；静脉注射（麻醉），200~400mL。

水合氯醛酒精注射液　100mL、250mL。为含水合氯醛 5%、乙醇 150g/L 的灭菌水溶液。静脉注射（镇静、抗惊厥），马、牛 100~200mL；静脉注射（麻醉），马、牛 300~500mL。

氯胺酮（Ketamine）

【理化性状】氯胺酮又称开他敏，常用盐酸氯胺酮制剂，为白色结晶性粉末，无臭。易溶于水，水溶液呈酸性（pH 4.0~5.5），在热乙醇中溶解。密封保存。

【药动学】氯胺酮吸收后大部分首先分布于脑组织，然后分布于其他组织，可通过胎盘屏障。猫、犊牛、马的消除半衰期为 1h。绝大部分在肝脏内迅速转化为苯环己酮而随尿排出，故作用时间短。代谢产物也有轻度的麻醉作用。

【作用与应用】氯胺酮是一种新型镇痛性全身麻醉药，对心肺功能几乎无影响。本品作用与经典的全麻药不同，它能阻断痛觉冲动向丘脑和新皮层的传导，产生抑制作用，同时又能兴奋脑干和边缘系统，引起感觉和意识分离，这种双重效应称为“分离麻醉”。麻醉期间，动物意识模糊但不完全丧失，眼睛睁开，咽、喉反射依然存在，肌肉张力增强至木僵样，故又称

“木僵样麻醉”。用于马、牛、猪、羊及野生动物的基础麻醉药、麻醉药及化学保定药（麻醉前给药有阿托品，复合麻醉可用赛拉嗪、氯丙嗪等）。

驴、骡对本品不敏感，即使用马的3倍量也不显现麻醉效果，甚至表现出兴奋症状。禽类用氯胺酮可致惊厥。故驴、骡及禽类不宜用氯胺酮。本品静脉注射宜缓慢，以免心跳过快等不良反应发生。

【制剂、用法与用量】盐酸氯胺酮注射液　2mL∶0.1g。静脉注射，一次量，每千克体重，马、牛2~3mg，羊、猪2~4mg。肌内注射，一次量，每千克体重，羊、猪10~15mg，犬10~20mg，猫20~30mg，灵长类动物5~10mg，熊8~10mg，鹿10mg，水貂6~14mg。

丙泊酚（Propofol）

【理化性状】丙泊酚又称异丙酚，其注射液为白色均匀乳状液体。每毫升乳剂含丙泊酚10mg，其他成分为大豆油、纯化卵磷脂、甘油和注射用水等。

【药动学】本品静脉注射后可迅速透过血脑屏障，并在1min内产生作用。单次快速注射效果可维持2~5min。它与血浆蛋白高度结合，可穿过胎盘屏障，且有高度亲脂性，可进入母乳。在犬体内消除半衰期为1.4h。

【作用与应用】本品作用机制尚不完全清楚，一般认为丙泊酚是通过调控GABA对其受体的抑制性作用来发挥功效的。临床上通过间歇性推注或持续输注用于麻醉诱导和麻醉维持。主要用于犬、猫的诱导麻醉，也可用于治疗顽固性癫痫。

【注意事项】①本品大剂量快速注射会导致呼吸暂停、发绀、心动过缓及严重低血压。②对贫血和心、肺、肝、肾功能衰竭的犬、猫慎用。③本品镇痛作用不佳，因此在有剧烈疼痛手术前后应使用适当的镇痛剂。

【制剂、用法与用量】丙泊酚注射液　10mL∶0.2g。静脉注射，一次量，每千克体重，未使用麻前药物，犬6~7mg，猫8mg；已使用麻前药物，犬1~4mg，猫2~5mg。持续静脉输注用于镇静或麻醉维持，犬、猫每分钟0.1~0.4mg。用于麻醉维持时可能会导致猫苏醒延迟。

知识点：

1. 新型复合全身麻醉剂——速眠新

速眠新注射液（846合剂）是静松灵、乙二胺四乙酸（EDTA）、盐酸二氢埃托啡和氟哌啶醇的复方制剂。该药使用方便、麻醉效果好、副作用小，已广泛应用于动物的麻醉。

速眠新Ⅱ注射液合剂是由氟哌啶醇、保定宁、双氢埃托啡等药物制成的复方制剂，具有广泛的镇痛、制动确实、诱导和苏醒平稳等特点，是一种良好的手术麻醉药。该药为无色透明液体，性质稳定，耐贮存，使用方便。常用于马、牛、羊、虎、狮、熊、犬、猫、兔、鼠等动物的手术麻醉和药物制动。用法用量：速眠新Ⅱ注射液每支1.5mL，可肌内注射或静脉给药，但静脉给药剂量应为肌内注射量的1/3~1/2。本品肌内注射剂量按体重计算：杂种犬每千克0.08~0.1mL，纯种犬每千克0.04~0.08mL，猫每千克0.2~0.3mL。

2. 复方麻醉剂——舒泰

舒泰由镇静剂替来他明和肌松剂唑拉西泮组成。在全身保定时，舒泰能够保证诱导时间短、极小的副作用和最大的安全性。舒泰能够迅速使肌肉松弛，引起浅表性痛觉和内脏的痛觉消失，并且不引起呼吸中枢抑制。具有镇静、镇痛和麻醉作用。主要用于猫的保定或麻醉，促进肌松；也用于犬的保定和需要轻度至中度镇痛的小手术（约30min）。

用法用量：犬，用于需要轻度至中度镇痛的小手术：9.9~13.2mg/kg，肌内注射。如需补充剂量，应低于初始剂量，且总量不超过26.4mg/kg；联合用药：3~10mg/kg，肌内注射或皮下注射；2~5mg/kg，静脉注射。猫，根据手术部位和时长，使用剂量为9.7~15.8mg/kg，肌内注射，如需补充剂量，应低于初始剂量，且总量不超过72mg/kg；联合用药：3~10mg/kg，肌内注射或皮下注射；2~5mg/kg，静脉注射。

3. 眠乃宁

眠乃宁是利用国产药物合成的一种复方麻醉剂，作用于中枢α-受体和吗啡受体。由赛拉嗪等药物经优选配比组成，是多种家畜和野生动物的理想麻醉保定剂。具有强效中枢镇静、镇痛和骨肉松弛作用，用于多种动物手术，马鹿、梅花鹿等鹿科动物的保定、助产、运输制动和手术治疗等，还可用于熊等野生动物的制动或手术麻醉。本品采用肌内注射给药。剂量：马鹿1.0~1.5mL/100kg。梅花鹿1.3~1.5mL/100kg。熊1.5~2.0mL/100kg。年幼或体壮动物适当增量，年老体弱动物适当减量。

本品对动物的心血管系统，呼吸系统功能和胃肠蠕动有一定程度的抑制作用，但对健康动物不构成有害影响，机体可自行调整适应，且随药物的排除而逐渐恢复正常。

4. 舒眠宁

舒眠宁Ⅱ注射液是在第一代舒眠宁的基础上，依据麻醉平衡学理论和复合制剂的优点，加以改进和创新，将替来他明、赛拉嗪和咪达唑仑这三种麻醉药物合理配伍，组合而成的新型复合麻醉药。

五、化学保定药

化学保定药又称制动剂或肌松剂，是指能在不影响动物意识和感觉的情况下，使其安静、嗜睡和肌肉松弛，停止抗拒和挣扎，达到类似保定作用的药物。

赛拉唑（Xylazole）

【理化性状】赛拉唑又称静松灵、二甲苯胺噻唑，为白色结晶粉末，味微苦、难溶于水。常用其盐酸盐制剂。

【作用与应用】本品是具有镇静、镇痛与中枢性肌肉松弛作用的化学保定药。静脉注射后1min、肌内注射后10~15min显效，动物呈现镇静和嗜睡状态，站立不稳。肌肉松弛可持续1h左右。牛最敏感，用药后产生睡眠状态。猪、兔及野生动物敏感性差。肌内注射后可诱导犬、猫出现呕吐。治疗剂量范围内，往往表现唾液增加、汗液增多。另外，多数动物呼吸减慢、血压微降，可逐渐恢复。

本品主要用作马、牛、羊、犬、猫及鹿等的镇痛与镇静药，也用于复合麻醉及化学保定。以便于长途运输、去角、锯茸、去势、剖腹术、穿鼻术、子宫复位等。

马静脉注射速度宜慢，给药前可先注射小剂量阿托品，以防心脏传导阻塞。牛用本品前应停食数小时，注射阿托品，手术时应采伏卧姿势，并将头放低，以防异物性肺炎及减轻瘤胃气胀压迫心肺。

【不良反应】本品易引起心率及血压失常，对牛易造成呼吸抑制。常引起犬、猫呕吐。可使牛、马妊娠后期的子宫收缩。有抑制免疫系统的作用。

【制剂、用法与用量】盐酸赛拉唑注射液　5mL∶0.1g、10mL∶0.2g。肌内注射，一次量，每千克体重，马、骡0.5~1.2mg，驴1~3mg，黄牛、牦牛0.2~0.6mg，水牛0.4~1mg，羊1~3mg，鹿2~5mg。

赛拉嗪（Xylazine）

【理化性状】 赛拉嗪又称隆朋。药用盐酸盐，为白色结晶。易溶于水，溶于有机溶剂。

【药动学】 本品肌内或皮下注射吸收快。生物利用率不完全且差异很大。如马肌内注射后，其生物利用率为40%~48%，绵羊为17%~73%，犬为52%~90%。

【作用与应用】 本品为α_2受体激动剂，作用基本同赛拉唑，具有镇静、镇痛与中枢性肌肉松弛作用。有时用于猫的催吐。中毒时，可用育亨宾等α_2受体阻断药及M受体阻断药阿托品等解救。

【不良反应】 基本同赛拉唑。

【制剂、用法与用量】 盐酸赛拉嗪注射液　5mL：0.1g、10mL：0.2g。肌内注射，一次量，每千克体重，马1~2mg，牛0.1~0.3mg，羊0.1~0.2mg，犬、猫1~2mg，鹿0.1~0.3mg。

附：技能培训——麻醉性镇痛药

①吗啡：兽医临床应用较少。主要用于创伤、手术、烧伤等引起的剧痛，犬麻醉前给药，可减少全麻药的药量。本品对牛、羊、猫易引起强烈兴奋，须慎用。用法用量：皮下、肌内注射，一次量，每千克体重，镇痛：马0.1~0.2mg，犬0.5~1mg；麻前给药：犬0.5~2mg。

②哌替啶：又称杜冷丁。主要用于各种创伤性疼痛、痉挛性疝痛及手术后疼痛的镇痛，也可用于猪、犬、猫等麻前给药，与氯丙嗪、异丙嗪配伍成复方制剂，用于休克和抗惊厥等。用法用量：皮下、肌内注射，一次量，每千克体重，马、牛、羊、猪2~4mg，犬、猫5~10mg。

③盐酸二氢埃托啡：本品为人工合成的高强效麻醉性镇痛药，镇痛作用强大。适用于吗啡、哌替啶无效的慢性顽固性疼痛；用于诱导麻醉或静脉复合麻醉。用法用量：肌内注射，一次量，每千克体重，马0.01~0.015mL，牛0.005~0.015mL，羊、犬0.1~0.15mL，猫、兔0.2~0.3mL。

任务三　解热镇痛抗炎药

一、概述

视频：解热、镇痛、抗风湿和非特异性抗炎药

解热镇痛抗炎药是一类具有退高热、减轻局部钝痛，大多数还有抗炎和抗风湿作用的药物。它们在化学结构上虽不属同类，但都具有抑制前列腺素合成的共同作用基础。由于其特殊抗炎作用，为了与糖皮质激素（甾体）抗炎药区别，又称为非甾体抗炎药。

本类药物除苯胺类外，均有不同程度的解热、镇痛、抗风湿、非特异性消炎作用。苯胺类药物无非特异性消炎作用。

本类药物只能使过高的体温下降到正常，而不使正常体温下降，这与氯丙嗪等不同。对炎症引起的持续性钝痛，如神经痛、关节痛、肌肉痛等有良好的镇痛效果，而对直接刺激感觉神经末梢引起的尖锐刺痛和内脏平滑肌绞痛无效。对控制风湿性及类风湿性关节炎的症状，有肯定的疗效，但不能阻止疾病的发展及并发症的发生。

二、分类

1. 以解热为主的苯胺类

对乙酰氨基酚、非那西汀等。

2. 以镇痛为主的吡唑酮类

氨基比林、氨替比林、安乃近、保泰松、双氯芬酸钠等。

3. 以抗风湿为主的有机酸

水杨酸钠、阿司匹林等。

4. 以非特异性消炎镇痛为主的有机酸

吲哚美辛、苄达明、萘洛芬、布洛芬、氟尼辛葡甲胺、美洛昔康、托芬那酸等。

三、常用制剂

对乙酰氨基酚（Paracetamol）

【理化性状】对乙酰氨基酚又称扑热息痛，本品为白色结晶或结晶性粉末；无臭，味微苦。本品在热水或乙醇中易溶，在丙酮中溶解，在水中略溶。本品的熔点 168 ~172℃。

【药动学】内服能迅速吸收，服后 0.5~1h 血中可达高峰浓度，对胃肠道刺激较小。在体内大部分与葡萄糖醛酸结合，少数与硫酸结合，经肾脏排出。

【作用与应用】本品的解热作用与阿司匹林相似，镇痛作用强，无明显抗炎、抗风湿作用。本品作用持久，副作用小，有报道长期使用时肾毒性较大。常用于中、小动物的解热镇痛药。但禁止给猫使用，易导致溶血和肝坏死。

【制剂、用法与用量】对乙酰氨基酚片　0.5g。内服，一次量，牛、马 10~20g，羊 1~4g，犬 0.5~1g。

安乃近（Metamizole Sodium）

【理化性状】安乃近又称罗瓦尔精、诺瓦经。本品是氨基比林与亚硫酸钠结合物，为白色或微黄色结晶性粉末，易溶于水，略溶于乙醇。水溶液久置易氧化变黄，故其注射液内含有还原剂，以增加其稳定性。遮光、密封保存。

【作用与应用】本品解热镇痛作用强而快，肌内注射吸收迅速，药效维持 3~4h。有一定的抗炎抗风湿作用。长期应用可引起粒细胞减少症，剂量过大时可引起出汗过多而虚脱，使用时应慎重。

【制剂、用法与用量】安乃近片　0.5g。内服，一次量，牛、马 4~12g，猪、羊 2~5g，犬 0.5~1g。

安乃近注射液　5mL∶1.5g、10mL∶3g。皮下注射或肌内注射量，马、牛 3~10g，猪、羊 1~3g，犬 0.3~0.6g。

氨基比林（Aminopyrine，Aminophenazone）

【理化性状】氨基比林又称匹拉米洞。为白色结晶或晶状粉末。无臭，味微苦。溶于水，水溶液呈碱性。见光易变质，遇氧化剂易被氧化。本品与巴比妥混合制成的注射剂称为复方氨基比林注射液。

【作用与应用】本品内服吸收迅速，即时产生镇痛作用，半衰期为 1~ 4h。解热镇痛作用强而持久，比苯胺类强。与巴比妥类合用能增强镇痛作用。对急性风湿性关节炎的疗效与水杨酸类相似。广泛用于神经痛、肌肉痛、关节痛、急性风湿性关节炎、马骡的疝痛。

本品长期连续使用，可引起粒性白细胞减少症。

【制剂、用法与用量】复方氨基比林注射液　肌内、皮下注射，一次量，马、牛 20~50mL，羊、猪 5~ 10mL。

保泰松（Phenylbutazone，　Butazolidin）

【理化性状】保泰松又称布他酮。为白色或微黄色结晶性粉末。味略苦。难溶于水，能溶于醇和醚，易溶于碱或氯仿。性质较稳定。

【作用与应用】本品在体内转化成活性中间体后，抑制前列腺素 H 和前列环素的合成酶。与氨基比林相比，抗炎作用较好，但解热镇痛作用较差。能促进尿酸排出。主要用于马、犬的肌肉骨骼系统抗炎，如关节炎、风湿病、腱鞘炎、黏液囊炎，也用于痛风和睾丸炎等。

治疗剂量一般不致中毒。血象异常，胃肠溃疡，心、肾、肝病患畜，食品生产动物，泌乳奶牛等，禁用。

【制剂、用法与用量】保泰松片　内服，一次量，每千克体重，马 2.2mg，首日加倍；犬 2mg。

保泰松注射液　静脉注射，一次量，每千克体重，马 3~ 6mg。

水杨酸钠（Sodium Salicylate）

【理化性状】水杨酸钠又称柳酸钠。本品为无色或微淡红色的细微结晶或鳞片，或白色无晶形粉末。无臭或微有特殊臭气，味甜。易溶于水和乙醇，水溶液呈酸性。易氧化，光线、高温及铁、铜等金属均可促进氧化。

【作用与应用】本品的解热镇痛作用较弱，在临床上不作解热镇痛药用。抗炎抗风湿作用强，多用于治疗风湿、类风湿性关节炎。用药后数小时即可使痛觉减轻，消肿和降温，还有促进尿酸盐排泄作用，用于治疗急、慢性痛风症。

应用时需同时与淀粉拌匀或经稀释后灌服或缓慢静脉注射，不可漏于血管外。

【制剂、用法与用量】水杨酸钠片　0.3g、0.5g。内服，一次量，牛 15~75g，马 10~50g，猪、羊 2~5g，犬 0.2~2g，鸡、猪 0.1~0.12g。

水杨酸钠注射液　10mL∶1g、50mL∶5g、100mL∶10g。静脉注射，一次量，牛，马 10~30g，猪、羊 2~5g，犬 0.1~0. 5g。

吲哚美辛（Indomethacin）

【理化性状】吲哚美辛又称消炎痛。本品为人工合成的吲哚衍生物，属于芳基乙酸类抗炎药。为白色或微黄色结晶性粉末，几乎无臭无味。不溶于水，溶于丙酮，略溶于甲醇、乙醇、氯仿和乙醚。

【作用与应用】本品的抗炎作用非常显著，比保泰松强 84 倍，也强于氢化可的松。本品与这些药物合用呈现协同作用，并能减少它们的用量和副作用；其解热作用也较强，比氨基比林强 10 倍，药效快而显著；镇痛作用较弱，但对炎性疼痛强于保泰松、安乃近和水杨酸类。主要用于慢性风湿性关节炎、神经痛、腱炎、腱鞘炎及肌肉损伤等。

【注意事项】因本品能引起呕吐、腹痛、下痢、溃疡及肝功能损伤等症状，故肝病及胃溃疡者禁用。

【制剂、用法与用量】吲哚美辛片　25mg。内服，一次量，每千克体重，马、牛 1mg，猪、羊 2mg。

氟尼辛葡甲胺（Flunixin Meglumine）

【理化性状】本品为白色或类白色粉末，无臭，溶于水和乙醇，常制成颗粒剂和注射液。

【作用与应用】本品为动物专用的非甾体抗炎药，为强效环加氧酶抑制剂，具有镇痛、抗炎、解热活性，与抗生素联合用药能够明显改善临床症状，增强抗生素的活性。临床主要用于缓解马的肌肉骨骼系统功能紊乱导致的炎症和疼痛，减轻由急腹症引起的内脏疼痛；控制牛因呼吸系统疾病和内毒素血症引起的发热及炎症；治疗猪因发热伴随的呼吸系统疾病等。

【注意事项】①用于镇痛时，如果首次剂量没有发挥作用，则再次使用也不会有效，还可能增加中毒的机会。②如果长时间（>2 周）给予大剂量本品，会引发马的口腔和胃的溃疡、厌食及沉郁。

【制剂、用法与用量】氟尼辛葡甲胺注射液 10mL：0.5g。肌内、静脉注射，一次量，每千克体重，马 1mg，牛 1~2.2mg，猪 2mg，羊 1~2mg，1~2 次/d，连用不超过 5d。

常用复方制剂

（1）复方水杨酸钠注射液 为含 10%水杨酸钠、1.43%氨基比林、0.75%巴比妥、10%乙醇、10%葡萄糖的灭菌水溶液。静脉注射，一次量，牛、马 100~200mL。猪、羊 20~50mL。

（2）复方氨基比林注射液 含氨基比林 7.15%，巴比妥 2.85%。皮下注射或肌内注射量，马、牛 20~50mL，猪、羊 5~10mL。

（3）安痛定注射液 又称氨林巴比妥 2mL、5mL、10mL，含 5%氨基比林、2%安替比林、0.9%巴比妥。皮下注射或肌内注射，一次量，牛、马 20~50mL，猪、羊 5~10mL。

（4）撒乌安 为现代医学治疗风湿病的验方，含水杨酸钠 10%，乌洛托品 8%，安钠咖 2%的灭菌水溶液。静脉注射，一次量，马、牛 50~100mL，羊、猪 20~50mL。

知识点：正痛片、去痛片、索密痛的药物成分

正痛片、去痛片、索密痛的药物成分都是氨基比林、安替比林为主，不同生产厂家、不同产品加入少量辅药，分别是少量巴比妥、阿片、咖啡因。巴比妥有镇静催眠作用，阿片缓解疼痛，小剂量咖啡因有收缩血管，防止头痛作用。

◎ 复习思考题

一、名词解释

麻前给药、配合麻醉。

二、填空题

1. 延髓兴奋剂包括________、________、________等。

2. 安痛定是由氨基比林、安替比林、少量巴比妥组成的，只对体温有降温作用。其中少量巴比妥起到________作用。

3. 全身麻醉药能使意识、感觉及反射，骨骼肌等________，但仍保持延脑生命中枢的功能。化学保定剂通常对意识________。

4. 水合氯醛静脉注射，容易造成________。

5. 中枢兴奋剂通常用于________、________等疾病的救治。

6. 混合麻醉是用药物进行麻醉，增加________麻醉效果。

7. 麻醉前给药常使用________和________协同全身麻醉剂。

三、选择题

1. 下列没有降温作用的是（ ）组。其中（ ）组可使正常体温下降

A. 对乙酰氨基酚 B. 双氯灭痛 C. 水杨酸钠 D. 尼克刹米 E. 氯丙嗪

2. 对腹痛特效的是（ ）组，能用于麻前给药是（ ）组

A. 双氯灭痛 B. 对乙酰氨基酚 C. 氯丙嗪 D. 消炎痛 E. 安乃近

3. 无全身麻醉作用的是（ ）药物

A. 巴比妥钠 B. 水合氯醛 C. 速眠新 D. 地西泮 E. 乙醇

四、简答题

1. 中枢兴奋药分为哪几类？说明剂量变化对中枢兴奋药作用强度、范围的影响。
2. 试述咖啡因的药理作用。
3. 士的宁在兽医上有何用途？中毒时有何特征？如何解救？
4. 试述全麻的分期及各期体征。
5. 试述临床常用全麻药的分类和应用。
6. 说明解热镇痛抗炎药的分类，每类包括的药物。
7. 试述氟尼辛葡甲胺的药理作用及应用特点。
8. 试述氯丙嗪的药理作用。

实训一 兴奋剂对中枢兴奋作用

【目标要求】观察尼可刹米对兔呼吸的兴奋作用，初步了解测定呼吸的方法。

【实训用品】

（1）动物与器材 家兔、家兔固定箱、电子秤、二道生理记录仪、兔鼻插管、玛利氏气鼓、铁支架、双凹夹、注射器。

（2）药品 15g/L 盐酸吗啡溶液、25g/L 尼可刹米溶液、液体石蜡。

【内容和步骤】

（1）取家兔 1 只，置于固定箱中，连接仪器，描记呼吸曲线，开始记录。

（2）待平稳后，自兔耳缘静脉缓慢注射盐酸吗啡，观察呼吸变化，连续描记。

（3）10min 后，静脉缓慢注射尼可刹米，观察描记呼吸曲线的变化。

【实训报告】撰写实训报告，说明实训中现象和实训原理。

实训二 全身麻醉试验

【目标要求】了解水合氯醛对兔的全身麻醉作用及主要体征的变化；了解氯丙嗪增强麻醉的作用，掌握家兔的全身麻醉方法。

【实训用品】家兔、兔固定器、5mL 注射器 2 支、1mL 注射器 1 支、5 号针头若干，100g/L 水合氯醛注射液、25g/L 氯丙嗪注射液。

【内容和步骤】

（1）取家兔 3 只，编号（甲、乙、丙），称体重。

（2）测量正常体征 呼吸、脉搏、体温、痛觉反射、翻正反射、瞳孔大小、角膜反射和骨

骼肌反射等。

（3）分别给各兔注射药物　甲兔按每千克体重 1.2mL 的全麻醉量，静脉注射 100g/L 水合氯醛注射液；乙兔按每千克体重 0.6mL 的半麻醉量，静脉注射 100g/L 水合氯醛注射液；丙兔按每千克体重 0.12mL 的剂量，先静脉注射 25g/L 氯丙嗪注射液，然后再按每千克体重 0.6mL 的半麻醉量，静脉注射 100g/L 水合氯醛注射液。

（4）分别观察各家兔的反应及体征。将观察结果记入表 19-2 中。

表 19-2　　兔麻醉试验记录表

兔号		甲	乙	丙
体重				
药物		全麻量水合氯醛	半麻量水合氯醛	氯丙嗪+半麻量水合氯醛
麻醉时间	出现时间			
	麻醉时间			
	体温、呼吸、脉搏			
用药前	痛觉反射			
	翻正反射			
	瞳孔大小			
	角膜反射			
	肌肉反射			
	体温、呼吸、脉搏			
用药后	痛觉反射			
	翻正反射			
	瞳孔大小			
	角膜反射			
	肌肉反射			

【实训要求】①掌握各种体征的检测方法，加深认识麻醉各分期中各种体征的变化。②认识全麻醉、半麻醉状态各种体征的表现，从而加深对麻醉药水合氯醛及协同麻醉药氯丙嗪作用的认识和理解。

【实训报告】撰写实训报告，说明全身麻醉时，为什么要观察体征？氯丙嗪作为麻醉前给药有什么优点？

实训三　安痛定解热作用试验

【目标要求】了解安痛定对兔的发烧解热作用，解热药对病理体温的影响。

【实训用品】家兔 2 只，兔固定器，5mL 注射器 4 支，5 号、8 号针头若干，牛奶，安痛定注射液。

【内容和步骤】

（1）取家兔2只，编号（甲、乙），称体重。

（2）测量正常体征　呼吸、脉搏、体温和骨骼肌反射等。然后用兔固定器保定。

（3）分别给甲兔耳静脉注射5mL牛奶。乙兔不注射作对照，观察甲兔体温升高过程表现和体温升高所用时间，并测定甲、乙兔体温。

（4）甲兔体温升高后30min，分别向甲、乙兔注射安痛定，观察甲、乙兔的症状表现。

（5）每间隔10min检测甲、乙兔体温。

（6）记录观察结果。

【实训要求】①掌握各种家兔体温的检测方法。②能够耳静脉注射给药。③认识到解热药物对不同体温的影响。

【实训报告】撰写实训报告，说明动物体温升高时有何症状及解热药的作用。

项目二十 外周神经系统药物

◎ 情境引入

①一农户家，初产奶牛，分娩几天后出现真胃变位，伴有明显腹泻、腹痛，保守治疗无效后，需要对其进行局部麻醉后手术复原。②牛原发性胃肠迟缓，恢复其胃肠蠕动药物治疗。③猪传染性胃肠炎过度腹泻，造成水和电解质缺失，在无特效药情况下强行止泻。结合本项目中所学习到的药理知识，提出合理方案。

◎ 任务描述

本项目任务包括阻碍感觉传入的局部麻醉剂种类和应用方式；儿茶酚胺类药的名称及应用；拟胆碱药物的名称及应用；抗胆碱药物的药理作用和临床应用。

◎ 技能目标

熟练掌握动物局部麻醉的操作技能。能够在临床疾病防治中正确使用局部麻醉药、拟胆碱药和抗胆碱药。

◎ 知识目标

掌握常用的局部麻醉药、传出神经药物的种类名称、临床应用及使用注意事项，了解局部麻醉方式。

任务一　局部麻醉药

一、概述

（一）概念

局部麻醉药是一类能在用药局部可逆性地阻断感觉神经冲动发生与传递的药物，简称局麻药。在保持清醒的情况下，此类药能可逆地引起局部组织痛觉消失。一般的局麻药的作用局限于给药部位，并随药物从给药部位扩散而迅速消失。

（二）局部麻醉作用

局麻药的作用与神经细胞或神经纤维的直径大小及神经组织的解剖特点有关。一般规律是神经纤维末梢、神经节及中枢神经系统的突触部位对局麻药最为敏感，细神经纤维比粗神经纤维更易被阻断。对无髓鞘的交感、副交感神经节后纤维在低浓度时可显效。对有髓鞘的感觉和运动神经纤维则需高浓度才能产生作用。对混合神经产生作用时，首先消失的是持续性钝痛

(如压痛)，其次是短暂性锐痛，继之依次为冷觉、温觉、触觉、压觉消失，最后发生运动麻痹，进行蛛网膜下腔麻醉时，首先阻断自主神经，继而按上述顺序产生麻醉作用。神经冲动与传导的恢复则按相反的顺序进行。

（三）常用药物

普鲁卡因（Procaine）

【理化性状】 普鲁卡因又称奴佛卡因，化学名为对氨基苯甲酸二乙氨基乙酯。其盐酸盐为白色粉末。无臭，味微苦，有麻木感。易溶于水，水溶液呈酸性，不稳定，遇光、久贮、受热后效力下降，颜色变黄。应遮光、密封保存。

【药动学】 本品吸收快，吸收后大部分与血浆蛋白暂时结合，而后逐渐分离，分布到全身。组织和血浆中的假性胆碱酯酶可将其迅速水解，生成二乙胺基乙醇和对氨苯甲酸，进一步代谢后随尿排出。二乙胺基乙醇有微弱局麻作用。

【作用与应用】 本品为最早人工合成的短效酯类局麻药。其麻醉效果好，毒性低，作用快，注射后1~3min起效，可维持45~60min，若在药液中加入微量盐酸肾上腺素（约每100mL药液中加入1g/L盐酸肾上腺素溶液0.2~0.5mL)，可延长药效1~1.5h。本品对组织无刺激性，但对黏膜的穿透力及弥散性较弱，不宜作表面麻醉。低浓度缓慢静脉滴注时具有镇静、镇痛、解痉作用。本品吸收后主要对中枢神经系统与心血管系统产生作用，小剂量时，可表现为轻微中枢抑制，大剂量时出现兴奋，能降低心脏的兴奋性和传导性。

临床上，本品主要用于动物的局部麻醉和封闭疗法，还可用于治疗马痉挛疝、犬的瘙痒症及某些过敏性疾病等。

【注意事项】 ①禁止与磺胺类药物、洋地黄、抗胆碱酯酶药、肌松药（琥珀胆碱)、碳酸氢钠、氨茶碱、巴比妥类、硫酸镁等合并应用。②用量过大、浓度过高时，吸收后对中枢神经产生毒性作用。表现为先兴奋后抑制，甚至造成呼吸麻痹等。一旦中毒应采取对症治疗，但抑制期禁用中枢兴奋药，应采取人工呼吸等措施。③硬脊膜外麻醉和四肢环状封闭时，不宜加入肾上腺素。

【制剂、用法与用量】 盐酸普鲁卡因注射液 5mL：0.15g、10mL：0.3g、50mL：1.25g、50mL：2.5g。浸润麻醉、封闭疗法，2.5~5g/L。传导麻醉，20~50g/L溶液，大动物10~20mL，小动物2~5mL。硬脊膜外麻醉，20~50g/L溶液，牛、马20~30mL。

利多卡因（Lidocaine）

【理化性状】 利多卡因又称昔罗卡因。本品盐酸盐为白色结晶性粉末，无臭，味苦，有麻木感。易溶于水和乙醇，水溶液稳定。可高压灭菌，应密闭保存。

【药动学】 本品易被吸收。表面或注射给药，1h内有80%~90%被吸收，与血浆蛋白暂时性结合率为70%。进入体内大部分先经肝微粒体酶降解，再进一步被酰胺酶水解，最后随尿排出，少量出现在胆汁中。10%~20%以原形随尿排出。能透过血-脑脊液屏障和胎盘屏障。

【作用与应用】 本品的局部麻醉作用和穿透力比普鲁卡因强，是普鲁卡因的1~3倍，用于表面麻醉。作用快、扩散广，且持久，对组织无刺激性，安全范围大。吸收后对中枢神经系统有抑制作用，并能抑制心室自律性，延长不应期，故可治疗室性心动过速。此外，对普鲁卡因过敏的动物可改用利多卡因。

本品适用于局部麻醉的各种麻醉方法，应用时常加入1：10万的盐酸肾上腺素。静脉滴注或静脉注射，用于治疗心律失常。

【注意事项】对患有严重心传导阻滞的动物禁用；肝、肾功能不全及慢性心力衰竭动物慎用。

【制剂、用法与用量】盐酸利多卡因注射液 10mL：0.2g、20mL：0.4g。浸润麻醉，2.5~5g/L溶液。表面麻醉，20~50g/L溶液。传导麻醉，20g/L溶液。每个注射点，牛、马8~12mL，羊3~4mL。硬脊膜外麻醉，20g/L溶液，牛、马8~12mL，犬1~10mL，猫2mL。均可加入适量盐酸肾上腺素。

二、麻醉方式

1. 表面麻醉

表面麻醉是将穿透性强的局麻药根据需要涂于黏膜表面，使黏膜下神经末梢传导阻滞。用于眼、鼻、口腔、咽喉、气管、食管和泌尿生殖道黏膜部位的浅表手术。

2. 浸润麻醉

浸润麻醉是将局麻药溶液注入皮下或手术视野附近的组织，使局部神经末梢麻醉。根据需要可在溶液中加少量肾上腺素，可减缓局麻药的吸收，延长作用时间。

3. 传导麻醉

传导麻醉是将局麻药注射到外周神经干附近，阻断神经冲动传导，使该神经所分布的区域麻醉。阻断神经干所需的局麻药浓度较麻醉神经末梢所需的浓度高，但用量较小，麻醉区域较大，如牛瘤胃切开时可进行腰旁神经和最后肋神经传导麻醉。

4. 蛛网膜下腔麻醉

蛛网膜下腔麻醉又称脊髓麻醉或腰麻，是将麻醉药注入腰椎蛛网膜下腔，麻醉该部位的脊神经。首先被阻断的是交感神经纤维，其次是感觉纤维，最后是运动纤维。常用于下腹部和后肢手术。

5. 硬膜外麻醉

将药液注入硬膜外腔，麻醉药沿着神经鞘扩散，最终阻断痛觉向大脑的传递。

任务二 传出神经药物

传出神经分类及其作用效应器，如图20-1所示。

一、儿茶酚胺类药物

儿茶酚胺是一种含有儿茶酚和胺基的神经类物质。这类药物能与肾上腺素受体结合，产生交感神经兴奋样作用。儿茶酚胺类药物包括去甲肾上腺素、肾上腺素、异丙肾上腺素、麻黄碱和多巴胺。美国出口我国台湾地区的“莱猪”，即饲料中使用了莱克多巴胺，其作用是增加心率而强心，促进猪脂肪代谢加快，长期食用此类畜产品会扰乱人的代谢。我国兽医法规中限制此类药物在畜产品中残留。

肾上腺素（Epinephrine）

【理化性状】本品是肾上腺髓质嗜铬细胞分泌的激素，是动物肾上腺提取或人工合成的。本品为白色或类白色结晶性粉末，无臭，味苦，与空气接触或受日光照射，易氧化变质。在水

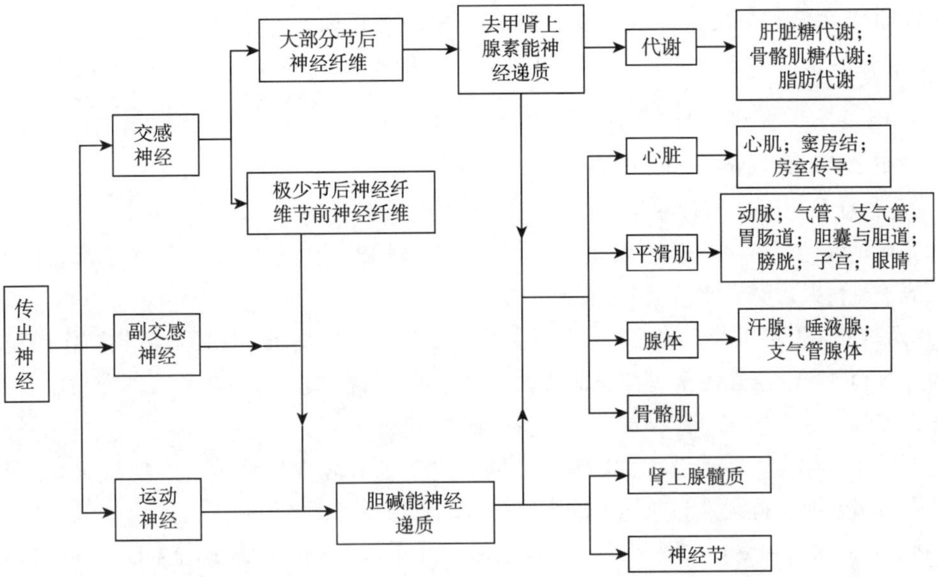

图 20-1 传出神经分类及其作用效应器

中极微溶解，但其盐酸盐易溶于水，在中性或碱性水溶液中不稳定。注射液变色后不能使用。

【药动学】口服易被消化液破坏，并因收缩胃肠黏膜血管，吸收减少，而且在肠黏膜和肝内迅速被酶代谢而失活，所以达不到有效血药浓度。常采用皮下或肌内注射，皮下注射时因局部血管收缩可使吸收延缓，作用持久；肌内注射时因肌肉血管收缩作用较弱，较皮下注射吸收快，作用时间短。静脉注射时作用迅速，只用于抢救危急病例。吸收后很快被肾上腺素能神经末梢回收，或被酶破坏；少量以原型及其代谢产物与葡萄糖醛酸结合随尿排出。

【药理作用】①对心脏的作用：肾上腺素使心脏兴奋性加强，使心脏收缩力、心率及传导增强，心排出量与搏出量增加，扩张冠状血管，可改善心肌的血液供应，呈现快速强心作用。②对血管的作用：肾上腺素对血管有收缩和扩张两种作用，对 α 受体占优势可导致皮肤、黏膜及内脏的血管收缩；对 β 受体占优势的血管则呈扩张状态。对肺和脑血管的收缩作用很微弱，但有时因血压升高反而被动扩张。肾上腺素对小动脉和毛细血管作用强，对静脉和大动脉的作用较弱。③对平滑肌的作用：能够松弛支气管平滑肌，特别是在支气管痉挛时这种作用更显著。抑制肥大细胞释放组胺等致敏物质。对胃肠道和膀胱平滑肌松弛作用弱，对其括约肌收缩强，对猪、牛子宫平滑肌有兴奋作用，对马不明显。④其他作用：肾上腺素能兴奋呼吸中枢，可使马、羊等动物发汗，兴奋竖毛肌，能使瞳孔散大；活化代谢，增加细胞耗氧量，能促进肝糖原、肌糖原分解，能升高血糖，使血中乳酸含量增多，并能加速脂肪分解，使血中游离脂肪酸增加，加快糖和脂肪的代谢，增加细胞耗氧量等。

【作用与应用】①心搏骤停的急救药。如过敏性休克、溺水、中毒、手术麻醉过度等。②局部止血。可用纱布浸以 1.5g/L 盐酸肾上腺素溶液填充出血处，制止出血。③用于过敏性疾病，如严重荨麻疹、湿疹、支气管痉挛、蹄叶炎等。对免疫血清和疫苗引起的过敏反应也有效。④与普鲁卡因等局部麻醉药配伍，能使局部麻醉药作用延长，减少局部麻醉药的吸收。

【注意事项】本品不宜与强心苷、氯化钙等具有强心作用的药物并用。

【制剂、用法与用量】盐酸肾上腺素注射液　0.5mL：0.5mg、1mL：1mg、5mL：5mg。皮下注射或肌内注射，一次量，牛、马2~5mL，羊、猪0.2~1mL，犬0.1~0.5mL，猫0.1~0.2mL。静脉注射，一次量，牛、马1~3mL，羊、猪0.2~0.6mL，犬0.1~0.3mL，猫0.1~0.2mL。

去甲肾上腺素（Norepinephrine）

【理化性状】药用其酒石酸盐。白色或近乎白色结晶性粉末。无臭，味苦，遇光易变质。在中性尤其是碱性溶液中，迅速氧化变色失活，在酸性溶液中较稳定。易溶于水，微溶于乙醇，不溶于氯仿及乙醚。水溶液pH 3.5。

【作用与应用】去甲肾上腺素有强烈的血管收缩作用，对皮肤、黏膜血管收缩作用最明显，其次为肾、脑、肝、肠系膜及骨骼肌血管，可使冠状血管扩张。能兴奋心脏，升高血压，使心肌收缩力加强，心率加快，传导加速，心搏出量增加。

主要用于抗休克。如神经源性休克、中毒性休克、心源性休克等。不能长期或大剂量使用，否则易引起血管持续强烈收缩，加重组织缺氧及微循环障碍。

【制剂、用法与用量】重酒石酸去甲肾上腺素注射液　1mL：2mg、2 mL：10mg。静脉滴注，一次量，牛、马8~12mg，羊、猪2~4mg。临用时在5%葡萄糖液100mL中加入本品0.8~1mg。羊、猪按每分钟2mL速度滴注，大动物可酌情加快。静脉注射时，严防药液外漏。

异丙肾上腺素（Isoprenaline）

【作用与应用】本品对β32受体具有强烈兴奋作用，但对α受体几乎无作用。

本品由于兴奋心脏内β1受体，而表现出正性肌力作用与正性心率作用。其加快心率和传导作用皆比肾上腺素强。异丙肾上腺素能兴奋房室结与窦房结，加快房室传导，可拮抗房室传导阻滞。由于本品能兴奋心脏，心输出量增加；又能扩张外周血管，外周阻力下降，故表现出收缩压上升或不变，舒张压下降，有利心肌工作效率提高。由于兴奋β2受体，可使支气管平滑肌松弛，此作用略强于肾上腺素。也具有抑制组胺及其他过敏性物质释放的作用。

兽医主要用作平喘药，以缓解急性支气管痉挛所致的呼吸困难。也可用于心脏房室阻滞、心搏骤停和休克的治疗（必须在及时补液，使血容量充足的情况下使用）。

【用法与用量】肌内、皮下注射，一次量，犬、猫0.1~0.2mg，每6h一次。

静脉滴注，一次量，马、牛1~4mg，羊、猪0.2~0.4mg，犬、猫0.05~0.1mg，可加入等渗葡萄糖溶液中滴注。

二、拟胆碱药

拟胆碱药是一类作用与递质乙酰胆碱相似的药物。胆碱类药物能够促进脂类分解和转化。盐酸克伦特罗是另一种胆碱类瘦肉精，禁止在饲料中添加。

视频：拟胆碱药和抗胆碱药

毛果芸香碱（Pilocarpine）

【理化性状】毛果芸香碱又称匹鲁卡品，是从毛果芸香属植物中提出的生物碱，现已能人工合成。其硝酸盐为白色结晶性粉末，易溶于水，水溶液稳定。

【作用与应用】毛果芸香碱能直接地选择性兴奋M胆碱受体，引起类似节后胆碱能神经兴奋的效应，表现为体内副交感神经兴奋样作用。

对各种腺体和胃肠道平滑肌有强烈的兴奋作用。最强的是唾液腺、泪腺、支气管腺，其次是胃肠腺体和胰腺，再其次是汗腺。对心血管系统及其他器官影响较小，一般不引起心率、血压变化。对眼部作用明显，无论注射或点眼，都能使虹膜括约肌收缩而使瞳孔缩小，致使虹膜括约肌收缩，使眼前房角间隙扩大，房水容易通过巩膜静脉窦进入循环，从而使眼内压降低。

常用于治疗大动物不全阻塞的便秘、前胃弛缓、瘤胃不全麻痹、手术后肠麻痹、猪食管梗塞等；用10~30g/L溶液滴眼作为缩瞳剂，与阿托品交替使用，可治疗虹膜炎或周期性眼炎，以防止虹膜与晶状体粘连。

【制剂、用法与用量】 硝酸毛果芸香碱注射液　1mL∶10mg、2mL∶20mg。皮下注射，马30~300mg，羊、猪5~50mg，犬3~20mg。兴奋瘤胃，牛40~60mg。

氨甲酰甲胆碱（Bethanechol）

【理化性状】 氨甲酰甲胆碱又称比赛可灵、乌拉胆碱。为白色结晶。易潮解，易溶于水，溶于乙醇。密封保存。

【作用与应用】 氨甲酰甲胆碱为人工合成的胆碱酯类药物，对心血管系统和骨骼肌作用较弱，对胃肠道、膀胱和虹膜等平滑肌有很强的选择性。用药后能迅速加强胃肠蠕动，兴奋瘤胃，使粪便及时排出。

临床上本品可用于治疗胃肠弛缓、肠便秘、胃肠积食、便秘疝、术后肠道麻痹、牛前胃弛缓以及产后子宫复旧不全、胎衣不下、子宫蓄脓等。

【注意事项】 ①禁用于老年、瘦弱、妊娠、心肺疾患及机械性肠梗阻等患畜。②禁止肌内注射和静脉注射。③中毒时可用阿托品进行解毒。④为避免不良反应，可将1次剂量分作2~3次注射，每次间隔30min左右。

【制剂、用法与用量】 氯化氨甲酰甲胆碱注射液（比赛可灵）1mL∶2.5mg、1mL∶5mg、1mL∶20mg、5mL∶12.5mg、10mL∶25mg。皮下注射，一次量，每千克体重，牛、马0.05~0.1mg，犬、猫0.25~0.5mg。

新斯的明（Neostigmine）

【理化性状】 新斯的明又称普洛色林、普洛斯的明，是人工合成的二甲氨甲酸酯类药物。为白色结晶性粉末。无臭，味苦，有引湿性。极易溶于水，易溶于乙醇。应遮光密封保存。

【药动学】 本品口服难吸收，不易通过血-脑脊液屏障，滴眼也不易通过角膜。与血浆蛋白结合率达15%~25%。体内部分药物被血浆胆碱酯酶水解，部分在肝脏代谢经胆道排出。

【作用与应用】 本品为人工合成的毒扁豆碱的代用品。通过可逆性地抑制胆碱酯酶的活力，使体内乙酰胆碱的浓度增高，呈现完全拟胆碱作用。对胃肠道和膀胱平滑肌作用较强，对骨骼肌的兴奋作用最强，对心血管系统、各种腺体和虹膜等作用较弱，对中枢神经作用不明显。

临床主要用于治疗重症肌无力、反刍动物前胃弛缓或马肠道弛缓、子宫收缩无力和胎衣不下、便秘疝、肠弛缓、前胃弛缓、术后腹部气胀、尿潴留、箭毒中毒和大剂量氨基糖苷类抗生素引起的呼吸衰竭等。

【注意事项】 ①腹膜炎、肠道或尿道机械性阻塞、胃肠完全阻塞或麻痹、痉挛疝患畜及孕畜等禁用。②中毒时可用阿托品或硫酸镁解救。

【制剂、用法与用量】 甲基硫酸新斯的明注射液　1mL∶0.5mg、1mL∶1mg、10mL∶10mg。皮下注射或肌内注射，一次量，牛4~20mg，马4~10mg，羊、猪2~5mg，犬0.25~1mg。

三、抗胆碱药

抗胆碱药又称胆碱受体阻断药，是指能减弱或阻断乙酰胆碱或拟胆碱药作用的药物。常见有阿托品、莨菪碱、琥珀胆碱、颠茄酊等。

阿托品（Atropine）

【理化性状】阿托品是从茄科植物颠茄等提取的生物碱，现可人工合成。其硫酸盐为无色结晶或白色结晶性粉末，无臭，味极苦。在水中极易溶解，在乙醇中易溶。水溶液久置、遇光或碱性药物易变质，应遮光密闭保存。

【药动学】本品内服、注射易吸收，吸收后迅速分布于全身各组织。本品能通过胎盘屏障、血-脑脊液屏障。在体内大部分被酶水解失效，少部分以原形随尿排出。滴眼时，作用可持续数天，这可能是通过房水循环消除较慢所致。

【作用与应用】阿托品对 M 受体选择性高，竞争性与 M 受体相结合，使受体不能与乙酰胆碱或其他拟胆碱药结合，从而阻断了 M 受体功能，表现出胆碱能神经被阻断的作用。当剂量很大，甚至接近中毒量时，也能阻断神经节 N1 受体。

①松弛平滑肌：阿托品对内脏平滑肌具有松弛作用，对正常活动的平滑肌影响很小，而当平滑肌处于过度收缩和痉挛时，松弛作用极明显，可缓解或消除胃肠绞痛。较大剂量时可引起胃肠道括约肌的强烈收缩，使消化液的分泌剧减。对子宫平滑肌一般无效。

②抑制腺体分泌：对多种腺体有抑制作用，小剂量能显著地抑制唾液腺、支气管腺、汗腺等的分泌；较大剂量可减少胃液分泌，但对胃酸、胰腺、肠液的影响很小；对马、羊的汗腺影响很小；对乳汁的分泌一般没有影响。

③对心血管作用：阿托品对正常心血管系统无显著影响，但可引起心率加快，大剂量阿托品能松弛血管平滑肌，解除小血管痉挛，使微循环系统血流通畅，增加组织血液供应量，改善微循环。

④兴奋中枢神经：大剂量阿托品有明显的中枢兴奋作用，如兴奋迷走神经中枢、呼吸中枢，兴奋大脑皮质运动区和感觉区，对治疗感染性休克和有机磷中毒有一定疗效。

⑤散瞳和解毒作用：阿托品无论滴眼或注射，均可使虹膜括约肌松弛，使瞳孔散大；家畜发生有机磷农药中毒时，由于体内乙酰胆碱的大量堆积，可出现强烈的 M 样和 N 样作用。此时应用阿托品治疗，能迅速有效地解除 M 样作用的中毒症状。但对 N 样作用的中毒症状无效。

本品主要用于调节肠蠕动，缓解平滑肌痉挛，如肠痉挛、肠套叠、急性肠炎和毛粪石等疾病。本品也可用于有机磷酸酯类中毒和拟胆碱药中毒或呈现胆碱能神经兴奋症状的中毒时解救。

【制剂、用法与用量】片剂　0.3mg/片。内服，一次量，每千克体重，犬、猫 0.02~0.04mg。

硫酸阿托品注射液　1mL：0.5mg、2mL：1mg、1mL：5mg。皮下注射：一次量，牛、马 15~30mg，羊、猪 2~4mg，犬 0.3~1mg，猫 0.05mg。麻醉前给药，牛、马、羊、猪、犬、猫 0.02~0.05mg。用于中毒性休克或解救有机磷化合物中毒时，可皮下注射、肌内注射或静脉注射，一次量，每千克体重，牛、马、羊、猪 0.5~1mg，犬、猫 0.1~0.15mg，禽 0.1~0.2mg。

东莨菪碱（Scopolamine）

【作用与应用】东莨菪碱为抗胆碱药，作用与阿托品相似。东莨菪碱抑制腺体分泌作用较阿托品强。本品还具有中枢抑制作用，但中枢作用因动物种属而异，如对犬，小剂量呈现抑制作用，大剂量导致兴奋不安。

本品为叔胺类生物碱，内服给药易从胃肠道吸收，体内分布广泛，可通过血-脑脊液屏障和胎盘屏障。主要在肝脏代谢。本品具有解除平滑肌痉挛、抑制腺体分泌、散大瞳孔等作用。用于动物兴奋不安、胃肠道平滑肌痉挛等。

【制剂、用法与用量】氢溴酸东莨菪碱注射液 1mL∶0.3mg、1mL∶0.5mg。皮下注射，一次量，牛 1~3mg，羊、猪 0.2~0.5mg。

琥珀胆碱（Succinylcholine， Scoline）

【理化性状】白色或近白色结晶粉末。无臭、味苦，易溶于水，水溶液呈酸性，见光易分解。在碱性溶液快速分解失效。微溶于乙醇和氯仿，不溶于乙醚。需放在凉处遮光密封贮存。

【作用与应用】本品为去极化型肌松药，用药后动物先出现短暂的肌束颤动，3min 内即转为肌肉麻痹，导致肌肉松弛。首先松弛头部、颈部肌肉，继而松弛躯干和四肢肌肉，最后松弛肋间肌和膈肌。肌松持续时间因动物种属而异，马可持续 5~8min，猪 2~4min，牛 15~20min，主要是各种动物血液中胆碱酯酶的水平不同所致。

本品注射起效快，但持续时间短，主要是由于在血液中被血浆假性胆碱酯酶水解。仅有少量以原形从肾脏排出。

本品为肌松性化学保定药。主要用于动物的化学保定和外科辅助麻醉。

【药物相互作用】

（1）水合氯醛、氯丙嗪、普鲁卡因和氨基糖苷类抗生素能增强本品的肌松作用和毒性，不可合用。

（2）与新斯的明、有机磷类化合物同时应用，可使作用和毒性增强。

（3）噻嗪类利尿药可增强琥珀胆碱的作用。

【不良反应】

（1）本品过量易引起呼吸肌麻痹。

（2）本品使肌肉持久去极化而释放出钾离子，使血钾升高。

（3）本品使唾液腺、支气管腺和胃腺的分泌增加。

【制剂、用法与用量】氯化琥珀胆碱注射液 1mL∶50mg、2mL∶100mg。肌内注射，一次量，每 10kg 体重，马 0.014~0.04mL，牛 0.002 ~0.0032mL，猪 0.4mL，犬、猫 0.012~0.022mL，鹿 0.016~0.024mL。

知识点：市售兽用抗腹泻水针，有些药物注射后立即生效，腹泻停止，该类药物往往标注含有博落回、苦参总碱、止痢因子等，实际上是含有 2mg/10mL 的硫酸阿托品成分，长期使用这类药物，容易造成消化机能减退，生长迟缓、反刍动物瘤胃臌气。

◎ 复习思考题

一、填空题

1. 比赛可灵（氨甲酰胆碱）注射后可使胃肠蠕动________，瞳孔________。新斯的明能促进蠕动增强，也能治疗________。

2. 局部麻醉时普鲁卡因配合少量肾上腺素可以使麻醉时间________。

3. 使用比赛可灵和________交互点眼，防止眼内粘连。

4. 拟胆碱药________孕畜慎用，因为会引起________平滑肌收缩。

二、选择题

1. 普鲁卡因的局部浸润麻醉使用浓度为（　　），传导麻醉使用浓度为（　　）

A. 1g/L　　B. 2.5~5g/L　　C. 20~50g/L

D. 100g/L　　E. 200g/L

2. 心律不齐时使用下列（　　）治疗

A. 安钠咖　　B. 樟脑磺酸钠　　C. 利多卡因

D. 肾上腺素　　E. 洋地黄毒苷

三、简答题

1. 简述拟胆碱药的应用及常用药物名称。

2. 简述阿托品的药理作用及其在兽医临床中的应用。

3. 儿茶酚胺类物包括哪些？药理作用及临床应用有什么？举出常用的代表药物。

4. 比较毛果芸香碱和新斯的明的作用和应用有何不同？

5. 简述局部麻醉药的概念及麻醉方式。

实训　局部麻醉试验

【目标要求】了解肾上腺素与普鲁卡因联合用药可延长局部麻醉作用的特点。

【实训用品】家兔1只、普鲁卡因注射液Ⅰ（每毫升溶液含有普鲁卡因0.02g）、普鲁卡因注射液Ⅱ（每毫升溶液含有普鲁卡因0.02g，肾上腺素10μg）、注射器、毛剪、烧杯、酒精棉球。

【内容和步骤】

（1）取家兔1只，在脊背两侧各选择相互对称，直径2cm左右的一块部位，将毛剪净装于盛水的烧杯里（以免兔毛飞扬），用酒精棉球消毒后，用针头刺皮肤，试其痛觉反应，用手掌紧贴兔背部皮肤，感觉刺激部位肌肉抽缩为痛感指标。刺激方式按左、中、右、上、中、下的顺序进行。全部阳性反应记6/6，全部阴性反应记0/6，其余类推。

（2）于两背部分别用2mL普鲁卡因注射液Ⅰ和2mL普鲁卡因注射液Ⅱ作皮下注射。注射后于1min、2min、5min分别刺激注射部位测其痛感，然后每5min测试一次，并比较两种药液的麻醉作用、维持时间及注射部位皮肤颜色有何不同。

（3）将结果填写于表20-1，比较结果，并分析和说明原因。

表20-1　局部麻醉试验记录表

药物	用药前反应	用药后反应					
		5min	10min	15min	20min	25min	30min
普鲁卡因Ⅰ							
普鲁卡因Ⅱ							

【实训报告】撰写实训报告，说明实训结果和原因。

项目二十一 调节新陈代谢药物

◎ 情境引入

①奶牛产后出现精神沉郁，食欲下降，产奶量下降，呼吸和排尿散发烂苹果味，诊断为奶牛酮病，使用葡萄糖注射液和地塞米松磷酸钠静脉注射后治愈。②某蛋鸡场，近日出现鸡产蛋量下降，精神沉郁，个别鸡出现神经症状，腹部皮下水肿，呈蓝绿色，可视黏膜苍白，病死鸡剖检可见脑软化，初步诊断为硒缺乏症，饲料中添加亚硒酸钠-维生素 E 粉，连用 7d，病症消失。

◎ 任务描述

此项任务主要完成调节水盐代谢药物和调节酸碱平衡药物的合理选用。临床上针对不同动物品种、不同病理状态合理选择药物，以达到较好的治疗效果。

◎ 技能目标

在临床疾病防治中，能够合理使用补液剂、钙剂、维生素和矿物质类药物。

◎ 知识目标

掌握调节水盐代谢及酸碱平衡、钙剂、维生素和矿物质类药物的药理作用及应用，了解本项目药物分类和名称。

任务一　调节水盐代谢及酸碱平衡药物

一、补液的目的

体液是机体的重要组成成分，占成年动物体重的 60%~70%。体液中的水分和电解质、非电解质的比例分布也处于平衡状态，以维持机体内环境的恒定。体液的量和各种成分的比例因种种原因而使平衡状态被破坏，动物就会出现各种病理症状，如脱水、缺盐、酸中毒、碱中毒等。补液的目的主要有：①维持体液和电解质的平衡。②扩充血容量，维持血压。③补充营养，增加机体的抵抗力。④维持酸碱平衡，纠正酸中毒。

二、常用药物

调节水盐及酸碱平衡的药物有很多种，具体分类、名称、作用及应用见表 21-1。

表 21-1　　调节水盐及酸碱平衡的药物分类

分类	常用药物	药理作用	应用
水盐平衡调节药物	9g/L 氯化钠溶液和林格液（复方氯化钠），用法：静脉注射；补液盐和多维电解液，用法：口服	维持体液渗透压和酸碱平衡；补充血容量和钠离子；改善血液循环和组织新陈代谢；调节器官功能	过度失水、腹泻、大汗、电解质缺乏疾病；升高血容量
	氯化钾注射液 10mL∶1g 用 5g/L 葡萄糖注射液稀释成 3g/L 以下浓度缓慢静脉滴注，静脉注射不宜过快，否则导致心搏骤停	维持细胞新陈代谢、细胞内渗透压；维持神经和肌肉正常功能	低钾血症、过耗、神经肌肉功能异常
酸碱平衡调节药物	50g/L 碳酸氢钠注射液，用法：以 50~100g/L 葡萄糖注射液稀释成 15g/L 的等渗溶液静脉注射	维持机体酸碱缓冲系统；直接增加机体的碱储量；纠正酸中毒	酸中毒治疗；碱化尿液
	乳酸钠注射液 20mL∶2.24g、50mL∶5.6g、100mL∶11.2g，用法：用注射用水或 50g/L 葡萄糖液稀释 5 倍后静脉注射	纠正酸血症，在体内一部分经肝转化为碳酸氢根离子，起到纠正酸中毒的作用；另一部分则转化为肝糖原，可抑制酮体的产生	代谢性酸中毒和高钾血症
血容量扩充药物	葡萄糖注射液 250mL∶12.5g、250mL∶25g、500mL∶25g、500mL∶50g，静脉注射	扩充血容量；供给能量；强心利尿；增强肝脏解毒能力；有保肝作用	重病、久病、过劳、体质虚弱；改善心脏功能；脱水、失血后补充体液；各种水肿、低血糖症、酮症、中毒辅助治疗
	右旋糖酐氯化钠注射液（500mL 中右旋糖酐 30g、氯化钠 4.5g）；右旋糖酐葡萄糖注射液（500mL 含中右旋糖酐 30g、葡萄糖 25g），用法：静脉滴注；低分子右旋糖酐注射液，为 100g/L 低分子右旋糖酐的等渗氯化钠溶液，每瓶 500mL，用法：静脉滴注	提高血浆渗透压、扩充血容量，扩容作用持久；产生渗透性利尿作用；低分子右旋糖酐能改善微循环和抗血栓作用，防止弥散性血管内凝血	低血容量性休克、大面积烧伤等；预防术后血栓；也可用于血栓性静脉炎、脑干血栓形成疾病的治疗

任务二　肾上腺皮质激素

肾上腺皮质激素根据生理功能不同可分为盐皮质激素和糖皮质激素两类，其中盐皮质激素主要包括醛固酮、脱氧皮质酮等，在兽医临床上实用价值不大；而糖皮质激素主要包括可的松、氢化可的松等，被广泛应用于兽医临床。本任务仅介绍糖皮质激素。

一、概述

从动物的肾上腺可提取天然糖皮质激素，即可的松和氢化可的松，但为了使其治疗作用增强，不良反应减少，人工合成的糖皮质激素有泼尼松、氢化泼尼松、地塞米松、氟地塞米松、倍他米松、去炎松、氟氢松等。

糖皮质激素可通过内服、肌内注射、皮下注射和静脉注射给药途径被机体吸收，小部分以游离型在靶器官发挥作用，大部分则与血浆蛋白结合后被逐渐释放，分布以肝中含量最高，其次是血浆、脑脊液、胸水和腹水，肾、脾含量较少。在肝脏被代谢成葡糖醛酸或硫酸的结合物，代谢产物或原形药物从尿液和胆汁排泄。不同的糖皮质激素药物生物半衰期有较大差异，因此将其分为短效（<12h）、中效（12~36h）和长效（>36h）三类。短效的有氢化可的松、可的松；中效的有泼尼松、氢化泼尼松、去炎松；长效的有地塞米松、氟地塞米松和倍他米松。

二、作用与应用及不良反应

（一）药理作用

糖皮质激素的作用主要表现在以下几个方面。

（1）抗炎作用　对各种原因所致的炎症，以及炎症的不同阶段均有强大的抗炎作用，抑制炎症反应，降低血管通透性，抑制渗出。同时，也降低了机体的防御功能和抑制组织修复，可使感染扩散和创伤愈合缓慢，故必须对因治疗。

（2）免疫抑制作用　糖皮质激素是临床上常用的免疫抑制剂之一。它能抑制免疫过程的许多环节。小剂量时，能抑制迟发性过敏反应和异体排斥反应；大剂量时，可抑制浆细胞合成抗体，干扰体液免疫。另外，还可干扰补体参与免疫反应，影响补体激活。

（3）抗毒素作用　能提高机体对细菌内毒素的耐受力，但不能中和毒素，对细菌外毒素的损害无保护作用。糖皮质激素在感染性毒血症中的解热与改善中毒症状的作用，与其稳定溶酶体膜、减少致热因子的释放、降低体温调节中枢对内致热原的敏感性有关。

（4）抗休克作用　可用于各种休克，特别是中毒性休克。糖皮质激素能防止心收缩力减弱、心排出量降低、内脏血管收缩等循环衰竭。此外，大剂量的糖皮质激素能降低外周血管的阻力，改善微循环阻滞，增加回心血量，对休克也能起到良好的治疗作用。

（5）对代谢的影响　糖皮质激素能增加肝脏糖异生作用，降低外周对葡萄糖的利用，使肝糖原和肌糖原含量增多，血糖升高；可加速蛋白质和脂肪的分解，抑制其合成，导致负氮平衡。长期大剂量使用可导致肌肉萎缩、伤口愈合不良、幼畜生长缓慢等；并能使脂肪重新分布，即四肢脂肪向面部和躯干积聚，出现向心性肥胖。对水盐代谢的影响较小，尤其是人工半合成品。但长期使用仍可引起水、钠潴留，低血钾，并促进钙、磷的排出。

（6）对血细胞的作用　刺激骨髓造血功能，使红细胞、血小板、嗜中性粒细胞数量增多，增加血红蛋白和纤维蛋白的数量。作用于淋巴组织，使淋巴细胞减少。

（二）临床应用

（1）严重的感染性疾病　如各种败血症、中毒性肺炎、中毒性菌痢、腹膜炎、产后急性子宫内膜炎等，但必须配伍足量有效的抗菌药物。

（2）过敏性疾病　荨麻疹、血清病、过敏性哮喘、过敏性皮炎、过敏性湿疹等。

（3）局部性炎症　关节炎、腱鞘炎、黏膜囊炎、乳房炎、结膜炎、角膜炎等。

（4）休克　中毒性休克、过敏性休克、创伤性休克等。

（5）代谢性疾病　用于牛酮血病、羊妊娠毒血症等。

（6）引产　地塞米松被用于牛、羊、猪的同步分娩。在怀孕后期的适当时候（牛多在怀孕第286d后）给予，一般可在48h内分娩。糖皮质激素的引产作用，可能因使雌激素分泌增加，黄体浓度下降所致。

（三）不良反应及注意事项

（1）诱发或加重感染　长期使用糖皮质激素，可抑制机体的防御功能，使机体的抵抗力降低，易诱发细菌感染或加重感染，甚至使病灶扩大或散播，导致病情恶化。对一般感染性疾病不宜使用激素治疗。

（2）扰乱代谢平衡　糖皮质激素的留钠排钾作用常导致动物水肿和低钾血症；加速蛋白质异化并增加钙、磷排泄，易引起肌肉萎缩无力、骨质疏松、幼畜生长抑制、影响创伤愈合等。故用药期间应补充维生素D、钙及蛋白质，孕畜、幼畜不宜长期使用；骨软症、骨折和外科手术后均不能使用。

（3）免疫抑制作用　因糖皮质激素干扰机体免疫过程，故在结核菌素或鼻疽菌素诊断期和疫苗接种期等时期不能使用。

（4）肾上腺皮质机能不全　长期用药通过负反馈作用，抑制下丘脑和垂体前叶，减少促肾上腺皮质激素（ACTH）的释放，导致肾上腺皮质萎缩和机能不全，如突然停药，可出现停药综合征，如发热、无力、精神沉郁、食欲不振、血糖和血压下降等。因此，必须采取逐渐减量、缓慢停药的方法。必要时用ACTH治疗，以促进肾上腺皮质功能的恢复。

三、常用制剂

氢化可的松注射液（Hydrocortisone Injection）

【理化性状】氢化可的松又称可的索。本品为天然糖皮质激素。白色或近白色结晶性粉末，无臭，初无味，随后有持续的苦味。遇光渐变质。不溶于水，略溶于乙醇或丙酮。遮光、密封保存。

【作用与应用】本品有较强的抗炎、抗毒素、抗休克和免疫抑制作用，水、钠潴留作用较弱。临床多用其静脉注射制剂治疗严重的中毒性感染或其他危急病例。局部应用有较好疗效，用于乳房炎、眼科炎症、皮肤过敏性炎症、关节炎和腱鞘炎等治疗。作用时间不足12h。

【制剂、用法与用量】氢化可的松注射液　2mL：10mg、5mL：25mg、20mL：100mg。静脉注射，一次量，牛、马0.2~0.5g，猪、羊0.02~0.08g，犬0.005~0.02g。用前用生理盐水或5%葡萄糖注射液稀释缓慢静脉注射，1次/d。关节腔内注射，牛、马0.05~0.1g，1次/d。

地塞米松磷酸钠注射液（Dexamethasone Sodium Phosphate Injection）

【理化性状】地塞米松又称氟美松。为人工合成品。其磷酸钠盐为白色或微黄色粉末，无臭，味微苦。有引湿性。溶于水或甲醇，几乎不溶于丙酮或乙醚。

【作用与应用】本品的作用较氢化可的松强25倍，而水、钠潴留作用基本消失。给药后作用时间为48~72h。应用同其他糖皮质激素。本品还可用于牛、猪、羊的同步分娩，效果较好。因应用广泛，有取代其他合成糖皮质激素的趋势。

【制剂、用法与用量】地塞米松磷酸钠注射液　1mL：1mg、1mL：2mg、1mL：5mg。静脉注射，一次量，马 2.5~5mg，牛 5~20mg，猪、羊 4~12mg，犬、猫 0.125~1mg。用前以生理盐水或 50g/L 葡萄糖注射液稀释缓慢静脉注射。关节腔内注射，牛、马 2~10mg。治疗乳房炎时，一次量，每乳室注入 10mg。

倍他米松（Betamethasone）

【理化性状】本品为白色结晶性粉末，无臭，味苦，几乎不溶于水，溶于乙醇。本品含有多种盐类，如磷酸钠盐，均应遮光保存。

【作用与应用】本品的作用与地塞米松相似。但强度和持续时间强于地塞米松。用于过敏性与自身免疫性炎症性疾病。肺炎、活动性风湿病、类风湿性关节炎、严重支气管哮喘、严重皮炎、败血病等，也用于某些感染的综合治疗。

【制剂、用法与用量】倍他米松磷酸钠注射液　肌内注射量，各种家畜每次 0.02~0.05mg/（kg·体重）；关节腔内注入，可用每毫升含倍他米松磷酸钠 2.63mg。每 1~3 周注射 1 次。

任务三　钙剂、微量元素及维生素

钙、磷与微量元素，以及维生素是动物新陈代谢和生长发育所必需的重要元素。动物通常从饲料中获取，当饲料中添加不足或动物消耗过度时，会表现出一定的症状。

一、钙剂

常用的钙剂有氯化钙（Calcium Chloride）、葡萄糖酸钙（Calcium Gluconate）、维丁胶性钙（Vitamin D_2 and Calcium）等。

【作用与应用】①促进骨骼和牙齿钙化，保证骨骼正常发育，维持骨骼的正常结构和功能。钙不足时，成年家畜表现骨软化症、骨变形、骨质疏松。幼畜表现佝偻病，母鸡产蛋少，蛋壳脆弱易破等。

②维持神经和肌肉正常兴奋性。血钙浓度降低时，神经肌肉兴奋性增强，出现抽搐、痉挛。钙严重缺乏时，神经和肌肉兴奋性降低，功能异常。常用于防治缺钙引起的抽搐和痉挛、牛的产前或产后瘫痪、马的泌乳搐搦、猪的产前截瘫等。

彩图：牛缺钙产后截瘫

③钙离子能增强毛细血管的致密度，降低其通透性，减少炎症渗出和防止组织水肿。同时，能兴奋单核吞噬细胞系统，增强白细胞的吞噬能力，具有消炎、消肿和抗过敏作用。可用于过敏性疾病，如荨麻疹、渗出性水肿、皮肤瘙痒等。

④钙离子是重要的凝血因子，为正常的凝血过程所必需的物质。

⑤钙离子也是维持心脏正常节律性、紧张度和收缩力的重要因素，故有一定的强心作用。

⑥在中枢神经系统中，钙和镁也相互拮抗，镁中毒时可用钙解救，钙中毒时也可用镁解救。因此，钙剂常用于对抗血镁过高，如高镁地区出现的肌无力。

【注意事项】①氯化钙有强烈的刺激性，不宜作皮下注射或肌内注射。静脉注射宜缓慢，不可漏出血管，一旦漏出，应立即以 5g/L 普鲁卡因作局部封闭，并于局部注射 250g/L 的硫酸钠溶液 10~25mL。②氯化钙禁止与强心苷及肾上腺素合用，易引起心肌骤停。③钙、磷按一定比例吸收，维生素 D 促进钙、磷的吸收和转化，因此，补钙时注意磷和维生素 D 使用。

【制剂、用法与用量】氯化钙注射液　10mL：0.3g、10mL：0.5g、20mL：0.6g、20mL：1g。静脉注射，一次量，马、牛 5~15g，猪、羊 1~5g，犬 0.1~1g。

葡萄糖酸钙注射液　20mL：1g、50mL：5g、100mL：10g、500mL：50g。静脉注射，一次量，牛、马 20~60g，羊、猪 5~15g，犬 0.5~2g。

维丁胶性钙注射液　1mL 中含 0.125mg 维生素 D_2、0.5mg 钙。肌内注射，一次量，参考量，每 20kg 体重 1mL。1 次/d，连用 3~5d。

二、微量元素

动物机体所必需的微量元素，有铁、铜、锰、锌、钴、碘、硒等，微量元素在畜禽体内含量虽然很少，但其生理功能却很重要，是构成动物体内一系列酶、激素和维生素等生物活性物质的重要成分，对机体的正常代谢有着十分重要的意义。微量元素的缺乏、过量或比例不当，都会引起动物发病，甚至死亡。

硒（Selenite）

【作用与应用】①抗氧化。硒及其氧化物是一种抗氧化物质，硒是谷胱甘肽过氧化酶的组成成分。②维持畜禽正常生长。③维持精细胞的结构和功能，帮助提高繁殖能力和生产力。公猪缺硒，可致睾丸曲细精管发育不良，精子减少，明显影响繁殖性能。④促进辅酶 Q 合成，辅酶 Q 可预防猪因缺硒而引起的肝坏死。⑤降低汞、铅、镉、银、铊等重金属的毒性，明显地减少这些重金属对机体的毒害作用。⑥刺激免疫球蛋白及抗体生成，增强机体免疫力。

本品主要用于防治白肌病及其他硒缺乏症，如猪的白肌病和营养性肝坏死，雏鸡的渗出性素质、脑软化、胰损伤和肌萎缩，成鸡的白肌病，东北地区驴、驹、羔羊不明原因的腹泻等。补硒时，与维生素 E 联合有协同作用，可显著提高疗效。本品的治疗量与中毒量很接近，确定剂量时要谨慎。

休药期猪为 60d，牛为 30d，羊为 14d。

【制剂、用法与用量】亚硒酸钠注射液　1mL：1mg、1mL：2mg、5mL：5mg、5mL：10mg。

亚硒酸钠维生素 E 注射液　1mL/支、5mL/支、10mL/支。每毫升含亚硒酸钠 1mg，维生素 50IU。肌内注射，一次量，牛、马 30~50mg，驹、犊 5~8mg，羔羊、仔猪 1~2mg。

亚硒酸钠维生素 E 预混剂　1000g 含 0.4g 亚硒酸钠、5g 维生素 E。混饲，每 1000kg 饲料，畜禽 500~1000g。

锌（Zine）

锌的作用极其重要和复杂，概括起来有以下几点。①为动物体内多种酶的成分。②参与动物体内多种酶的激活。③参与蛋白质和核糖合成，维持 RNA 的结构与构型，影响体内蛋白质的生物合成和遗传信息的传递。④参与维持激素的正常功能。⑤与维生素和矿物元素产生相互拮抗和相互促进的作用。⑥维持正常的味觉功能。⑦参与维持上皮细胞和被毛的正常形态、生长和健康。⑧维持畜体正常结构和功能，参与免疫作用。

锌对蛋白质的合成利用起显著作用，维持皮肤黏膜正常功能，参与受精或繁殖过程。动物缺锌时生长迟缓，伤口、溃疡和骨折不易愈合，精子的生成和活力变弱。猪的上皮细胞过度角化和变厚，绵羊的毛和角异常。家禽发生皮炎，羽毛少，蛋壳形成受阻。奶牛的乳房及四肢出现皱裂等。

【**制剂、用法与用量**】硫酸锌 内服，1d 量，牛 0.05~0.1g，驹 0.2~0.5g，羊、猪 0.2~0.5g，禽 0.05~0.1g。滴眼，5~10g/L 滴液。混饲，每 1000kg 饲料，鸡 286g。

锰（Manganese）

动物缺锰时，生长慢，采食量下降，饲料利用率低，骨异常，繁殖功能异常等。幼畜骨骼变形，运动失调，跛行和关节肿大；雏禽发生骨短粗病，腿骨变形弯曲，膝关节肿大，生长停滞，出现脱腱症；母畜发情受阻，不易受孕，流产，死胎，无乳或乳量下降；公畜性欲下降，精子形成困难；母鸡蛋壳变薄，产蛋率下降，蛋的孵化率降低。

【**制剂、用法与用量**】硫酸锰 混饲，每千克饲料，鸡 0.1~0.2g，牛 2g/d，猪 45kg 体重向饲料内添加 0.01~0.02g。

铜（Cupric）

铜是机体必需的微量元素，其作用包括以下几点。①构成酶的辅基或活性成分。②参与色素沉着、毛和羽的角化，促进骨和胶原形成。③参与造血功能，促进铁在肠道内的吸收，促进铁合成血红蛋白与红细胞生成，促进无机铁变为有机铁。

铜缺乏时，动物表现为贫血、骨生长不良、生长迟缓、被毛脱色或粗乱、心力衰竭、胃肠功能紊乱等，但各种动物缺铜的症状差异很大。

【**制剂、用法与用量**】内服，1d 量，牛 2g，犊 1g；每千克体重，羊 20mg。作生长促进剂，混饲，每 1000kg 饲料，猪 800g，鸡 20g。

其他微量元素碘、钴、铁等也极其重要，在前面项目任务中已有相关阐述。

三、维生素

维生素是动物机体活性物质之一，是维持机体正常生命活动所必需的小分子有机化合物。维生素缺乏时，影响机体正常代谢，临床上会表现出一些症状。

（一）脂溶性维生素

脂溶性维生素包括维生素 A、维生素 D、维生素 E、维生素 K 等，能溶于油脂和有机溶剂，不溶于水。

维生素 A（Vitamin A）

【**作用与应用**】维生素 A 参与合成视网膜内杆状细胞中视紫红质。感光需要视紫红质。缺乏维生素 A 可引起视觉障碍，在弱光中视物不清（夜盲症），甚至丧失视力。维生素 A 还参与维持皮肤、黏膜和上皮组织的完整性，能促进黏多糖的合成。黏多糖对细胞起着黏合、保护作用，其缺乏时，可引起皮肤、黏膜、腺体、气管、支气管的上皮组织过度角化，使皮肤干燥、被毛脱落。特别是生殖道上皮角化，导致怀孕母畜流产或死胎，抑制种公畜精子形成等。此外，维生素 A 还可促进幼畜的生长发育和牙齿、骨骼的成长。

本品主要用于防治维生素 A 缺乏症，如干眼病、夜盲症、角膜软化症和皮肤粗糙等，也可用于增强机体抗感染的能力和皮肤、黏膜炎症及治疗局部创伤及烧伤等。

【**制剂、用法与用量**】维生素 A 胶囊，每粒 2500IU。

维生素 D（Vitamin D）

【作用与应用】维生素 D 促进钙、磷的吸收和代谢。对骨骼有双重作用，促进钙盐沉积和溶解骨质，这两种作用随机体需要而变。当动物缺乏维生素 D 时，骨生长受阻，幼年动物出现佝偻病，成年动物出现骨软化症，特别是怀孕或泌乳母畜较严重，奶牛产乳量下降，母鸡产蛋率降低，且蛋壳易碎。

【制剂、用法与用量】维生素 A、维生素 D 注射液　每毫升含维生素 A 50000IU、维生素 D 5000IU。内服或肌内注射，一次量，牛、马 5~10mL，羊、猪 2~4mL，仔猪、羔羊 0.5~1mL，犬、猫 0.5~1mL，禽 0.05~0.1mL。

维生素 D_3 注射液　1mL：7.5mg（30 万 IU）、1mL：15mg（60 万 IU）。肌内注射，一次量，每千克体重，家畜 1500~3000IU。

维生素 E（Vitamin E）

【作用与应用】维生素 E 在体内外具有抗氧化作用，在脂肪酸代谢过程中维生素 E 本身易被氧化，可保护其他物质不被氧化，如不饱和脂肪酸、维生素 A、维生素 C 等，还能保护细胞不被氧化破坏。维生素 E 与硒有密切关系，维生素 E 缺乏与动物缺硒的症状相似，饲料中补充硒可防治或减轻大多数维生素 E 缺乏症的症状，但硒只能代替维生素 E 的一部分作用。此外，维生素 E 可促进性激素分泌，调节性腺的发育，有利于受精和受精卵的植入，并能防止流产，提高繁殖能力。

【制剂、用法与用量】维生素 E 注射液　1mL：50mg、10mL：500mg。皮下注射或肌内注射，一次量，犊、驹 0.5~1.5g，羔羊、仔猪 0.1~0.5g，犬 0.03~0.1g。

亚硒酸钠维生素 E 注射液和亚硒酸钠维生素 E 预混剂，在前文已介绍。

（二）水溶性维生素

水溶性维生素包括 B 族维生素（维生素 B_1、维生素 B_2、维生素 B_6、烟酸、泛酸、生物素、叶酸和维生素 B_{12}、胆碱等）和维生素 C，能溶于水而不溶于油脂。水溶性维生素一般不在体内储存，在补充了机体需要和组织储存量达到饱和后，多余的部分会较快地随尿排出体外。

维生素 B_1（Vitamin B_1）

【作用与应用】维生素 B_1 对维持动物正常物质和能量代谢，维持神经、心肌和胃肠道的正常功能，加快生长发育，提高免疫功能及防止神经组织萎缩等都起重要作用。维生素 B_1 还可促进胃肠道对糖的吸收，参与糖代谢过程，刺激乙酰胆碱形成，并使其活性加强等。

彩图：肉仔鸡维生素 B_1 缺乏

维生素 B_1 缺乏时，体内丙酮酸和乳酸蓄积，动物表现食欲不振，生长缓慢，出现多发性神经炎、运动失调、惊厥、昏迷等症状。对维生素 B_1 缺乏最敏感的是家禽，家禽缺乏时角弓反张，可出现特有的“观星座式”症状。

【制剂、用法与用量】维生素 B_1 片　10mg、50mg。内服，一次量，牛、马 100~500mg，羊、猪 25~50mg，犬 10~50mg，猫 5~30mg，兔 10~20mg，鸡每千克体重 2.5mg。混饲，每 1000kg 饲料，家畜 1~3g，雏鸡 18g。

维生素 B_1 注射液　1mL：10mg、1mL：25mg、10mL：250mg。皮下注射或肌内注射，一次

量，牛、马 100~500mg，羊、猪 25~50mg，犬 10~25mg，鸡 5~10mg。

维生素 B_2（Vitamin B_2）

彩图：肉仔鸡维生素 B_2 缺乏

【作用与应用】维生素 B_2 为体内黄酶类辅基的组成成分。黄酶类在机体生物氧化中起递氢作用，参与糖、蛋白质、脂肪和核酸的代谢。促进蛋白质在体内储存，提高饲料利用率，调节生长和组织修复。维生素 B_2 还有维持视网膜正常及保护皮肤和皮脂腺等功能。缺乏维生素 B_2 的动物表现为生长受阻、眼炎、皮炎、脱毛、食欲不振、腹泻、口角溃烂、舌炎、角膜炎、晶状体混浊、母猪早产等症状；雏鸡出现典型的足趾麻痹性内蜷、腿无力、腹泻、生长停滞或突然死亡；成年蛋鸡的产蛋率和孵化率降低；鱼类表现为厌食、生长受阻等。

【制剂、用法与用量】维生素 B_2 片　5mg、10mg。内服，一次量，每千克体重，牛、马 0.1~0.2mg，羊、猪 0.1~0.2mg，兔 1~1.5mg，鸡 1mg。

维生素 B_2 注射液　2mL：10mg、5mL：25mg、10mL：50mg。皮下注射、肌内注射，一次量，牛、马 100~150mg，羊、猪 20~30mg，犬 10~20mg，猫 5~10mg。

维生素 C（Vitamin C）

【作用与应用】维生素 C 又称抗坏血酸，作用概括为以下几点。①参与体内氧化还原反应。②参与细胞间质的合成。③增强肝、肾的解毒功能。④维生素 C 能激活胃肠道各种消化酶（淀粉酶除外）的活力，有助于消化，还有抗炎、抗过敏作用。

动物在正常情况下不易发生维生素 C 缺乏症，出现维生素 C 缺乏症一般是在发生感染性疾病或处于应激状态下。饲料明显缺乏时，有必要在饲料中补充维生素 C。缺乏维生素 C，会使物质代谢障碍、心肌营养不良，并使机体对疾病的抵抗力降低。

【制剂、用法与用量】维生素 C 片　0.1g。内服，一次量，马 1~3g，猪 0.2~0.5g，犬 0.1~0.5g。

维生素 C 注射液　2mL：0.1g、2mL：0.25g、5mL：0.5g、10mL：1g、20mL：2.5g。肌内注射或静脉注射，一次量，牛 2~4g，马 1~3g，羊、猪 0.2~0.5g，犬 0.02~0.1g，猫 0.1g。

附：技能培训——补液剂和维生素类药物在宠物疾病防治中的应用

宠物发生病毒性疾病，如犬瘟热、细小病毒病等。由于病毒没有特效药物，通常采用综合疗法，即维持疗法、糖皮质激素疗法、对症疗法。临床防治中，常以这三种方法为主进行综合防治。

（1）维持疗法　①使用各种补液剂，维持水盐平衡，增加动物代谢所需营养物质，特别是在动物绝食、腹泻脱水时，要及时补液，如输液林格液、葡萄糖液、多种维牛素。②使用多价病毒阳性血清、特效阳性血清中和体内病毒。③多种抗菌药物、抗病毒药物或干扰素，防止继发感染和抑制病毒。

（2）糖皮质激素疗法　使用大量糖皮质激素，如地塞米松磷酸钠、倍他米松。利用其强大的非特异性抗炎作用，消除机体症状，改善疾病，增强机体抗炎能力。

（3）对症疗法　根据动物表现症状使用相关药剂，如出现酸中毒时，输液碳酸氢钠纠正酸中毒；心力衰竭时使用强心剂；如出现呕吐时进行止吐；过度腹泻时使用止泻剂；体温升高时使用降温药物。

综合治疗的目的：维持和延续动物生命，使动物耐过至自身免疫起动，产生抗体后自行治愈疾病。

提示：教师引导和组织学生讨论如何使用相关药物，教师进一步归纳总结。

附：技能培训二——动物肺炎和口蹄疫的辅助治疗

肺炎往往伴随着浆液或纤维素大量渗出，在对症疗法的同时，辅助性使用抑制渗出的药物，可明显改善症状，加快好转。口蹄疫急性期时，蹄小叶充血、渗出肿胀，蹄内压增加而产生剧痛，无法站立，使用辅助性药物，收缩末梢血管、减少渗出，可明显加快好转。

糖皮质激素有收缩血管、降低血管通透性、减少渗出的作用。在治愈肺炎、口蹄疫及其他渗出性疾病时可减少病程、增加治愈率。

◎ 复习思考题

一、填空题

1. 牛酮症时，使用糖皮质激素治疗是利用其________作用；猪传染性胸膜肺炎时，使用糖皮质激素辅助性治疗是利用其________作用。

2. 长期使用糖皮质激素会使免疫功能________和诱发机体________。

3. 酸中毒时常用注射液________静脉滴注。

4. 和血液渗透压相同的两个标志性溶液是________和________。

二、单选题

1. 仔猪水肿病辅助治疗时不选用下列（　　）组药物

A. 止血敏　　B. 地塞米松　　C. 氯化钙

D. 生理盐水　　E. 安络血

2. 下列（　　）组药物可治疗过敏性疾病

A. 肌注氯化钙　　B. 静注安痛定　　C. 口服甘露醇

D. 皮下注射倍他米松　　E. 口服维生素 K

3. 猪吃灰菜后照射日光后发病，下列（　　）组药物可治疗本病

A. 肌注氯化钙　　B. 静注安痛定　　C. 口服甘露醇

D. 皮下注射倍他米松　　E. 口服葡萄糖

4. 奶牛产后瘫痪不用（　　）治疗

A. 葡萄糖　　B. 糖皮质激素　　C. 钙剂

D. 维生素 D_3　　E. 维丁胶钙

5. 骨软症时，最佳的用药组合是（　　）组

A. 钙片、葡萄糖酸钙　　B. 葡萄糖酸钙、鱼肝油　　C. 钙磷片

D. 钙磷片、维生素 D　　E. 维生素 A、鱼肝油

三、判断题

1. 氯化钙肌肉注射给药，可治疗缺钙症。（　　）

2. 地塞米松也能作降温药使用，长期应用容易引起免疫力下降。（　　）

3. 肾上腺皮质激素有降温作用，妊娠毒血症和牛酮症治疗时也可使用地塞米松。（　　）

4. 可静脉推注氢氧化钠纠正机体酸中毒。（　　）

四、简答题

1. 补液制剂包括哪些药物？
2. 补液方法包括哪几种？
3. 钙剂的药理作用是什么？常用的补钙制剂包括哪几种？
4. 常用的微量元素包括哪几种？微量元素硒的药理作用是什么？
5. 常用的维生素包括哪几种？维生素 C 在临床上如何应用？
6. 说明葡萄糖的作用与应用有哪些。

五、案例分析题

某犬，精神沉郁，食欲废绝，喜喝水，体温 39℃，呕吐、腹泻 3d，结合病例开写处方，并说明处方中各调节新陈代谢和酸碱平衡的药物的药理作用及应用。

模块七 解毒药

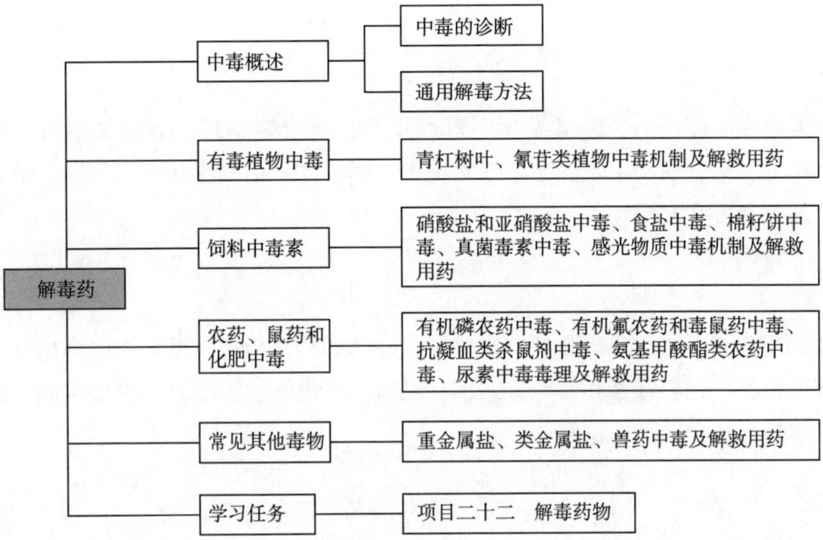
解毒药
中毒概述
中毒的诊断
通用解毒方法
有毒植物中毒
青杠树叶、氰苷类植物中毒机制及解救用药
饲料中毒素
硝酸盐和亚硝酸盐中毒、食盐中毒、棉籽饼中毒、真菌毒素中毒、感光物质中毒机制及解救用药
农药、鼠药和化肥中毒
有机磷农药中毒、有机氟农药和毒鼠药中毒、抗凝血类杀鼠剂中毒、氨基甲酸酯类农药中毒、尿素中毒毒理及解救用药
常见其他毒物
重金属盐、类金属盐、兽药中毒及解救用药
学习任务
项目二十二 解毒药物

项目二十二 解毒药物

◎ 情境引入

在动物养殖和临床门诊，经常发生中毒性疾病，有机磷中毒、有机氟中毒、抗凝血剂中毒，饲料中毒素、重金属盐中毒。由于毒物种类不同，临床中毒症状也不相同。解救时根据毒物采用相关的解救方式和药物。

◎ 任务描述

通用解毒方式和药物；亚硝酸盐中毒机制、症状和解救药物；氰化物中毒机制、症状和解救药物；常见植物、饲料毒素和解救方式；有机磷、有机氟、抗凝血剂中毒机制、症状和解救用药；重金属盐、类金属盐中毒解救。

◎ 技能目标

掌握临床各种中毒的机制、解救方法和使用药物，能够在临床中有效地防治各种中毒疾病。

◎ 知识目标

掌握中毒的诊断、通用解毒方法和特效解毒药的作用和应用；各种中毒的种类和中毒机制、症状和病理变化；各种解毒药物的名称、作用和应用。

任务一　中毒概述

毒物是指那些以相对较小的剂量就能使生物受到损害或细胞损伤以及生态系统产生不良效应的物质，包括外源性和内源性毒物。引起中毒的主要是外源性毒物。外源性毒物对机体的易感部位引起有害生物学作用的能力称为毒性。

一、中毒的诊断

1. *病史调查*

调查中毒的有关环境条件，详细询问病畜接触毒物的可能性；了解中毒发生的时间、地点、畜种、年龄、发病及死亡数量；了解中毒发生经过；了解同群动物的反应等。

2. *临床症状*

中毒动物通常发病迅速，有些中毒病具有特殊的症状，这些症状可作为鉴别诊断时的主要指标，如有机磷中毒时肌肉痉挛，口吐白沫，瞳孔缩小；氢氰酸中毒时呼吸困难，黏膜呈鲜红色等。大多数中毒的动物体温正常或偏低。

3. 病理变化

为获得准确的诊断，大多情况下需进行病理剖检，肉眼和显微镜检查的结果对中毒的诊断都具有重要价值，如磷化锌中毒时胃肠内容物有大蒜味，一氧化碳中毒时血液呈鲜红色等。

4. 毒物检验

实验室中毒物定性检验是诊断中毒的重要手段，可为确诊与防治中毒提供科学依据。

5. 动物试验

应用动物试验不仅可以缩小毒物的范围，而且对毒物学研究也很有价值。这种诊断是利用实验动物来探求中毒的原因，对确定饲料中真菌、细菌和植物毒素的毒性很有价值。

6. 治疗性诊断

畜禽中毒性疾病往往发病急剧，发展迅速，在临床实践中不可能对上述各项方法全面采用，可根据临床经验和可疑毒物的特性进行试验性治疗，通过治疗效果进行诊断和验证诊断。如解磷定对有机磷中毒有特效，草本樨中毒用维生素 K 效果较好，根据治疗效果就可以做出诊断。

二、通用解毒方法

自然界中有许多种有毒物质，至今有些毒物还不清楚其有毒成分，临床上经常发生许多种类的中毒疾病，有的没有特效解毒药物，只能采用综合性解毒方法。在生产实践中，要坚持学习探索，更新知识体系，寻找更有效方法，以挽救动物生命。

1. 防止毒物继续摄入

立即严格控制可疑的毒源，不使动物继续接触或摄入毒物。

2. 阻止吸收、加强毒物的破坏

对已经进入消化道的有毒物质要阻止胃肠中吸收和加强胃肠中毒物的破坏，如使用黏膜保护剂；口服高锰酸钾氧化毒物；口服蛋白质中和毒物。

3. 促进毒物尽快排出

清洗体表、催吐、泻下、利尿，促进毒物排出，减少吸收，如大量输液增加尿中排出的速度。

4. 应用非特异性解毒药物

大多为还原性药物，如维生素 C、葡萄糖、硫代硫酸钠等。特别是在自然界中，许多植物中都含有大量的各种有机酚和多羟基酚，如棉酚、狼毒大戟科植物，食用后发生中毒。硫代硫酸钠可以和体内酚类结合成络合物，从尿中排出体外，发病动物可使用 10% 硫代硫酸钠，0. 2mL/kg 体重静脉注射，能收到良好治疗效果。

5. 加强自身解毒功能

增加肝肾的功能，通过肝肾代谢加强，破坏毒物来解毒。

6. 维持疗法

使用维持生命的必需物质和条件，如输入葡萄糖、电解质等。

7. 对症综合治疗

根据不同的病情，采取相应的对症和支持治疗措施，如强心、补液、镇静、兴奋等，以缓解病情。

8. 放血疗法

对某些已吸收入血的毒物，必要时可采用放血减少毒素含量。

任务二　有毒植物中毒及解救药物

一、青杠树叶中毒

青杠树叶中毒是动物采食栎树植物所引起的以消化紊乱、皮下水肿和肾功能障碍为特征的中毒性疾病。

青杠树叶引起的中毒，目前没有特效解毒药物。多发生于早春季节，以放牧牛多发。青杠树叶中毒的实质是酚类化合物中毒，即高分子栎单宁经生物降解产生低分子酚类化合物所致。主要损害的器官是肾脏、肝脏和消化道。动物病初腹痛，粪便有血丝，股部肩胛部肌肉震颤。后期有的血尿，甚至无尿，肛门周围、腹下、胸前水肿。

【治疗原则、用药】 排除毒物、解毒和对症治疗。

灌服生豆浆水或者菜油中和毒素、加快排出；硫代硫酸钠 8~15g，配制成 100g/L 溶液静脉注射解毒；对症治疗，使用强心剂和补液剂。

二、含氰苷类植物中毒

含有氰苷物质的植物有许多，如再生苗、亚麻仁、苏丹草、蒙古扁桃等。植物中存在的氰苷本身是无毒的，在氰苷酶的作用下生成游离的氢氰酸才能引起中毒。当富含氰苷类的植物被动物采食进入胃肠道，特别是反刍动物的瘤胃内，在适宜的温度和湿度等条件下，植物本身含有的氰苷酶或瘤胃微生物产生的氰苷酶即可发挥作用，使氰苷水解生成游离的氢氰酸。少量氢氰酸吸收后，在肝脏内经硫氰酸酶催化，变成硫氰化物随尿排出。大量氢氰酸吸收，超过肝脏的解毒功能时，氰根离子与细胞色素氧化酶中的三价铁结合，生成氰化高铁细胞色素氧化酶复合体，使细胞色素丧失传递电子的能力，氧化磷酸化过程受阻，呼吸链中断，引起组织缺氧和细胞内窒息。临床以可视黏膜潮红、血液鲜红和血凝固不良、呼出苦杏仁味为特征。

另外，现代“工业三废”中含有少量的无机氰化物，动物误食误饮也会引起中毒。摄入量过大时，通常死亡迅速，来不及救治。

（一）解毒机制

使用氧化剂（亚硝酸钠、大量亚甲蓝）氧化血红蛋白中 Fe^{2+} 变成 Fe^{3+}，形成高铁血症，竞争性地夺取细胞中氰根离子（CN^-），使大量氰根离子进入血液，使用硫代硫酸钠与血液中氰根离子结合，形成络合物，经肾脏排出。

（二）常用药物

亚硝酸钠（Sodium Nitrite）

【理化性状】 本品为无色或白色至微黄色结晶。无臭，味微咸，有潮解性。水中易溶，乙醇中微溶。水溶液呈碱性。

【制剂、用法与用量】 亚硝酸钠注射液　10mL : 0.3g。静脉注射，一次量，马、牛 2g，猪、羊 0.1~0.2g，临用前用注射用水配成 10g/L 的溶液缓慢静脉注射。

硫代硫酸钠（Sodium Thiosulfate）

【理化性状】硫代硫酸钠又称次亚硫酸钠、大苏打。为无色结晶或结晶性细粒。无臭，味咸。有风化性和潮解性。水中极易溶解，乙醇中不溶。水溶液显微弱的碱性。

【作用与应用】本品可配合亚硝酸钠或亚甲蓝解救氰化物中毒。另外，本品有还原性，可使高铁血红蛋白还原为低铁血红蛋白，并可与多种金属或类金属离子结合形成无毒硫化物排出，所以也可用于亚硝酸盐中毒及砷、汞、铅、铋、碘等中毒，也能与多羟基酚类有毒物质结合，可用作多种有毒植物中毒解救。因硫代硫酸钠被吸收后能增加体内硫的含量，增强肝脏的解毒功能，所以能提高机体的一般解毒功能，可用作一般解毒药。

【制剂、用法与用量】硫代硫酸钠注射液 10mL：0.5g、20mL：1g，静脉注射，一次量，马、牛 5~10g，羊、猪 1~3g，犬、猫 1~2g。

知识点传统中药杏仁作为镇咳药物，现代医学研究表明杏仁中毒即氰化物中毒，中医解救时使用大量杏树皮煎液灌服。其他类含氰苷植物中毒时，也可以按此方法进行解救。

任务三 饲料毒素中毒解救药物

一、硝酸盐和亚硝酸盐中毒

硝酸盐在还原菌的作用下形成大量亚硝酸盐，引起高铁血症。

亚硝酸盐中毒时，由于饲料富含硝酸盐，硝酸盐含量高的饲料日晒、堆积发酵、加工不当，硝酸盐还原菌将饲料中的硝酸盐转化成亚硝酸盐，畜禽采食即发生中毒；也见于反刍动物日粮中含有硝酸盐而能量物质又不足时，硝酸盐被瘤胃内的硝酸盐还原菌转化为亚硝酸盐而导致畜禽中毒；少数是由于人为添加亚硝酸盐中毒。随着养殖技术的发展，养殖业者逐渐认识到亚硝酸盐中毒的原因，动物亚硝酸盐中毒减少。

（一）中毒机制

亚硝酸盐吸收进入血液后，氧化红细胞中的亚铁血红蛋白（$HbFe^{2+}$）形成高铁血红蛋白（$HbFe^{3+}$），丧失了携氧能力，导致机体缺氧；直接刺激胃肠引起呕吐和胃肠炎；使外周循环衰竭，末梢淤血；可破坏体内的维生素 E 和维生素 A；慢性中毒可致流产或引起组织细胞癌变。本病的特征是发病突然、黏膜发绀、血液呈暗褐色、血液凝固不良，呼吸困难。以猪常见，牛次之，鸡、羊、马及特种经济动物较少见。

（二）解救机制

使用高铁血红蛋白还原剂，如小剂量亚甲蓝、硫代硫酸钠等，使高铁血红蛋白还原为低铁血红蛋白，恢复其携氧能力。配合使用呼吸中枢兴奋药（尼可刹米等）可提高疗效。亚甲蓝是亚硝酸盐特效解毒药，也可以使用其他还原剂，如维生素 C、谷胱甘肽、甲苯胺蓝等。

（三）常用制剂

亚甲蓝（Methylthioninium Chloride）

【理化性状】亚甲蓝又称美蓝、甲烯蓝，为深绿色、有铜样光泽的柱状结晶或结晶性粉末。溶于水和乙醇，溶液呈深蓝色。应遮光、密闭保存。

【注意事项】①亚甲蓝刺激性大，禁忌皮下注射或肌内注射。②亚甲蓝溶液与许多药物、强碱性溶液、氧化剂、还原剂和碘化物存在配伍禁忌。

【制剂、用法与用量】亚甲蓝注射液　2mL：20mg、5mL：50mg、100mL：100mg。静脉注射，一次量，每千克体重，家畜，治疗亚硝酸盐中毒1～2mg，注射后1～2h未见好转，可重复注射以上剂量或半量；治疗氰化物中毒10mg（最大剂量20mg）。

二、棉籽饼中毒

棉籽饼中所含棉酚具有毒性作用，与蛋白质结合形成结合棉酚后不呈现毒性作用，但游离棉酚毒性强。饲喂不当可引起畜禽中毒。猪、鸡、犬最为敏感，妊娠母畜及幼畜也敏感。饲料中维生素A和钙含量不足时，动物对棉酚的敏感性增高，也易诱发中毒。

（一）中毒机制

棉酚为慢性蓄积性毒物，中毒剂量的棉酚进入胃肠道，刺激胃肠黏膜引起胃肠炎；吸收入血后，可直接破坏红细胞，造成溶血；可使血管壁通透性增加，导致水肿；与体内铁和蛋白质结合，干扰血红蛋白的合成而发生贫血；可与体内的硫结合，降低一些酶类的活性；在体内蓄积到一定量后，对心、肝、肾以及生殖细胞产生广泛损伤；棉酚还易引起神经系统功能紊乱，引起神经症状。

作为蛋白类饲料，棉籽饼价格低于豆粕，配制饲料时可部分替代豆粕，但必须经高温脱毒。由于个别饲料厂追求高利润，大量加入棉粕，又缺少高温脱毒步骤，动物食用后引起棉酚中毒。行业生产中，要保证产品质量，本着绿色发展理念，从业人员遵守职业道德，严格执行畜牧行业标准。

（二）解救措施

无特效解毒药，通常采用综合治疗方法。

（1）解除病因，排出毒物　停喂棉籽饼，改喂其他蛋白饲料，破坏毒物，加速棉籽排出。用1g/L的高锰酸钾或30g/L碳酸氢钠洗胃；内服硫酸亚铁，马、牛7～15g，猪、羊3～5g；抗菌消炎，用20g/L环丙沙星注射液，每千克体重用量为0.1mL，肌内注射，2次/d。用面粉50g，制成糊剂，内服，保护胃肠黏膜。

（2）利尿、脱水　100g/L氯化钠，马、牛100～150mL，猪、羊10～20mL，静脉滴注；双氢氯噻嗪，牛、马0.5～2g，内服，2次/d。

三、真菌毒素中毒

1. 黄曲霉毒素中毒

黄曲霉毒素中毒发生的原因大多是动物采食被产毒霉菌污染的花生、玉米、豆类、棉籽及副产品。本病一年四季均可发生，但在多雨季节，温度和湿度又较适宜时，若饲料加工、贮藏不当，更易被黄曲霉菌所污染，增加动物黄曲霉毒素中毒的机会。

（1）中毒机制 黄曲霉毒素被动物摄入后，最先引起急性、刺激性、出血性肠炎；经胃肠道迅速吸收后，以肝脏损害为主，同时还伴有血管通透性的破坏和中枢神经的损伤等，临床特征为黄疸、出血、水肿和神经症状。黄曲霉毒素是目前已知的较强致癌物质，长期持续摄入较低剂量或短时间较大剂量的黄曲霉毒素，都可诱发原发性肝细胞癌。黄曲霉毒素能抑制DNA、RNA和蛋白质的合成，也可抑制机体的免疫功能。

（2）防治措施 尚无特效疗法。中毒时应立即停喂霉败饲料，改喂富含糖类物质的青绿饲料和高蛋白饲料，减少或不喂含脂肪过多的饲料。

重度病例，应及时投服泻剂如硫酸钠、人工盐等，加速胃肠道毒物的排出；及时使用100g/L葡萄糖和维生素C保肝；使用100g/L硫代硫酸钠溶液静脉注射中和毒素，一次量，每千克体重0.2mL。

2. 赤霉菌毒素中毒

赤霉菌毒素中毒又称赤霉病，是镰刀菌在无性阶段的分生孢子期感染玉米、麦类、稻谷等作物所致的植物真菌病。据报道，能产生有毒代谢产物的赤霉菌有禾谷镰刀菌、串珠镰刀菌、三线镰刀菌、尖孢镰刀菌等。其代谢产物有赤霉烯酮（F-2），单端孢霉烯族毒素（T-2）和丁烯酸内酯三大类毒素。我国较多见的为前两类。

F-2是一种类雌激素，中毒时能导致中毒的畜禽生殖器官功能及形态学的变化。畜禽常表现为雌性假发情、不育、流产为特征的类雌激素综合征。雄性动物长期食入F-2则表现为雌性化。T-2能导致中毒畜禽拒食、呕吐和内脏器官出血性损害。T-2毒素中毒发生于猪、马、牛、羊、犬、兔、禽类等，猪最多见。临床上，以阴道炎、消化不良和泛发性出血为特征。

目前尚无有效疗法。当发现可疑性赤霉菌毒素中毒时，应立即停喂发霉饲料，改喂营养丰富易消化的青绿饲料。中毒初期，宜尽早使用盐类泻剂，排出胃肠道内的毒物，投服黏膜保护剂或吸附剂和止血剂；加强对症治疗。如静脉注射葡萄糖注射液、生理盐水、乌洛托品注射液以及应用强心剂等。

乌洛托品（Urotropine）

【理化性状】白色结晶粉末，对皮肤有刺激作用，溶于水、乙醇和氯仿，不溶于乙醚，易潮结块，遇火燃烧并放出大量热能，燃烧火焰无色。

【药动学】本品是甲醛和氨的缩合物，在酸性溶液中能分解释放出甲醛和氨，而呈现杀菌作用。乌洛托品内服后，大部分随尿排出，在酸性尿中，逐渐分解后呈现消毒作用，因此，常用于磺胺和抗生素疗效不好的尿路感染，是常用的家畜尿路消毒药。

【作用与应用】主要针对革兰氏阴性菌，特别是大肠杆菌所致的肾盂肾炎、膀胱炎、尿道炎。乌洛托品在尿中排泄迅速，可长期服用，没有毒性，细菌对乌洛托品不产生抗药性。由于乌洛托品分子较小，易透入血-脑脊液屏障和关节囊等致密组织，在临床上还用于流感、大叶性肺炎、马传染性脑脊髓炎、关节炎等疾病的治疗。

【注意事项】肝功能损害者慎用。

【制剂、用法与用量】乌洛托品注射剂 5mL：2g，用500g/L葡萄糖液20mL稀释后静脉注射。静脉注射，一次量，马、牛15~30g，猪、羊5~10g，鸡0.2g。

四、感光物质中毒

感光物质中毒是动物采食了含有光敏性物质的饲料后，无色素或浅色素皮肤在紫外线波长的日光照射下通过复杂的生物学反应引起的一种急性皮炎。临床特征为局部皮肤红斑、丘疹、溃烂，并伴有奇痒。光敏性饲料中毒遍及全球，各种动物均可发生，常见于牛、羊、马、猪、家兔等。

1. 中毒机制

光敏饲料引起感光过敏的机制还不十分清楚。一般认为，光敏作用的发生是机体吸收的或大量蓄积的光动力物质经血液到达皮肤，在日光尤其是紫外线（波长为280~320nm）照射下，吸收紫外线的光子，使其电子被激活，发生光化学氧化反应，部分氨基酸（如组氨酸、色氨酸、酪氨酸）最容易氧化，氧化后引起血管内和周围细胞强烈的炎症反应，可导致组织细胞损伤，局部细胞通透性增强，组织水肿，皮肤炎症。此外，光敏性物质还能与日光联合作用，使皮肤对日光的灼伤效应特别敏感。

2. 解救措施

本病尚无特效药治疗。治疗原则是立即更换饲料，避免日光照射，应用抗过敏药及对症治疗。常用异丙嗪、苯海拉明或扑尔敏；也可用肾上腺皮质激素；静脉注射葡萄糖酸钙或氯化钙溶液。

任务四　农药、鼠药和化肥中毒及解救用药

一、有机磷农药中毒

有机磷农药是我国目前使用最为广泛的杀虫剂，种类很多，因毒性不同可分为剧毒类如对硫磷、内吸磷、甲拌磷等；强毒类如敌敌畏、乐果等；低毒类如敌百虫等。若使用不当，可引起各种动物中毒。

（一）中毒机制

视频：有机磷中毒神经症状

有机磷农药经消化道、呼吸道和皮肤吸收后进入体内，与胆碱酯酶结合构成稳定的磷酰化胆碱酯酶，使其丧失水解乙酰胆碱的活力，导致乙酰胆碱蓄积，引起胆碱能神经高度兴奋，组织器官功能异常，出现一系列中毒症状。轻症表现为食少、流涎、肠音亢进，粪便稀软等；中度表现为食欲废绝，瞳孔缩小，大量流涎，肠音亢进，腹痛，腹泻，肌肉震颤；重症表现为全身肌肉痉挛，高度呼吸困难，随后倒地昏迷，大小便失禁，很快死亡。胆碱能神经兴奋主要有以下表现。

（1）毒蕈碱样症状　流涎，呕吐，腹痛，腹泻，多汗，尿频，瞳孔缩小，可视黏膜苍白，支气管分泌物增加，呼吸困难和肺水肿。

（2）烟碱样症状　肌肉震颤，血压升高，脉搏加快等，中枢症状为先兴奋后抑制，重者昏迷。

（二）解救措施

（1）使用生理拮抗剂　常用阿托品、莨菪碱等阻断乙酰胆碱的作用，从而消除有机磷酸酯类中毒产生的症状，但中度或重度中毒时必须与胆碱酯酶复活剂配合使用。

（2）使用胆碱酯酶复活剂　碘解磷定（Pralidoxime Iodide）、氯解磷定（Pralidoxime Chloride）、双复磷（Obidoxime）和双解磷（Trimedoxime）等胆碱酯酶复活剂在化学结构上均属季胺类化合物，分子中含有的肟基具有强大的亲磷酸酯作用，能与磷原子牢固地结合，所以能夺取与有机磷结合的、已失去活力的磷酰化胆碱酯酶中带有磷的化学基团（磷酰化基团），并与其结合后脱离胆碱酯酶，使胆碱酯酶恢复活力。另外，这类化合物也能直接与体内游离有机磷酸酯类的磷酰基结合，生成磷酰化解磷定等无毒物质，随尿排出体外，解除有机磷的毒性作用。

如果中毒时间过久，超过 36h，磷酰化胆碱酯酶即发生老化，胆碱酯酶复活剂难以使胆碱酯酶恢复活力，所以应用胆碱酯酶复活剂治疗有机磷中毒时，早期用药效果较好。

【制剂、用法与用量】碘解磷定注射液　20mL∶0.5g。静脉注射，一次量，每千克体重，家畜 15~30mg。症状缓解前，2h 注射一次。

二、有机氟农药和毒鼠药中毒

氟乙酰胺和氟乙酸钠是常用的农药和毒鼠药。由于畜禽采食被有机氟化物农药污染的饲料和饮水而引起中毒，临床以误食被氟乙酰胺毒死的老鼠而发生二次中毒最常见。

（一）中毒机制

氟乙酰胺进入体内，在对胃肠直接引起发炎的同时脱胺形成氟乙酸，进入血液。其毒理为阻断三羧酸循环，影响糖代谢，从而导致氟柠檬酸在体内大量蓄积，ATP 生成受阻，细胞呼吸障碍，以脑和心血管系统受损严重。氟柠檬酸也可直接刺激或作用于中枢系统，出现痉挛、抽搐。动物发病突然，犬、猫中毒以神经症状为主，表现为呕吐、兴奋不安、惧光、瞳孔散大、粪便失禁，常在症状出现后 0.5h 内死亡。

（二）特效解毒药治疗

乙酰胺（Acetamide）

【理化性状】乙酰胺又称解氟灵，为白色结晶性粉末，溶于水。

【作用与应用】乙酰胺与氟乙酰胺等有机氟的化学结构相似，进入体内后与氟乙酰胺等有机氟竞争酰胺酶，使氟乙酰胺等不能分解产生对机体有害的氟酰乙酸。同时，乙酰胺本身分解产生的乙酸能干扰氟乙酸的作用，用于解除氟乙酰胺和氟乙酸钠的中毒。本品酸性强，肌内注射时会出现局部疼痛，可配合应用普鲁卡因，以减轻疼痛。

视频：有机氟和有机磷中毒解救

【制剂、用法与剂量】乙酰胺注射液　5mL∶0.5g、5mL∶2.5g、10mL∶1g、10mL∶5g。肌内注射、静脉注射，一次量，每千克体重，家畜 50~100mg。

三、抗凝血类杀鼠剂中毒

抗凝血类杀鼠剂主要的品种按其化学结构可分为香豆素衍生物和茚满二酮类（如敌鼠钠盐、杀鼠酮）两大类。畜禽常因误食毒饵、死鼠以及采食被杀鼠剂污染的饲料、饮水等引起中毒。

杀鼠剂主要经消化道吸收，进入机体后，产生与维生素K相拮抗的作用，干扰维生素K的氧化还原循环，使肝细胞生成的凝血酶原和维生素K依赖性凝血因子Ⅱ、Ⅴ及Ⅶ等不能转化为有活性的凝血蛋白，从而影响凝血过程，导致出血。另外，香豆素衍生物还可扩张并破坏毛细血管，使其通透性、脆性增加，导致血管破裂，使出血加重。动物中毒后，以肺脏出血最严重，其次为脑、消化道和胸腔血管出血严重，如不及时解救，可引起死亡。

解毒主要通过增加体内维生素K的含量，提高其与杀鼠剂竞争的优势，亚硫酸氢钠甲萘醌是本类杀鼠剂中毒的特效解毒药。

亚硫酸氢钠甲萘醌注射液　1mL：4mg、10mL：40mg、10mL：150mg。静脉注射，一次量，马、牛100~300mg，猪、羊30~50mg，犬10~30mg。亚硫酸氢钠甲萘醌注射液使用时，要加入50g/L或100g/L葡萄糖溶液1000mL中静脉滴注，连用3d后可止血，止血后用以上剂量再肌内注射7d左右，方可停药。同时，配合维生素C和氢化可的松及其他对症治疗药。

四、氨基甲酸酯类农药中毒

氨基甲酸酯类农药目前使用比较广泛，常用品种有西维因、灭草灵、灭害威和呋喃丹等。动物由于采食被氨基甲酸酯类农药污染的饲料和饮水，或误食家用灭苍毒饵和毒死的苍蝇而发生中毒。

氨基甲酸酯类农药可经呼吸道、消化道和皮肤吸收。进入机体后，可与胆碱酯酶结合生成不稳定的氨基甲酰化胆碱酯酶，丧失水解乙酰胆碱的能力，造成乙酰胆碱积聚，出现类似胆碱引起神经功能亢进的症状。大多数氨基甲酰化酶较磷酰化胆碱酯酶易水解，使胆碱酯酶很快恢复原有活力，产生与有机磷农药中毒类似的症状。

阿托品为氨基甲酸酯类中毒的特效解毒药物，具体应用请参照有机磷农药中毒的治疗。

任务五　重金属盐和类金属盐中毒解救用药

金属元素引起动物中毒的途径多种多样，包括金属元素在土壤中分布不均，开发、冶炼过程中扩散及对环境的污染等。引起中毒的金属主要有汞、铅、铜、银、锰、铬、锌、镍等，类金属主要有砷、锑、磷、铋等。

一、中毒和解毒机制

金属及类金属进入机体后解离出金属或类金属离子，这些离子除了在高浓度时直接作用于组织产生腐蚀作用，还能与组织细胞中的酶（主要为含巯基的酶如丙酮酸氧化酶等）相结合，使酶失去活力，影响了组织细胞的功能，使细胞的物质代谢发生障碍而出现一系列中毒症状。

解毒常使用金属络合剂。它们与金属、类金属离子有很强的亲和力，可与金属、类金属离子络合形成无活性难解离的可溶性络合物，随尿排出。金属络合剂不仅可与金属及类金属离子直接结合，而且还能夺取已经与酶结合的金属及类金属离子，使组织细胞中的酶复活。

二、常用解毒药物

常用药物有二巯丙醇、二巯丙磺钠、二巯丁二钠、青霉胺、去铁胺、依地酸钙钠等。

二巯丙醇（Dimercaprol）

【理化性状】 本品为无色或几乎无色、易流动的液体。有强烈的、类似蒜的异臭。在水中溶解，但水溶液不稳定。本品在乙醇和苯甲酸苄酯中极易溶解，一般配成100g/L油溶液（加有96g/L苯甲酸苄酯）供肌内注射用。

【作用与应用】 本品属巯基络合剂，能竞争性地与金属离子结合，形成较稳定的水溶性络合物，随尿排出，并使失活的酶复活。但二巯丙醇与金属离子形成的络合物在动物体内有一部分可重新逐渐解离出金属离子和二巯丙醇，后者很快被氧化并失去作用，而游离出的金属离子仍能引起机体中毒。因此，必须反复给予足够剂量的二巯丙醇，使血液中其与金属离子浓度保持2∶1的优势，使解离出的金属离子再度与二巯丙醇结合，直至随尿排出为止。巯基酶与金属离子结合得越久，酶的活力越难恢复，所以在动物接触金属后1~2h内用药，效果较好。

本品主要用于治疗砷中毒，对汞和金中毒也有效。与依地酸钙钠合用，可治疗幼小动物的急性铅脑病。本品对其他金属的促排效果如下：排铅不如依地酸钙钠，排铜不如青霉胺，对锑和铋无效。

【不良反应】 二巯丙醇对肝、肾具有损害作用，并有收缩小动脉作用。过量使用可引起动物呕吐、震颤、抽搐、昏迷，甚至死亡。由于药物排出迅速，症状多数为暂时性的。

【注意事项】 ①本品仅供深部肌内注射。②肝、肾功能不良动物应慎用。③碱化尿液可减少络合物的重新解离，减轻肾损害。④本品可与镉、硒、铁、铀等金属形成有毒络合物，其毒性作用高于金属本身，故应避免同时应用硒和铁盐等。⑤二巯丙醇本身对机体其他酶系统也有一定抑制作用，如抑制过氧化物酶系的活力，而且其氧化产物又能抑制含巯基酶，故应控制好用量。

【制剂、用法与用量】 二巯丙醇注射液 2mL∶0.2g、5mL∶0.5g、10mL∶1g。肌内注射，一次量，每千克体重，家畜3mg，犬、猫2.5~5mg。用于砷中毒，第1~2d每4h一次，第3d每8h一次，以后10d内，每天2次直至痊愈。

二巯丙磺钠（Sodium Dimercaptopropane Sulfonate）

【作用与应用】 本品作用基本与二巯丙醇相同，但毒性较小，除对砷、汞中毒有效外，对铋、铬、锑也有效。

【制剂、用法与用量】 二巯丙磺钠注射液 5mL∶0.5g、10mL∶1g。肌内注射、静脉注射，一次量，每千克体重，马、牛5~8mg，猪、羊7~10mg，第1~2d，每4~6h一次，第3d后，2次/d。

依地酸钙钠（Calcium Disodium Edetate， EDTA $Ca\text{-}Na_2$）

【理化性状】 依地酸钙钠又称解铅乐。为白色结晶性或颗粒性粉末，易潮解，易溶于水。

【作用与应用】 本品属氨羧络合剂，能与多种二价、三价重金属离子络合形成无活性可溶性的环状络合物，本品与各种金属的络合能力不同，其中与铅的络合作用最强，与其他金属的络合效果较差，对汞和砷无效。本品主要用于治疗铅中毒，对无机铅中毒有特效，也可用于镉、锰、铬、镍、钴和铜中毒。依地酸钙钠对储存于骨内的铅络合作用强，对软组织和红细胞中的铅作用较小。

【制剂、用法与用量】依地酸钙钠注射液　5mL∶1g。静脉注射，一次量，马、牛 3~6g，猪、羊 1~2g，2 次/d，连用 4d。临用时用生理盐水或 50g/L 葡萄糖溶液稀释至 2.5~5g/L，缓慢静脉注射。如果皮下注射，则每千克体重，犬、猫 25mg。

附：技能培训一

一基层兽医工作者，自己养的犬误食毒鼠强鼠药发病，兽医注射阿托品后犬很快死亡，兽医认为阿托品是解毒药，即使无效也不应该加快死亡。你认为是什么原因?

提示：犬对毒鼠强敏感程度高于其他动物，中毒症状之一是神经异常兴奋；阿托品是有机磷中毒的生理拮抗剂，有兴奋大脑作用；基层工作者给药量通常几倍于治疗量，这样进一步加重了神经兴奋，加快死亡。

附：技能培训二

动物毒鼠强（有机氟）中毒，往往在没有及时得到解药时迅速死亡，可使用乙醇和乙酸灌服，能够达到一定效果。乙醇和乙酸吸收进入体内，乙醇作为中枢抑制剂能够对抗有机氟引起的中枢惊恐兴奋，乙酸可对抗有机氟产物氟乙酸。另外，乙醇和乙酸在肝脏中代谢生成大量的乙酰基，即间接生成乙酰胺（解氟灵）。通常动物中毒后，按等量灌服的乙醇和乙酸，4mL 乙醇+4mL 乙酸/kg 体重。

◎ 复习思考题

一、填空题

1. 抗凝血剂中毒使用________救治。
2. 有机磷酸酯类中毒时，使用复活体内酶，使用________对抗中毒症状。
3. 毒鼠强中毒特效解毒药是________。
4. 重属盐中毒通用解毒药是________，铅中毒特效解毒药是________。
5. 有机酚中毒的通用解毒药是________。

二、单选题

1. 下列通用解毒药是（　　）。

A. 维生素 C　B. 阿托品　C. 尼克刹米　D. 地塞米松　E. 硫代硫酸钠

2. 有机氰和无机氰中毒时选用下列（　　）组药物治疗

A. 葡萄糖、硫代硫酸钠　B. 亚甲蓝、亚硝酸盐　C. 亚甲蓝、亚硝酸盐、硫代硫酸钠　D. 谷胱甘肽、甲苯胺蓝　E. 阿托品、氯磷定

3. 亚硝酸盐中毒使用下列（　　）药物无效

A. 亚甲蓝　B. 甲苯胺蓝　C. 锥黄素　D. 维生素 C　E. 谷胱甘肽

三、简答题

1. 有机磷和有机氟中毒症状，解救方式各是什么?
2. 氰化物中毒的毒物来源有哪些? 解救原理是什么?
3. 简述硝酸盐和亚硝酸盐中毒临床表现和治疗措施。
4. 简述食盐中毒的中毒机制。
5. 在没有特效解毒药的情况下，通用的解毒方法有哪些?

实训一　有机磷中毒观察与解救

【目标要求】掌握家兔有机磷酸酯类的中毒症状及阿托品和解磷定的解救作用。

【实训用品】

（1）动物　家兔，2.5~3.0kg。

（2）药品及器材　1g/L 硫酸阿托品、50g/L 敌百虫、25g/L 解磷定、注射器（5mL、10mL、20mL）、测瞳孔尺、刀片、采血杯、棉球、试管架、试管。

【内容和步骤】

（1）取家兔 2 只，称重，观察并记录活动情况、呼吸（频率，有无呼吸困难，呼吸道有无分泌等）、瞳孔大小、唾液分泌、大小便、肌张力及有无震颤等。

（2）分别给甲、乙两兔耳缘静脉注射 50g/L 敌百虫 1.5mL/kg。按前述指标观察并记录中毒症状，待中毒症状明显时，甲兔立即静脉注射硫酸阿托品 1mL/kg，乙兔立即静脉注射解磷定 4mL/kg，观察并记录甲、乙两兔的中毒症状有何变化。

提示：①注意人身安全。②有机磷农药静注时中毒症状发生快，抢救必须及时，如经 15min 尚未出现中毒症状，可追加 1/3 量。敌百虫也可改用腹腔注射给药和口服给药。③解磷定在临床实际应用中必须和阿托品配合应用，才能获得最好的解毒效果。④解磷定剂量过大时，其本身也能抑制胆碱酯酶的活力，加重毒性反应。

【实训报告】

（1）根据本实训的观察项目，列表记录甲、乙 2 只家兔中毒前后和用不同药物解救后的症状及血液胆碱酯酶活力的改变。

（2）说明实训结果和原理。

实训二　有机氟中毒观察与解救

【目标要求】观察家兔氟乙酰胺中毒临床表现。研究解氟灵对氟乙酰胺的解救效果。

【实训用品】

（1）动物　家兔。

（2）器材及药品　20mL 注射器、棉球、试管、试管架、氟乙酰胺水溶液、解氟灵。

【内容和步骤】选 2 只家兔，一只对照。实验家兔空腹给予 0.1g/L 氟乙酰胺水溶液，经灌胃给药，每千克体重 1mL，对照家兔经灌胃给予等体积蒸馏水。时刻观察动物表现，记录异常现象。观察期间不喂饲料，但饮水自由。出现中毒症状后注射解氟灵观察解救效果。

【实训报告】说明实训结果，根据观察项目列表对比中毒前后动物的表现。

实训三　抗凝血类杀鼠剂中毒观察与解救

【目标要求】观察抗凝血类杀鼠剂中毒的临床表现，掌握抗凝血类杀鼠剂中毒的解救方法。

【实训用品】

（1）动物　大鼠。

（2）主要器材及药品　20mL 注射器、棉球、维生素 K 注射液、杀鼠灵。

【内容和步骤】选 2 只大鼠，一只对照。实验大鼠注射 1mL 杀鼠灵溶液，对照大鼠注射等体积蒸馏水。时刻观察动物表现，记录异常现象。观察期间不喂饲料，但饮水自由。出现中毒症状后注射维生素 K 注射液观察解救效果。

【实训报告】说明实训结果，根据观察项目列表对比抗凝血类杀鼠剂中毒前后动物的表现。

附录　实践操作参考

附表一　　**实践指导及考核项目**

	项目	考核内容	考核方法	评定标准
病理基础	尸体剖检准备	1. 剖检时间和场地的选择 2. 尸体运送方法及注意事项 3. 用具、药品和人员自身准备 4. 记录和运送病料用品的准备 5. 尸体处理相关条件的准备	实际操作结合口试	优：独立正确完成上述内容 良：需提示才能独立完成大部分内容 及格：基本完成大部分内容，但有一定错误 不及格：不能完成上述内容
	尸体剖检术式	掌握单胃动物、反刍动物、禽类的尸体剖检程序、步骤和剖检要点	实际操作结合口试	优：正确掌握尸体剖检的步骤、术式和要点，操作方式有利于病变的识别 良：能够掌握尸体剖检主要步骤、术式，但个别环节有一定错误 及格：大部分掌握尸体剖检术式、要点。但环节有明显错误 不及格：不能完成上述内容
	病料的采取送检方法	1. 微生物病料的采送方法 2. 病理学材料的采送方法 3. 毒理学材料的采送方法	实际操作结合口试	优：对各类病料能够正确选择、采取部位合适，包装和送检方式正确 良：各类病料选择、采取部位和包装的送检方法基本正确，但有不当之处 及格：各类病料采取、部位和包装的送检方法大部分正确，但有明显错误 不及格：不能完成上述内容
	病理变化的识别	识别充血、淤血、出血、水肿、萎缩、变性、坏死、炎症、肿瘤等宏观病理变化和微观病理变化的特点	观察标本切片、现场病理剖检	优：能够正确识别病理变化、并能初步诊断某些疾病 良：能够基本识别标本的病理变化 及格：能识别大部分标本病理变化，错误较多 不及格：不能识别标本病理变化
	显微镜对病料的识别	1. 正确使用显微镜 2. 选用正确物镜观察切片 3. 正确放置组织切片于载物台上 4. 正确使用粗调、微调旋钮观察组织切片且识别	使用显微镜观察切片	优：能够正确使用显微镜，观察并识别病理组织结构变化 良：能够正确使用显微镜，观察到病理组织结构 及格：使用显微镜基本正确，通过提示可观察到病理组织结构 不及格：使用显微镜不正确，观察不到病理组织结构

续表

	项目	考核内容	考核方法	评定标准
药理基础	药物的保管与贮存	1. 普通药、剧药、麻醉药、毒药的保管 2. 易吸湿、潮解、风化、易变质、易燃和有腐蚀性的药物贮存方法 3. 生化制品的保管方式：抗血清、弱毒疫苗、灭活苗、卵黄抗体等	在药房内现场抽查提问和操作	优：回答教师的提问及操作完全正确 良：回答教师的提问及操作基本正确，部分内容需提示才能完成 及格：回答教师的提问及操作大部分正确，有部分内容和环节出现错误 不及格：回答教师的提问和实际操作错误过多或不能回答问题和不能完成操作
	药物的配伍禁忌	常用药物物理性、化学性配伍禁忌	现场或实验室口答和操作	优：回答的问题完全正确，操作熟练 良：回答的问题基本正确，部分操作不够熟练 及格：回答的问题大部分正确，但操作不熟练，某些环节出现明显错误 不及格：回答的问题大部分错误，不能完成实验操作
	药物剂型的配制	液体剂型、软膏、散剂的配制方法 1. 100g/L 氯化钠溶液 2. 100g/L 磺胺嘧啶软膏 3. 50g/L 碘甘油 4. 健胃散 5. 1∶300 百毒杀消毒剂的配制 6. 10g/L 甲醛溶液的配制	现场或实验室口答结合操作	优：回答的问题完全正确，操作熟练 良：回答的问题基本正确，部分操作不够熟练，需要提示才能完成 及格：回答问题大部分正确，操作不熟练，并且某些环节存在明显错误 不及格：回答问题大部分错误，操作明显错误，或提示后仍不能完成
	给药方法	1. 各种动物的口服给药方法 2. 牛、马的导胃管给药方法 3. 皮内注射、皮下注射、肌内注射方法 4. 牛、马、猪、犬静脉注射给药 5. 腹注、直肠给药、关节内注射	现场操作结合口试	优：考核项目回答正确，操作完全、准确并且熟练 良：考核项目回答基本正确，操作环节有不当之处，操作不熟练 及格：考核项目回答有一定错误，操作环节错误较多，并且不熟练 不及格：考核项目回答明显错误，提示后仍不能完成上述操作

附表二　　　　常用药物配伍禁忌表

类别	药物	配伍药物	配伍使用结果
青霉素类	青霉素钠 青霉素钾 氨苄西林类 阿莫西林类	喹诺酮类、氨基糖苷类（庆大霉素除外）、多黏菌素类	效果增强
		四环素类、头孢菌素类、大环内酯类、氯霉素类、庆大霉素、利巴韦林、培氟沙星	相互拮抗或疗效相抵或产生副作用，应分别使用、间隔给药
		维生素 C、B 族维生素、罗红霉素、维生素 C 多聚磷酸酯、磺胺类、氨茶碱、高锰酸钾、盐酸氯丙嗪、过氧化氢	沉淀、分解、失效
头孢菌素类	“头孢”系列	氨基糖苷类、喹诺酮类	疗效、毒性增强
		青霉素类、林可霉素、四环素类、磺胺类	相互拮抗或疗效相抵或产生副作用，应分别使用、间隔给药
		维生素 C、B 族维生素、磺胺类、罗红霉素、氨茶碱、氯霉素、氟苯尼考、甲砜霉素、盐酸强力霉素	沉淀、分解、失效
		强利尿药、含钙制剂	与头孢噻吩、头孢噻呋等头孢类药物配伍会增加毒副作用
氨基糖苷类	卡那霉素、阿米卡星、核糖霉素、妥布霉素、庆大霉素、大观霉素、新霉素、巴龙霉素、链霉素等	抗生素类	本品应尽量避免与抗生素类药物联合应用，大多数本类药物与大多数抗生素联用会增加毒性或降低疗效
		青霉素类、头孢菌素类、洁霉素类、TMP	疗效增强
		碱性药物（如碳酸氢钠、氨茶碱等）、硼砂	疗效增强，但毒性也同时增强
		维生素 C、B 族维生素	疗效减弱
		氨基糖苷同类药物、头孢菌素类、万古霉素	毒性增强
	大观霉素	氯霉素、四环素	拮抗作用，疗效抵消
	卡那霉素 庆大霉素	其他抗菌药物	不可同时使用
大环内酯类	红霉素、罗红霉素、硫氰酸红霉素、替米考星、吉他霉素、泰乐菌素、替米考星、乙酰螺旋霉素、阿奇霉素	洁霉素类、麦迪素霉、螺旋霉素、阿司匹林	降低疗效
		青霉素类、无机盐类、四环素类	沉淀、降低疗效
		碱性物质	增强稳定性、增强疗效
		酸性物质	不稳定、易分解失效

附表三 部分兽药有效期限表

品名	有效期/年	品名	有效期/年
乙氧萘青霉素钠	2.5	硫酸卡那霉素注射液	2.5
氯唑西林钠	2.5	盐酸大观霉素	3
注射用氯唑西林钠	2	盐酸大观霉素可溶性粉	2
青霉素钠（钾）	4	盐酸大观霉素、盐酸林可霉素可溶性粉	2
注射用青霉素钠（钾）	2	土霉素	4
注射用青霉素钠（钾）安瓿装	3	土霉素片	3
苯唑西林钠	3	盐酸金霉素	4
注射用苯唑西林钠	2	盐酸多西环素	2
氨苄西林钠	2.5	四环素	3
注射用氨苄西林钠	2	四环素片	2
注射用苄星青霉素	3	盐酸土霉素	4
普鲁卡因青霉素	3	盐酸土霉素片	2
注射用普鲁卡因青霉素	2	盐酸四环素	4
盐酸林可霉素	3	盐酸四环素片	3
盐酸林可霉素片	2	琥珀氯霉素	4
盐酸林可霉素注射液	2	注射用琥珀氯霉素	3
乳糖酸红霉素	4	灰黄霉素	4
注射用乳糖酸红霉素	3	灰黄霉素片	3
红霉素	4	制霉菌素	3
红霉素片	3	制霉菌素片	2
硫氰酸红霉素	3	杆菌肽	3
硫氰酸红霉素可溶性粉	2	注射用杆菌肽	2
泰乐菌素	3	杆菌肽锌	3
酒石酸泰乐菌素	2.5	杆菌肽锌预混剂	2
酒石酸泰乐菌素可溶性粉	2	伊维菌素	3
吉他霉素	4	伊维菌素注射液	2
吉他霉素片	2	盐霉素钠	3
酒石酸吉他霉素	2	盐霉素钠预混剂	2
酒石酸吉他霉素可溶性粉	2	缩宫素注射液	2
硫酸庆大霉素	4	肝素注射液	3
硫酸庆大霉素注射液	3	含糖蛋白酶	1.5
硫酸卡那霉素	4	精蛋白锌胰岛素注射液	2
注射用硫酸卡那霉素	3	胰岛素注射液	2
硫酸链霉素	4	细胞色素 C 注射液	2
注射用硫酸链霉素	3	注射用细胞色素 C	2
硫酸新霉素	3.5	注射用绒促性素	2
硫酸新霉素片	2.5	马来酸麦角新碱注射液	2
硫酸新霉素可溶性粉	2	硫酸鱼精蛋白注射液	2
单硫酸卡那霉素	3		

参考文献

[1] 康程周，裴占阳．兽医基础［M］. 2版. 北京：中国农业大学出版社，2023.

[2] 郑世民．动物病理学［M］. 2版. 北京：高等教育出版社，2021.

[3] 周向梅，赵德明．兽医病理学［M］. 北京：中国农业大学出版社，2021.

[4] 冯志华，黄文峰．动物药理与毒理［M］. 北京：中国农业出版社，2021.

[5] 芮萍．兽医药理学［M］. 北京：科学出版社，2020.

[6] 中华人民共和国教育部．动物病理生理学试题库［M］. 北京：人民教育出版社，2019.

[7] 陈宏智．动物病理［M］. 3版. 北京：化学工业出版社，2021.

[8] 王永才．执业兽医临床操作手册［M］. 重庆：西南师范大学出版社，2017.

[9] 贾林军，许建国．动物药理学［M］. 北京：中国轻工业出版社，2017.

[10] 沈建忠，冯忠武，曹兴元．兽药手册［M］. 7版. 北京：中国农业大学出版社，2016.

[11] 宣长和，卢兆彩．猪传染病诊断与防治彩色图谱［M］. 武汉：湖北科学技术出版社，2016.

[12] 胡功政，李荣誉．新全兽药手册［M］. 5版. 郑州：河南科学技术出版社，2015.

[13] 马德星．动物病理解剖学实验［M］. 北京：中国农业大学出版社，2015.

[14] 张书霞．兽医病理生理学［M］. 4版. 北京：中国农业出版社，2011.

[15] 陈杖榴．兽医药理学［M］. 3版. 北京：中国农业出版社，2010.

[16] 中国农业农村部兽药典委员会．中华人民共和国兽药典［M］. 北京：中国农业出版社，2020.

[17] 郑继方．常用兽药临床新用［M］. 北京：金盾出版社，2009.

[18] 王建华．家畜内科学［M］. 3版. 北京：中国农业出版社，2008.

[19] 刘宗平．动物中毒病学［M］. 北京：中国农业出版社，2006.

[20] 陈怀涛．兽医病理解剖学［M］. 北京：中国农业出版社，2006.

[21] 陈怀涛，许乐仁．兽医病理学［M］. 北京：中国农业出版社，2005.

[22] 张旭静．动物病理学检验彩色图谱［M］. 北京：中国农业出版社，2003.

[23] 沈建忠．动物毒理学［M］. 北京：中国农业出版社，2002.